Trocknungsprozesse

Trocknungsprozesse

von

Prof. Dr. sc. techn. Hartmut Roth

Köthen

Mit 118 Abbildungen und 47 Tabellen

AKADEMIE-VERLAG BERLIN

1989

Mitautoren:

Doz. Dr. rer. nat. Karl GEIER	Kap. 3.1., 3.2.
Dr.-Ing. Ernst-Günter HENCKE	Kap. 2.3.3., 3.1., 3.3.
Dr.-Ing. Karl-Heinz HOMANN †	Kap. 3.2.3.
Doz. Dr. sc. nat. Günter KALZ	Kap. 2.3.3.
Dr.-Ing. Hans JEGLINSKI	Kap. 8.2.3.
Dr.-Ing. Ingo WIRTH	Kap. 2.2., 2.3., 5.2.

ISBN 3-05-500496-5

Erschienen im Akademie-Verlag Berlin,
Leipziger Straße 3—4, Berlin, DDR - 1086

Lizenznummer: 202 · 100/517/89
Printed in the German Democratic Republic
Gesamtherstellung: VEB Druckhaus „Maxim Gorki", 7400 Altenburg
Lektor: Fritz Schulz
LSV 3605
Bestellnummer: 7638263 (9116)

05800

Vorwort

Für das Gebiet der Trocknungstechnik gibt es bereits umfassende, z. T. mehrbändige Werke in vorzüglicher, ausgereifter Darstellung. Die Absicht, die Zahl der Monografien auf diesem Gebiet um eine weitere zu erhöhen, mußte daher sorgfältig geprüft werden. Das gilt um so mehr, als der WEINBERG-Bericht forderte: *„Eine einfache, aber dringende Empfehlung an die Autoren ist, von unnötigen Veröffentlichungen Abstand zu nehmen“*.

Der Entschluß, Ergebnisse unserer Forschung zur Gestaltung von Trocknungsprozessen, insbesondere für disperse Feuchtgüter mit dem Schwerpunkt der rationellen Energieanwendung, in einer Monografie zusammenzufassen, resultiert aus dem Bestreben, einen Beitrag zur Intensivierung von Trocknungsanlagen zu leisten. Diese setzen vertiefte Kenntnisse zu drei wesentlichen Aspekten der Trocknungsprozesse und ihrer wissenschaftlichen Durchdringung voraus, die in den bisherigen Monografien nicht im erforderlichen Umfang behandelt wurden:

Trocknungsprozesse haben einen hohen volkswirtschaftlich bedeutsamen Bedarf an Primärenergieträgern und Gebrauchsenergien. Hier besteht eine dringende Notwendigkeit und ein weites Feld für nennenswerte Beiträge zur rationellen Energieanwendung. Ihre Durchsetzung in den Trocknungsanlagen erfordert, wie auch bei allen anderen Prozessen, die Anwendung des 1. und 2. Hauptsatzes der Thermodynamik in der komplexen Einheit des Exergiebegriffes. In der ingenieurtechnischen Literatur der Trocknungstechnik dominiert die Darstellung des 1. Hauptsatzes und seine Schlußfolgerungen. In den Monografien wurde — im Gegensatz zu einigen Zeitschriftenartikeln — nur selten, und dann häufig auch nicht umfassend, der 2. Hauptsatz berücksichtigt. Dabei ist bekannt, daß sich erst mit der konsequenten Einbeziehung des 2. Hauptsatzes der Thermodynamik auch für die Trocknungsprozesse die notwendigen neuen Maßstäbe, die präziseren Definitionen und exakteren Feststellungen von Verlustarten und -ursachen durch die Stoffströme und die Einzelprozesse ergeben. Diese Arbeit geht daher von der grundsätzlichen thermodynamischen Behandlung des Stoff-Trennprozesses Trocknung als erzwungenem Prozeß aus, um die rationelle Energieanwendung nach dem

Exergiekonzept in allen Phasen des Reproduktionsprozesses von Trocknungsanlagen zu sichern.

Eine grundsätzliche Darstellung der thermodynamischen und ökonomischen Bewertungsgrößen ist Basis für die Analyse von Trocknungsprozessen. Gleichzeitig sind diese Ergebnisse notwendige Voraussetzung für die Optimalgestaltung der Trocknungsprozesse unter den volkswirtschaftlichen Aspekten der rationellen Energieanwendung und des minimalen Gesamtaufwandes.

Grundlagen- und Anwendungsforschung auf dem Gebiet der Trocknungsprozesse sind heute aktueller denn je: Im Zeitalter der Hoch- bzw. Schlüsseltechnologien sind Trocknungsprozesse hoher Effektivität erforderlich. Beispielsweise kommt kaum eine biotechnologische Produktionssynthese ohne leistungsfähige Trocknungsverfahren und -anlagen aus. Die Trocknungsprozesse müssen sowohl produktspezifisch abgestimmt als auch in das Gesamtverfahren integriert werden.

Die in Zukunft mit einem geringeren Einzelexperimentalaufwand notwendige exaktere Auslegung der Trocknungsapparate erfordert ein tieferes Eindringen in die Mikroprozesse des gekoppelten Stoff- und Energietransportes. Das ist Voraussetzung für ein besseres Beherrschen der Kinetik des Trocknungsprozesses. Dieser Aspekt verdient in der stoffwandelnden Industrie, gleichgültig ob chemische Reaktion oder biochemische Produktsynthese, zunehmende Beachtung, weil die Vielgestaltigkeit der zu trocknenden Feuchtprodukte in einer bisher nicht vorstellbaren Breite modifiziert wird.

Trocknungsprozesse haben eine dominierende Stellung bei der Gebrauchswerterzeugung und -erhaltung der Produkte.

Effektivität der Trocknung wird zunehmend in der Einheit des Stoff-Trenn- und Stoff-Formungsprozesses gesichert. Die gezielte Erreichung spezieller Partikel-Strukturen und -Größenverteilungen erfordert einen zunehmenden Aufwand. Der Gesichtspunkt des Struktur-, Größen- und Gestalteinflusses wird dabei in einem gesonderten Abschnitt behandelt. Zunächst beschränken sich die Darlegungen noch auf eine Beschreibung des erreichten Standes der Größen bzw. Größenverteilungen von Partikeln und deren dominierenden Einfluß auf Triebkraftverlauf und Kinetik.

In der weiteren Entwicklung ist es unter dem Blickwinkel der gezielten Gebrauchswertentwicklung notwendig, die Beeinflussungs- und Steuerungsmöglichkeiten auf die Partikelstrukturen hinsichtlich ihrer Größe bzw. Größenverteilung, Gestalt und der daraus folgenden Gebrauchswerteigenschaften, wie Staubfreiheit, Riesel- und Transportverhalten, brückenbildungsfreie Lagerung, Löslichkeits- und mechanisches Verarbeitungsverhalten disperser Güter in Verbindung mit ihren speziellen stofflichen Eigenschaften auszudehnen. Hierbei steht die Entwicklung jedoch erst am Anfang.

Die Gliederung basiert auf den Erfahrungen aus Weiterbildungsveranstaltungen für Experten der Betriebe in den Bereichen Forschung, Projektierung und Betrieb von Trocknungsanlagen sowie fakultativen Spezialseminaren für Studenten des Verfahrensingenieurwesens. Dort wurde der Wunsch geäußert, ein zusammenfassendes Material zum Nachschlagen und Durcharbeiten in die Hand zu bekommen, das sowohl die theoretischen Grundlagen als auch die Anwendung an konkreten Beispielen anwendungsbereit und instruktiv vermittelt.

Ich danke allen Fachkollegen, die sich aktiv um die Gestaltung dieses Buches bemüht haben und zahlreiche Hinweise in der Diskussion bei seiner Entstehung gaben. Dem Akademie-Verlag, insbesondere Herrn *Schulz*, möchte ich für die verständnisvolle Zusammenarbeit und wirksame Unterstützung recht herzlich danken.

Für Hinweise auf mögliche Verbesserungen, Ergänzungen und Änderungen bin ich den Fachkollegen stets dankbar.

Hartmut Roth

Inhalt

Wissenschaftliche Grundlagen

Anwendungen auf Technische Trockner

Symbolverzeichnis

Formelzeichen

Deutsche Buchstaben

A	Fläche	m^2
	Konstante	
B	Anergie	J
	Konstante	
C	Energie-, Wärmekapazität	$J \cdot K^{-1}$
	Konstante	
	Strahlungskoeffizient	$W \cdot m^{-2} \cdot K^{-4}$
D	Diffusionskoeffizient	$m^2 \cdot s^{-1}$
	Konstante	
E	Exergie	J
G	freie Enthalpie	J
H	Enthalpie	J
I	Trägheitsmoment	m^4
	Investaufwand	M
J	Massen-,	$kg \cdot m^{-2}$
	Mol- bzw.	$kmol \cdot m^{-2}$
	Wärmedichte	$J\ m^{-2}$
K	Kosten	$M \cdot s^{-1}$; $M \cdot a^{-1}$
L	Länge	m
M	Molmasse	$kg \cdot kmol^{-1}$
	statistisches Moment	
P	Leistung	W
	Wahrscheinlichkeit	
Q	Wärme	J
R	Gaskonstante	$J \cdot kg^{-1} \cdot K^{-1}$; $J \cdot kmol^{-1} \cdot K^{-1}$
S	Entropie	$J \cdot K^{-1}$
T	Temperatur	K
V	Volumen	m^3
W	Arbeit	J
X	Feuchte-Beladung von Flüssigkeit und Feststoffen	$kg\ F \cdot kg^{-1}\ S$

Symbol	Bedeutung	Einheit
	stetige Zufallvariable	
Y	Feuchte-Beladung von Gas	$kg\ F \cdot kg^{-1}\ G$
Z	Höhe	m
	Zustandsgröße allgemein	
a	spezifische Fläche	m^{-1}
	Temperaturleitkoeffizient	$m^2 \cdot s^{-1}$
	Koeffizient	
b	spezifische Anergie	$J \cdot kg^{-1}$
	Durchlässigkeit	m^2
c	Kapazität für thermische Energie	$J \cdot kg^{-1} \cdot K^{-1}$
d	Durchmesser	m
	Verdampfungsziffer	$kg \cdot kg^{-1}$
e	spezifische Exergie	$J \cdot kg^{-1}$
f	Frequenz	s^{-1}
g	spezifische freie Enthalpie	$J \cdot kg^{-1}$
	Erdbeschleunigung	$m \cdot s^{-2}$
h	spezifische Enthalpie	$J \cdot kg^{-1}$
i	bezogene Stoffstromdichte	—
j	Anzahl	—
k	Wärmedurchgangskoeffizient	$W \cdot m^{-2} \cdot K^{-1}$
	Feuchteleitkoeffizient	$m^2 \cdot s^{-1}$
$\bar{k}$	spezifische Kosten	$M \cdot kg^{-1}$
	Permeabilitätstensor	
l	bezogene Länge	$m \cdot m^{-1}$
	spezifischer Luftbedarf	$kg \cdot kg^{-1}$
m	Masse	kg
n	Stoffmenge	kmol
p	Druck	Pa
q	spezifische Wärme	$J \cdot kg^{-1}$
	Fondsquote	$M \cdot M^{-1}$
r	Radius	m
	Rentabilität	$M \cdot M^{-1}$
$\bar{r}$	Ortsvektor	m
s	spezifische Entropie	$J \cdot kg^{-1} \cdot K^{-1}$
t	Zeit	s; (min; h; a)
v	spezifisches Volumen	$m^3 \cdot kg^{-1}$
w	spezifische Arbeit	$J \cdot kg^{-1}$
	Geschwindigkeit	$m \cdot s^{-1}$
x	laufende Koordinate	m
y	laufende Koordinate	m
z	spezifische Zustandsgröße allgemein	kg^{-1}
	laufende Koordinate	m
	Jahresfestkostensatz	a^{-1}

Griechische Buchstaben

Γ	Bilanzgröße, allgemein	
	Verteilungsfunktion	—
Θ	Triebkraft, allgemein	
	Triebkraft, dimensionslos	—
	Randwinkel	—; rad
Λ	Windungslängenfaktor	—
Φ	Betriebscharakteristik	—
	Winkelfunktionsverhältnis bei Strahlung	—
Ψ	Kapillarpotential	
α	Wärmeübergangskoeffizient	$W \cdot m^{-2} \cdot K^{-1}$
β	Stoffübergangskoeffizient	$m^2 \cdot s^{-1}$
	Räumlicher Ausdehnungskoeffizient	K^{-1}
	Wichtungsfaktor zur Bildung der Bezugsgeschwindigkeit	—
γ	bezogene (spezifische) Bilanzgröße	—
	Verteilungsdichte	—
	Bewertungsgröße	—
	Aktivitätskoeffizient	—
δ	Dicke	m
ε	Volumenverhältnis; Porosität	$m^3 \cdot m^{-3}$
	Relationszahl	—
	Emissionsverhältnis	—
	Relative Dielektrizitätskonstante	—
ζ	längenbezogener Wärmeübergangskoeffizient	$J \cdot m^{-1} \cdot K^{-1}$
	Widerstandsbeiwert	—
η	dynamische Viskosität	$N \cdot s \cdot m^{-2}$
	Wirkungs- oder Gütegrad	—
ϑ	CELSIUS-Temperatur	°C
	reduzierte, dimensionslose Temperatur	—
$\varkappa$	Durchlässigkeit für	
	• Masse	$kg \cdot m^{-2} \cdot s^{-1}$
	• Stoffe	$kmol \cdot m^{-2} \cdot s^{-1}$
	• Wärme	$W \cdot m^{-2}$
	spezifischer Preis, spezifische Kosten	m
λ	Wärmeleitkoeffizient	$W \cdot m^{-1} \cdot K^{-1}$
μ	Chemisches Potential	$J \cdot kg^{-1}$
	Diffusionswiderstandsfaktor	—
ν	kinematische Viskosität	$m^2 \cdot s^{-1}$
	Verlustgrad	—
	Massenstromverhältnis	$kg \cdot kg^{-1}$
ξ	Massenanteil, -bruch	$kg \cdot kg^{-1}$
π	Leistungsverhältnis	—
ϱ	Dichte	$kg \cdot m^{-3}$

σ	Oberflächenspannung	$N \cdot m^{-1}$; $kg \cdot s^{-2}$
	Verdunstungskoeffizient	$kg \cdot m^{-2} \cdot s^{-1}$
	Halbwertsbreite bei GAUSS-Verteilung	
τ	bezogene, dimensionslose Zeit	—
φ	Volumenanteil; -bruch	$m^3 \cdot m^{-3}$
	relative Feuchte, Sättigungsgrad	—
χ	dimensionsloser Feuchtegehalt im Gut	—
ψ	Molanteil, Molenbruch	$kmol \cdot kmol^{-1}$
ω	Winkelgeschwindigkeit	s^{-1}
	Stromdichte	

Dimensionslose Kriterialgrößen

$Bi = \frac{\alpha \cdot d}{\lambda}$	BIOT-Zahl
Fg	Freiheitsgrad
$Fr = \frac{w^2}{g \cdot d}$	FROUDE-Zahl
Ge	Geometrische Kriterialgrößen (1–7)
$Ka_F = \frac{\eta_F{}^2}{\varrho_F \cdot \sigma_F \cdot \delta_0} = \frac{1}{L_P}$	Kapillaritätszahl der Flüssigkeit
$Ka_S = \frac{L^3}{A_H \cdot \delta_0}$	Kapillaritätszahl des porösen Feststoffes ($L := a_0$)
$K_v' = \frac{\Delta h_{v;F}}{c_{P;F} \cdot \Delta T}$	modifizierte Verdampfungszahl
Ko	Komponentenzahl
$Le = \frac{\lambda}{\varrho \cdot c_P \cdot D} = \frac{Pr}{Sc}$	LEWIS-Zahl
$Lp = \frac{d \cdot \varrho \cdot \sigma}{\eta^2} = \frac{1}{Ka_F}$	LAPLACE-Zahl
$Nu = \frac{\alpha \cdot d}{\lambda}$	NUSSELT-Zahl
Ph	Phasenzahl
$Pr = \frac{c_P \cdot \eta}{\lambda} = \frac{\nu}{a}$	PRANDTL-Zahl
$Re = \frac{w \cdot d}{\nu} = \frac{w \cdot d \cdot \varrho}{\eta}$	REYNOLDS-Zahl
$Sc = \frac{\nu}{D} = \frac{\eta}{D \cdot \varrho}$	SCHMIDT-Zahl

$Sh = \frac{\beta \cdot d_P}{D}$	SHERWOOD-Zahl
$St = \frac{\alpha}{w \cdot \varrho \cdot c_P} = \frac{Nu}{Re \cdot Pr}$	STANTON-Zahl

Indizes, hochgestellt

$\cdot$	zeitbezogene Größen; Stromgrößen
$'$	fester Aggregatzustand
$''$	flüssiger Aggregatzustand
$'''$	gasförmiger Aggregatzustand
$\bar{}$	Mittelwert
$*$	Gleichgewichts-, Sättigungszustand
$**$	Zustand maximaler hygroskopischer Feuchte

Indizes, tiefgestellt

A	Aufwand
Ab	Abschreibung
AK	Arbeitskräfte
Akk	Akkumulation
Anl	Anlagen und Apparate
AP	Arbeitsproduktivität
Ausf	Ausfall
BP	Bruttoproduktion
C	CARNOT-Faktor
D	Dampf; Durchgangsgröße
En	Energie, energetisch
Ex	Exergie, exergetisch
F	Feuchte
G	Gas; Gewinn
Geg	Gegenstrom
Gl	Gleichstrom
H	Heiz-
HD	Heizdampf-
Isol	Isolier
L	Luft
LAP	LAPLACE
M	molar, Material
Men	Meniskus
Misch	Mischgröße im Realverhalten
N	Nutzen
NN	normative Nutzung

NP	Nettoproduktion
P	Partikel, Pore
Q	Wärme
R	Reparatur; Rückstand
Re	REYNOLDS
RF	Rückfluß-
S	feste Phase (Solidus); Oberfläche der festen Phase
Sch	Scheibe
Stand	Stand
Str	Strahlung
T	Temperatur
Tr	Trockner
Trans	Transport
U	Umgebung
Umw	Umwandlung
V	Volumen, Verlust
Verf.	Verfahren
W	Wasser; Wurzel
WP	Warenproduktion
$WÜ$	Wärmeübertrager
X	auf Feststoffbeladung bezogen
Y	auf Gasbeladung bezogen
Z	Zentralwert
a	arithmetisches (Mittel)
ab	abgeführt
$äq$	äquivalent
b	Bindungs-, Betriebs-
e	exzeß
el	elektrisch
ex	exergetisch
f	feste; feuchte
fG	feuchtes Gut
g	geometrisches (Mittel)
ges	gesamt
h	häufigst
har	harmonisches (Mittel)
hygr.	hygroskopisch
i	$i = 1\ (1)\ i_0$ Laufzahl
id	ideal
j	$j = 1\ (1)\ j_0$ Laufzahl
k	$k = 1\ (1)\ k_0$ Komponentenzahl Grad des statistischen Momentes
l	Lage $l = 1\ (1)\ l_0$ Laufzahl liquidus
lg	logarithmisch; log. Mittel

m	Masse; Mischung
max	maximaler
mehr	mehr
min	minimaler
mono	Einschichtbedeckung
opt	optimal
p	Druck
pr	praktisch
prim	primär
r	Grad der Verteilung $r = 1\ (1)\ r_0$
sek	sekundär
stand	Standard-, Normal-
t	technisch
tats	tatsächlich
th	theoretisch
tr	trocken
u	Umlauf
$ü$	Überhitzung
v	Verdampfung; variable
zu	zugeführt
α	Anfang; Eintrittszustand
ξ	Massenanteil
ω	Ende; Austrittszustand
0	Bezugszustand der reinen Komponente
∞	reine Feuchte

1. Probleme der Einordnung bei und von Trocknungsprozessen

Historisch betrachtet dürfte die Trocknung die älteste, für die Menschen lebensnotwendige Grundoperation der Verfahrenstechnik sein, derer sie sich seit Urzeiten bedienen: Das Trocknen der Produkte der Jagd und des Ackerbaus, ursprünglich vorwiegend zur Sicherung ihrer Haltbarkeit, gehörte ebenso wie das Trocknen nasser Kleidung zu den ersten Anwendungsgebieten. Dabei wurde die Trocknung über lange Zeiträume hinweg überwiegend durch die Wirkung der Umgebungsluft und der Sonneneinstrahlung, seltener durch die Strahlung des Feuers erreicht.

Aus diesen ersten, damals eng begrenzten Anwendungsfällen hat sich eine große Gruppe von Verfahren mit vielen Varianten von Apparaten und Anlagen entwickelt. Die Breite des Spektrums reicht, um das am Temperaturbereich und an Produkten zu verdeutlichen, von der intensiven Hochtemperatur-Trocknung von Salzen bis zur schonenden Vakuum-Gefriertrocknung biochemisch synthetisierter Enzyme, und ist in ständiger Weiterentwicklung.

Durch die langen praktischen Erfahrungen mit Trocknungsprozessen gibt es eine Reihe offener Probleme der Einordnung von Trocknungsprozessen, die sich hemmend auf eine tiefere Durchdringung auswirken; manche mögen trivial erscheinen, doch ist deren Klärung notwendig, um die Voraussetzungen für eine durchgängige Optimalgestaltung zu sichern.

1.1. Volkswirtschaftliche Einordnung und Bedeutung

Die volkswirtschaftliche Bedeutung der Trocknungsprozesse in Industrie und Landwirtschaft ist unbestritten. Allerdings trägt ihre Anwendung deutlich duale Züge.

Bei den modernen Anlagen in Industrie und Landwirtschaft wird die Trocknung in ihren verschiedenen Formen benötigt, um schnell, sicher und zuverlässig zu produzieren.

Hauptziele der Trocknungsprozesse sind die Sicherung der Weiterverarbeitung, Gebrauchswertschaffung und -erhöhung, Minimierung des Lager- und

Transportaufwandes und die Sicherung und Erhöhung der Lagerfähigkeit [1–1].

Tabelle 1–1 gibt eine Übersicht über ausgewählte zu trocknende Produkte in den verschiedenen Bereichen der Volkswirtschaft mit Beispielcharakter. Man kann betonen: Ohne Trockner, die in die Gesamtanlagen in zunehmen-

Tabelle 1–1: Übersicht über wichtige, in den verschiedenen Zweigen der Volkswirtschaft zu trocknende Produkte

Volkswirtschaftsbereich/ Industriezweig	Produkte	Aggregatzustand		
		G	*F*	*S*
Bergbau	Kochsalz; Kalisalze			•
Brennstoff-Industrie	Torf, Rohbraunkohle, Gase			•
Baustoff-Industrie	Sand, Zement, Ziegel, Formteile			•
Keramische Industrie	Keramik-Rohstoffe			•
	Keramik- und Porzellan-Formteil			•
Energie-Versorgung	Transformatorenöle		•	
Chemische Industrie	Organische Zwischenprodukte		•	•
	Kunststoffe			•
	Farbstoffe, Insektizide, Herbizide		•	•
	Fungizide, Düngemittel,		•	•
	Waschmittel, Textil-Hilfsstoffe		•	•
Arzneimittel-Industrie	Arzneimittel,		•	•
	Blutplasma, Enzyme		•	•
	Pflanzen und Früchte			•
Textil-Industrie	Fasern, Textilien			•
Land- und Forstwirtschaft	Holz, Stroh, Heu			•
	Getreide, spez. Saatgut			•
Lebensmittel-Industrie	Obst, Kartoffeln, Gemüse			•
	Kaffee, Tee,			•
	Instant-Produkte für Speisen und Getränke		•	•
	Milch, Babynahrung ...		•	•
Papier- und Holz-Industrie	Papier, Pappe, Tapeten			•
	Nutzholz, Sägespäne, Spanplatten			•
Elektro- und Elektronik-Industrie	Widerstände, Kondensatoren			•
	Kabelmassen, Ölkabelöle		•	
	Bauteile			•
Automobil-Industrie	Maschinen-Elemente, Bleche			•
	Lack auf Karossen und Bauteilen		•	•

dem Maße integriert werden, können keine modernen Verfahren und Anlagen realisiert werden. Diese Feststellung gilt im besonderen Maße für den zunehmenden Trend zu biochemischen und mikrobiologischen Verfahren — ein wichtiger Aspekt der Anwendung der Trocknung in der Volkswirtschaft.

Die Trocknung erfordert im volkswirtschaftlichen Maßstab enorme energetische Aufwendungen. Allein in den ca. 10000 größeren Trocknungsanlagen der DDR werden ca. 13% der insgesamt bereitgestellten Gebrauchsenergie benötigt [1–2, 1–3]. Durch Energieeinsparungen bei Trocknungsprozessen kann daher ein nennenswerter Beitrag zur Reduzierung des volkswirtschaftlichen Gesamtenergiebedarfes geleistet werden.

Der Prozeßanalyse und -optimierung unter exergetischem Aspekt ist besondere Aufmerksamkeit zu schenken.

1.2. Thermodynamische Einordnung und Modellbildungsaspekte

Die Notwendigkeit der exergetischen Betrachtung von Trocknungsprozessen wird in verschiedenen Arbeiten hervorgehoben [1–4 bis 1–7]. MALTRY entwickelte für Konvektions-Trocknungsprozesse geeignete Exergie-Diagramme [1–8]. Doch sind in den Standardwerken der Exergie [1–9, 1–10] die Trocknungsprozesse unterproportional berücksichtigt oder überhaupt nicht mit dargestellt, obwohl gerade die Trocknungsprozesse ein bevorzugtes Anwendungsfeld sein sollten. — Die Ursachen dieses unbefriedigenden Standes bzw. die Probleme der thermodynamischen Einordnung sollen vorwiegend am Beispiel der Konvektions-Trocknungsprozesse dargelegt werden, um Wege zur Positionsverbesserung zu zeigen.

1.2.1. Thermodynamischer Charakter des Trocknungsprozesses

Der 2. Hauptsatz der Thermodynamik unterscheidet zwischen den freiwilligen, natürlichen, von selbst ablaufenden Prozessen und den erzwungenen Prozessen. Aus dieser Unterscheidung folgen in der thermodynamischen Betrachtung und Wertung unterschiedliche Bewertungen des Prozeßablaufes [1–9]. Dieser Unterschied zwischen den Prozeßtypen resultiert aus den Lagen der spezifischen intensiven Zustandsparameter z, speziell der spezifischen Entropie s, am Anfang und Ende eines geforderten Trocknungsprozesses $(Z_\alpha; S_\alpha)$ — $(Z_\omega; S_\omega)$ in bezug auf den Umgebungszustand $(Z_U; S_U)$:

Der freiwillige, natürliche Prozeß ist charakterisiert durch

$$(S_U - S_\alpha) > 0 \qquad (1.2\text{–}1\,\text{a})$$

der erzwungene Prozeß dagegen durch

$$(S_U - S_a) < 0 \qquad (1.2\text{–}1\,b)$$

Infolge der geringen Differenz dieser Werte sowie durch den tages- und jahreszeitlich bedingten Schwankungsbereich des Umgebungszustandes S_U ändert sich logischerweise auch der Charakter des Trocknungsprozesses ständig, wie aus den Erfahrungen im täglichen Leben bekannt: Bei bestimmten äußeren Bedingungen verläuft die Trocknung als freiwilliger, natürlicher Prozeß; bei feuchter Luft mit Nebel wird dagegen das Gut befeuchtet und der Trocknungsprozeß kann nur als erzwungener Prozeß realisiert werden.

Das ist ein wissenschaftlich unbefriedigender, aber objektiver Fakt.

Diese stark differenzierte Auswirkung bei relativ geringen Schwankungen der Umgebungsbedingungen erfordert im Sinne einer durchgängigen und breiten Anwendung der exergetischen Methode in der Industrie eine eindeutig pragmatische Definition des Umgebungszustandes: Es ist bekannt, daß der überwiegende Teil der Trocknungsprozesse, der exergetisch zu optimieren ist, als erzwungener Trennprozeß mit hohem Triebkraftaufwand realisiert werden muß. Diese Prozesse sind bei den folgenden Betrachtungen gemeint.

Mit einer Festlegung des Umgebungszustandes auf $\varphi_U = 1$, wie sie im Abschnitt 2. getroffen wird, folgt für die Trocknungsprozesse:

— Alle Produkte, die getrocknet werden sollen, stehen mit flüssiger Feuchte und dem feuchtegesättigten Gas beim Umgebungszustand im Gleichgewicht.

— Alle Produkte erfordern im Feuchtzustand eine Trocknung mit einer positiven minimalen Trennarbeit.

— Alle Trocknungsprozesse sind damit erzwungene Trennprozesse, die nicht als selbständig ablaufend angesetzt werden können. Sie können nach der gleichen Methode analysiert und bewertet werden.

Es ist bekannt, daß diese Festlegung nicht immer zutrifft. Trotz dieser gewissen Willkür bei der Umgebungs-Definition ist sie auf jeden Fall für industrielle Trocknungsprozesse wasserfeuchter Produkte mit zusätzlicher Triebkraftaufprägung zweckmäßig. — Auch für Produkte mit einer anderen Feuchte, wie z. B. Lösungsmittel Methanol, Ethanol, Chloroform, Benzen. o. ä., die nicht in die Atmosphäre entweichen dürfen, ist diese Umgebungsdefinition mit $\varphi_U = 1$ zweckmäßig. Damit wird ein „Anlagen-Umgebungszustand" definiert, der die Forderung stellt bzw. gewährleistet, daß diese Lösungsmittel nach der Trocknung in der Anlage kondensieren und nicht gasförmig aus der Anlage in die Umgebung ausgetragen werden. Das fördert den Umweltschutz bei den Trocknungsprozessen lösungsmittelfeuchter Produkte.

Falls sich nennenswerte Veränderungen im Umweltzustand ergeben oder eine exaktere Abschätzung erforderlich ist, können die Beziehungen umgerechnet werden

$$\Delta h_U = h_{U;\mathrm{stand}} - h_{U;\mathrm{tats}} \tag{1.2–2a}$$

$$\Delta s_U = s_{U;\mathrm{stand}} - s_{U;\mathrm{tats}} \tag{1.2–2b}$$

$$\Delta e_U = (h_{U;\mathrm{stand}} - h_{U;\mathrm{tats}}) - (T_{U;\mathrm{stand}} \cdot S_{U;\mathrm{stand}} - T_{U;\mathrm{tats}} \cdot S_{U;\mathrm{tats}}) \tag{1.2–2c}$$

Unzweifelhaft und unwidersprochen bleibt, daß bei allen natürlichen Trocknungsprozessen selbstverständlich die realen Umgebungszustände beachtet werden müssen, um den realen Trocknungsprozeß zu sichern.

1.2.2. Thermodynamische Aspekte der Modellbildung

Die Breite der zu trocknenden Produktpalette geht aus Tab. 1–1 deutlich hervor: Sie umfaßt Produkte flüssigen und festen Aggregatzustandes, die zu einem großen Teil auch vom flüssigen in den festen Aggregatzustand gelangen. — Real sind die zu trocknenden Produkte Mehrkomponenten- und Zwei- bzw. Drei-Phasen-Gemische. Bei der Modellbildung kommt es bekanntermaßen darauf an, die wesentlichen Aspekte zu beschreiben und unwesentliche Elemente zu eliminieren. Das ist nur durch eine Spezialisierung der Modelle zu erreichen. Aus den thermodynamischen Grundlagen folgen sowohl die Gleichgewichts-Modelle als auch die Kinetik-Modelle.

Gleichgewichts-Modelle

Für Feuchtprodukte sind unterschiedliche Gleichgewichts-Modelle bekannt. Diese berücksichtigen auch unterschiedliche Aggregatzustände der Komponenten.

Am weitesten verbreitet sind die Kapillarmodelle, die vom festen Aggregatzustand (S) des Gutes ausgehen und in den Poren die Feuchte als kondensierte Phase (F) und auch Gas berücksichtigen. Die hohe Qualität dieser Modelle wird eigentlich nur dadurch beeinträchtigt, daß sie ausschließlich auf feste Kapillargüter anzuwenden sind.

Die zu trocknenden Produkte umfassen einen außerordentlich weiten Bereich bei den Aggregatzuständen. Das wird besonders deutlich bei den Produkten der Chemischen Industrie, die von feuchten Trockenstoffen bis zu flüssigen Dispersionen und Lösungen reichen, wie Abb. 1–1 an charakteristischen Beispielen zeigt. Die außerordentlich hohe Breite der Produktkonsistenz erfordert einen neuen Gleichgewichts-Modell-Typ, der in der Lage ist, die gesamte Breite der Zustände modellierend zu erfassen.

Im Sinne der Durchgängigkeit der Gutsmodellierung in bezug auf die Gleichgewichte werden in diesem Buch die bekannten Grundmodelle der thermodynamischen Mischphasen auf feuchte Güter im festen und flüssigen Aggregatzustand angewendet. Bewußt ist hierbei zu vernachlässigen, daß im festen Aggregatzustand keine echte homogene Mischphase vorliegt: Das Gut (S)

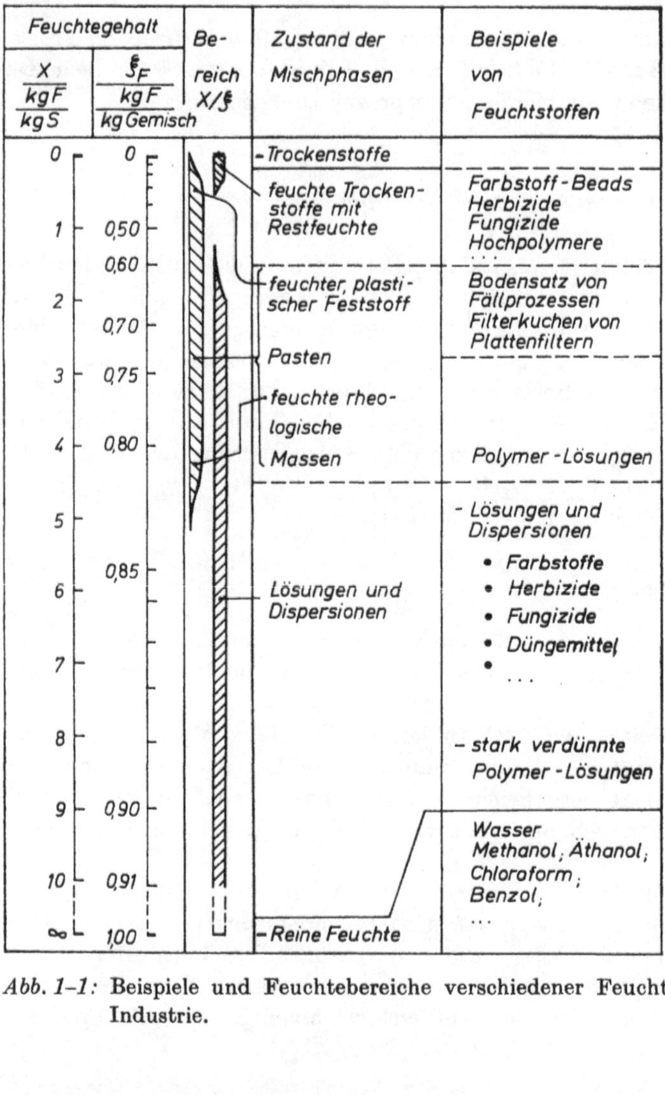

Abb. 1-1: Beispiele und Feuchtebereiche verschiedener Feuchtstoffe der Chemischen Industrie.

liegt im festen Aggregatzustand vor, die Feuchte (F) dagegen im flüssigen Zustand. Trotzdem tritt beim Feuchtgut eine deutlich meßbare Absenkung des Partialdrucks der Feuchte vor, die bei der Modellierung des Realverhaltens in einen Ideal- und einen Exzeßanteil zerlegt wird.

Aufbauend auf der Arbeit von Wirth [1–11] bilden diese Betrachtungen die Grundlage für die Berechnung der minimalen Trennarbeit als thermodynamischer Nutzen der Trocknungsprozesse und Grenzwert der aufzuwendenden Prozeßarbeit. — Der Anschluß an die Kapillarmodelle einer Gleichgewichtsbeschreibung wird mit behandelt.

Kinetik-Modelle

Für die Trocknung bildet das tiefere Eindringen in die Kinetik des Prozesses den Schwerpunkt der Untersuchungen. Das hängt mit den doppelten Beziehungen und der Bedeutung zusammen, die sich aus der Kinetik ergeben: Durch die Konzentrations-Differenzen im Gut ergeben sich Qualitätsbeeinflussungen für das Gut und Erhöhungen des Exergiebedarfs infolge des Triebkraftbedarfes.

Es werden zwei Grundtypen der Modelle für die Kinetik dargestellt:

- Diffusionsmodelle im einphasigen Zustand für Flüssigkeiten und feste Lösungen von Wasser und Monomeren in Polymeren,
- Kapillarmodelle mit flüssiger Feuchte in den Poren des Feststoffes.

Mit diesen Modellen kommt man in zunehmendem Maße zur Kenntnis der realen Feuchteverteilung im Gut anstelle der bisher fast ausschließlichen Angabe der mittleren Gutsfeuchte.

1.3. Verfahrenstechnische Einordnung und Abgrenzung der Begriffe Trocknung und Trocknungsprozesse

Im täglichen Leben, in der verfahrenstechnischen Praxis und in der verfahrenstechnischen Literatur werden die Begriffe Trocknung und Trocknungsprozesse mit unterschiedlicher Bedeutung angewendet. Das resultiert aus der unterschiedlichen Aufgaben- und Zielstellung bei den Arbeiten:

— Der in der Industrie tätige Ingenieur ist in der Regel gezwungen, einen allgemeinen Trocknungsbegriff anzuwenden, um eine wirtschaftlich optimale Problemlösung der Trocknung über mehrere Verfahrensstufen zu sichern.

— Das wissenschaftliche Grundkonzept für die spezielle Trocknung erfordert dagegen, vor allem wegen der sich nicht erneuernden Oberflächen, eine Präzisierung und Einengung des Trocknungsbegriffes, um die mathematischen Modellierungs-Grundansätze und -Lösungen der Trennprozesse weiter zu entwickeln.

Dieser Widerspruch in der Betrachtung resultiert objektiv aus unterschiedlichen Zielstellungen der Bearbeiter. Er kann nicht durch Diskussionen und Argumentationen ausgeräumt werden. Von einigen Autoren wird versucht, aus den Präzisierungen der Modellansätze eine unzulässige Sonderstellung der Trocknung abzuleiten. Die in Tab. 1–1 zusammengefaßte Übersicht über Trocknungsprozesse in verschiedenen Industriezweigen und deren charakteristische zu trocknende bzw. getrocknete Produkte verdeutlicht, daß bei der Trocknung als Trennprozeß zwar die Feststoffe ((S) = Solids) in der Anzahl und der Bedeutung überwiegen, aber keineswegs unter dem Anspruch auf Ausschließlichkeit gesehen werden dürfen, da auch Gase (G) und Flüssigkeiten (F) zu trocknen sind.

Auch in den Standard-Monografien und Spezialveröffentlichungen zeigen sich wesentliche Unterschiede in der verfahrenstechnischen Definition der Begriffe Trocknung und Trocknungsprozesse:

Krischer-Kast versteht unter dem Trocknen ganz allgemein „*den Entzug einer Flüssigkeit aus einem Gut, wobei das Ziel des Trocknens die Herstellung des trockenen Gutes ist*“ [1–12].

Die Definition von Krischer-Kast stimmt mit der landläufigen Definition für das allgemeine Trocknen als „*die Beseitigung von Feuchtigkeit aus Gasen, Feststoffen, Schlämmen, Suspensionen und Flüssigkeiten* ...“ überein [1–13].

Kneule dagegen engt den Begriff der Trocknung ein: „*Im allgemeinen Sprachgebrauch versteht man unter Trocknen das Entfernen von Flüssigkeiten aus einem Gut durch Verdunsten oder Verdampfen, wozu in der Regel Wärme an das Gut herangeführt werden muß. Das Gut kann in fester, pastöser oder flüssiger Konsistenz vorliegen ... Es ist üblich, den eigentlichen Begriff der „Trocknung“ dem ... thermischen Vorgang vorzubehalten*“ [1–14]. Er stimmt damit weitgehend mit der speziellen Trocknungsdefinition überein: Unter dem Begriff des Trocknens soll das Entfernen oder Vermindern der Feuchte aus einem Gut verstanden werden. Das Gut soll in trockenem Zustand ein Feststoff sein, und das Trocknen sei das „*Entfernen oder Vermindern der Feuchte eines Gutes durch Zu- oder Abführen von Wärme, wobei die Feuchte eine Änderung des Aggregatzustandes erfährt*“ [1–15].

Einige Experten der Trocknungstechnik gehen in ihrer Differenzierung sogar noch weiter: sie wollen den Begriff der Trocknung neben der Beschränkung auf die Behandlung von Feststoffen mit Wärmezufuhr, zur Änderung des Aggregatzustandes der Feuchte, und dabei ganz speziell auf den Vorgang mit der Absenkung des Feuchtespiegels in das Innere des Festkörpers begrenzt sehen.

Diesen Überlegungen liegt dabei unausgesprochen die Auffassung zugrunde, daß unter den Bedingungen der sich nicht erneuernden Oberflächen und des damit zunehmenden Widerstandes gegen die Kinetik des Prozesses schwierige Bedingungen für die Modellierung der Trocknung vorliegen, die wissenschaftlich zu lösen sind. — Die Definitionen von KNEULE [1–14] und der TGL [1–15] sollten als Definition spezieller Trocknungsprozesse verstanden werden, die den Begriff der Trocknung stark einengt, aber die speziellen Aspekte der thermischen Trocknung berücksichtigt und hervorhebt.

Aus verschiedenen Gründen kann der eingeengte Begriff der speziellen Trocknungsprozesse nicht immer befriedigen. Die Hauptgründe für die Notwendigkeit einer allgemeinen Definition liegen in einer grundsätzlich einheitlichen thermodynamischen Betrachtung und Wertung dieser Prozesse sowie der in der betrieblichen Praxis notwendigerweise durchgängigen Betrachtung aller Trocknungsprozesse. Dafür gibt es Hinweise bei verschiedenen Autoren:

In Übereinstimmung mit KRISCHER-KAST [1–12] räumt auch KNEULE ein: „... *Für die Trocknung von Gasen bedient man sich der Trennverfahren der Kondensation, Ab- und Adsorption. Im weiteren Sinne kann man zur Trocknung auch die Verfahren rechnen, bei denen die Flüssigkeit auf mechanischem Wege, also ohne (Aggregat-)Zustandsänderung durch Abpressen, Filtrieren oder Zentrifugieren, entzogen wird*“ [1–14].

An anderer Stelle wird festgestellt: „*Es ist sinnvoll, vor der Trocknung eines Gutes die Feuchtigkeit möglichst weitgehend durch Apparate der mechanischen Feuchtigkeitsentfernung abzutrennen ...*“ [1–16].

In der Standard-Literatur ist keine allgemeingültige Definition für allgemeine Trocknungsprozesse zu finden. Es soll hier versucht werden, die Trocknung durch Umkehrung der Befeuchtung allgemeingültiger zu definieren:

In Abb. 1–2 ist am Beispiel der Wasser-Feuchte die Befeuchtung als Umkehrung der Trocknung dargestellt. Durch Zuführung von Feuchtigkeit (A) zum Trockenstoff (B) entsteht der Feuchtstoff ($A + B$) als Mischphase. — Die Befeuchtung kann allerdings genau so zwischen den verschiedenen Feuchtstoffen oder von Feuchtstoffen an den Feuchtstoff vor sich gehen. Die Befeuchtung — und in der Umkehrung damit auch die Trocknung — ist nach dieser Betrachtung an keinen Aggregatzustand der Feucht- oder Trockenstoffe gebunden. — Aus dem systematischen Vergleich dieser allgemeinen Befeuchtungsprozesse mit ihrer Umkehroperation, und das ist die Trocknung, folgt die Definition:

Der allgemeine Trocknungsprozeß umfaßt das Entfeuchten eines Gutes, unabhängig vom Aggregatzustand, den Wirkprinzipien und den angewandten Triebkräften.

Diese allgemeine Definition erfaßt die betrieblichen und allgemeinen thermodynamischen Anforderungen umfassend. Es folgt aus dieser Definition eine integrale Betrachtung der mechanischen und thermischen Trennprozesse. Der Vorteil dieser Definition für die betriebliche Anwendung soll am Beispiel des in Abb. 1-3 dargestellten Verfahrensfließschemas zur Herstellung des Farbstoffes Litholrot R erläutert werden [1-17]. Das Verfahren besteht aus 9 Stufen, das sich aus zwei Befeuchtungsstufen (Lösen; Anmaischen), zwei Reaktionsstufen (Diazotieren; Kupplungs-Reaktion), vier allgemeinen Trock-

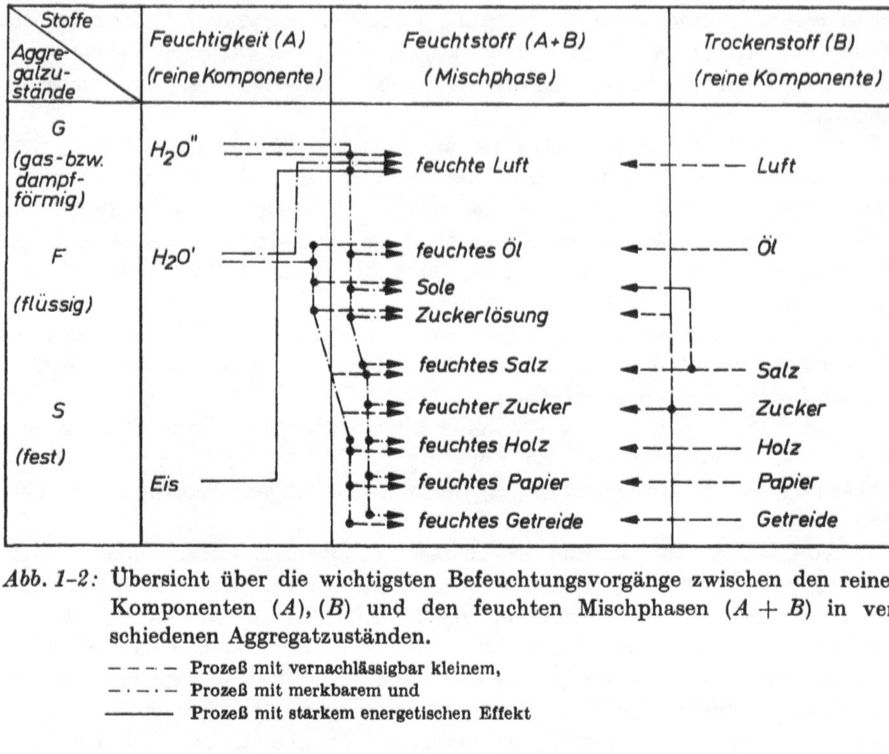

Abb. 1-2: Übersicht über die wichtigsten Befeuchtungsvorgänge zwischen den reinen Komponenten (A), (B) und den feuchten Mischphasen ($A + B$) in verschiedenen Aggregatzuständen.

– – – – Prozeß mit vernachlässigbar kleinem,
– · – · – Prozeß mit merkbarem und
——— Prozeß mit starkem energetischen Effekt

nungsstufen, aber nur einer speziellen Trocknungsstufe, sowie einer mechanischen Zerkleinerungsstufe (Mahlen) zusammensetzt. — Sieht man vom Filtrieren des Diazoniums auf der Filternutsche als einer Trocknungsstufe ab, so liegen in diesem speziellen Farbstoffverfahren drei aufeinander folgende allgemeine Trocknungsverfahrensschritte hintereinander. Sie sind unmittelbar gekoppelt. Je besser und sorgfältiger die ersten beiden Stufen des Löslichkeitsverdrängens durch Aussalzen und das Filtrieren zur Wasserabtrennung be-

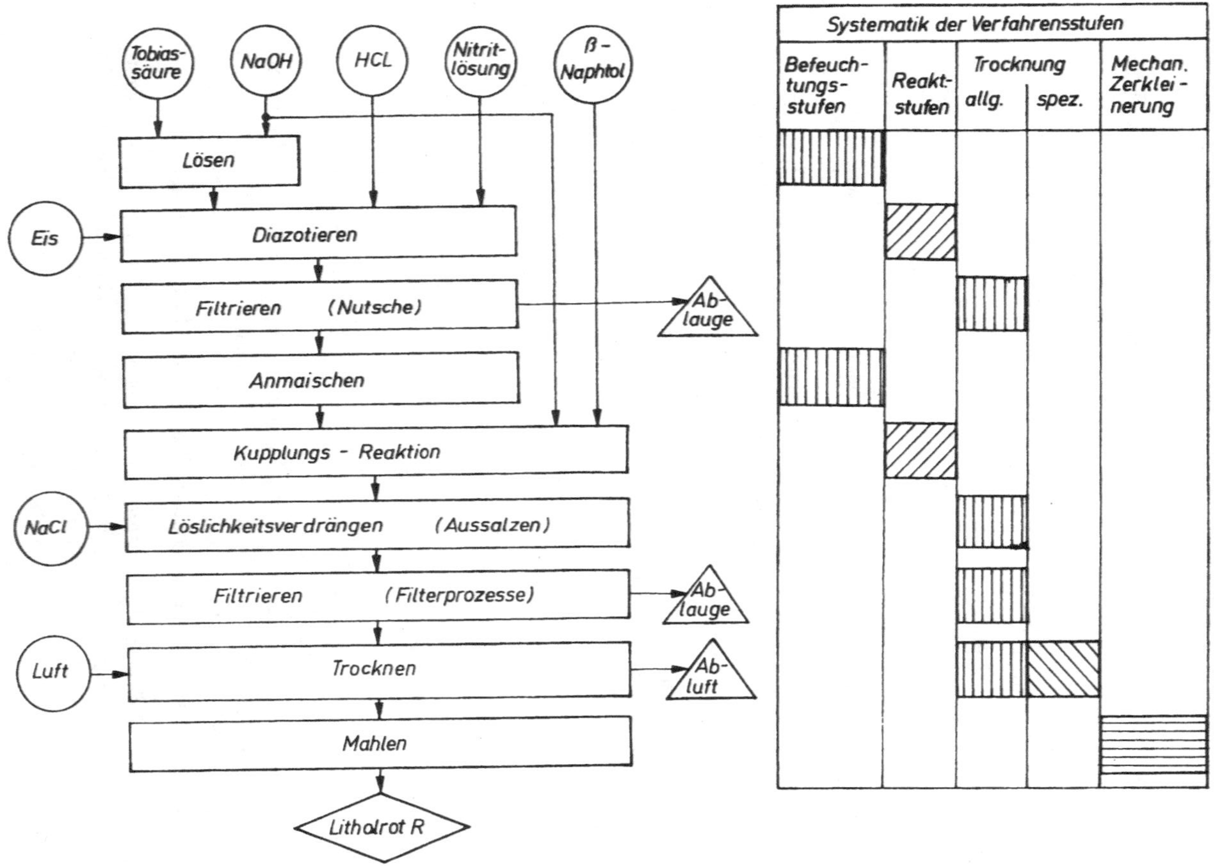

Abb. 1–3: **Verfahrensfließschema zur Herstellung des Farbstoffs Litholrot R [1–16] mit Kennzeichnung der Typen der Verfahrensstufen.**

trieben werden, desto geringeren Aufwand erfordert dann die letzte, die spezielle Trocknungsstufe. — Das Beispiel des Litholrot-R-Verfahrens verdeutlicht:

Die allgemeine Definition des Trocknungsprozesses ist zweckmäßig für die verfahrenstechnische Optimalgestaltung von Verfahren und Anlagen. Sie ist relativ und systembezogen zu sehen, da die Trocknung eines Systems bzw. eines Gutes stets zur Befeuchtung eines anderen Systems oder Gutes führt. Die Beherrschung der Probleme der allgemeinen Trocknungsprozesse ist Voraussetzung für die Beherrschung der Probleme der speziellen Trocknungsprozesse. In dieser Einheit der allgemeinen und speziellen Trocknungsprozesse muß die Darstellung der verschiedenen Verfahren und ihrer Probleme erfolgen, wenn sie zur optimalen betrieblichen Nutzung geführt werden soll.

Allerdings wird bei einer derartigen Breite der Prozesse und Verfahren die notwendige Spezifik des wissenschaftlichen Instrumentariums kaum darstellbar sein.

Im Sinne der Konzentration auf das wesentliche wissenschaftliche Instrumentarium werden sich die folgenden Darlegungen auf die Probleme der speziellen Trocknung beziehen, wie sie von Kneule [1–14] definiert und auf S. 28 zitiert wurden.

Die ausführliche Diskussion dieses Problems sollte die Widersprüchlichkeit darstellen, in der sich die Definition der Begriffe Trocknung und Trocknungsprozesse objektiv befindet.

1.4. *Verfahrenstechnische Behandlung der Trocknungsprozesse*

Die verfahrenstechnische Behandlung der Trocknungsprozesse baut auf den thermodynamischen Grundlagen auf und hat drei wesentliche Aufgaben und Zielstellungen:

— Sicherung der Auslegung von Trocknern auf der Grundlage der verfahrenstechnischen Beschreibung,
— Schaffung der Grundlagen für die ökonomische Bewertung und Optimalgestaltung der Trockner unter Beachtung ihrer Eingliederung in das Gesamtverfahren und die Gesamtanlage,
— Entwicklung von Steuerungsmodellen für Trocknungsanlagen.

Diese Veröffentlichung dient dem Ziel, vor allem zu den beiden ersten Schwerpunkten Beiträge zu leisten. Dazu werden Modelle zur Beschreibung der Gleichgewichte und der vertieften Kinetik-Beschreibung dargestellt. Das Exergie-Konzept stellt dabei den Leitfaden für die thermodynamische Analyse und Optimierung dar.

Die Modellierung der Trocknungsprozesse führt auf simultan zu lösende

Differentialgleichungssysteme. Häufig werden dafür zusätzliche Informationen, geeignete Ansätze und Lösungsmethoden für diskontinuierliche und kontinuierliche Trockner bei unterschiedlichen Randbedingungen benötigt. Im Kap. 5 der „*Verfahrenstechnischen Berechnungsmethoden — Teil 2 — Thermisches Trennen*“ [1-18] sind einige Lösungen geeigneter Differentialgleichungen angegeben. Darüber hinaus werden dort 10 verschiedene Typen von Trocknungsverfahren und Trockner in ihrer technischen Ausführung und mit den damals vorliegenden Berechnungsmethoden behandelt.

Grenzfälle der Modellierung sind die idealen Trockner mit den eindeutigen Gleich-, Gegen- oder Kreuzstrombedingungen zwischen Feuchtgut und Trocknungsmittel. Trocknungsmittel und Feuchtgut werden dabei unter den Bedingungen der idealen Durchmischung bzw. der Pfropfenströmung gelöst. Eine Berücksichtigung realer Strömungsbedingungen erfolgt bisher kaum, weil die inneren Transportprobleme besondere Anforderungen stellen. Die in der Reaktionstechnik üblichen axialen und radialen Diffusions-, Zellen- oder Verweilzeitmodelle können — nach Lösung der genannten Probleme — in der weiteren Entwicklung zur Beschreibung des Realverhaltens von Trocknern herangezogen werden.

Literatur- und Quellenverzeichnis

[1-1] ROTH, H.: „Zur volkswirtschaftlichen Bedeutung der Trocknung“. Energieanwendung **32** (1983) 5, S. 164—165

[1-2] RAHN, R.: „Die energiewirtschaftliche Bedeutung der Trocknung“. Energieanwendung **32** (1983) 5, S. 165—166

[1-3] AUTORENKOLLEKTIV: „*Energiewirtschaft für Verfahrenstechniker*“ (2. Aufl.). VEB Deutscher Verlag für Grundstoffindustrie, Leipzig 1974

[1-4] ROTH, H.; WIRTH, I.; KALZ, G.: „Exergetische Bewertung verfahrenstechnischer Varianten der Trocknung“. Energieanwendung **32** (1983) 5, S. 177—180

[1-5] ROTH, H.; WIRTH, I.; KALZ, G.: „Rationelle Energieanwendung bei Trocknungsprozessen, speziell bei Konvektionstrocknungsprozessen“. Internationale Konferenz für Industrielle Energieanwendung (IKIE), Berlin 17.—21. 9. 84

[1-6] HEBECKER, D.: „Exergetische Analyse der Vinylchloridtrocknung“. Chem. Techn. **38** (1986) 3, S. 96—99

[1-7] SIENIUTYCZ, S.: "A development of the relation between drying energy savings and thermodynamic irreversibility". Chemical Engineering Science, Pergamon Press Ltd. Vol. 39 (1984) No. 12.; pp. 1647—1659

[1-8] MALTRY, W.: „Wirtschaftliches Trocknen“, Wärmelehre und Wärmewirtschaft, Bd. 21, Verlag Theodor Steinkopff, Dresden 1975

[1-9] FRATZSCHER, W.; BRODJANSKI, V. M.; MICHALEK: „*Exergie: Theorie und Anwendung*“. VEB Deutscher Verlag für Grundstoffindustrie, Leipzig 1986

[1-10] KOTAS, T. J.: "*The Exergy Method of Thermal Plant Analysis*". Butterworths, London, Boston, Durban Singapore, Sydney, Toronto, Wellington 1985

[1-11] WIRTH, I.: „Zur thermodynamischen Analyse und Bewertung des Konvektionstrocknungsprozesses". Diss. A, IH Köthen, 1987

[1-12] KRISCHER, O.; KAST, W.: „*Die wissenschaftlichen Grundlagen der Trocknungstechnik*" (3. Aufl.). Springer-Verlag, Berlin, Heidelberg, New York 1978

[1-13] „*Brockhaus ABC Naturwissenschaft und Technik*" (2 Bde, 9. Aufl.). F. A. Brockhaus Verlag, Leipzig 1968

[1-14] KNEULE, F.: „*Das Trocknen*" (27. Aufl.). Verlag Sauerländer AG; Aarau und Frankfurt/Main 1965

[1-15] TGL 15382

[1-16] „*Lehrbuch der chemischen Verfahrenstechnik*". VEB Deutscher Verlag für Grundstoffindustrie, Leipzig 1967

[1-17] OST-RASSOW; RUNGE, F.; SCHWARZE, W. K.: „*Lehrbuch der chemischen Technologie*" (2 Bde; 27. Aufl.). Johann Ambrosius Barth Verlag, Leipzig 1965

[1-18] AUTORENKOLLEKTIV: „*Verfahrenstechnische Berechnungsmethoden*". Teil 2: „*Thermisches Trennen*". VEB Deutscher Verlag für Grundstoffindustrie, Leipzig 1980

Wissenschaftliche Grundlagen

2. Thermodynamische Grundlagen der Trocknung

Trocknungsprozesse setzen sich aus Stoff-Trenn- und -Transportprozessen zusammen, die stets eine gezielte Zuführung von arbeitsfähiger Energie erfordern. Die verfahrenstechnische Beherrschung der Trocknungsprozesse ist daher nur bei sicherer Kenntnis der thermodynamischen Grundlagen gegeben, die in Standardwerken der Technischen Thermodynamik [2–1 bis 2–3] und der Mischphasen-Thermodynamik [2–4 bis 2–6] ausführlich dargestellt sind.

2.1. Gibbssches Phasengesetz

Gibbs hat mit seinem Phasengesetz die Frage umfassend beantwortet, wieviele intensive Zustandsgrößen bestimmt werden müssen, um Gleichgewichtszustände oder Quasi-Gleichgewichtszustände in Prozessen eindeutig zu definieren. Der Freiheitsgrad Fg, der identisch mit der erforderlichen Zahl intensiver Zustandsgrößen für die Zustandsfestlegung im Gleichgewichtszustand ist, ist gegeben durch

$$Fg = Ko + 2 - Ph \qquad (2.1\text{–}1)$$

wobei Ko die Zahl der Komponenten und Ph die Zahl der Phasen im betrachteten System sind [2–7].

Zur Veranschaulichung der Aussagen, die aus dem Gibbsschen Phasengesetz mit dem Freiheitsgrad Fg ableitbar sind, gibt Tab. 2–1 eine Übersicht mit charakteristischen Beispielen für feuchte Mischphasen:

- Typische Einstoff-Systeme sind in den Zeilen-Nr. 1.0.1 bis 1.0.3 genannt. Sie besitzen im ein-phasigen Zustand den Freiheitsgrad $Fg = 2$, d. h. Druck p und Temperatur T charakterisieren diesen Zustand eindeutig. (Im hier nicht ausgeführten zwei-phasigen Zustand ist $Fg = 1$.)
- Ein-phasige Zwei-Komponenten-Systeme der verschiedenen Aggregatzustände in den Zeilen 2.0.1 bis 2.0.4 haben den Freiheitsgrad $Fg = 3$.
- Zweiphasige Zwei-Komponenten-Systeme in den Zeilen 2.1.1 bis 2.1.4

Tabelle 2–1: Charakteristische Beispiele für den thermodynamischen Freiheitsgrad *Fg*

Zeilen-Nr.	Komponenten											Phasen			
	S_1	S_2	S_3		F_1	F_2	F_3	G_1	G_2		*Ko*	1	2	3	*Ph*
1.0.1	×										1	×			1
1.0.2					×						1	×			1
1.0.3								×			1	×			1
2.0.1	×	×									2	×			1
2.0.2	×				×						2	×			1
2.0.3	×							×			2	×			1
2.0.4					×			×			2	×			1
2.1.1	×				×						2	×	×		2
2.1.2	×							×			2	×	×		2
2.1.3					×	×					2	×	×		2
2.1.4					×			×			2	×	×		2
2.2.1					×			×	×	×	„2“	×			1
3.0.1	×				×			×	×	×	„3“	×	×		2
3.0.2	×	×	×	×	×			×	×	×	„3“	×	×		2
3.1.1	×	×	×	×	×	×					„3“	×			1
4.0.1	×	×	×	×	×	×	×				„4“	×			1
4.1.1	×	×	×	×	×	×	×				„4“	×	×		2

verdienen vom Standpunkt der Trocknungstechnik besondere Aufmerksamkeit mit dem $Fg = 2$:

- Zeile 2.1.1 als Beispiel für Probleme des Dekantierens und des Filtrierens,
- Zeile 2.1.2 für die Beispiele der Verdampfungs- (Vakuum-) Trocknung,
- Zeile 2.1.4 für die Beispiele der thermischen Trocknung von Gasen.

– Technisch am bedeutungsvollsten sind Mehr-Komponenten-Systeme, die auch einen höheren Freiheitsgrad aufweisen. Sind aber die Mehr-Komponenten-Systeme von annähernd konstanter Zusammensetzung, so lassen sie sich als „Quasi-Ein-Komponenten-Systeme“ auffassen. In diesem Fall wird die Komponentenanzahl durch „...“ gekennzeichnet. Charakteristische Beispiele sind von feuchten Mischphasen

	Intens. Zustandsgrößen						
Fg	p	T	ξ_1	ξ_2	ξ_3	ξ_4	Charakteristische Beispiele
2	×	×	(1,0)				trockene Salze NACl, KCl, -PVC, $NaNO_3$
2	×	×	(1,0)				H_2O', C_6H_6', C_2H_5OH'
2	×	×	(1,0)				N_2, O_2, CH_4'', H_2O''
3	×	×	×	...			(NaCl + KCl),
3	×	×	...	×			wasserfeuchte Stoffe (NaCl + H_2O), (KCl + H_2O)
3	×	×	×	...			(Molsieb + H_2O)
3	×	×	...	×			$(H_2O + N_2)'$, $(H_2 + CO_4)'$
2	×	...	×	...			wasserfeuchte Stoffe + H_2O'
2	...	×	...	×			(Molsieb + H_2O) + H_2O'', wasserfeuchte Produkte + H_2O''
2	×	×	...	...			(H_2O + C_2H_5OH) siedend
2	×	×	...	...			übersättigter wasserfeuchter N_2
3	×	×	×	...			ungesättigte wasserfeuchte Luft
3	×	×	×	...	...		NACl-Lösung und wasserfeuchte Luft
3	×	×	...	×	...		wasserfeuchte übersättigte Futterhefe
	×	...	×	×	...		
4		×	×	×	...		Futterhefe mit Wasser und Kohlenwasserstoffen
5	×	×	×	×	×	...	Futterhefe mit Wasser, Ethanol, Benzin
4	×	×	×	×	...	...	Futterhefe mit Wasser, Ethanol, Benzin und Dampfgemisch der fluiden Komponenten

- Luft = (N_2 + O_2 + CO_2 + Edelgase) Ko = „1"
- Holz Ko = „1"
- Hochpolymere = f (Polymerisationsgrad) Ko = „1"
- mikrobiologisch erzeugte Biomassen-Trockensubstanz Ko = „1".

Daraus leiten sich ab

- in Zeile 2.2.1 die einphasigen „Quasi-2-Komponenten-Systeme" mit $Fg = 3$ oder
- in den Zeilen 3.0.1 oder 3.0.2 die zweiphasigen „Quasi-3-Komponenten-Systeme" mit $Fg = 3$.

Damit wird ihre thermodynamische Behandlung und verfahrenstechnische Anwendung wesentlich erleichtert.

— Einen Ausblick auf feuchte Mischphasen, die mit der Aufarbeitung mikrobiologischer Mehrkomponenten-Systeme zunehmend an Bedeutung gewinnen, geben die Zeilen 3.1.1; 4.0.1 und 4.1.1 mit ihren Beispielen. Ihr höherer Freiheitsgrad $Fg = 4$ und 5 weisen auf neue, in der Trocknungstechnik bisher ungewohnte Dimensionen der Variation des Trocknungsprozesses hin, die den Mehrstoff-Rektifikationen entsprechen. Für diese feuchten Mischphasen werden auch neue Trocknungstechnologien und Weiterentwicklungen der Auslegungsrechnung erforderlich.

Vor jeder experimentellen Untersuchung einer feuchten Mischphase oder der Analyse eines Trocknungsprozesses ist der Freiheitsgrad Fg des betrachteten Systems zu ermitteln, um eine rationelle Problembearbeitung zu sichern.

2.2. *Zustandsfunktionen feuchter Stoffe*

Feuchte Mischphasen können in jedem Aggregatzustand durch ihre Zustandsgrößen charakterisiert werden. Unabhängig von der Art der Bindung der Feuchte können ihre Eigenschaften durch Zustandsfunktionen erfaßt oder auf deren Darstellung projeziert werden.

2.2.1. *Allgemeine Formulierung der Zustandsfunktionen*

Die thermodynamischen Zustandsfunktionen (V; U; H; G; S) — allgemein als Z bezeichnet — sind abhängig von den Zustandsvariablen Druck, Temperatur und Zusammensetzung. Für die allgemeine Zustandsfunktion gilt

$$Z = Z(p; T; m_1; m_2 \dots m_k \dots m_{k_0}) \qquad (2.2\text{–}1\,a)$$

bzw. in spezifischer Form

$$z = z(p; T; \xi_1; \xi_2 \dots \xi_{k_0 \; 1}) \qquad (2.2\text{–}1\,b)$$

Ein Feuchtgut besteht aus mindestens $k_0 = 2$ Komponenten mit $k = 1$ ≙ Feuchte und $k = 2$ ≙ Trockenstoff.

Bei einer Änderung der Zustandsvariablen ändert sich auch die Zustandsfunktion. Für die differentielle Änderung ergibt sich das totale Differential:

$$\mathrm{d}Z = \left(\frac{\partial Z}{\partial T}\right)_{p;\,m_k} \cdot \mathrm{d}T + \left(\frac{\partial Z}{\partial p}\right)_{T;\,m_k} \cdot \mathrm{d}p + \sum_{k=1}^{k_0} \left(\frac{\partial Z}{\partial m_i}\right)_{T;\,p;\,m_k} \mathrm{d}m_i \qquad (2.2\text{–}2)$$

Je nach konkreter Zustandsfunktion (V; U; H; ...) haben die partiellen Ableitungen auch eine unterschiedliche physikalische Bedeutung [2–8].

Die partiellen Differentialquotienten nach der Masse (nach der Stoffmenge) bezeichnet man als partielle spezifische Größen (partielle molare Größen); für die partielle spezifische Größe der Komponente i gilt:

$$z_i = \left(\frac{\partial Z}{\partial m_i}\right)_{p,T,m_k} \tag{2.2–3}$$

Die Größe z_i ist abhängig von den Konzentrationen aller Mischungspartner, von der Temperatur und vom Druck. Verläuft der Massenbruch der Komponente i gegen 1, so geht die partielle spezifische Größe der Komponente i der Mischphase über in die spezifische Größe des reinen Stoffes r_{0i}. Damit folgt aus (2.2–2):

$$\mathrm{d}Z = \left(\frac{\partial Z}{\partial p}\right)_{T,m_k} \cdot \mathrm{d}p + \left(\frac{\partial Z}{\partial T}\right)_{p,m_k} \cdot \mathrm{d}T + \sum^{k_0} z_i \cdot \mathrm{d}m_i \tag{2.2–4}$$

Bei der Betrachtung isotherm-isobarer Prozesse folgt aus Gl. (2.2–4):

$$\mathrm{d}Z = \sum_{i=1}^{k_0} z_i \cdot \mathrm{d}m_i \tag{2.2–5}$$

Integriert man diese Gleichung in den Grenzen von 0 bis Z bzw. von 0 bis $m_1, m_2, \ldots$, so erhält man

$$Z = z_1 \cdot m_1 + z_2 \cdot m_2 + \cdots \tag{2.2–6a}$$

Die Division durch die Gesamtmasse der Mischung liefert die mittlere spezifische Größe der Mischung

$$z = \frac{Z}{\sum_{i=1}^{k_0} m_i} \tag{2.2–6b}$$

$$z = \sum_{i=1}^{k_0} \xi_i z_i \tag{2.2–6c}$$

Diese mittleren spezifischen Größen ändern sich mit der Zusammensetzung.

Aus Gl. (2.2–6) folgt die Gibbs-Duhemsche Gleichung [2–9], die für ein binäres System bei isotherm-isobarer Zustandsänderung geschrieben wird als

$$\xi_1 \cdot \mathrm{d}z_1 + \xi_2 \mathrm{d}z_2 = 0 \tag{2.2–7a}$$

$$\xi_1 \cdot \left(\frac{\partial z_1}{\partial \xi_1}\right)_{T;p} + \xi_2 \left(\frac{\partial z_2}{\partial \xi_1}\right)_{T;p} = 0 \tag{2.2–7b}$$

Die GIBBS-DUHEMsche Gleichung ermöglicht die Berechnung der zweiten partiellen Größe, wenn die erste experimentell ermittelt wurde, oder — was noch wichtiger ist — sie ermöglicht die Überprüfung der thermodynamischen Konsistenz der experimentell bestimmten partiellen Größen und ist damit eine wichtige Kontrolle der Qualität der experimentellen Ergebnisse.

Unter Verwendung der Beziehung (2.2–7b) folgt für die partielle spezifische Größe der Komponente 2

$$z_2 = z_{02} - \frac{\xi_1}{1-\xi_1} z_1 + \int_0^1 \frac{z_1}{(1-\xi_1)^2} \cdot d\xi_1 \qquad (2.2\text{–}8)$$

— Ideales und reales Mischphasen-Verhalten sowie partielle und mittlere spezifische Mischungsfunktion

Für eine ideale binäre Mischung ergibt sich die mittlere spezifische Größe aus den spezifischen Größen der reinen Komponenten

$$z_{id} = \xi_1 z_{01} + \xi_2 \cdot z_{02} \qquad (2.2\text{–}9)$$

Bei einem Mischungsprozeß tritt im allgemeinen eine Änderung der Zustandsgröße Z auf

$$\Delta Z_e = m_1 \cdot (z_1 - z_{0_1}) + m_2(z_2 - z_{0_2}) \qquad (2.2\text{–}10)$$

Bezieht man die Änderung auf 1 kg der Mischung, so erhält man die mittlere spezifische Mischungsgröße (z. B. mittlere spezifische Mischungsenthalpie):

$$\Delta z_e = \xi_1 \cdot (z_1 - z_{0_1}) + \xi_2(z_2 - z_{0_2}) \qquad (2.2\text{–}11)$$

$(z_1 - z_{0_1})$ und $(z_2 - z_{0_2})$ sind die partiellen spezifischen Mischungsgrößen (z. B. die partiellen spezifischen Mischungsenthalpien)

$$\left(\frac{\partial \Delta Z_m}{\partial m_1}\right)_{m_2} = (z_1 - z_0) \equiv z_{e_1} \qquad (2.2\text{–}12\text{a})$$

$$\left(\frac{\partial \Delta Z_m}{\partial m_2}\right)_{m_1} = (z_2 - z_{0_2}) \equiv \Delta z_{e_2} \qquad (2.2\text{–}12\text{b})$$

Damit folgt für die spezifische Exzeßgröße

$$\Delta z_e = \sum_1^{k_0} \xi_i \cdot \Delta z_{m;i} \qquad (2.2\text{–}13)$$

Prinzipiell lassen sich die realen Mischungseffekte in einen Idealanteil und einen Exzeßanteil aufteilen:

$$\Delta Z = \Delta Z_{id} + \Delta Z_e \tag{2.2–14}$$

Die Abweichungen vom idealen Verhalten nennt man Zusatzmischungseffekte oder Exzeßgrößen.

2.2.2. *Spezielle thermodynamische Zustandsfunktionen*

Wesentliche Abhängigkeiten der partiellen Ableitungen der speziellen thermodynamischen Zustandsfunktionen

$$h = h(T; p; \xi_1; \xi_2; \ldots) \tag{2.2–15a}$$

$$s = s(T; p; \xi_1; \xi_2; \ldots) \tag{2.2–15b}$$

$$g = g(T; p; \xi_1; \xi_2; \ldots) \tag{2.2–15c}$$

mit

$$g = h - Ts \tag{2.2–16}$$

auf der Grundlage der allgemeinen Gln. (2.2–1a) bis (2–14) sind in Tab. 2–2 zusammengefaßt.

Tabelle 2–2: Temperatur-, Druck- und Massen-Abhängigkeit wichtiger thermodynamischer Zustandsfunktionen [2–9]

Zustandsgrößen	Z	z	$\left(\frac{\partial z}{\partial T}\right)_{p;\xi_k}$	$\left(\frac{\partial z}{\partial p}\right)_{T;m_k}$	$\left(\frac{\partial z}{\partial m_i}\right)_{T;p;m_k}$
Enthalpie	H	h	$\left(\frac{\partial h}{\partial T}\right)_p = c_p$	$\left(\frac{\partial h}{\partial p}\right)_T = v - T\left(\frac{\partial v}{\partial T}\right)_p = v(1 - \alpha T)$ mit $\alpha = \frac{1}{v}\left(\frac{\partial v}{\partial T}\right)_p$	$\left(\frac{\partial h}{\partial m_i}\right)_{p;T;m_k} = h_i$
Entropie	S	s	$\left(\frac{\partial s}{\partial T}\right)_p = \frac{c_p}{T}$	$\left(\frac{\partial s}{\partial p}\right)_T = \frac{1}{T}\left[\left(\frac{\partial h}{\partial p}\right)_T - v\right] = -\alpha v$	$\left(\frac{\partial s}{\partial m_i}\right)_{p;T;m_k} = s_i$
Freie Enthalpie	G	g	$\left(\frac{\partial g}{\partial T}\right)_p = -s$	$\left(\frac{\partial g}{\partial p}\right)_T = v$	$\left(\frac{\partial g}{\partial m_i}\right)_{p;T;m_k} = \mu_i$

Unter der partiellen spezifischen freien Enthalpie versteht man das chemische Potential μ_i der Komponente i. Für das spezifische chemische Potential in einer idealen Gasphase gilt

$$\mu_{i;id} = \mu_i + R_i \cdot T \cdot \ln \frac{p_i}{p} \tag{2.2–17a}$$

$$\mu_{i;id} = \mu_i + R_i \cdot T \cdot \ln \psi_i \tag{2.2–17b}$$

Das chemische Potential realer kondensierter Mischphasen läßt sich formulieren als

$$\mu_i = \mu_{i0} + R_i T \cdot \ln a_i \tag{2.2–18a}$$

$$\mu_i = \mu_{i0} + R_i T \cdot \ln (\psi_i \gamma_i) \tag{5.2 18b}$$

Der Aktivitätskoeffizient γ_i charakterisiert den Einfluß der Komponenten i auf die Abweichung des Zustandes der realen Mischphase von dem der idealen Mischphase. Er ist eine Funktion von Druck, Temperatur und Zusammensetzung. Bei kondensierten Mischphasen, wie sie feste Feuchtgüter darstellen, kann die Druckabhängigkeit im Bereich mäßiger Drücke vernachlässigt werden. Für die Temperatur- und Konzentrationsabhängigkeit werden in der Literatur verschiedene Regressionsansätze angegeben [2–9].

Als rein empirischer Ansatz ist der Potenzansatz nach Redlich-Kister zweckmäßig. Er lautet für ein binäres System

$$\ln \gamma_1 = \psi_2^2[A + B(3 - 4\psi_2) + C(1 - 2\psi_2)(5 - 6\psi_2)] \tag{2.2–19a}$$

$$\ln \gamma_2 = (1 - \psi_2)^2 [A + B(1 - 4\psi_2) + C(1 - 2\psi_2)(1 - 6\psi_2)] \tag{2.2–19b}$$

Die Temperaturabhängigkeit des Aktivitätskoeffizienten wird in den Konstanten berücksichtigt, bei der meist ein Ansatz vom Typ

$$A(T) = A_0 + A_1 \frac{1}{T} \tag{2.2–20}$$

ausreicht. — Der Redlich-Kister-Ansatz ist gut handhabbar und wird daher häufig genutzt.

2.2.3. *Exergie*

Aus der Begrenztheit der Aussagen, die die getrennte Bewertung der Funktionen des 1. und 2. Hauptsatzes für sich allein ergeben, folgte logisch die Vereinigung beider Aussagen in einer komplexen Größe, wie sie grundsätzlich durch die Beziehung von GIBBS-HELMHOLTZ für die freie Enthalpie g nach Gl. (2.2–16) gegeben ist.

Ausgehend von den Überlegungen zur technischen Arbeitsfähigkeit hat RANT im Jahre 1953 für die seit langem bekannten Begriffe der „maximalen Arbeitsfähigkeit“ bzw. des „minimalen Arbeitsaufwandes“, der „availability“ oder „energie utilisable“ den jetzt international einheitlich verwendeten Begriff der „Exergie“ eingeführt [2–10]. — Analog wird der nicht arbeitsfähige Teil der Energie als „Anergie“ bezeichnet.

Die Exergie einer Stoffmenge oder einer Wärme stellt die maximale Arbeit dar, die gewonnen werden kann, wenn Stoffmenge oder Wärme auf reversiblem Wege mit der Umgebung ins Gleichgewicht gebracht wird. — Eine gleichwertige Definition ist die minimale Arbeit, um eine Stoffmenge oder Wärme vom Umgebungszustand reversibel auf einen anderen Zustand zu bringen.

Die Exergie hängt sowohl von den Zustandsgrößen des Systems als auch vom Zustand der Umgebung ab. Bei konstantem Umgebungszustand ist die Exergie eine Potentialgröße, man bezeichnet sie daher auch als Zustandsgröße 2. Art [2–11]. Als allgemeine Berechnungsgleichungen gelten

$$E = (H - H_U) - T_U(S - S_U) \tag{2.2–21a}$$

$$e = (h - h_U) - T_U(s - s_U) \tag{2.2–21b}$$

mit der Beziehung zur freien Enthalpie bei konstantem Umgebungszustand

$$E = G - G_U \tag{2.2–22a}$$

$$e = g - g_U \tag{2.2–22b}$$

Für das totale Differential der spezifischen Exergie gilt wiederum

$$\mathrm{d}e = \left(\frac{\partial e}{\partial T}\right)_{p;m_k} \mathrm{d}T + \left(\frac{\partial e}{\partial p}\right)_{T;m_k} \cdot \mathrm{d}p + \sum^{k_0} \left(\frac{\partial e}{\partial m_i}\right)_{T;p;m_k} \cdot \mathrm{d}m_i \tag{2.2–23}$$

Die Temperatur- und Druckabhängigkeit kann mit den bekannten Beziehungen aus Tab. 2–2 berechnet werden. — Der Differentialquotient nach dem Massenanteil stellt die partielle spezifische Konzentrationsexergie dar

$$e_i = \left(\frac{\partial e}{\partial \xi_i}\right)_{T;p;m_k} \tag{2.2–24}$$

Auf der Grundlage der Beziehungen (2.2–16), (2.2–3a) und (2.2–22) kann die partielle spezifische Konzentrationsexergie als Differenz des chemischen Potentials zwischen dem jeweiligen Zustand und dem der Umgebung berechnet werden:

$$e_i = (\mu_i - \mu_{i;U})_{T_U} \tag{2.2–25}$$

Unter Verwendung der Gl. (2.2–18) für das chemische Potential ergibt sich die spezifische Konzentrationsexergie der Komponente i einer realen kondensierten Mischphase beim Umgebungszustand $(T_U; p_U)$

$$e_i = R_i \cdot T_U[\ln(\psi_i \gamma_i) - \ln(\psi_{i;U} \cdot \gamma_{i;U})] \tag{2.2–26}$$

Damit wird deutlich, daß die Exergie eine exakte Angabe des Umgebungszustandes voraussetzt.

Umgebungszustand für Trocknungsprozesse

Die Ermittlung des Umgebungszustandes ist außerordentlich kompliziert, weil sie unter Beachtung von Reservoireigenschaften die Zuordnung hinsichtlich der intensiven Zustandsgrößen T_U; p_U auch die Beschreibung hinsichtlich der Umgebungszusammensetzung $\xi_{k;U}$ erfordert. Im Gegensatz zu den theoretisch begründeten, aber für Trocknungsprozesse praktisch kaum handhabbaren Annahmen von Szargut [2–12], wird in Übereinstimmung mit Fratzscher und anderen [2–13 bis 2–16] von einer einfachen, praktikablen Umgebungsdefinition für nichtreaktive Prozesse ausgegangen, die mit der Umgebung im gehemmten Gleichgewicht stehen.

Keiner [2–17] unterscheidet bei der Untersuchung von Klimaprozessen den Sommer- und Winterumgebungszustand; Reinke [2–18] schlägt vor, den jeweiligen tatsächlichen Außenluftzustand zu verwenden. In Übereinstimmung mit Maltry [2–19] empfiehlt Wirth [2–20], einen mittleren Umgebungszustand als Basis für eine Vergleichbarkeit der Prozeßanalysen zu verwenden, der durch folgende Parameter gekennzeichnet ist:

$$T_U = 288\ \mathrm{K} \triangleq \vartheta_U = 15\,°\mathrm{C}$$

$$p_U = 0{,}1\ \mathrm{MPa}$$

$$\varphi_U = 1{,}00\ (\triangleq p^*_{W;U} = 12{,}27\ \mathrm{kPa};\ \triangleq Y^*_{W;U} = 0{,}0108\ \mathrm{kg\ W/kg\ L})$$

Mit dieser Umgebungsfestlegung wird sowohl den Bedingungen der Umgebung als auch den Anforderungen der Bewertung entsprochen.

Minimale Trennarbeit als thermodynamischer Nutzen

Die Befeuchtung eines trockenen Stoffes läuft bei dem angegebenen Umgebungszustand freiwillig als natürlicher Prozeß ab.

Die Trocknung dagegen erfordert bei den angegebenen Umgebungsbedingungen, wie alle anderen Trennprozesse auch, als erzwungener Prozeß die Zuführung von Exergie.

Der thermodynamische Nutzen der Trocknung läßt sich damit aus der Exergiedifferenz zwischen Feuchtgut und den getrennten Komponenten Feuchte und Trockenstoff

$$E_A = E_N + E_V \tag{2.2–27a}$$

bei

$$E_V = 0 \tag{2.2–27b}$$

als

$$E_N = E_{A;\min} \tag{2.2–27c}$$

bestimmen.

Auf der Grundlage der Exergiebilanz zwischen dem Eintrittszustand α des Feuchtgutes und dem Austrittszustand ω der getrennten Komponente Feuchte F und Trockengut S gilt bei der Schreibweise der Massenbilanz in Beladungsgrößen

$$m_S(1 + X_\alpha) = m_{S;\omega} + m_{F;\omega} \tag{2.2–28a}$$

bzw. auf 1 kg Trockengut bezogen

$$(1 + X_\alpha) = 1 + \left(\frac{m_{F;\omega}}{m_S}\right) \tag{2.2–28b}$$

Spezifisch folgt der Exergieaufwand für 1 kg Feststoff bei der Trennung von Feuchtgut in Trockengut und Feuchte

$$\begin{aligned} e_{1+X} = {} & [(\bar{c}_{p;S} + X \cdot \bar{c}_{p;F})\,(T_\omega - T_\alpha) + X \cdot \Delta\bar{h}_{v;F} + \cdots] + \cdots \\ & - \left\{T_U \left[(\bar{c}_{p;S} + X \cdot \bar{c}_{p;F}) \cdot \ln \frac{T_\omega}{T_\alpha} + \frac{X \cdot \Delta\bar{h}_{v;F}}{T} - R \cdot \ln \frac{p_\omega}{p_\alpha} + \right] \cdots \right. \\ & \left. + [(\mu_S - \mu_{S;U})_{T_U} + X(\mu_{;F} - \mu_{F;U})_{T_U}\vphantom{\frac{T}{T}}\right\} \end{aligned} \tag{2.2–29}$$

Produktspezifisch ist der verlustfreie Aufwand durch

$$T_\alpha = T_\omega = T_U \tag{2.2–30a}$$

$$p = p_U \tag{2.2–30b}$$

$$\Delta h_{v;F} = 0 \tag{2.2–30c}$$

gekennzeichnet. Anschaulich kann dieser thermodynamisch verlustfreie Aufwand durch eine isotherm-isobare Trennung bei Umgebungsbedingungen (T_U; p_U) ohne Änderung des Aggregatzustandes ($\Delta h_{v;F} = 0$) gekennzeichnet werden.

Diesem Idealanspruch eines thermodynamisch verlustfreien Prozesses kommt die quasireversible Entfeuchtung durch sehr langsames Auspressen am nächsten. Die mechanische Entfeuchtung weist damit in der Regel auch immer einen geringeren Exergieaufwand auf als die speziellen Trocknungsverfahren mit Änderung des Aggregatzustandes $\Delta h_{v;F} > 0$. Der verlustfreie thermodynamische Minimalaufwand für $(1 + X)$ kg Feuchtgut ist durch

$$e_{1+X;\min} = (\mu_S - \mu_{S;U})_{T_U} + X(\mu_F - \mu_{F;U}) \qquad (2.2\text{–}31)$$

gekennzeichnet.

Allgemein folgt der minimale spezifische Trennaufwand zu

$$e_{\min} = +\sum^{k_0} \xi_k(\mu_k - \mu_{k;U}) \qquad (2.2\text{–}32\text{a})$$

$$e_{\min} = +T_U \sum^{k_0} R_k \xi_k [\ln(\psi_k \cdot \gamma_k) - \ln(\psi_{k;U} \cdot \gamma_{k;U})] \qquad (2.2\text{–}32\text{b})$$

und speziell für Gase

$$e_{\min} = +T_U \sum^{k_0} R_k \xi_k [\ln p_k - \ln p_{k;U}] \qquad (2.2\text{–}32\text{c})$$

Er kennzeichnet als Potentialdifferenz zwischen Feuchtgut und getrennten Komponenten den thermodynamischen Nutzen der Trocknung [2–21], wie ihn auch FRATZSCHER allgemein für Stofftrennprozesse [2–13] und andere Arbeiten für spezielle Stofftrennprozesse darstellen [2–22 bis 2–24]. GRASSMANN [2–22] hat dabei die anschauliche Interpretation der reversiblen Brüdenkompression bei Umgebungstemperatur T_U für den Eindampfprozeß eingeführt. — Damit sind auch die Auffassungen widerlegt, nach denen es keine geeignete Größe zur Beschreibung des thermodynamischen Nutzens der Trocknung gäbe [2–12; 2–15].

Umfassende Untersuchungen zur Ermittlung der Exergie von Feuchtgütern fehlen bisher in der Literatur.

2.3. *Gleichgewichte feuchter Stoffe und deren Zustandsfunktionen*

Der Gleichgewichtszustand feuchter Stoffe ist ein Grenzzustand, der für die Trocknungsprozesse — wie für alle anderen Stofftrennprozesse — auch in doppelter Hinsicht von Interesse ist. Einerseits repräsentiert er den Zustand, der sich nach unendlich langer Zeit einstellt und der daher auch bei optimaler Prozeßführung nicht über- oder unterschritten werden kann. Er ist damit die Grundlage für die Bestimmung der Triebkräfte im Trocknungsprozeß. Andererseits lassen sich aus den Gleichgewichtsbedingungen, da diese gradientenfrei sind, die minimalen Trennarbeiten der Feuchtstoffe nach den Gln. (2.2–29) bis (2–33) berechnen.

2.3.1. Allgemeine Gleichgewichtsbedingungen

Grundbedingung für das Gleichgewicht bei Trocknungsprozessen ist das Gleichgewicht zwischen den beteiligten Phasen; das können sein:

- feste Phase, gekennzeichnet durch ′,
- flüssige Phase, gekennzeichnet durch ″,
- Gas bzw. Dampf-Phase, durch ‴ gekennzeichnet.

Die verschiedenen Gleichgewichte sind charakterisiert durch die Bedingungen für das thermische Gleichgewicht

$$T = T' = T'' = T''' \tag{2.3–1a}$$

$$\vartheta = \vartheta' = \vartheta'' = \vartheta''' \tag{2.3–1b}$$

das mechanische oder Strömungs-Gleichgewicht

$$p = p' = p'' = p''' \tag{2.3–2}$$

und das stoffliche Gleichgewicht

$$\mu_k = \mu_k' = \mu_k'' = \mu_k''' \tag{2.3–3}$$

Für die Trocknungsprozesse mit dem Austausch von Feuchte ist deshalb das Gleichgewicht des chemischen Potentials der Feuchte von besonderem Interesse

$$\mu_F = \mu_F' = (\mu_F'') = \mu_F''' \tag{2.3–3c}$$

Da die Bedingungen für das thermische und mechanische Gleichgewicht offensichtlich sind, bedürfen sie keiner weiteren Erläuterung. Beim stofflichen Gleichgewicht müssen die phasenspezifischen Bedingungen gesondert dargestellt und auf die speziellen Eigenarten der Phasen angewendet werden.

Von besonderem Interesse sind daher die Zustandsdiagramme der

- reinen Dämpfe und der Dampfgemische,
- Gas-Dampf-Gemische, speziell von Luft und Wasserdampf, und der
- feuchten Feststoffe in ihren Varianten der kapillarporösen Güter, der Feststoff-Lösungen sowie der Pasten.

2.3.2. Arten der Feuchtigkeitsbindung und Bindungsenergie der Feuchte

Die Bindung der Feuchte in den verschiedenen Gütern ist unterschiedlich, je nach Art des Gutes und der Feuchte, weswegen auch unterschiedliche Arten der thermodynamischen Beschreibung angewandt werden können. Je nach

Gutsart und Feuchte sowie dem Feuchteanteil kann man das Feuchtgut als kapillarporösen Feuchtstoff oder als eine „Mischphase" auffassen. Die physikalischen Ursachen, die zu einer Partialdruckabsenkung im Feuchtgut führen, sind unterschiedlich, die Wirkung dagegen ist gleich. Daher ist es möglich, beide Vorgänge mit einem Grundmodelltyp zu beschreiben, weil die Wirkungen damit richtig dargestellt werden. Das volle Verständnis für die Bedingungen wird aber erst mit dem richtigen Typ des Modells für das feste Feuchtgut erreicht.

Ein nicht zu übersehender Gesichtspunkt der einheitlichen Beschreibung des festen Feuchtgutes besteht darin, daß damit eine Grundlage zur Integration der Trocknungsprozesse in das Gebiet der thermischen Trennprozesse geschaffen wird.

2.3.2.1. Dämpfe und Gas-Dampf-Gemische

Dämpfe und Gas-Dampf-Gemische können Feuchte in Dampf-Form aufnehmen bis zum Sättigungsdampfdruck p_F^*, so daß stets die Bedingung erfüllt ist

$$p_F \leqq p_F^*(\vartheta) \tag{2.3–4}$$

Mischungsenthalpie- und Konzentrations-Exzeßanteile können wegen des nahezu idealen Verhaltens der Gas-Dampf-Gemische im Umgebungsdruck-Bereich vernachlässigt werden. Damit gilt in Beladungsschreibweise für den ungesättigten Bereich $Y \leqq Y^*$:

$$\Delta h_{1+Y} = (\bar{c}_{p;G} + Y \cdot \bar{c}_{p;F}''')(T - T_0) + Y \cdot \Delta \bar{h}_{v;F} \tag{2.3–5}$$

$$\Delta s_{1+Y} = (\bar{c}_{p;G} + Y \cdot \bar{c}_{p;F}''') \cdot \ln \frac{T}{T_0} + Y \cdot \frac{\Delta \bar{h}_{v;F}}{T_0} + \dots$$
$$- (R_G + YR_F) \cdot \ln \frac{p}{p_0} - (R_G \cdot \ln \psi_G + YR_F \cdot \ln \psi_F) \tag{2.3–6}$$

und für den übersättigten Bereich $Y > Y^*$

$$\Delta h_{1+Y} = (\bar{c}_{p;G} + Y^* \bar{c}_{p;F}''')(T - T_0) + Y^* \Delta \bar{h}_{v;F} + \dots$$
$$+ (Y - Y^*) \cdot \bar{c}_{p;F}''(T - T_0) \tag{2.3–7}$$

$$\Delta s_{1+Y} = (\bar{c}_{p;G} + Y^* \cdot \bar{c}_{p;F}''' \ln \frac{T}{T_0} + Y^* \frac{\Delta \bar{h}_{v;F}}{T_0} + (Y - Y^*) \times \dots$$
$$\times \bar{c}_{p;F}'' \ln \frac{T}{T_0} - (R_G + Y^* R_F) \ln \frac{p}{p_0} + \dots$$
$$- (R_G \ln \psi_G + R_F \cdot \ln \psi_F) + (Y - Y^*) R_F \tag{2.3–8}$$

Mollier hat die für Dampf-Gas-Gemische allgemein gültigen Beziehungen (2.3–5) und (–7) für Luft-Wasserdampf-Gemische im schiefwinkligen Koordinatensystem mit $\tan(-\alpha) = \Delta h_{v;F}$ dargestellt. Die Abb. 2–1a und b zeigen Mollier-Diagramme für wasserfeuchte Luft mit unterschiedlichen

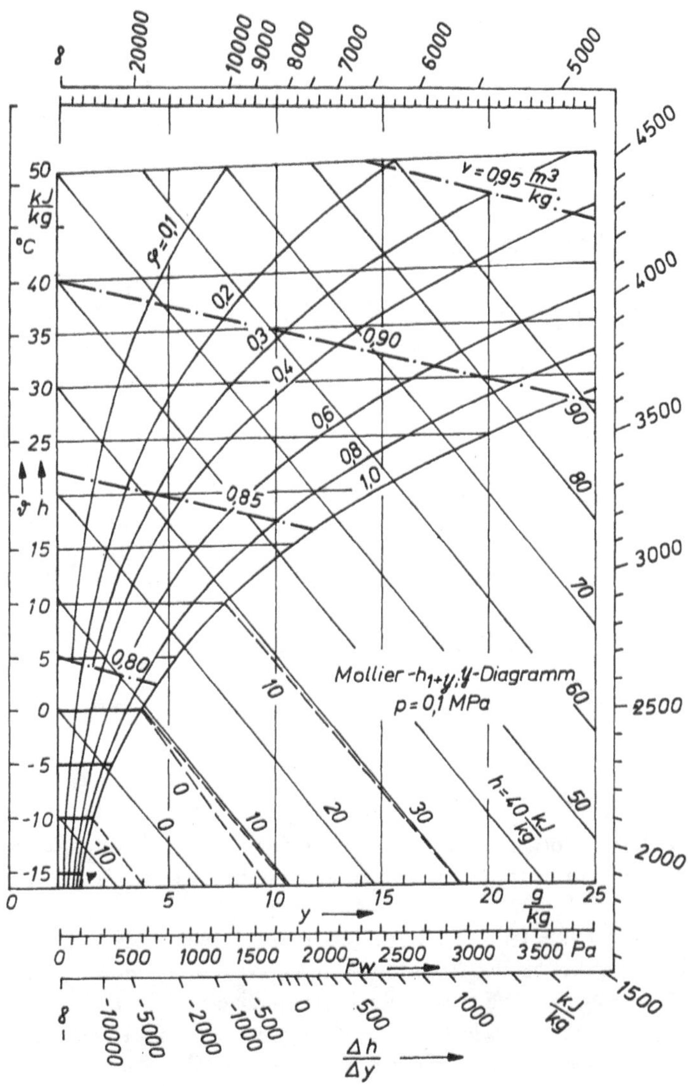

Abb. 2–1a: Mollier-h_{1+Y}; Y-Diagramm für feuchte Luft bei $0 \leq Y \leq 25$ g H_2O/kg Luft und $0 \leq \vartheta \leq 50$ °C.

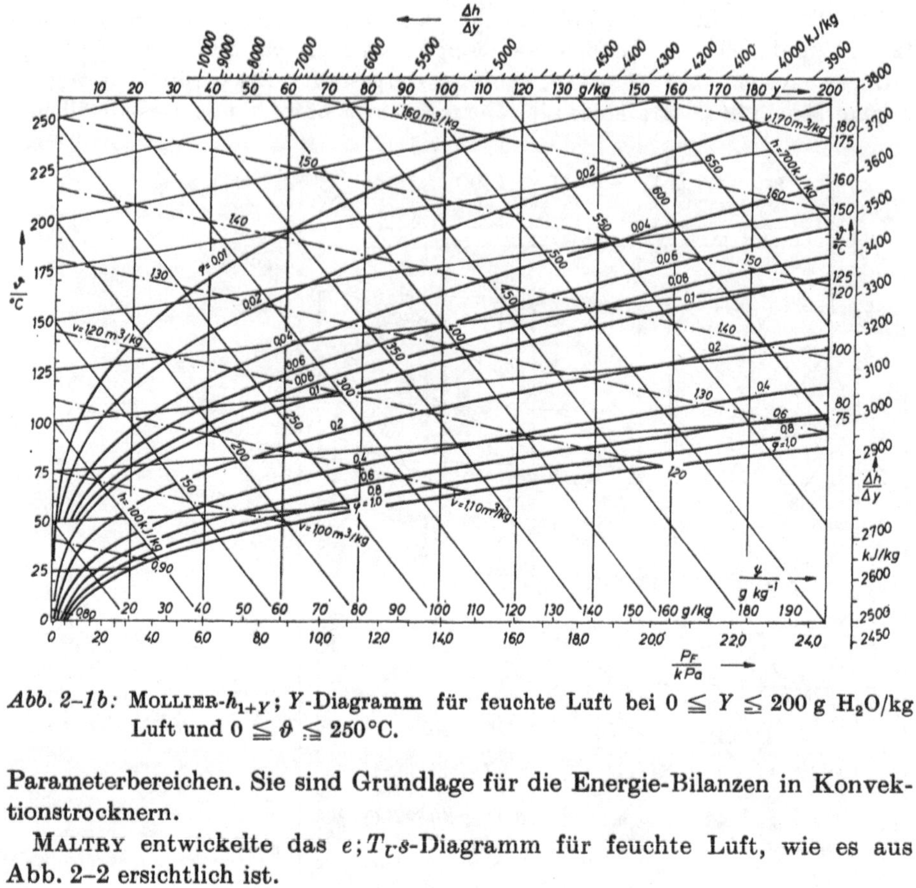

Abb. 2-1b: MOLLIER-h_{1+Y}; Y-Diagramm für feuchte Luft bei $0 \leq Y \leq 200$ g H_2O/kg Luft und $0 \leq \vartheta \leq 250$ °C.

Parameterbereichen. Sie sind Grundlage für die Energie-Bilanzen in Konvektionstrocknern.

MALTRY entwickelte das $e; T_U$-s-Diagramm für feuchte Luft, wie es aus Abb. 2–2 ersichtlich ist.

2.3.2.2. *Qualitative Kategorien der Feuchtebindung in Feststoffen*

Je nach der Art des Gutes und des Aggregatzustandes wirken differenzierte Mechanismen bei der Aufnahme und Bindung der Feuchte wie auch bei der Abgabe.

Mit den drei von REBINDER [2–25] eingeführten qualitativen Kategorien läßt sich der in Tab. 2–3 dargestellte Zusammenhang zwischen Mechanismus und Intensität der Bindung der Feuchte gut systematisieren. In den praktischen Fällen sind die Übergänge zwischen den Kategorien fließend und nicht immer eindeutig, da die verschiedenen Kräfte meist in Kombination miteinander auftreten. Das ist beispielsweise der Fall, wenn anstelle von reinen Flüssigkeiten Lösungen in Kapillaren enthalten sind.

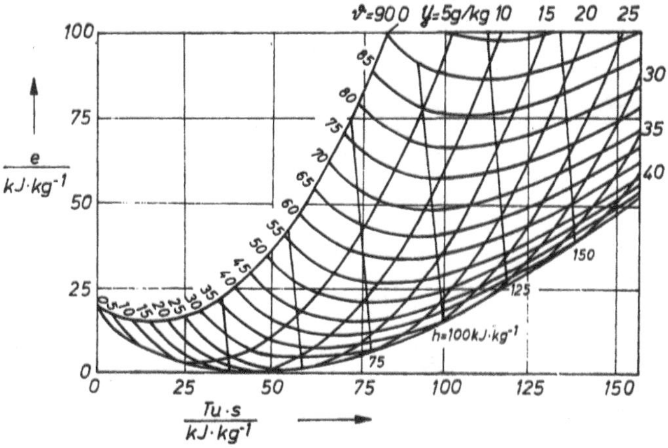

Abb. 2–2a: $e; T_Us$-Diagramm für wasserfeuchte Luft beim Gesamtdruck $p_0 = 0{,}1$ MPa und dem Umgebungszustand $\vartheta_U = 15\,°C$; $\varphi_U = 1{,}0$ im Bereich $0 \leqq \vartheta \leqq 100\,°C$ und $0 \leqq Y \leqq 40$ g H_2O/kg Luft.

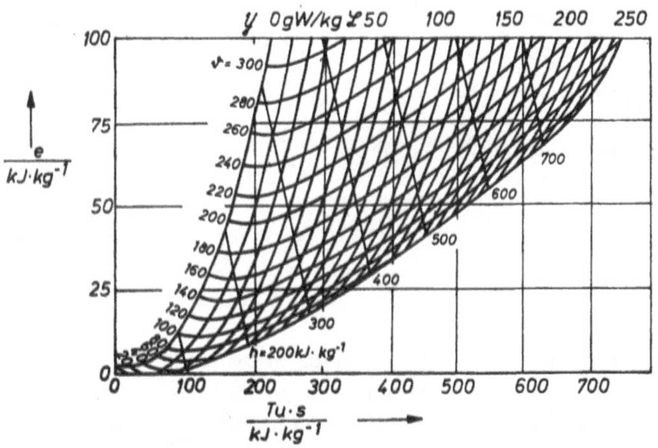

Abb. 2–2b: $e; T_Us$-Diagramm für wasserfeuchte Luft beim Gesamtdruck $p_0 = 0{,}1$ MPa und dem Umgebungszustand $\vartheta_U = 15\,°C$; $\varphi_U = 1{,}0$ im Bereich $0 \leqq \vartheta \leqq 300\,°C$ und $0 \leqq Y \leqq 250$ g H_2O/kg Luft.

Übereinstimmend mit den Aussagen aus der Kinetik der Trocknungsprozesse [2–26] lassen sich drei qualitative Bereiche der Feuchtebindung in kapillarporösen Gütern feststellen [2–27]:

— Freie Feuchte an der Oberfläche ohne Einschränkung der Beweglichkeit der Moleküle, mit gleichem Verhalten wie die reine Feuchte ($Y \to \omega$).

Tabelle 2–3: Systematisierende Übersicht über die Mechanismen der Feuchtigkeitsbindung unter Einbeziehung der Kategorien von Rebinder

Kategorie nach Rebinder	Wirkungsmechanismus	Aggregatzustand korrespondierender Stoffe			Beispiele
		S	*F*	*G*	
0 Freie Feuchtigkeit			⊠		
1 Physikalisch-mechanische Bindung	(1) Benetzungsfeuchte	⊠	×		
	(2) Kapillarwirkung in großen Kapillaren	⊠	×		
	(3) Membranwirkung	⊠	×		
		⊠	×	×	
	(4) Tropfen		×	×	
2 Physikalisch-chemische Bindung	(1) Lösungen (nach Raoult-Dalton)	×	⊠		Salzlösung
			⊠	×	Schwefelsäure
	(2) Adsorbentien (nach Henry) in feinen Kapillaren	⊠		×	Silicagel Molsiebe
	(3) Absorbentien		⊠	×	H_2SO_4/H_2O''
3 Chemische Bindung	(1) Kristallwasser bzw. -feuchte	⊠	×		$NaCl \cdot H_2O$ $CuSO_4 \cdot 1\,H_2O$ $\cdot 3\,H_2O$ $\cdot 5\,H_2O$
	(2) Inkohlung	⊠			Zucker

— Gut bewegliche Feuchte in den gefüllten oder teilweise gefüllten Poren mit einer geringen Wechselwirkung der Feuchte zu den Porenwänden.

— Starke Wechselwirkung der an den Porenwänden haftenden Restfeuchte bei der Endtrocknungsphase.

Eine Erweiterung der qualitativen Kategorien der Bindung der Feuchte scheint im Zusammenhang mit dem extrem weiten Bereich der Feuchte und dem sich daraus ergebenden Lockerungsgrad zwischen den Feststoffpartikeln bei den Pasten zweckmäßig zu sein. Die Feststoffpartikel werden als Schüttung disperser Stoffe angesehen, als eine Ansammlung von Partikeln. Durch die Zufallspackung haben Schüttungen in Abhängigkeit von der geometrischen Form der Einzelpartikel Hohlräume, die sehr enge ($d_P < 10^{-8}$ m), Kapillarwirkung ausübende, oder größere ($d_P > 10^{-8}$ m) Hohlräume sein können.

Diese Hohlräume innerhalb der Schüttung bieten bei der Befeuchtung die Möglichkeit

– zur Adsorption von Flüssigkeitsmolekülen an der Oberflächen der Partikel zur Ausbildung von Adhäsionsschichten bzw. Solvatbereichen,

– zur Ausfüllung der kleinsten Hohlräume durch Flüssigkeitsmoleküle in mono- oder polymerer Bedeckung,

– zur Füllung der Hohlräume durch zu Tropfen kohädierte Flüssigkeitsmoleküle.

Die Art der Feuchtebindung an den dispersen Feststoff ist die Ursache für das qualitativ unterschiedliche Verhalten von Feuchtgütern beim Trocknungsprozeß. Wesentliche Bedingungen zur Ausbildung von Pastenzuständen sind der Dispersionsgrad des Feststoffs und die Affinität der Komponenten zueinander.

Der Pastencharakter ist nur beim Vorhandensein kapillargebundener Flüssigkeit innerhalb des Gutes gegeben.

2.3.2.3. Bindungsenthalpie der Feuchte in Feststoffen

Beim Befeuchten eines trockenen Feststoffes tritt infolge der Wechselwirkung zwischen Feststoff und Feuchte immer eine vom Idealverhalten abweichende Größe auf, die in der Modellierung der Mischphasenthermodynamik als Exzeßenthalpie geschrieben wird. Analog zu den grundsätzlichen thermodynamischen Funktionen in dem Abschn. 2.2., speziell den Gln. (2.2–9) bis (2.2–12), gilt für das Realverhalten der Enthalpie einer festen feuchten Mischphase, unabhängig von der Struktur des Festkörpers für die Mischungsenthalpie:

$$\Delta H_{\mathrm{Misch}} = m_S(h_S - h_{S;0}) + m_F(h_F - h_{F;0}) \tag{2.3–9a}$$

$$\Delta h_{\mathrm{Misch};1+X} = (h_S - h_{S;0}) + X(h_F - h_{F;0}) \tag{2.3–9b}$$

$$\Delta h_{\mathrm{Misch}} = \xi_S(h_S - h_{S;0}) + \xi_F(h_F - h_{F;0}) \tag{2.3–9c}$$

Zur exakten Berechnung ist eine sorgfältige Unterscheidung zwischen der differentiellen und integralen Bindungsenthalpie notwendig.

Differentielle Bindungsenthalpie

Analog zu den Gln. (2.2–13) gilt für die partielle spezifische Mischungsenthalpie des feuchten Gutes

$$\Delta h_{\mathrm{Misch}} = \xi_S \Delta h_{S;\mathrm{Misch}} + \xi_F \Delta h_{F;\mathrm{Misch}} \tag{2.3–10}$$

mit der Aussage, daß dieser Real-Exzeß-Term der Bindungsenthalpie an das Gut entspricht

$$\Delta h_{\text{Misch}} = \Delta h_b \tag{2.3–11}$$

Die partiellen spezifischen Exzeß-Mischungsfunktionen sind analog zur Gl. (2.2–13) durch

$$\Delta h_{S;\text{Misch}} = \left(\frac{\partial \Delta H_{S;\text{Misch}}}{\partial m_S}\right)_{T;p;m_F} \tag{2.3–12a}$$

$$\Delta h_{F;\text{Misch}} = \left(\frac{\partial \Delta H_{F;\text{Misch}}}{\partial m_F}\right)_{T;p;m_S} \tag{2.3–12b}$$

gegeben.

Entsprechend dem Zusammenhang zwischen dem chemischen Potential und der Exzeß-Enthalpie der Feuchte und wegen des vernachlässigbaren Dampfdrucks des Trockengutes kann die differentielle Bindungsenthalpie direkt aus der Temperaturabhängigkeit des Dampfdruck-Verhältnisses φ bestimmt werden [2–28 bis 2–31]:

$$\Delta h_b \approx \Delta h_{F;\text{Misch}} \tag{2.3–13a}$$

$$\Delta h_b = -R_F \cdot \left(\frac{\partial \ln \varphi}{\partial \dfrac{1}{T}}\right)_{\xi_F \text{ bzw. } X} \tag{2.3–13b}$$

Aus der Regressionsfunktion der Isosteren in der Darstellung $\ln \varphi = f(1/T)_X$ läßt sich wegen

$$\ln \varphi = \ln p_0 - a_1 \cdot \frac{1}{T} \tag{2.3–14a}$$

$$(a_1)_X = -\left(\frac{\Delta h_b}{R_F}\right)_X \tag{2.3–14b}$$

die Beladungsabhängigkeit der differentiellen Bindungsenthalpien als Anstieg aus den Dampfdruckmessungen bestimmen. Die Abb. 2–3 und 2–4 zeigen charakteristische Dampfdruckmessungen an verschiedenen Produkten.

Die Gleichgewichts-Dampfdruckwerte sind Voraussetzung zur Bestimmung der Sorptionsisothermen bzw. der Funktionen $\ln \varphi^* = \varphi(\vartheta; X^*)$, die in den Abb. 2–5 bis 2–7 dargestellt sind. Sie charakterisieren über die Gleichgewichtsangaben des Dampfdruckes des Wasserdampfes über dem wasserdampffeuchten Gut.

Für die Berechnung der konzentrationsabhängigen Anteile der Bindungs-

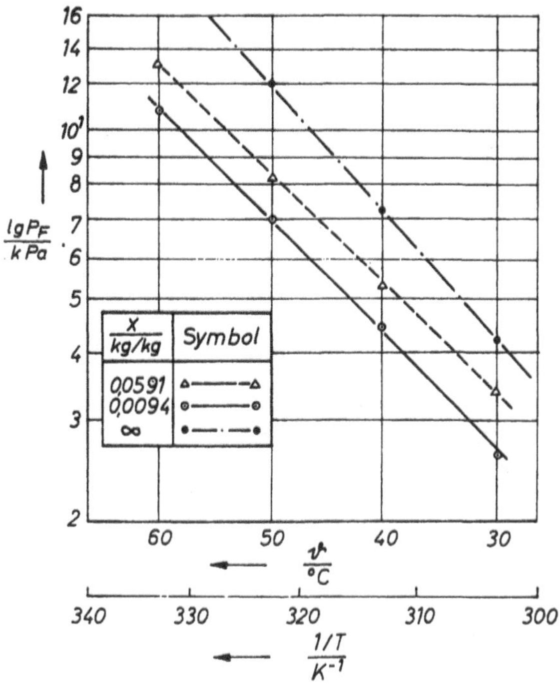

Abb. 2–3: Gleichgewichts-Dampfdruck-Meßwerte (Isosteren) von wasserfeuchtem $NaNO_3$.

enthalpie, die auch für die Berechnung der konzentrationsabhängigen Terme der Exergie oder der minimalen Trennarbeit notwendig ist, lassen sich methodisch zwei Fälle ableiten, nämlich die ideale Sorption als theoretischer Grenzfall und die reale Sorption als Grundlage der feuchten Feststoffe.

Ideale Sorption

Für den theoretischen Grenzfall der Temperaturunabhängigkeit der Sorption, die als ideale Sorption bezeichnet wird [2–19], gilt

$$\left[\frac{\partial\left(\frac{\partial h_b}{\partial X}\right)}{\partial T}\right]_X = 0 \tag{2.3–15}$$

Aus der Gleichung von Clausius-Clapeyron für die Änderung von freier flüssiger Feuchte zu Sattdampf gilt, bei der Annahme des Dampfes als ideales

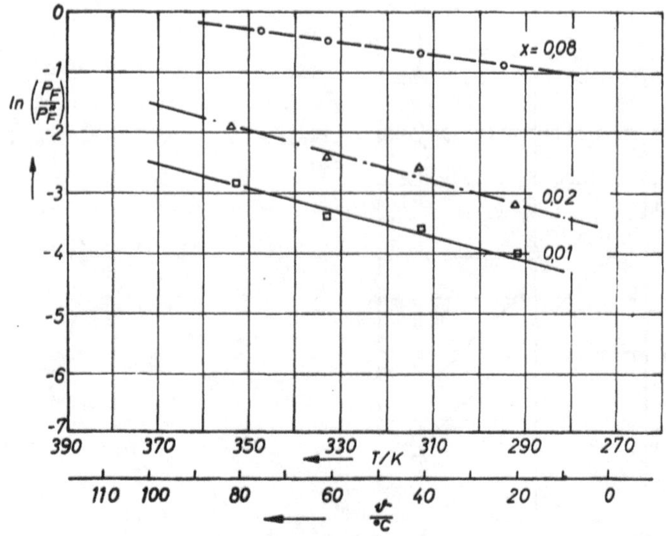

Abb. 2-4: Gleichgewichtsdampfdruckmessung (Isosteren) von Kiefernholz.

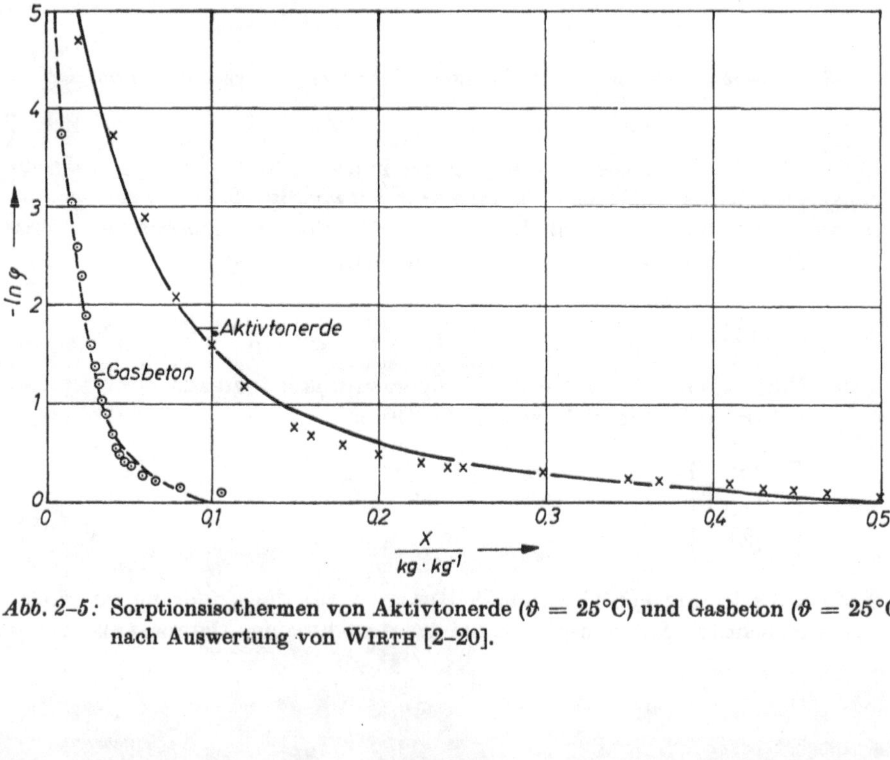

Abb. 2-5: Sorptionsisothermen von Aktivtonerde ($\vartheta = 25\,°C$) und Gasbeton ($\vartheta = 25\,°C$) nach Auswertung von WIRTH [2-20].

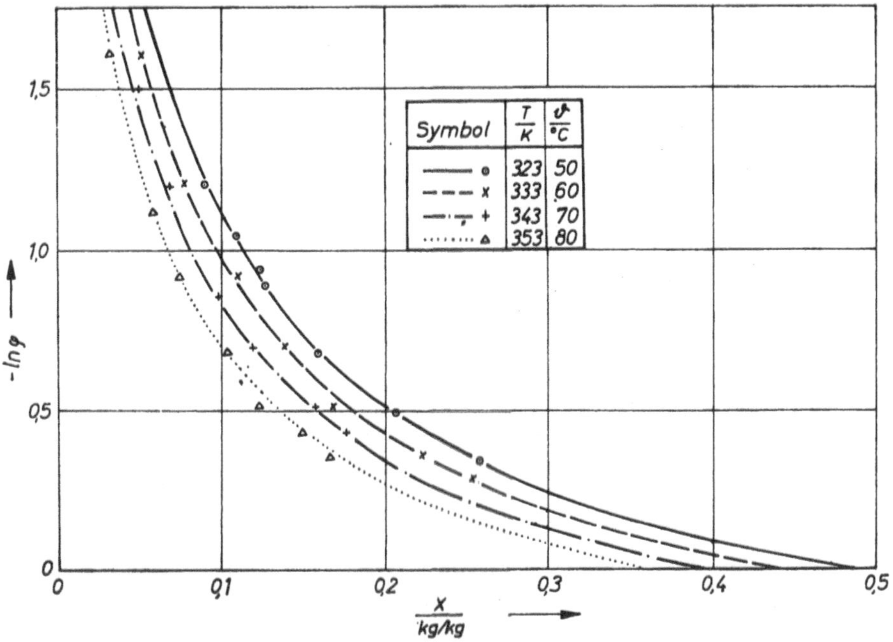

Abb. 2–6: Sorptionsisothermen eines organischen Farbstoffes (E 81) zwischen $50 \leqq \vartheta \leqq 80\,°C$ nach Auswertung von Wirth [2–20].

Gas unter Vernachlässigung des spezifischen Volumens der flüssigen Feuchte v_F',

$$\frac{\mathrm{d}p_F^*}{p_F^*} = \frac{\Delta h_{v;F}}{R_F} \cdot \frac{\mathrm{d}T}{T^2} \tag{2.3–16}$$

Es folgt analog für die gebundene Feuchtigkeit die Dampfdruck-Temperatur-Abhängigkeit bei konstantem Feuchtegehalt, d. h. für die sog. Isosteren,

$$\left[\frac{\mathrm{d}p_F^*}{p_F^*}\right]_X = \frac{\Delta h_{v;F} + \left[\dfrac{\partial \Delta h_b}{\partial X}\right]_X}{R_F} \cdot \frac{\mathrm{d}T}{T^2} \tag{2.3–17}$$

Durch Subtraktion der Gl. (2.3–16) von (2.3–17) ergibt sich

$$\left[\frac{\mathrm{d}p_F^*}{p_F^*}\right]_X - \frac{\mathrm{d}p_F^*}{p_F^*} = \frac{\left[\dfrac{\partial \Delta h_b}{\partial X}\right]_X}{R_F} \cdot \frac{\mathrm{d}T}{T^2} \tag{2.3–18a}$$

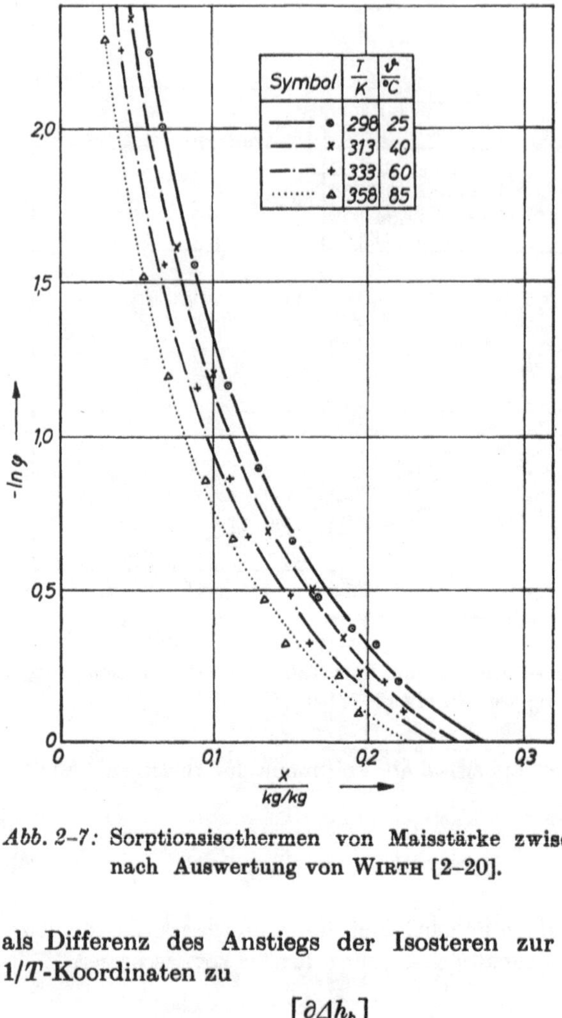

Abb. 2-7: Sorptionsisothermen von Maisstärke zwischen $25 \leqq \vartheta \leqq 85\,°C$ nach Auswertung von WIRTH [2-20].

als Differenz des Anstiegs der Isosteren zur freien Flüssigkeit in $\ln p_F$; $1/T$-Koordinaten zu

$$d\left(\ln \frac{p_F}{p_F^*}\right)_X = \frac{\left[\frac{\partial \Delta h_b}{\partial X}\right]_X}{R_F} \cdot \frac{dT}{T^2} \tag{2.3–18b}$$

bzw.

$$\frac{\partial\left(\ln \frac{p_F}{p_F^*}\right)_X}{\partial \frac{1}{T}} = -\frac{\left(\frac{\partial \Delta h_b}{\partial X}\right)_X}{R_F} \tag{2.3–18c}$$

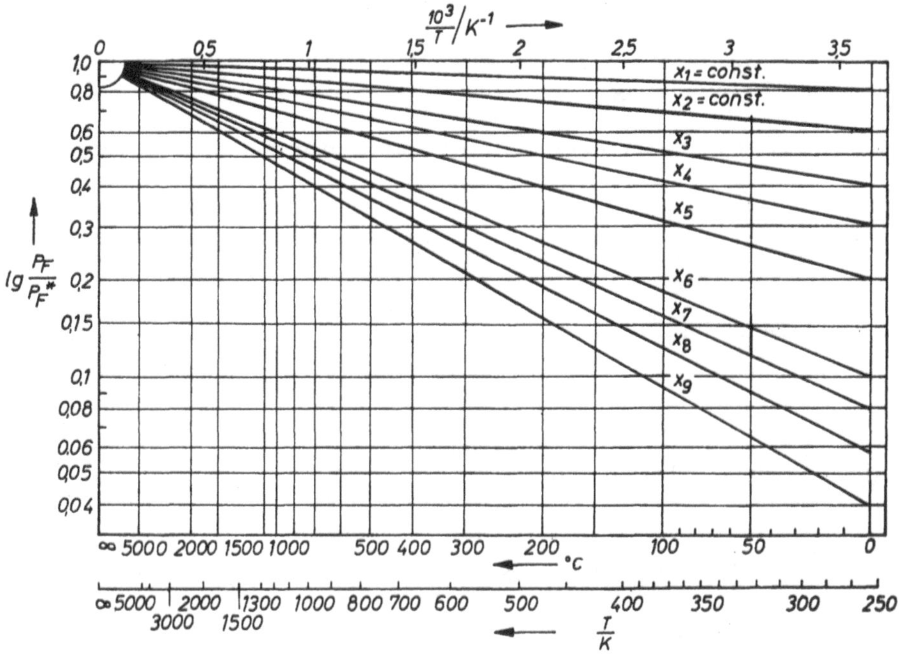

Abb. 2–8: Gleichgewichtsdampfdruck-Funktion (Isosteren) in $\lg p$; $1/T$-Koordinaten für den theoretischen Grenzfall der idealen Sorption nach MALTRY [2–19].

Abbildung 2–8 zeigt Isosteren bei idealer Sorption in $\lg (p_F/p_F^*)_X$; $1/T$-Koordinaten.

Reale Sorption

Die reale Sorption, das tatsächliche Verhalten insbesondere kapillarporöser Stoffe, weicht von dem Idealverhalten der Gln. (2.3–15) bis (2.3–18c) und den Funktionen in Abb. 2–8 deutlich ab. Beim Realverhalten der Sorption gilt

$$\frac{\partial \Delta h_b}{\partial X} = f(X; T) \tag{2.3–19}$$

Unter der Annahme, daß sich das Realverhalten der feuchten Mischphase, des kapillarporösen Gutes nur auf die Exzeßgrößen des Fluids F, nicht aber auf die Exzeßgrößen des festen Trockengutes S auswirke, leitete MALTRY [2–19] ab, daß infolge der Definition der Enthalpie als wegunabhängige Zustandsgröße

$$h_{F;0} = h_F + \left[\frac{\partial}{\partial X} \Delta h_b(X;\, T)\right]_X \tag{2.3–20}$$

gilt und aus der Differentiation nach der Temperatur und Umformung folgt

$$\frac{\partial \left[\frac{\partial}{\partial X} \Delta h_b(X;\, T)\right]_X}{\partial T} = (c''_{F;0} - c'_{F;X}) \tag{2.3–21}$$

Anderenteils folgt aus der integrierten Gl. (2.3–18b)

$$-R_F \cdot \ln \frac{p_{F;X}}{p^*_{F;0}} = \frac{\partial \Delta h_b(X;\, T)}{T \cdot \partial X} \tag{2.3–22}$$

und nach partieller Differentiation nach $\frac{1}{T}$

$$-R_F \left[\frac{\partial \ln \left(\frac{p_{F;X}}{p^*_{F;0}}\right)}{\partial \frac{1}{T}}\right]_X = \frac{\partial}{\partial X} \Delta h_b(X;\, T) - \frac{\partial}{\partial T}\left[\frac{\partial \Delta h_b(X;\, T)}{\partial X}\right]_X \cdot T \tag{2.3–23}$$

Aus der Kombination von Gl. (2.3–23) mit Gl. (2.3–24) ergibt sich die Beziehung

$$-R_F \left[\frac{\partial \ln \left(\frac{p_{F;X}}{p^*_{F;\infty}}\right)}{\partial \frac{1}{T}}\right]_X = \frac{\partial}{\partial X} \Delta h_b(X;\, T) - (c'_{F;\infty} - c'_{F;X})\, T \tag{2.3–24a}$$

Die letztgenannte Gleichung repräsentiert einen grundsätzlichen, relativ einfachen Zusammenhang zwischen der partiellen spezifischen Bindungsenthalpie und der Änderung der spezifischen Enthalpiekapazität der sorbierten Feuchte und der relativen Dampfdruck-Temperatur-Änderungsabhängigkeit.

Bei realer Sorption ist damit die reale partielle spezifische Bindungsenthalpie gegeben durch

$$\frac{\partial}{\partial X} \Delta h_b(X;\, T) = -R_F \left[\frac{\partial \ln \left(\frac{p_{F;X}}{p^*_{F;\infty}}\right)}{\partial \frac{1}{T}}\right]_X + (c'_{F;\infty} - c'_{F;X})\, T \tag{2.3–24b}$$

In der Regel wurden aber die Differenzen der bei realer Sorption vorhandenen spezifischen Enthalpiekapazitäten nicht bestimmt. Deren Auswirkungen werden daher normalerweise direkt der Bindungsenthalpie zugerechnet. Die spezifische Bindungsenthalpie folgt damit vereinfacht aus Gl. (2.3–18c) auch für die reale Sorption zu

$$\frac{\partial}{\partial X} \Delta h_b(X;T) = -R_F \left[\frac{\partial \ln \left(\frac{p_{F;X}}{p^*_{F;\infty}} \right)}{\partial \frac{1}{T}} \right]_X \tag{2.3–25}$$

Die Annahme von Maltry, daß sich das Realverhalten der feuchten Mischphase nicht auf die Exzeßgrößen des festen Trockengutes auswirke, ist bei einer Betrachtung als Mischphase wegen der Gibbs-Duhem-Beziehung unzulässig, wenn auch die Berechnung der Exzeßgrößen des festen Gutes S in der Trocknungstechnik bisher nicht üblich war.

Wirth [2–20] zeigte mit den in Abb. 2–9 dargestellten Funktionen der partiellen spezifischen freien Exzeßenthalpie an wasserfeuchter Aktivkohle bzw. $NaNO_3$, daß die sich mit der Gibbs-Duhem-Beziehung ergebenden Funktionen der Aktivitätskoeffizienten durchaus im Bereich der Erfahrungswerte anderer Mischphasen liegen. Die Ergebnisse bestätigen auch, daß zwar eine Interpolation, aber keine Extrapolation zulässig ist. Sie unterstreichen die prinzipielle Anwendbarkeit des Redlich-Kister-Ansatzes für feste feuchte Mischphasen.

Wegen der meist unbekannten Molmasse des Feststoffes ist der Redlich-Kister-Ansatz nicht durchgängig anwendbar.

Nach Untersuchungen von Wirth [2–20] eignen sich die folgenden Polynom-Ansätze. Falls die Konstanten $A; B; C \ldots$ in den Funktionen temperaturabhängig zu bestimmen sind, ist der Ansatz (2.2–20) geeignet. Zu unterscheiden sind verschiedene Gültigkeitsbereiche:

- Ausgleich über den gesamten Beladungsbereich $0 \leqq X \leqq X_{\text{hygr.}}$ mit

$$\lambda = \frac{X}{X + B} \tag{2.3–26}$$

$$\ln \varphi = \ln \lambda + \sum_{j=0}^{j_0} A_j (1 - \lambda)^{j+1} + C \tag{2.3–27}$$

wobei für $X_{\text{hygr.}} = \infty$ die Konstante $C = 0$ gilt.

- Ausgleich über Teilbereiche im hygroskopischen Gebiet

$$\ln \varphi = A(X + B)^D + \sum_{j=0}^{j_0} C_j X^{-j} \tag{2.3–28}$$

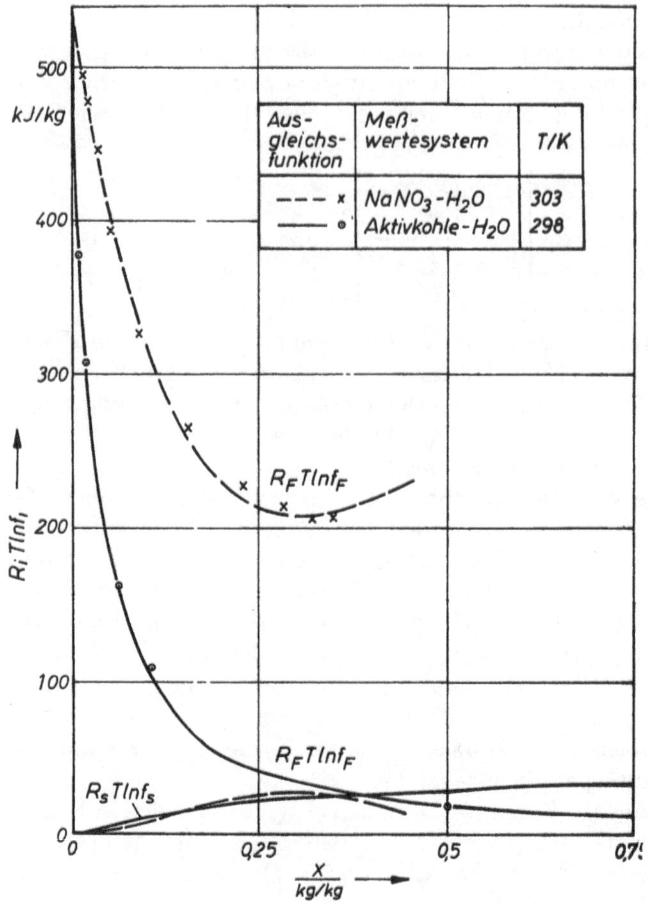

Abb. 2–9: Aus Meßwerten berechnete Einzelwerte und Ausgleichsfunktionen der partiellen spezifischen freien Exzeßenthalpie der Feuchte *F* und der Feststoffkomponente *S* der Systeme $NaNO_3-H_2O$ und Aktivkohle-H_2O nach WIRTH [2–20].

Für eine hinreichende temperatur- und konzentrationsabhängige Anpassung genügen meist 5 Konstanten, wie die in Tab. 2–4 angegebenen Konstanten der Ausgleichsfunktionen mit dem daraus folgenden Bestimmtheitsmaß zeigen. Drei der Dampfdruck-Ausgleichsfunktionen mit den angegebenen Konstanten sind bereits in den Abb. 2–5 bis 2–6 dargestellt und bestätigen die Korrelationsgüte.

Tabelle 2–4: Konstanten der Regressionsbeziehungen für die Gleichgewichtsdaten wasserfeuchter Stoffe nach Wirth [2–20]

Trockengut	Konstanten							Ausgleichs-funktion	Bestimmt-heits-maßzahl
	A		*B*		*C*		*D*		
	$A_{0;0}$	$A_{0;1}$	$B_{1;0}$	$B_{1;1}$	$C_{1;0}$	$C_{1;1}$	*D*		
	—	K	—	K	—	K	—		—
$NaNO_3$	0,45069	476,32	−2,19558	490,80	0,027917	156,36	—	(2.1–19)	0,9986
Gasbeton	−10,24900	—	0,01627	—	0,36710	—	—	(2.3–29)	0,9800
Aktivtonerde	−5,04763	—	0,09607	—	0,30155	—	—	(2.3–29)	0,9868
Aktivkohle	5,08181	—	8,66912	—	7,44839	-	—	(2.1–19)	0,9625
Farbstoffe:									
• B 81	0,007054	−484,86	0,00	—	0,52157	255,29	−0,9865	(2.3–30)	0,9873
• C 81	11,33930	−3986,03	0,12407	—	0,68537	−229,37	—	(2.3–29)	0,9927
• E 81	9,73127	−3537,99	0,17527	—	0,87879	−159,98	—	(2.3–29)	0,9966
Maisstärke	8,48948	−3752,38	0,13000	—	0,27561	162,41	—	(2.3–29)	0,9964
Futterhefe	9,52196	−2294,36	0,500	—	—	—	—	(2.3–29)	0,9364
	−13,2773[1])	4043,38[1])							

[1]) A_1-Werte

Aus der Beziehung für die partielle spezifische Bindungsenthalpie (2.3–25) lassen sich unter Nutzung der Regressionsansätze (2.3–27) bzw. (2.3–28) mit den Konstanten der Tab. 2–4 direkt die Regressionsbeziehungen für die partielle spezifische Bindungsenthalpie ermitteln:

$$\Delta h_b = -R_F \left[\sum_{j=1}^{j_0} A_{j;1}(1-\lambda)^{j+1} + C_1 \right] \tag{2.3–29}$$

bzw.

$$\Delta h_b = -R_F \left[A_{j;1}(X+B)^D + \sum_{j=1}^{j_0} C_{j;1} \cdot X^j \right] \tag{2.3–30}$$

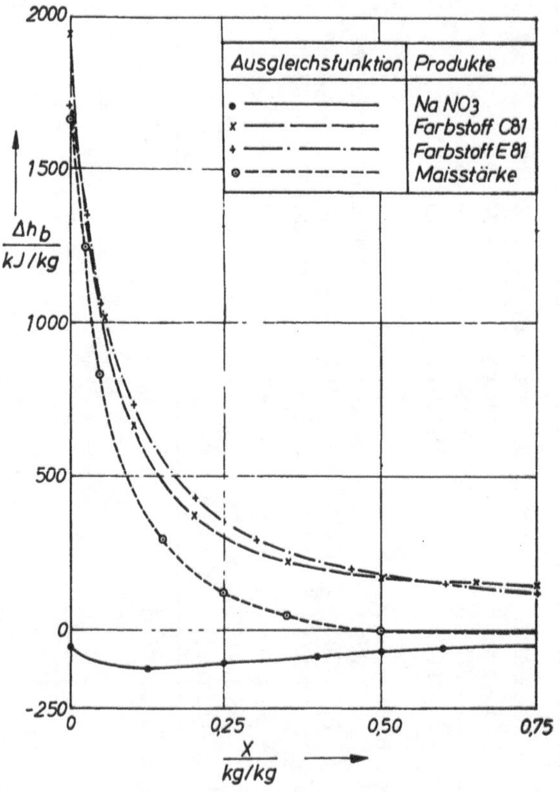

Abb. 2–10: Differentielle spezifische Bindungsenthalpie nach Gl. (2.3–31) und (2.3–32) für wasserfeuchte Systeme mit $NaNO_3$; Farbstoffe C 81 und E 81 sowie Maisstärke mit den Ausgleichsfunktionen auf der Grundlage der Konstanten in Tab. 2–4.

In Abb. 2–10 ist die Funktion der differentiellen spezifischen Bindungsenthalpie von vier Produkten, deren Regressionskonstanten in Tab. 2–4 angegeben sind, dargestellt. Sie ist folgendermaßen zu interpretieren:

Für die Abtrennung der Feuchte aus dem Feuchtgut ist bei isothermer Prozeßführung der Trocknung, bei konstantem Feuchteanteil und ohne Phasenänderung der gleiche Energiebetrag zuzuführen, wie er bei der Feuchtebindung freigesetzt wird.

Integrale Bindungsenthalpie

Aus der Grundgleichung in Beladungsschreibweise in Gl. (2.3–9b) folgt die spezifische Bindungsenthalpie der Feuchte zu

$$\Delta \bar{h}_{b;X/0} = (h_F - h_{F;0}) + \frac{1}{X}(h_G - h_{G;0}) \tag{2.3–31}$$

Dieser Term ist als integrale spezifische Bindungsenthalpie bei vollständiger Trennung der Komponenten zu verstehen. — Die integrale Bindungsenthalpie bei einer Entfeuchtung von X_α auf X_ω folgt damit zu

$$\Delta \bar{h}_{b;X_\alpha/X_\omega} = \frac{1}{X_\alpha - X_\omega} \int_{X_\alpha}^{X_\omega} \frac{\partial}{\partial X} \Delta h_b(X) \cdot \mathrm{d}X \tag{2.3–32}$$

In Verbindung von Gln. (2.3–25) bis (–28) folgt für den Gesamtbereich

$$\Delta \bar{h}_{b;X_\alpha/X_\omega} = -\frac{R_F}{X_\alpha - X_\omega} \int_{X_\alpha}^{X_\omega} \frac{\partial}{\partial \frac{1}{T}} \left[\ln \lambda + \sum_{j=1}^{j_0} A_j (1-\lambda)^{j+1} + C\right] \tag{2.3–33}$$

bzw. für Teilbereiche

$$\Delta \bar{h}_{b;X_\alpha/X_\omega} = -\frac{R_F}{X_\alpha - X_\omega} \int_{X_\alpha}^{X_\omega} \frac{\partial}{\partial \frac{1}{T}} \left[A(X+B)^D + \sum_{j=1}^{j_0} C_j \cdot X^{-j}\right] \tag{2.3–34}$$

In Abb. 2–11 ist der Verlauf für die integrale Bindungsenthalpie bei einer vollständigen Trennung ($X_\omega = 0$) der Komponenten dargestellt. Die Abbildung verdeutlicht das starke Ansteigen der Bindungsenthalpie bei niedrigen Beladungen und den hohen Aufwand bei der Rest-Trocknung.

Die spezifische integrale Bindungsenthalpie gibt die spezifische Energie an,

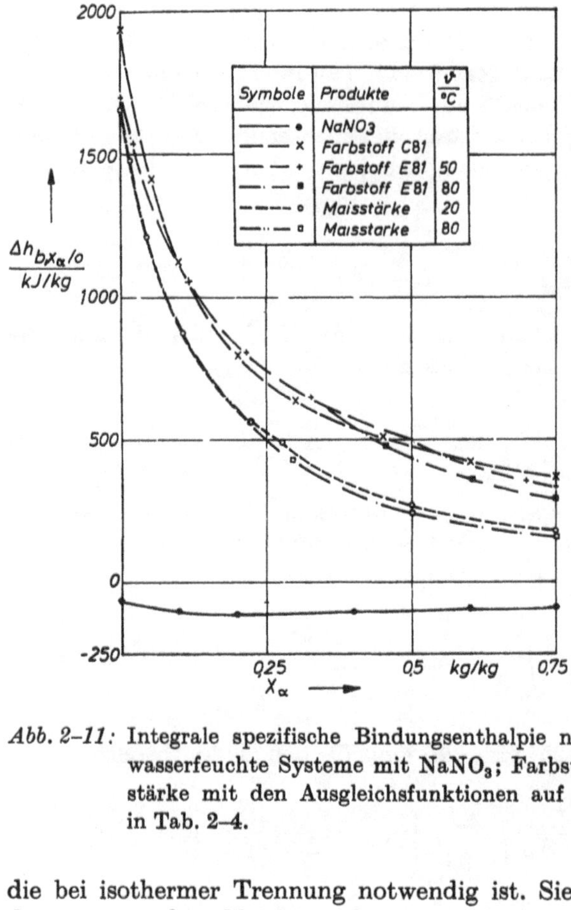

Abb. 2–11: Integrale spezifische Bindungsenthalpie nach Gl. (2.3–35) und (–36) für wasserfeuchte Systeme mit $NaNO_3$; Farbstoffe C 81 und E 81 sowie Maisstärke mit den Ausgleichsfunktionen auf der Grundlage der Konstanten in Tab. 2–4.

die bei isothermer Trennung notwendig ist. Sie stellt einen Grenzwert dar, der nur aus den Gleichgewichtswerten bestimmt werden kann. Erfolgt im Grenzfall die Trennung reversibel bei $T = T_U$, so kann die Trennenthalpie zum Lösen der Bindungsenthalpie als Wärme in Form reiner Anergie zugeführt werden.

2.3.2.4. *Feuchtigkeitsbindung und Bindungsenergie in kapillarporösen festen feuchten Mischphasen*

Für kapillarporöse feste feuchte Mischphasen gelten die in den vorhergehenden Abschnitten dargestellten Beziehungen ebenfalls, obwohl der Mechanismus der Feuchteaufnahme und -bindung wesentlich anders ist. Für das Verständnis der Vorgänge, vor allem der kinetischen Prozesse, ist die Kenntnis dieses

Prozesses erforderlich. Daher ist es in der Trocknungstechnik üblich und notwendig, auf diese Art der Feuchtebindung gesondert einzugehen.

Zur Kategorie der kapillarporösen festen Feuchtgüter zählt ein breites Spektrum von Produkten. Neben solchen Produkten wie Holz und Ziegelsteine gehören alle dispersen Güter wie Farbstoffe, Salze, organische Zwischenprodukte, Herbizide, Fungizide zu dieser Klasse von Feuchtgütern.

Mechanismus der kapillaren Feuchtebindung

Ursache der Feuchtigkeitsaufnahme kapillarporöser Güter ist die Oberflächenspannung σ der Flüssigkeit, die sorbiert wird. Die Oberflächenspannungs-Temperatur-Abhängigkeiten verschiedener Feuchtstoffe sind in Abb. 2–12 vermerkt. Die Ausnahmestellung von Wasser im Vergleich zu allen anderen Feuchtigkeiten ist deutlich erkennbar.

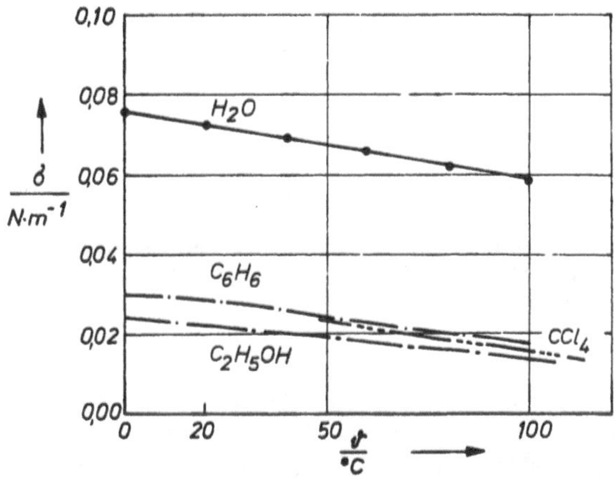

Abb. 2–12: Oberflächenspannungs-Temperatur-Abhängigkeit $\sigma(\vartheta)$ verschiedener Feuchten: Wasser; Benzen; Tetrachlormethan und Äthanol.

Von Kelvin stammen bereits die Untersuchungen zur Auswirkung der Oberflächenkrümmung infolge der Oberflächenspannung auf den Dampfdruck der Feuchteflüssigkeit. Abbildung 2–13a zeigt die Druckerhöhung bei konvexer Oberfläche und positivem Randwinkel Θ, wie sie beim Eintauchen einer Kapillare im Quecksilber als nicht benetzende Flüssigkeit auftritt; Abb. 2–13b zeigt dagegen die Druckabsenkung in der Flüssigkeit, die bei konkaver Oberfläche und negativem Randwinkel Θ im Regelfall eintritt, da die anderen Flüssigkeiten benetzend sind. Wenn eine Kapillare mit dem Durchmesser

$d = 2r$ in eine Flüssigkeit eingetaucht wird, kommt es unter der Wirkung der Oberflächenspannung σ, die wie eine Haut auf der Flüssigkeitsoberfläche wirkt, zu einer Druckbeeinflussung auf die Flüssigkeitsoberfläche. Diese als LAPLACE- oder Kapillar-Druck bezeichnete Einwirkung auf die Flüssigkeitsoberfläche hat die Größe

$$\Delta p_{\mathrm{LAP}} = \pm \frac{2\sigma}{r_{\mathrm{Men}}} \tag{2.3-35}$$

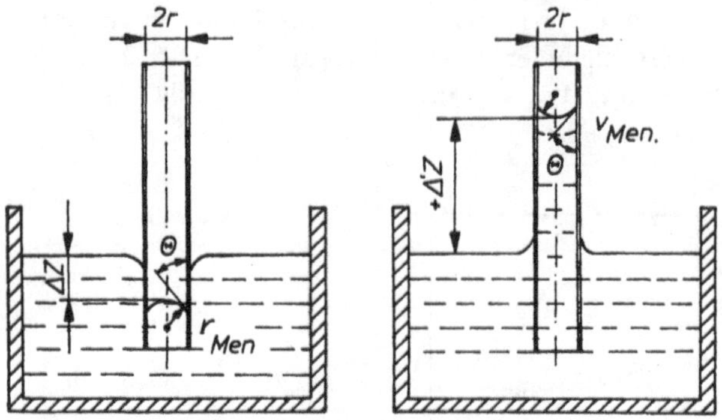

Abb. 2-13: Wirkung der Oberflächenspannung σ bei positivem (a) und negativem (b) Randwinkel Θ auf den Dampfdruck und die Steighöhen in Kapillaren.

Das Vorzeichen hängt vom Krümmungsradius des Meniskus r_{Men} ab: Das positive Vorzeichen gilt für nichtbenetzende Flüssigkeiten, woraus ein Kohäsionsdruck resultiert, das negative Vorzeichen dagegen gilt für den Regelfall der benetzenden Flüssigkeit, die zu einem Adhäsionsdruck führt. Aus der Druckbeeinflussung der Oberflächenspannung in Kapillaren resultiert bei benetzenden Flüssigkeiten ein Ansteigen der Flüssigkeit im kapillarporösen Gut um ΔZ. Damit wird die Adhäsionsdruckabsenkung nach Gl. (2.3-37) durch den gleichgroßen Flüssigkeitshöhendruck

$$\Delta p = g \cdot \varrho'' \cdot \Delta Z \tag{2.3-36}$$

kompensiert. In den nachstehenden Darstellungen erfolgt nur noch die Bezugnahme auf benetzende Flüssigkeiten.

Unter der Wirkung des Kapillardruckes kommt es zu einer spezifischen Volumenänderungsarbeit infolge der Verdrängung des Feuchtedampfes ϱ_F'''

durch die flüssige Feuchte ϱ_F'' im kapillarporösen Feuchtgut

$$w_{t;12} = -\left(p_0 - \frac{2\sigma}{r_{\mathrm{Men}}}\right)\frac{1}{\varrho_F'' - \varrho_F'''} \tag{2.3–37a}$$

$$w_{t;12} = -\left(p_0 - \frac{2\sigma}{r_{\mathrm{Men}}}\right)\cdot v_F'' \tag{2.3–37b}$$

Die spezifische technische Arbeit zur Entfernung der Feuchte im flüssigen Zustand ist

$$w_{t;12} = \frac{2\cdot\sigma}{r_{\mathrm{Men}}}\cdot v_F'' = w_\sigma \tag{2.3–38a}$$

bzw.

$$W_{t;12} = m_F\cdot\frac{2\sigma}{r_{\mathrm{Men}}}\cdot v_F'' = W_\sigma \tag{2.3–38b}$$

Spezifisch gesehen ist Gl. (2.3–38b) auch identisch mit einer Veränderung der spezifischen Enthalpie der Feuchte, die als spezifische Feuchte-Bindungsenthalpie anzusehen ist. Nimmt man, von Gl. (2.3–37a) ausgehend, vereinfachend vollständige Benetzung ($r_{\mathrm{Men}} = r$) an und vernachlässigt die Dampfdichte ϱ_F''' (da $\varrho_F''' \ll \varrho_F''$), so folgt die partielle spezifische Bindungsenergie, die mit (∂X) auf 1 kg Feuchte bezogen wird, zu

$$\left(\frac{\partial \Delta h_b}{\partial X}\right) \approx \frac{2\cdot\sigma}{r\cdot\varrho_F''} \cdot \Delta p_{\mathrm{LAP}}\cdot v_F'' \tag{2.3–39}$$

und bei konstanter Erdbeschleunigung g

$$\left(\frac{\partial \Delta h_b}{\partial X}\right) = g\cdot\Delta Z \tag{2.3–40}$$

die kapillare Steighöhe

$$\Delta Z = \left[\frac{2}{g}\cdot\frac{\sigma}{\varrho_F''}\right]\cdot\frac{1}{r} \tag{2.3–41}$$

Abbildung 2–14 zeigt in doppelt-logarithmischer Darstellung die Funktion der kapillaren Steighöhe ΔZ vom Kapillarradius r. Die Ausnahmestellung vom Wasser infolge der Oberflächenspannung σ ist auch hier erkennbar. Diese theoretische Grenzbetrachtung wirft die Frage auf, in welchem Maße bei exergetisch optimal geführten Verfahren der Zusatz von grenzflächenspannungssenkenden Stoffen ökonomisch ist.

Der theoretische Grenzfall der minimalen partiellen spezifischen Bindungsenergie $\left(\frac{\partial \Delta h_b}{\partial X}\right) = 0$ ist damit für $r = \infty$, d. h. für reine äußere Benetzungsflüssigkeit erfüllt; dabei tropft die Flüssigkeit frei vom Feuchtgut ab. Praktisch ist dies aber bereits bei Poren mit $r > 10^{-4}$ m der Fall.

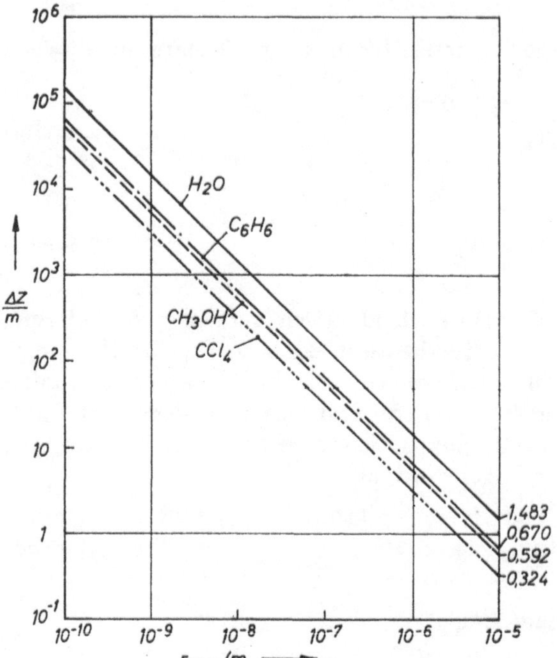

Abb. 2–14: Abhängigkeit der kapillaren Steighöhen ΔZ vom Kapillarradius r_{Kap} von Wasser, Benzen, Methanol, Tetrachlorkohlenstoff in doppelt-logarithmischen Koordinaten.

In der Tendenz ist aus Abb. 2–14 erkennbar, wie die partielle spezifische Bindungsenthalpie proportional der kapillaren Steighöhe ΔZ ist, die eigentlich erst im Bereich $r < 10^{-9}$ m nennenswerte Größenordnungen erreicht. Diese partielle spezifische Bindungsenergie der Feuchtigkeit an das Gut muß bei der Trocknung durch äußere Prozeßenergien wieder gelöst werden. Die Kapillarradien-Verteilung im Gut entscheidet daher auch über die Verteilung der partiellen spezifischen Bindungsenergie im Gut. In Umkehrung dieses Sachverhaltes ist es möglich, aus der experimentell ermittelten Verteilung der partiellen spezifischen Bindungsenthalpie modellmäßig auf die Porenradien-Verteilung zu schließen.

2.3.2.5. Konzentrationsexergie und minimale Trennarbeit für Feuchtstoffe

Die minimale Trennarbeit stellt den minimalen Aufwand an Exergie für die teilweise oder vollständige Trocknung eines Feuchtgutes in einem reversibel gedachten Prozeß dar. Bei isotherm-isobarem Prozeßverlauf bei (T_U; p_U; $\varphi_U = 1$) entspricht die minimale Trennarbeit der Exergieänderung der beteiligten Stoffströme. Die minimale Trennarbeit eines Trockners wird berechnet durch

$$W_{\min} = E_{fS;\omega} - E_{fS;\alpha} + E_{F;\omega} \tag{2.3-42}$$

wobei wegen $\varphi_U = 1$ auch $E_{F;\omega} = 0$ gilt. Der zuzuführende Wärmestrom ist unter diesen Bedingungen reine Anergie. Die minimale Trennexergie stellt den Mindestaufwand an arbeitsfähiger Energie dar, der dem System zur Trocknung zuzuführen ist.

Es gibt zwei verschiedene Wege, die minimale Trennexergie zu berechnen: Sie ist sowohl Potentialdifferenz als auch Prozeßgröße bei reversibler Prozeßführung: Bei der Berechnung als Potentialdifferenz sind subjektive Fehler weitgehend ausgeschlossen, die Ableitung von Schlußfolgerungen für die Verfahrens- und Anlagengestaltung aus der Potentialdifferenz allein ist jedoch auch weitgehend ausgeschlossen.

Die Berechnung als Prozeßgröße erfordert das Gedankenmodell einer reversibel arbeitenden Apparatur. Hier sind bei der Entwicklung subjektive Fehler leichter möglich; andererseits sind aus der Gestaltung des reversiblen Gedanken-Prozeßmodells leichter Schlußfolgerungen für die Gestaltung realer Verfahren und Anlagen zu ziehen.

Als Voraussetzung für die Gestaltung exergetisch günstiger Verfahren sollen deshalb beide Wege dargestellt und erläutert werden.

Berechnung der minimalen Trennarbeit als Potentialdifferenz der Konzentrationsexergie

- Partielle spezifische Konzentrationsexergie

Dieser Weg setzt die Berechnung der Exergie des Feuchtgutes voraus.

Für sie gilt

$$E_{fS} = m_S(e_S + X \cdot e_F) \tag{2.3-43}$$

Das Feuchtgut ist in der Regel als reale feuchte Mischphase anzusehen. Die Aktivitätskoeffizienten können mit dem Redlich-Kister-Ansatz (2.2–19) oder einer ähnlichen Beziehung vom Typ (2.3–26) bis (–28) beschrieben werden.

Für die partielle spezifische Konzentrationsexergie der Feuchte bei (p_U; T_U; $\varphi_U = 1$) folgt aus

$$e_F = R_F \cdot T_U \cdot [\ln(\psi_F \gamma_F) - \ln(\psi_{F;U} \gamma_{F;U})] \quad (2.3\text{–}44)$$

wegen

$$\varphi_U = \left[\frac{p_F}{p_F{}^*}\right] = (\psi_{F;U} \cdot \gamma_{F;U}) = 1 \quad (2.3\text{–}45)$$

unmittelbar

$$e_F = R_F \cdot T_U \cdot \ln \varphi_{T_U} \quad (2.3\text{-}46)$$

$$e_F = -w_{\min} \quad (2.3\text{–}47)$$

Die partielle spezifische Konzentrationsexergie der Feuchte kann damit anschaulich als isotherme Kompressionsarbeit der Feuchte gedeutet werden. Analog zur differentiellen spezifischen Bindungsenthalpie nach den Gln. (2.3–13) bis (2.3–27) ist sie als differentielle spezifische minimale Trennarbeit oder differentielle spezifische Konzentrationsexergie zu bezeichnen.

Analog zu Gl. (2.3–44) gilt für die partielle spezifische Konzentrationsexergie des Feststoffes S

$$e_S = R_S \cdot T_U \cdot [\ln(\psi_S \gamma_S) - \ln(\psi_{S;U} \gamma_{S;U})] \quad (2.3\text{–}48)$$

Die Konzentrationsexergie des Feuchtgutes wird unter Verwendung der GIBBS-DUHEMschen Beziehung in der Weise geschrieben, daß die formale Trennung in Feststoff- und Feuchteanteil entfallen soll [2–20].

Mit dem Zusammenhang

$$\ln(\psi_F \cdot \gamma_F) = \ln \varphi \quad (2.3\text{–}49)$$

und der Beladungsschreibweise mit X folgt die partielle spezifische Konzentrationsexergie des Feststoffes zu

$$e_S = -\psi_F \cdot R_F \cdot T_U \cdot \ln \varphi(X) - \int_X^{X_U} R_F \cdot T_U \cdot \ln \varphi(X) \cdot \mathrm{d}X \quad (2.3\text{–}50)$$

Die spezifische Exergie des festen Feuchtgutes ist damit

$$e_{fS;1+X} = R_F \cdot T_U \left[X \cdot \ln \varphi(X) + \left(-X \ln \varphi(X) - \int_X^{X_U} \ln \varphi(X)\, \mathrm{d}X\right)\right]$$

(2.3–51a)

bzw.

$$e_{f,S;1+X} = R_F \cdot T_U \int_{X_U}^{X} \ln \varphi(X) \cdot \mathrm{d}X \qquad (2.3\text{–}51\,\mathrm{b})$$

Die Konzentrationsexergie des festen Feuchtgutes entspricht der minimalen Trennarbeit für die Aufkonzentrierung von X_U auf X.

In Abb. 2–15 ist der Verlauf der differentiellen minimalen Trennarbeit für 4 disperse Feuchtstoffe dargestellt. Der Verlauf der differentiellen minimalen Trennarbeit zeigt, daß für den Bereich $X = X_{\text{hygr.}}$ die differentielle Trennarbeit den Wert 0 annimmt. – Die lokalen Extrema in der Funktion des wasserfeuchten $NaNO_3$ haben keine physikalische Bedeutung, sie sind durch den verwendeten Potenzansatz bedingt.

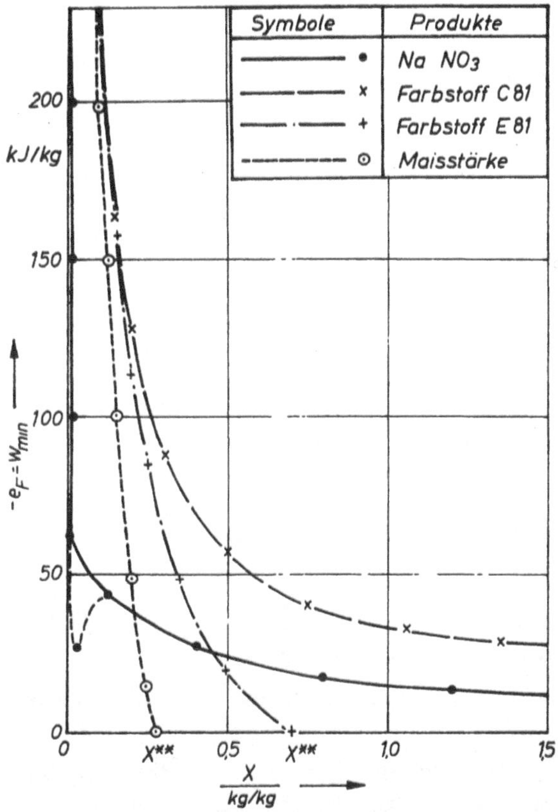

Abb. 2–15: **Differentielle minimale spezifische Trennexergie nach Gl. (2.3–50) für wasserfeuchte Systeme mit $NaNO_3$, Farbstoffe C 81 und E 81 sowie Maisstärke.**

- Integrale spezifische Trennarbeit und integrale spezifische Konzentrationsexergie

Die minimale Trennleistung bei einer beliebigen Beladungsänderung von X_α auf X_ω folgt aus der Exergiestromdifferenz zu

$$P_{\min} = \dot{W}_{\min} \tag{2.3–52a}$$

$$P_{\min} = \dot{m}_S [e_{1+X;\omega} - e_{1+X;\alpha}] \tag{2.3–52b}$$

$$P_{\min} = \dot{m}_S \cdot R_F \cdot T_U \int_{X_\alpha}^{X_\omega} \ln \varphi(X) \cdot \mathrm{d}X \tag{2.3–52c}$$

Die integrale spezifische Trennarbeit berechnet sich damit zu

$$w_{\min}\Big|_{X_\alpha}^{X_\omega} = \frac{R_F \cdot T_U}{X_\alpha - X_\omega} \int_{X_\alpha}^{X_\omega} \ln \varphi(X) \cdot \mathrm{d}X \tag{2.3–53}$$

Liegen die Werte der integralen Trennarbeit nach den Gln. (2.3–52a) bis (2.3–53) vor, so kann die integrale mittlere Trennarbeit für die Trocknung von X_α auf X_ω auch berechnet werden als

$$w_{\min}\Big|_{X_\alpha}^{X_\omega} = \frac{X_\alpha \cdot w_{\min}\Big|_0^{X_\alpha} - X_\omega \cdot w_{\min}\Big|_0^{X_\omega}}{X_\alpha - X_\omega} \tag{2.3–54}$$

Die integrale minimale Trennarbeit von vier dispersen Feuchtgütern ist in Abb. 2–16 bei vollständiger Trocknung $X_\omega = 0$ dargestellt. Aus ihr kann mit Gl. (2.3–54) der gesuchte Wert ermittelt werden.

Berechnung der minimalen Trennarbeit als Prozeßgröße reversibler Vergleichsprozesse

Zur Veranschaulichung der minimalen Trennarbeit soll sie auch als Prozeßgröße reversibler Vergleichsprozesse betrachtet werden:

- Minimale Trennarbeit und Benetzungsenthalpie bei der reversiblen mechanischen Entfeuchtung

Mit den im Abschn. 2.3.2.4. dargelegten Beziehungen für die Feuchteaufnahme in kapillarporösen Stoffen folgt aus Gl. (2.3–40a) in Verbindung mit der Gleichgewichtsbedingung zwischen Flüssigkeit und Dampf

$$p_F = p_F^* - \Delta p_{\mathrm{LAP}} \tag{2.3–55}$$

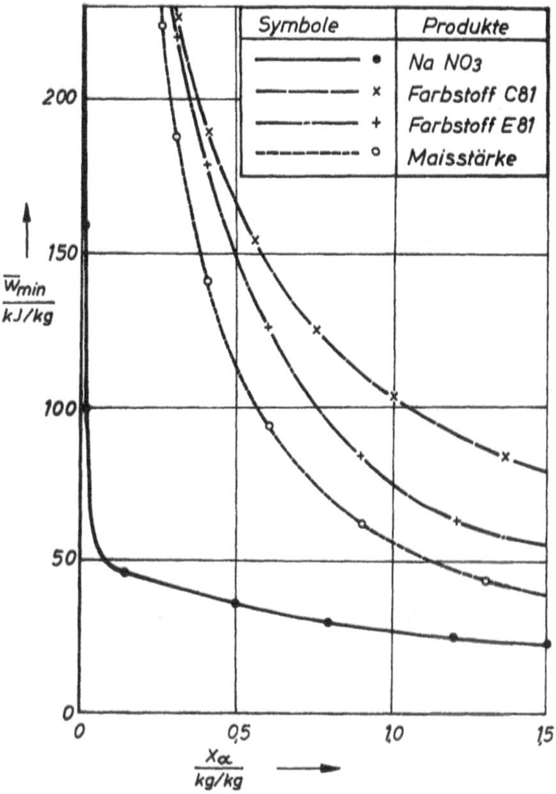

Abb. 2–16: Integrale minimale spezifische Trennexergie nach Gl. (2.3–53) für wasserfeuchte Systeme mit $NaNO_3$, Farbstoffe C 81 und E 81 sowie Maisstärke.

Der Zusammenhang zwischen Dampfdruckverhältnis und der spezifischen Arbeit infolge der Grenzflächenspannung σ bei $\cos\Theta = 1$ und der Umgebungstemperatur T_U wird durch die THOMSON-Beziehung

$$\ln\left(\frac{p_F}{p_F^*}\right) = -\frac{2\sigma \cdot \varrho_F'''}{p_F^* \cdot r \cdot \varrho_F''} \tag{2.3–56}$$

beschrieben. Mit dem idealen Gasgesetz für die Dampfdichte folgt

$$-R_F \cdot T_U \cdot \ln\left(\frac{p_F}{p_F^*}\right) = \frac{2\sigma}{r \cdot \varrho_F''} = w_\sigma \tag{2.3–57}$$

mit

$$w_{\min} = w_{\sigma;T_U} \tag{2.3–58}$$

Allerdings tritt auch bei der mechanischen Entfeuchtung eine „Wärmetönung" des Prozesses auf, weil die Benetzungsenthalpie als Bindungsenthalpie im Bereich der Kapillarkondensation nach

$$h_\sigma = g_\sigma + T \cdot s_\sigma \tag{2.3-59}$$

den Anteil $T \cdot s_\sigma$ als Wärme zusätzlich über die Systemgrenze zu übertragen hat, die bei reversibler Prozeßführung als reine Anergie zugeführt wird. Die partielle spezifische Bindungsenthalpie folgt aus der Temperaturabhängigkeit der freien Grenzflächenenthalpie zu

$$h_{\sigma;F} = \left[\frac{\partial\left(\frac{g_{\sigma;F}}{T}\right)}{\partial\left(\frac{1}{T}\right)}\right]_r \tag{2.3-60}$$

- Minimale Trennarbeit als Kompressionsaufwand einer reversiblen Vakuumtrocknungsanlage

In Abb. 2–17 [2–20] ist das Modellverfahren einer reversiblen Vakuumtrocknungsanlage dargestellt [2–20]. Bei isothermer, reversibler Beheizung ($T = T_U$; $\Delta T = 0$) und analoger verlustfreier Kompression und Kondensation ergibt sich unmittelbar die Gl. (2.3–55) als integrale spezifische Trennarbeit.

- Minimale Trennarbeit als Prozeßgröße der reversiblen Konvektionstrocknungsanlage [2–20].

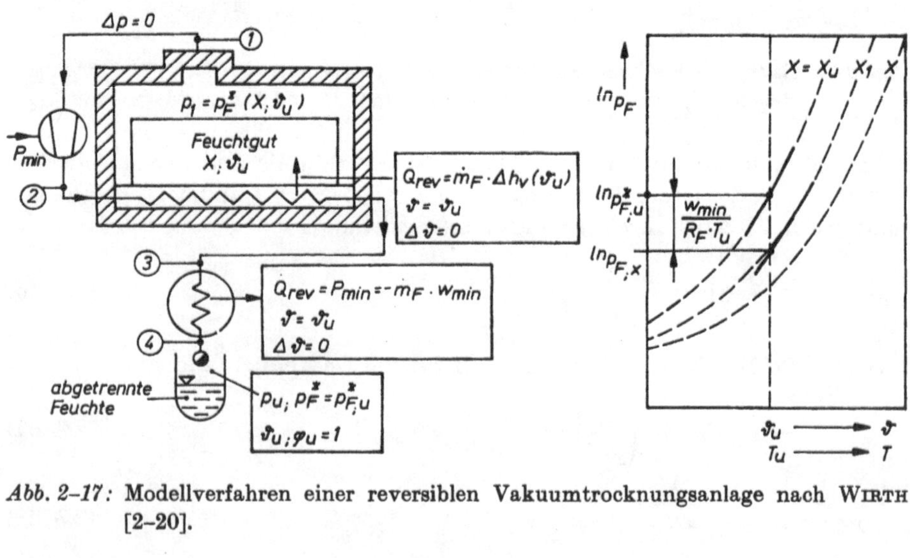

Abb. 2–17: Modellverfahren einer reversiblen Vakuumtrocknungsanlage nach WIRTH [2–20].

Das von WIRTH erarbeitete Gedankenmodell geht von folgenden Auffassungen aus:

— Die Heizwärme wird durch reversible Links-Kreisprozesse aus der Umgebung gewonnen und entsprechend dem benötigten Temperaturniveau bereitgestellt.
— Erwärmung des Trocknungsmediums und des Gutes erfolgen reversibel zu den entsprechenden austretenden Gutsströmen bei $\Delta T - 0$; $\Delta p = 0$.
— Die Trocknung verläuft in einem unendlich ausgedehnten Trockner. Zur ständigen Aufrechterhaltung des Gleichgewichtszustandes erfolgt eine differentielle Wärmezufuhr über die Trocknerlänge reversibel bei $\Delta T = 0$.
— Die verbleibende Abwärme bei $T > T_U$ wird durch reversible Rechtskreisprozesse in Arbeit umgewandelt.

Die minimale Trennarbeit dieses idealen Prozesses ergibt sich als resultierende Differenz zwischen der notwendigen Arbeit für die Links-Kreisprozesse und der abgegebenen Arbeit der Rechts-Kreisprozesse als Gl. (2.3–53).

2.3.3. *Experimentelle Möglichkeiten zur Messung von Gleichgewichtsdaten*

Grundlage der experimentellen Möglichkeiten zur Bestimmung der Trocknungs- bzw. Befeuchtungs-Gleichgewichte sind nach Gln. (2.3–13) und (–14) die Abhängigkeiten des Dampfdrucks p_F von der Temperatur T und der Beladung X

$$p_F^* = p_F(X^*; T) \tag{2.3–61a}$$

$$\varphi^* = \varphi(X^*; T) \tag{2.3–61b}$$

Das einheitliche Prinzip der verschiedenen Methoden besteht darin, daß die auf eine konstante Temperatur gebrachte Probe des Feuchtgutes ins Gleichgewicht mit dem Partialdruck der Feuchte gebracht wird und dabei anschließend oder während der Druckeinstellung der Feuchtegehalt der Probe, meist gravimetrisch, bestimmt wird. Eine Übersicht über die Vielzahl der experimentellen Methoden gibt C. STEFAN in der Monographie „*Die Methodik der Wasserdampfsorptionsmessung*" [2–32]. Eine systematisierende Übersicht über einige der experimentellen Methoden zur Gleichgewichtsmessung, verbunden mit einer relativen Wertung wichtiger Eigenschaften und Anforderungen faßt Tab. 2–5 zusammen. Dabei gibt es keine beste Methode, sondern es ist jeweils die für Produkt, Größe der Probe und Feuchtegehalt optimale Methode auszuwählen. Sicher spielen bei der Nutzung vor allem vorhandene Apparaturen und Erfahrungen mit diesen eine entscheidende Rolle.

Tabelle 2–5: Übersicht über einige Methoden zur Messung der Trocknungsgleichgewichte feuchter Stoffe

Methode	Bewertungsaspekte				Autoren von Spezialveröffentlichungen zur Methode
	Zeitbedarf t	Druckbereich p_{max}/p_{min}	Temperiergenauigkeit $\Delta\vartheta$	Kompliziertheitsgrad der Apparatur	
1) Direkte mechanische Erzeugung des Dampfdruckes p_F^* der Feuchte durch • Pressen • Schleudern	sehr gering +	gering –	gut (+)	gering (+)	GÖRLICH [2–28], zitiert in [2–19]
2) Dampfdruckerzeugung und -messung ohne Inertgas/ Statische Methode	gering (+)	gut (+)	sehr gut +	hoch (–)	KAST, JOKISCH, [2–31]; KALZ, G., PÜSCHEL, A. [2–33]; [2–34] BREXLER, GRESCHER, [2–35]
3) Durchströmversuche mit • Trocknung bzw. • Befeuchtung	groß (–)	sehr gut +	sehr gut +	hoch (–)	BERT, E., SPINGLER, E. [2–36]; MAHLER [2–37]; [2–38]; SCHMALZ [2–39]
4) Langzeitlagerung über definierten hygroskopischen Substanzen (H_2SO_4)	sehr groß –	sehr gut +	gering –	sehr gering +	

Eine typische Methode der Gleichgewichtsbestimmung durch äußeren Kapillardruck p_{Kap} mit Druck- oder Fliehkraftmethoden [2–40; 2–41] gestattet die Bestimmung der Saugspannung.

Die Darstellung der Saugspannung als Funktion des Flüssigkeitssättigungsgrades in Abb. 2–18 geht auf einen Vorschlag von HAINES (1927) zurück. Dabei wird bei einem angelegten äußeren Druck der Porensättigungsgrad $\varphi''_{F;P}$ ermittelt, der auf der entsprechenden Prozeßlinie verläuft. Auf der Kurve *a* (Entfeuchtung) gelangt man über eine nahezu lineare Anfangsphase (bis p_e) ausgehend vom Zustand der vollständigen Porensättigung in einen Bereich, in dem sich das Kapillarpotential nur wenig mit dem Sättigungsgrad ändert. In einem dritten Bereich strebt schließlich bei Annäherung an die Restfeuchte $\varphi''_{F;P;\mathrm{Rest}}$ der Kapillardruck gegen Unendlich, diese Größe stellt somit den Grenzwert dar, der bei mechanischer Entfeuchtung nicht unterschritten werden kann.

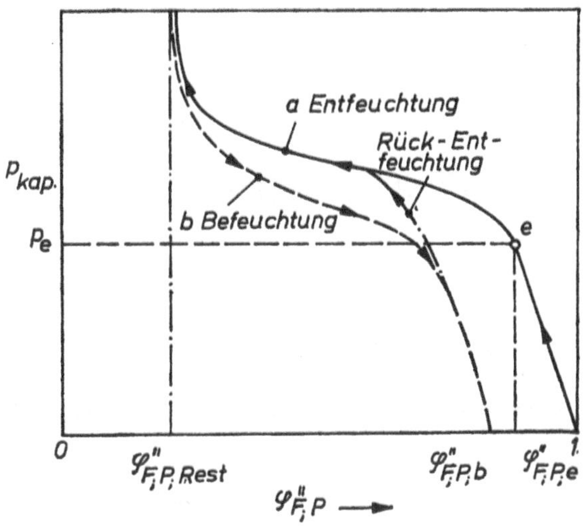

Abb. 2–18: Schematsche Darstellung des Verlaufs der Saugspannungskurven $p_{\mathrm{kap}}(\varphi''_{F;P})$ nach Haines.

Auf der Befeuchtungskurve *b* gelangt man mit ausgesprochener Hysteresis zu $\varphi''_{F;P;b} < 1$, da nicht alle Poren mit Flüssigkeit gefüllt werden können. Dieser Umstand ist weniger auf die Randwinkelhysteresis, als vielmehr auf die Porengeometrie zurückzuführen. Ein besonders einfaches Modell von Haines beschreibt sowohl die Hysteresis als auch den prinzipiellen Verlauf der Saugspannungskurve nach Abb. 2–19.

Es stellt eine mit einem Flüssigkeitsreservoir verbundene Pore mit einer kugelartigen Erweiterung dar. Dieses Modell verdeutlicht anschaulich, daß infolge des größeren Radius bei der Befeuchtung *b* nicht derselbe Zustand wie bei der Entfeuchtung *a* erreicht werden kann. Darüber hinaus ist der Vorrückwinkel Θ_V stets größer als der Rückzugswinkel Θ_R. Erreicht der Menis-

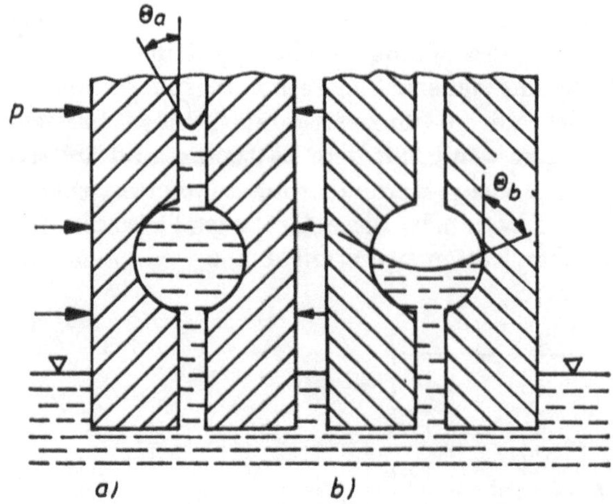

Abb. 2–19: HAINES-Modell für den Hysterese-Effekt zwischen Befeuchtung (b) und Entfeuchtung (a) mit $\Theta_a < \Theta_b$.

Tabelle 2–6: Zustände der Feuchte als Flüssigkeit in den Poren als Gleichgewichtsbetrachtung für den Entfeuchtungsprozeß

Zustandsbereich $\varphi''_{F:P}$	Zustandsbeschreibung	Zustandsbezeichnung
1		flüssigkeitserfüllt "capillary-state"
$\varphi''_{F;P;e} < \varphi''_{F:P} < 1$	Ausbildung der an den Porenhälsen der Oberfläche des Haufwerks; erste große Poren sind bereits entfeuchtet	Übergangsbereich "funicular state"
$\varphi''_{E:P;Rest} < \varphi''_{F:P} < \varphi''_{F:P;e}$	Entfeuchtung von Poren, die durch immer kleinere Porenhälse zugänglich sind	
$\varphi''_{F;P} \leqq \varphi_{F;P;Rest}$	Feuchte in Form von — Flüssigkeitsbrücken -- isolierten Haufwerks- und inneren Poren — adsorbierte Feuchte	Brückenbereich "pendular state"

kus bei der Entfeuchtung die Kugel, so wird die Pore bei weiterer Druckerhöhung sprunghaft entleert, wodurch qualitativ der 2. Abschnitt der Saugspannungskurve *b* widergespiegelt wird.

Eine Übersicht über Zustände der Flüssigkeit in kapillarporösen Gütern bei der Entfeuchtung gibt Tab. 2–6.

SCHMALZ berichtet über Methode und Ergebnisse sehr genauer Wasserdampfdruckmessungen in Hochpolymeren [2–39].

Die von KALZ und PÜSCHEL entwickelte Methode der halbautomatischen Dampfdruckmessung wurde zur Dampfdruckmessung über feuchten Schüttungen von anorganischen Salzen, Farbstoffpasten, Herbiziden, Fungiziden, organischen Zwischenprodukten, Biomassen mit den Feuchten Wasser, Methanol sowie Chlorkohlenwasserstoffen genutzt [2–33; 2–34]. Daraus ist der breite Anwendungsbereich dieser Methode ersichtlich, deren Aufbau und Funktionsweise in Abb. 2–20 dargestellt ist: Das Prinzip der Methode beruht auf der konsequenten Trennung von Probenraum und Regelraum in der Meßzelle *3*. Die Meßzelle ist extern über den Thermostaten *4* temperierbar. Das Inertgas in der Apparatur, meist Luft, wird durch Dampf aus dem Dampferzeuger *1* verdrängt. Der Dampf kann jeweils auf die Zusammensetzung der Gutsfeuchte

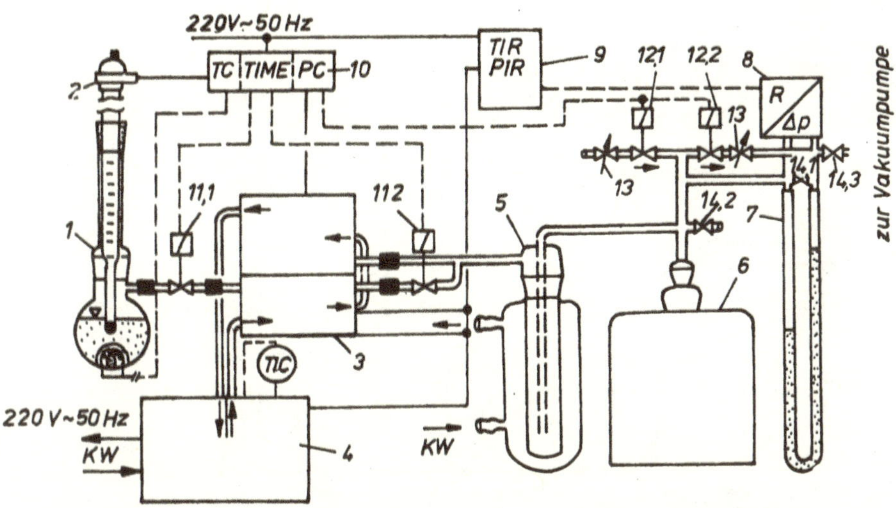

Abb. 2–20: Schematische Darstellung des Aufbaus und der Funktionsweise der halbautomatischen Dampfdruckmeßapparatur (HAMAD) [2–34].

1 – Dampferzeuger für Dampf der Feuchte des Gutes; *2* – Temperaturregelung für *1*; *3* – Meßzelle; *4* – Thermostat für Meßzelle; *5* – Kühlfalle; *6* – Druckausgleich-Speicher; *7* und *8* – Manometer; *9* – Druck und Temperatur-Anzeige und -Aufzeichnung; *10* – Druck-Kontrolle; *11.1* bis *14.3* – Ventile.

eingestellt werden. Kühlfalle *5* verhindert das Eindringen von Dampf in das Meßsystem, Speicher *6* gleicht Druckschwankungen aus, die beim Regelvorgang entstehen. Die Manometer *7* und *8* dienen der Ablesung des Absolutdrucks bzw. der Aufzeichnung dieses Wertes. An das Ventil *14.3* ist eine Vakuumpumpe angeschlossen.

Die experimentelle Untersuchung erfordert

— das Einbringen der Probe in den Probenraum der Meßzelle *3*,
— das Evakuieren und Dampfeinbringen in den Probenraum und den Regelraum bei geöffneten Ventilen *11.1* und *11.2* sowie thermostatiertem Zustand der Meßzelle,

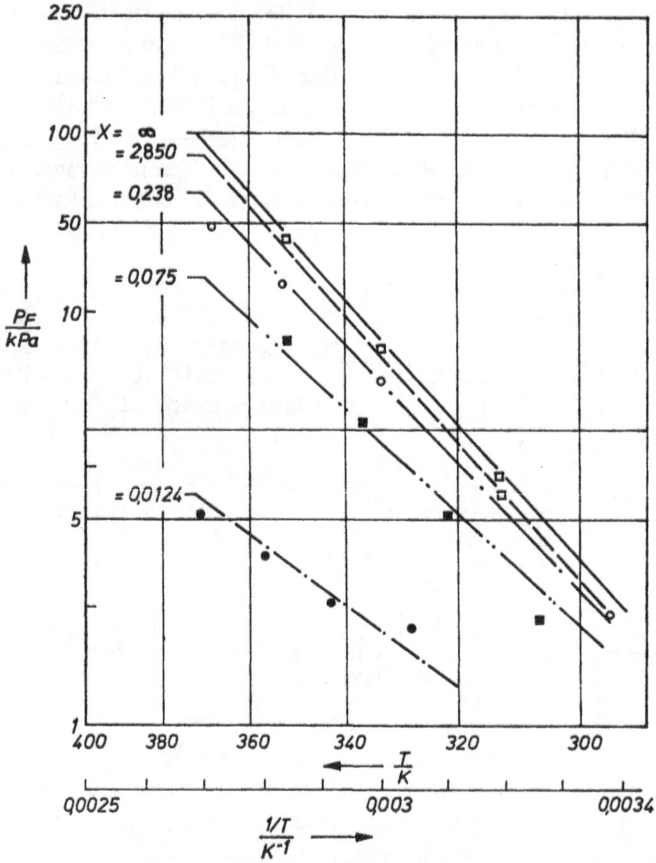

Abb. 2–21: Gleichgewichtsdampfdruckmessung (Isosteren) von Futterhefe nach WIRTH [2–20].

— den Meßvorgang bei geschlossenen Ventilen *11.1* und *11.2*, wobei von der Druck-Kontrolle *10* die Ventile *12.1* und *12.2* druckabhängig gesteuert werden. Dabei ist der Druck im Regelraum gleich dem Druck im Probenraum und wird gemessen.

Die Messung selbst kann — nach Einbringen und Thermostatieren der Probe — in 10... 30 min erfolgen [2–34]. Problematisch ist, ob sich in dieser Zeit der Gleichgewichtszustand im Feuchtgut eingestellt hat. Doch überwiegen für die meisten technischen Probleme Schwankungen in der stofflichen Zu-

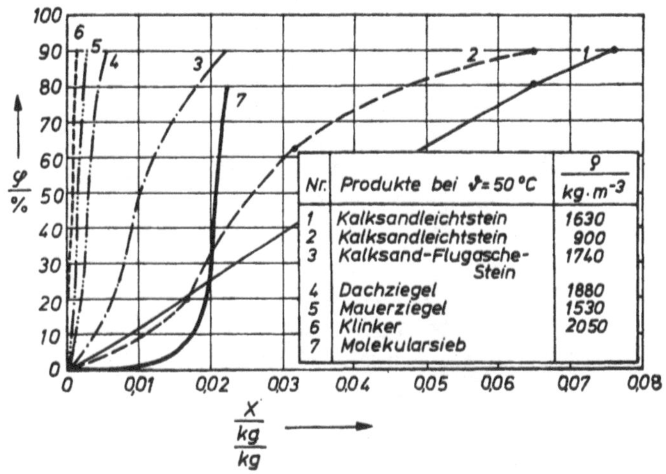

Abb. 2–22a)

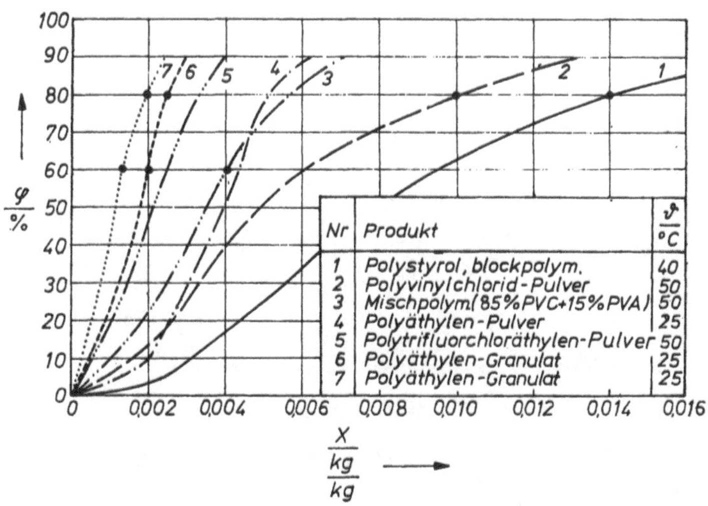

Abb. 2–22b)

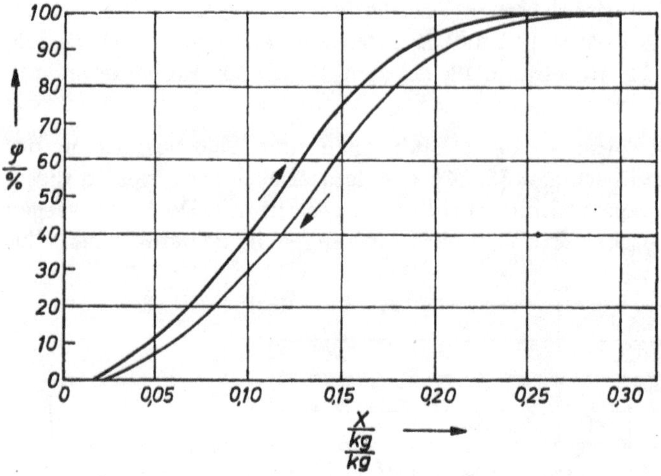

Abb. 2–22c)

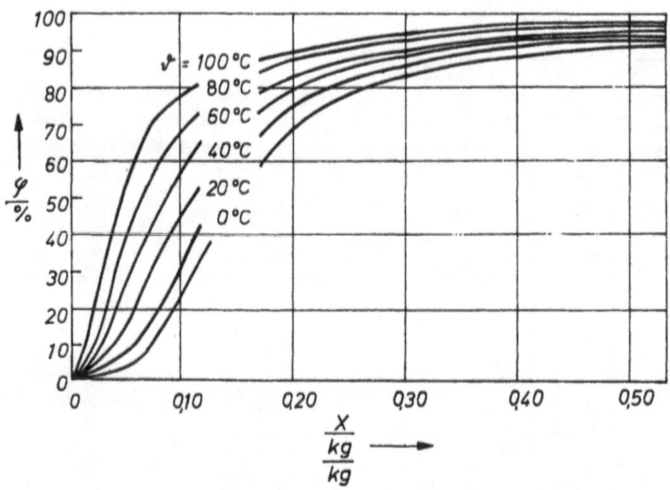

Abb. 2–22d)

Abb. 2–22: Charakteristische Sorptionsisothermen $\varphi^* = \varphi_\vartheta(X^*)$ von

a) Kalksandstein, Ziegel und 4A-Molekularsieb,
b) Polymeren,
c) Hysterese bei Stärke [2–19; 2–25]: oben Befeuchtung, unten Trocknung,
d) Kartoffel bei $\vartheta = 0\,°C$ bis $100\,°C$ [2–28].

sammensetzung weitaus gegenüber der vollständigen Einstellung des Gleichgewichts an der Einzelprobe.

Selbst für ein so problematisches Produkt wie Futterhefe, dessen Gleichgewichte nur am wiederbefeuchteten Produkt bestimmt werden konnten, ergeben sich die in Abb. 2–21 dargestellten verwertbaren Dampfdruck-Temperatur-Abhängigkeiten, auch wenn die Einzelmeßwerte relativ stark streuen.

Neben den bereits genannten $\lg p_F^*$; $1/T$-Darstellungen sind vor allem die Darstellungen in $\varphi_\vartheta^*(X)$-Koordinaten, wie sie die Abb. 2–22a bis 2–22d zeigen, üblich. Für ihre Modellierung mit der Adsorptionstheorie werden vorwiegend drei Ansätze genutzt [2–19]:

– LANGMUIR-Isotherme im Bereich der monomolekularen Bedeckung der Poren

$$\frac{X}{X^*_{\text{mono}}} = \frac{C \cdot \varphi}{1 + C \cdot \varphi} \tag{2.3-62}$$

– BET-Beziehung (von BRUNAUER, EMMET und TELLER) für die mehrschichtige Bedeckung

$$\frac{X}{X^*_{\text{mono}}} = \frac{C \cdot \varphi}{1 - \varphi} \, \frac{1 - (n + 1) \cdot \varphi^n + n\varphi^{n+1}}{1 + (C - 1)\,\varphi - C\varphi^{n+1}} \tag{2.3-63a}$$

bzw. für $\varphi \leqq 0{,}35$ vereinfacht

$$\frac{X}{X^*_{\text{mono}}} = \frac{C\varphi}{1 - (2 - C)\,\varphi - (C - 1)\,\varphi^2} \tag{2.3-63b}$$

– HENDERSON-Beziehung für $\varphi < 0{,}8$

$$\varphi = 1 - \exp\left[-K \cdot T \cdot X^n\right] \tag{2.3-64}$$

mit $K = 3 \cdot 10^{-6} \cdots 1 \cdot 10^{-4}$ und $n = 0{,}8 \cdots 3$.

2.4. *Thermodynamische Bilanzen*

Grundlage jeder objektiven Bewertung und Einschätzung von Trocknungsprozessen sind gesicherte Bilanzen der thermodynamischen Größen. Alle Bilanzen sind auf der Grundlage extensiver Zustandsgrößen vorzunehmen. Bei Prozessen mit konstanten Stoffströmen kann auf einen Stoffstrom Bezug genommen und mit spezifischen Größen bilanziert werden.

2.4.1. Thermodynamisches System

Die Untersuchung verfahrenstechnischer und stofflicher Probleme der Trocknung erfordert die Festlegung problemorientierter Bilanzgebiete; sie sind Voraussetzung und Grundlage für alle Bilanzen.

Für das als thermodynamisches System bezeichnete Bilanzgebiet gilt die Definition:

Ein thermodynamisches System ist das innerhalb einer willkürlich, aber zweckmäßig festgelegten Systemgrenze, der Bilanzhülle, liegende Bilanzgebiet mit allen seinen thermodynamischen Eigenschaften. — Alle Teile oder Massen außerhalb der Bilanzhülle werden als Umgebung bezeichnet.

Die Definition des Bilanzgebietes entscheidet über die Aussage, die aus

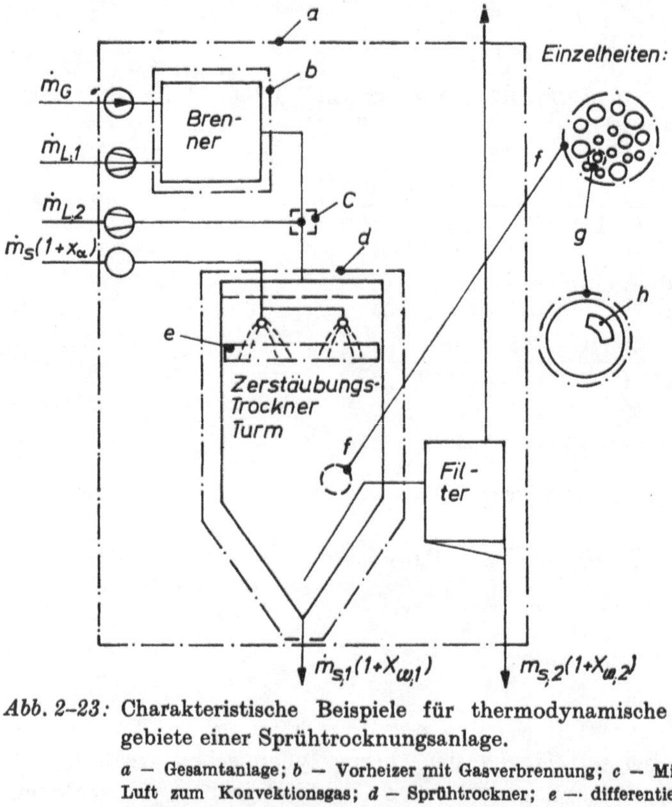

Abb. 2–23: Charakteristische Beispiele für thermodynamische Systeme als Bilanzgebiete einer Sprühtrocknungsanlage.

a – Gesamtanlage; b – Vorheizer mit Gasverbrennung; c – Mischung von Rauchgas mit Luft zum Konvektionsgas; d – Sprühtrockner; e – differentielles Längenelement dL im Sprühtrockner mit Sprühpartikeln; f – differentielles Volumenelement im Sprühtrockner mit Sprühpartikeln; g – einzelner Sprühpartikel; h – differentielles Volumenelement aus einem Sprühpartikel.

einer Bilanz abgeleitet werden kann. Abbildung 2–23 zeigt charakteristische Bilanzgebiete am Beispiel eines Sprühtrocknungsverfahrens, die im Zusammenhang mit Prozeßanalysen häufig betrachtet und analysiert werden.

Diese allgemeinen Bilanzbeispiele sind Grundlage für die speziellen Bilanzdefinitionen zur Bewertung von Trocknungsanlagen im Abschn. 5.2.1.

2.4.2. Allgemeine Bilanzgleichung

Die objektivierte Bewertung stofflicher und verfahrenstechnischer Trocknungsprobleme auf thermodynamischer Grundlage setzt Bilanzen und Bilanzgleichungen voraus. Die allgemeine Bilanzgleichung, für eine beliebige Bilanzgröße Γ geschrieben, gilt für alle Größen Γ, die mindestens die Bedingungen der Speicher- bzw. Akkumulationsfähigkeit erfüllen. Das gilt z. B. für die Masse, die Energie oder den Impuls, die den Erhaltungssätzen genügen. Zusätzlich kann bei den Bilanzgrößen die Bedingung der Erzeugbarkeit bzw. Vernichtbarkeit durch interne Ursachen im Bilanzgebiet vorliegen, wie z. B. bei der Entropie oder der Exergie.

Es wird durchgängig die systembezogene Vorzeichendefinition angewandt: Dem System zugeführte Größen Γ bzw. Ströme Γ werden positiv gerechnet; aus dem System abgeführte Größen bzw. Ströme werden negativ gerechnet.

Die grundsätzliche Behandlung der allgemeinen Bilanzgröße Γ weist folgende Vorteile auf:

— Durch Einführung der speziellen Bilanzgröße anstelle der allgemeinen Bilanzgröße Γ kann einfach von der allgemeinen in die spezielle Bilanzgleichung umgeformt werden.

— Die Bedeutung der Einzelglieder der Bilanzgleichung kommt klarer zum Ausdruck.

— Der höhere Grad der Formalisierung ermöglicht eine eindeutige Algorithmierung und ist damit notwendige Voraussetzung für die Anwendung der computergestützten Modellierung.

Die allgemeine Bilanzgleichung kann in Integral- oder Differentialform geschrieben werden. Sie besteht grundsätzlich aus einem Akkumulations-, einem Transport- und einem Umwandlungs-Term.

Die Integralform der Bilanzgleichung gilt für einen endlichen oder infinitesimalen Bilanzbereich. Sie hat zusammenfassenden, summarischen Charakter für den Bilanzbereich. Sie wird vorwiegend für die Beschreibung der verfahrenstechnischen Prozeßeinheiten, auch bei Trocknungsprozessen, verwendet:

$$\Gamma_{\mathrm{Akk}} - \Gamma_{\mathrm{Trans}} - \Gamma_{\mathrm{Umw}} = 0 \qquad (2.4\text{–}1\,\mathrm{a})$$

$$\mathrm{d}\Gamma_{\mathrm{Akk}} - \mathrm{d}\Gamma_{\mathrm{Trans}} - \mathrm{d}\Gamma_{\mathrm{Umw}} = 0 \qquad (2.4\text{–}1\,\mathrm{b})$$

Gleichung (2.4–1) beschreibt die Zustandsänderungen der Bilanzgröße Γ in einem einmaligen Prozeß.

Die Bezugnahme auf das Zeitdifferential dt führt auf die Schreibweise der Stromgrößen-Bilanz, wobei beide Schreibweisen identisch sind:

$$\frac{\partial \Gamma_{\text{Akk}}}{\partial t} - \frac{\partial \Gamma_{\text{Trans}}}{\partial t} - \frac{\partial \Gamma_{\text{Umw}}}{\partial t} = 0 \qquad (2.4\text{–}2\text{a})$$

$$\dot{\Gamma}_{\text{Akk}} - \dot{\Gamma}_{\text{Trans}} - \dot{\Gamma}_{\text{Umw}} = 0 \qquad (2.4\text{–}2\text{b})$$

Zur Anwendung der Bilanzgleichung auf Probleme, bei denen die geometrische Verteilung einzubeziehen ist, sind zwei weitere Annahmen notwendig:

— Das Volumen des Bilanzraumes muß zeitinvariant sein und
— das System ist homogen, was durch die Bedingungen der Konzentration

$$j_\Gamma = \frac{\mathrm{d}\Gamma_{\text{Akk}}}{\mathrm{d}V} \qquad (2.4\text{–}3)$$

mathematisch so beschrieben wird, daß die Konzentrations-Funktion im Bilanzgebiet

$$j_\Gamma = j_\Gamma(x; y; z) \qquad (2.4\text{–}4)$$

eine stetige Funktion ist. Damit werden auch die Begriffe der

- Stromdichte

$$\omega_\Gamma = \frac{\mathrm{d}\Gamma_{\text{Trans}}}{\mathrm{d}A \cdot \mathrm{d}t} \qquad (2.4\text{–}5)$$

- Umwandlungsgeschwindigkeit (in Quellen und Senken im System)

$$\sigma_\Gamma = \frac{\mathrm{d}\Gamma_{\text{Umw}}}{\mathrm{d}V \cdot \mathrm{d}t} \qquad (2.4\text{–}6)$$

definiert. Mit diesen drei Größen kann die integrale Bilanzgleichung (2.4–2) auch als

$$\frac{\partial}{\partial t}\int_V j_\Gamma \,\mathrm{d}V - \oint_A \omega_\Gamma \cdot \mathrm{d}A - \int_V \sigma_\Gamma \cdot \mathrm{d}V = 0 \qquad (2.4\text{–}7)$$

geschrieben werden.

Die Differentialform der Bilanzgleichung unterscheidet sich von der Integralform (2.4–2) bzw. (2.4–7) vor allem dadurch, daß sie nicht nur eine globale, integrale Aussage für den Bilanzraum gestattet, sondern für jeden Punkt im Bilanzraum angewandt werden kann. Sie ist daher im wesentlichen auf die Probleme anzuwenden, bei denen der instationäre Transport in feuchten Stoffen zu untersuchen und zu beschreiben ist.

Werden in Gl. (2.4–7) die Integrale durch die Ortsdifferentiale ersetzt, so folgt mit Hilfe des GAUSSschen Integralsatzes

$$\frac{\partial}{\partial t}\int\limits_V j_\Gamma \, \mathrm{d}V + \int\limits_V \operatorname{div} \omega_\Gamma \, \mathrm{d}V - \int\limits_V \sigma_\Gamma \, \mathrm{d}V = 0 \qquad (2.4\text{–}8\,\mathrm{a})$$

$$\frac{\partial}{\partial t}\int\limits_V j_\Gamma \, \mathrm{d}V + \int\limits_V \nabla\omega_\Gamma \, \mathrm{d}V - \int\limits_V \sigma_\Gamma \, \mathrm{d}V = 0 \qquad (2.4\text{–}8\,\mathrm{b})$$

Unter der Annahme, daß die Stromgrößen im differentiell kleinen Volumenelement in differentiell kleinen Zeitabschnitten konstant sind, gilt

$$\frac{\partial j_\Gamma}{\partial t}\int\limits_V \mathrm{d}V + \nabla \cdot \omega_\Gamma \int\limits_V \mathrm{d}V - \sigma_\Gamma \int\limits_V \mathrm{d}V = 0 \qquad (2.4\text{–}8\,\mathrm{c})$$

Bei Division durch das Volumen V des Bilanzraumes folgt die Differentialform der Bilanzgleichung

$$\frac{\partial j_\Gamma}{\partial t} + \nabla \cdot \omega_\Gamma - \sigma_\Gamma = 0 \qquad (2.4\text{–}9)$$

Die Differentialform der Bilanzgleichung verbindet für jeden infinitesimal kleinen Punktbereich die zeitliche Änderung der Konzentration mit der lokalen Änderung der Mengenstromdichte und mit der Umwandlungsgeschwindigkeit. Mit anderen Worten heißt das, daß Veränderungen der Bilanzgröße Γ, ausgedrückt in der Konzentrationsveränderung j_Γ, auf zwei Grundkategorien zurückgeführt werden:

— Externe Ursachen (e), durch äußere Wirkung (Zufuhr bzw. Abfuhr, im Transportglied erfaßt) über die Bilanzhülle hinweg, und

— interne Ursachen (i), durch innere Wirkung (Erzeugung im Quellglied bzw. Vernichtung in der Senke, im Umwandlungsglied erfaßt), innerhalb der Bilanzhülle vorsichgehend.

2.4.3. *Spezielle Bilanzgleichungen der Anlage*

2.4.3.1. *Massen- und Massenstrom-Bilanzen*

Grundlage aller thermodynamischen Bilanzierungen sind in jedem Falle die Massen- bzw. Massenstrom-Bilanzen. Sie beruhen auf dem Massen-Erhaltungssatz.

Für ein stationäres System mit i_0 eintretenden und j_0 austretenden Massenströmen ohne Veränderung der Speichermassen gilt

$$\sum_{i=1}^{i_0} \dot{m}_i + \sum_{j=1}^{j_0} \dot{m}_j = 0 \tag{2.4–10}$$

Im Sonderfall ohne chemische Reaktion, d. h. auch für die meisten Trocknungsprozesse, gilt der Erhaltungssatz noch für die Molströme n_i bzw. n_j. Bei ihnen ist es zweckmäßig, aus der Totalbilanz (2.4–10) die Komponenten-Bilanzen für Trockengut (S), trockenes Gas (G) und Feuchtigkeit (F) abzuleiten:

$$\sum_{i=1}^{i_0} \dot{m}_{S;i} + \sum_{j=1}^{j_0} \dot{m}_{S;j} = 0 \tag{2.4–11 a}$$

$$\sum_{i=1}^{i_0} \dot{m}_{G;i} + \sum_{j=1}^{j_0} \dot{m}_{G;j} = 0 \tag{2.4–11 b}$$

$$\sum_{i=1}^{i_0} \dot{m}_{F;i} + \sum_{j=1}^{j_0} \dot{m}_{F;j} = 0 \tag{2.4–11 c}$$

Bei verlustfreien, idealen Trocknungsprozessen ändern sich die Massenströme des Trockengutes $\dot{m}_{S;i}$ und des trockenen Gases $\dot{m}_{S;i}$, im Gegensatz zur Feuchtigkeit $\dot{m}_{F;i}$, nicht.

Bei Trocknungsprozessen beschreibt man daher die Zusammensetzung feuchter Mischphasen zweckmäßig durch die Beladungsgrößen

$$X_i = \frac{\dot{m}_{F;i}}{\dot{m}_{S;i}} \tag{2.4–12}$$

$$Y_i = \frac{\dot{m}_{F;i}}{\dot{m}_{G;i}} \tag{2.4–13}$$

Die feuchten Mischphasen lassen sich mit den Beladungsgrößen schreiben als

$$\dot{m}_{fS;i} = \dot{m}_{S;i}(1 + X_i) \tag{2.4–14}$$

$$\dot{m}_{fG;i} = \dot{m}_{G;i}(1 + Y_i) \tag{2.4–15}$$

Besonders deutlich wird der Vorteil der Beladungsschreibweise für je einen Guts- und einen Gasstrom auf der Ein- und Austrittsseite eines Konvektionstrockners nach Abb. 2–24. Damit gilt analog zur Totalbilanz (2.4–10):

$$\dot{m}_S(1 + X_i) + \dot{m}_G(1 + Y_i) + (-\dot{m}_S)(1 + X_j) + (-\dot{m}_G)(1 + Y_j) = 0 \tag{2.4–16a}$$

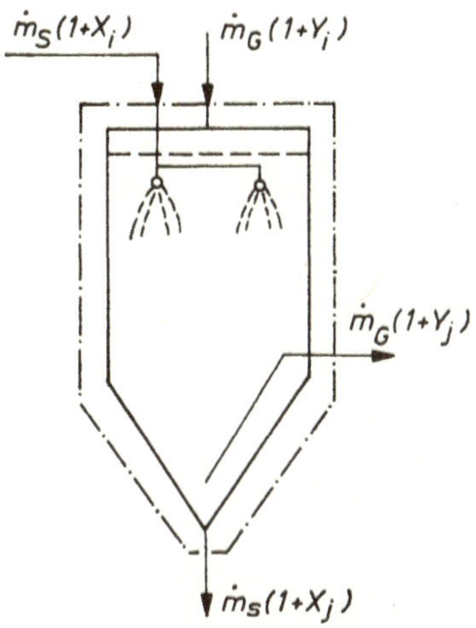

Abb. 2–24: Prinzip der Massenstrom-Bilanz in Beladungsschreibweise um einen Sprühtrockner.

Entsprechend zur Gl. (2.4–11c) folgt für die Feuchtigkeits-Bilanz in Beladungsgrößen-Schreibweise

$$\dot{m}_S X_i + \dot{m}_G Y_i + (-\dot{m}_S) X_j + (-\dot{m}_G) Y_j = 0 \tag{2.4–16b}$$

$$\dot{m}_S(X_i - X_j) + \dot{m}_G(Y_i - Y_j) = 0 \tag{2.4–16c}$$

$$\dot{m}_S = \dot{m}_G \frac{(Y_j - Y_i)}{(X_i - X_j)} \tag{2.4–16d}$$

$$(Y_j - Y_i) = \frac{\dot{m}_S}{\dot{m}_G}(X_i - X_j) \tag{2.4–16e}$$

Letztgenannte Beziehung gestattet die Kopplung der Feuchtebilanz vom Gut S und Gas G bei Konvektionstrocknungsprozessen.

Das Massenfluß-Diagramm eines idealen und realen Konvektions-Trocknungsprozesses nach dem Technologischen Schema der Abb. 2–23 für das Bilanzgebiet der Abb. 2–24 ist in Abb. 2–25 dargestellt. Es veranschaulicht primär den Übergang der Feuchte, gleichzeitig können aber auch Guts-Verluste deutlich gemacht werden.

Für spezielle Probleme der Trocknungsprozesse ist es erforderlich, auch auf andere Mengen- oder Konzentrationsmaße umzurechnen, wie z. B. molare Größen, Volumina o. ä. Die wichtigsten Beziehungen sind in Tab. 2–7 mit den Gln. (2.4–17a) bis (2.4–20b) zusammengefaßt.

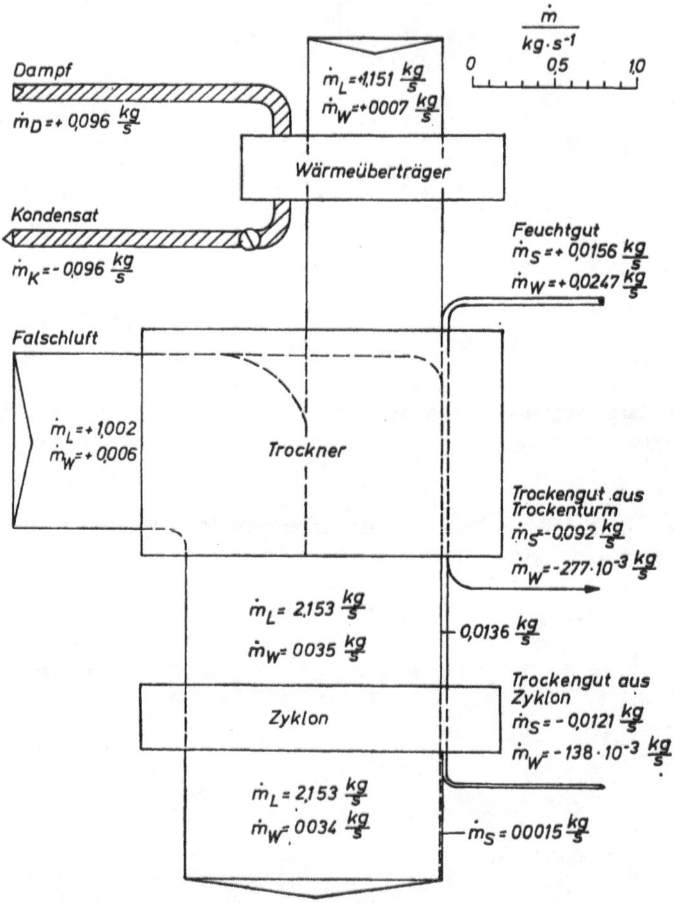

Abb. 2–25: Massenfluß-Diagramm eines Konvektions-Trocknungsprozesses nach Abb. 2–20.

Tabelle 2–7: Umrechnung der Massenströme in andere Mengenströme

Gutsart → Mengenstrom ↓	Gut S Massenstrom $\dot{m}_s$ (kg · s⁻¹)	Gas G Massenstrom $\dot{m}_G$ (kg · s⁻¹)	Feuchte F Massenstrom $\dot{m}_F$ (kg · s⁻¹)
Molstrom reiner Komponenten	$\dot{n}_S = \frac{\dot{m}_S}{M_S}$ (2.4–17 a)	$\dot{n}_G = \frac{\dot{m}_G}{M_G}$ (2.4–17 b)	$\dot{n}_F = \frac{\dot{m}_F}{M_F}$ (2.4–17 c)
Molstrom feuchter Mischphasen	$\dot{n}_{fS} = \frac{\dot{m}_S}{M_S}\left(1 + X\frac{M_S}{M_F}\right)$ (2.4–18 a)	$\dot{n}_{fG} = \frac{\dot{m}_G}{M_G}\left(1 + Y\frac{M_G}{M_F}\right)$ (2.4–18 b)	
Volumenstrom	$\dot{V}_S = \frac{\dot{m}_S}{\varrho_S} = \dot{m}_S \cdot v_S$ (2.4–19 a)	$\dot{V}_G = \frac{\dot{m}_G}{\varrho_G} = \dot{m}_G \cdot v_G$ (2.4–19 b)	$\dot{V}_F = \frac{\dot{m}_F}{\varrho_F} = \dot{m}_F \cdot v_F$ (2.4–19 c)
Volumenstrom feuchter Mischphasen	$\dot{V}_{fS} = \frac{\dot{m}_S}{\varrho_{S;1+X}}$ $\dot{V}_{fS} = \dot{m}_S v_{S;1+X}$ (2.4–20 a)	$\dot{V}_{fG} = \frac{\dot{m}_G}{\varrho_{G;1+Y}}$ $\dot{V}_{fG} = \dot{m}_G \cdot v_{G;1+Y}$ (2.4–20 b)	

Im gasförmigen Aggregatzustand können für die Zustandsgrößen für Gas G, Feuchte F und feuchtes Gas die Beziehungen des idealen Gases eingesetzt werden:

$$p \cdot v = R \cdot T \quad (2.4\text{–}21\,\text{a})$$

$$p \cdot V = m \cdot R \cdot T \quad (2.4\text{–}21\,\text{b})$$

$$p \cdot V = n \cdot R_M \cdot T \quad (2.4\text{–}21\,\text{c})$$

$$\varrho''' = \frac{p}{R \cdot T} \quad (2.4\text{–}22\,\text{a})$$

$$\varrho''' = \frac{M \cdot p}{R_M \cdot T} \quad (2.4\text{–}22\,\text{b})$$

Die für die Umrechnung der verschiedenen Konzentrationsmaße feuchter Mischphasen erforderlichen Gln. (2.4–23) bis (2.4–52) sind in Tab. 2–8 zusammengefaßt.

Tabelle 2–8: Umrechnung der Konzentrationsmaße feuchter Mischphasen

Die Umrechnungsbeziehungen gelten für Gas- wie für Gutsphasen, wenn unter Beachtung

Gesucht	Gegeben: $y\left(\frac{\text{kg F}}{\text{kg G}}\ (X)\right)$ Beladung	Gegeben: $\xi_F\left(\frac{\text{kg F}}{\text{kg Gem.}}\right)$ Massenanteil
Beladung $Y =$ kg F/kg G	—	$\frac{\xi_F}{1-\xi_F}$ (2.4–23)
Massenanteil $\xi_F =$ kg F/kg G	$\frac{Y}{1+Y}$ (2.4–28)	—
Molanteil $\psi_F =$ kmol F/kmol Gem.	$\frac{\frac{Y}{M_F}}{\frac{1}{M_G}+\frac{Y}{M_F}}$ (2.4–33)	$\frac{\xi_F/M_F}{\xi_F/M_F+\frac{1-\xi_F}{M_S}}$ (2.4–34)
Volumenanteil $\varphi_F =$ m³ F/m³ Gem.	$\frac{Y\cdot\bar{\varrho}}{(1+Y)\,\varrho_F}$ (2.4–38)	$\xi_F\,\frac{\bar{\varrho}}{\varrho_F}$ (2.4–39)
Massenkonzentration $\jmath_{m;F} =$ kg F/m³ Gem.	$\frac{\bar{\varrho}\cdot Y}{1+Y}$ (2.4–43)	$\bar{\varrho}\cdot\xi_F$ (2.4–44)
MolareKonzentration $\jmath_{M;F} =$ kmol F/m³ Gem.	$\frac{\bar{\varrho}\cdot Y}{\bar{M}(1+Y)}$ (2.4–48)	$\frac{\bar{\varrho}\cdot\xi_F}{M_F}$ (2.4–49)

der völligen Analogie $X \triangleq Y$, $M_S \triangleq M_G$, $\varrho_S \triangleq \varrho_G$ umgerechnet wird

$\psi_F \left(\frac{\text{kmol F}}{\text{kmol Gem.}}\right)$ Molanteil	$\varphi_F \left(\frac{\text{m}^3\text{ F}}{\text{m}^3\text{ Gem.}}\right)$ Volumenanteil	$\jmath_{m;F} \left(\frac{\text{kg F}}{\text{m}^3\text{ Gem.}}\right)$ Massenkonzentration	$\jmath_{M;F} \left(\frac{\text{kmol F}}{\text{m}^3\text{ Gem.}}\right)$ Molare Konzentration
$\frac{M_F\psi_F}{M_G}$ (2.4–24)	$\frac{\varphi_F \cdot \varrho_F}{(1-\varphi_F)\,\varphi_G}$ (2.4–25)	$\frac{\jmath_{m;F}}{\bar{\varrho} - \jmath_{m;F}}$ (2.4–26)	$\frac{\jmath_{M;F} \cdot M_F}{\bar{\varrho} - \jmath_{M;F} \cdot M_F}$ (2.4–27)
$\frac{M_F \cdot \psi_F}{M_G + M_F\psi_F}$ (2.4–29)	$\frac{\varphi_F \cdot \varrho_F}{\bar{\varrho}}$ (2.4–30)	$\frac{\jmath_{m;F}}{\bar{\varrho}}$ (2.4–31)	$\frac{\jmath_{M;F} \cdot M_F}{\bar{\varrho}}$ (2.4–32)
—	$\frac{\varphi_F \cdot \varrho_F \cdot \overline{M}}{\bar{\varrho} \cdot M_F}$ (2.4–35)	$\frac{\jmath_{m;F} \cdot M_G}{M_F(\bar{\varrho} - \jmath_{m;F})}$ (2.4–36)	$\frac{\jmath_{M;F} \cdot M_G}{\bar{\varrho} + \jmath_{M;F}(M_G - M_F)}$ (2.4–37)
$\frac{M_F \cdot \psi_F \cdot \bar{\varrho}}{(M_G + M_F\psi_F)\,\varrho_F}$ (2.4–40)	—	$\frac{\jmath_{m;F}}{\varrho_F}$ (2.4–41)	$\frac{\jmath_{M;F} \cdot M_F}{\varrho_F}$ (2.4–42)
$\frac{\bar{\varrho} M_F\psi_F}{M_G + M_F\psi_F}$ (2.4–45)	$\varphi_F \cdot \varrho_F$ (2.4–46)	—	$\jmath_{M;F} \cdot M_F$ (2.4–47)
$\frac{\bar{\varrho}\psi_F}{M_G + M_F\psi_F}$ (2.4–50)	$\frac{\varphi_F \cdot \varrho_F}{M_F}$ (2.4–51)	$\frac{\jmath_{m;F}}{M_F}$ (2.4–52)	—

2.4.3.2. Energie- und Energiestrom-Bilanzen

Die Energie- und Energiestrom-Bilanzen beruhen auf dem Energie-Erhaltungssatz, der erstmalig 1843 von J. R. Mayer ausgesprochen wurde.

Bei der jetzt üblichen Schreibweise des Energie-Erhaltungssatzes unterscheidet man in der Technischen Thermodynamik [2–1 bis 2–3] zwischen den wegabhängigen Prozeßgrößen, Arbeit $W_{t;12}$ und Wärme Q_{12}, sowie den wegunabhängigen Zustandsgrößen, wie Enthalpie, Innerer Energie, der kinetischen und potentiellen Energie. Die allgemeine Schreibweise der Thermodynamik mit dem Index 1 für die Summe aller eintretenden Energien bzw. Energieströme und dem Index 2 für die Austrittsgrößen folgt aus der Schreibweise des Erhaltungssatzes

$$W_{t;12} + Q_{12} + m\left[(h_1 - h_2) + g(Z_1 - Z_2) + \frac{1}{2}(w_1^2 - w_2^2) + \cdots\right] + \frac{J}{2}(\omega_1^2 - \omega_2^2) = 0 \qquad (2.4\text{–}53)$$

Durch die Trennung der Prozeßgrößen, die auf der linken Seite der Energiebilanzgleichung bleiben, von den auf die rechte Seite gebrachten Zustandsgrößen ergibt sich die Standard-Schreibweise:

— Energiebilanz

$$W_{t;12} + Q_{12} = + m\left[(h_2 - h_1) + g(Z_2 - Z_1) + \frac{1}{2}(w_2^2 - w_1^2) + \cdots\right] + \frac{J}{2}(\omega_2^2 - \omega_1^2) \qquad (2.4\text{–}54\,a)$$

— Energiestrombilanz

$$P_{12} + \dot{Q}_{12} = \dot{m}\left[(h_2 - h_1) + g(Z_2 - Z_1) + \frac{1}{2}(w_2^2 - w_1^2) + \cdots\right] + \frac{J}{2}(\omega_2^2 - \omega_1^2) \qquad (2.4\text{–}54\,b)$$

— Spezifische Energiebilanz

$$w_{t;12} + q_{12} = \left[(h_2 - h_1) + g(Z_2 - Z_1) + \frac{1}{2}(w_2^2 - w_1^2) + \cdots\right] + \frac{J}{2m}(\omega_2^2 - \omega_1^2) \qquad (2.4\text{–}54\,c)$$

Der Energieerhaltungssatz bestätigt die Äquivalenz der Energiegrößen, die ineinander wandelbar sind. Die relative Bedeutung und Auswirkung der einzelnen spezifischen Energieterme in Gl. (2.4–54) haben in Abhängigkeit von Größe und Bereich eine sehr unterschiedliche Wertigkeit. Aus Abb. 2–26 können die relativen Größen der verschiedenen spezifischen Energieterme für Wasser als Beispiel entnommen werden. Daraus folgt, daß in technischen

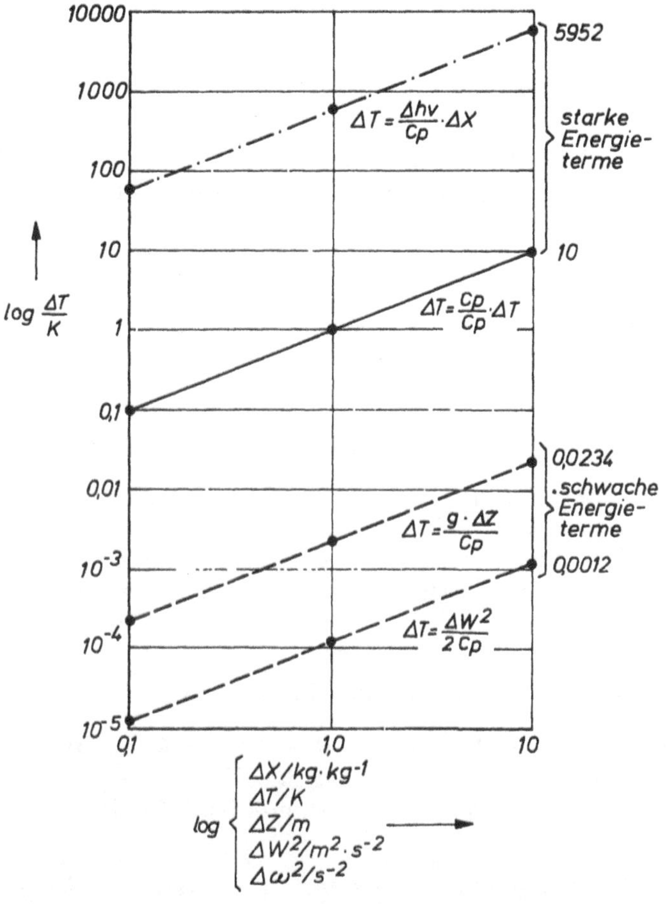

Abb. 2–26: Vergleich der Intensität verschiedener Energieterme am Beispiel von Wasser nach Gl. (2.4–54) mit den starken Energietermen (h: $c_p \cdot \Delta T$; Δh_v) und den schwachen Energietermen $\left(g \cdot \Delta Z;\ \frac{1}{2}\ \Delta w^2;\ \frac{1}{2}\ \Delta \omega^2\right)$.

Energiebilanzen mit fühlbarer und latenter Enthalpie die anderen, schwachen Energieterme vernachlässigt werden können, ohne daß in den Energie- oder Energiestrombilanzen größere Fehler auftreten. Gleichung (1.1–54) reduziert sich bei Vernachlässigung der schwachen Energieterme auf die übliche, für verfahrenstechnische Probleme völlig ausreichenden Ansätze:

$$W_{t;12} + Q_{12} = m(h_2 - h_1) \tag{2.4–55a}$$

$$P_{12} + \dot{Q}_{12} = \dot{m}(h_2 - h_1) \tag{2.4–55b}$$

$$w_{t;12} + q_{12} = (h_2 - h_1) \tag{2.4–55c}$$

Festes Feuchtgut

Die Enthalpie der Mischphase des festen Feuchtgutes $\dot{m}_{f,S}$ wird im Realverhalten durch die Berücksichtigung des Mischungsenthalpiegliedes Δh_{Misch} erfaßt und lautet nach Gln. (2.3–9) und (2.3–10)

$$\dot{H}_{fS} = \dot{m}_S \cdot h_{1+X} \tag{2.4–56a}$$

$$\dot{H}_{f,S} = \dot{m}_S c_{p;S} \vartheta + X \cdot c_{p;F} \cdot \vartheta + \Delta h_{\text{Misch}} \tag{2.4–56b}$$

$$h_{1+X} = (c_{p;S} + X \cdot c_{p;F})\, \vartheta + \Delta h_{\text{Misch}} \tag{2.4–56c}$$

Gas-Dampf-Gemische

Die Enthalpie der Gas-Dampf-Gemische wird nach Gln. (2.3–4) bis (2.3–8) berechnet und kann aus den h_{1+Y}; Y-Diagrammen abgelesen werden. Zwei Beispiele der MOLLIER-Diagramme für feuchte Luft zeigen die Abb. 2–1 und 2–2. — Analoge Diagramme lassen sich für alle Gas-Dampf-Gemische entwickeln.

Energiestrom-Bilanz eines Konvektions-Trockners

Die Energiestrom-Bilanz eines Gleichstrom-Zerstäubungs-Trockners um den Zerstäubungs-Trockner-Turm — sie entspricht der Bilanzhülle d in Abb. 2–23 und der Massenstrom-Bilanz in Abb. 2–24 — ist in Abb. 2–27 dargestellt. Sie lautet

$$P_{ij} + \dot{Q}_{V;ij} = \dot{m}_G(h_{1+Y;j} - h_{1+Y;i}) + \dot{m}_S(h_{1+X;j} - h_{1+X;i}) \tag{2.4–57}$$

Für den adiabaten Trockner ohne Leistungszuführung folgt mit $\dot{Q}_{V;ij} = 0$ und $P_{ij} = 0$

$$\dot{m}_S \cdot h_{1+X;i} + \dot{m}_G \cdot h_{1+Y;i} = \dot{m}_S \cdot h_{1+X;j} + \dot{m}_G \cdot h_{1+Y;j} \tag{2.4–58}$$

Ein charakteristischer integraler Trocknungsverlauf ist im MOLLIER-h_{1+Y}; Y-Diagramm von Abb. 2–28 längs der Nebel-Isothermen gegeben, die näherungsweise der Isenthalpen h_{1+Y} = const gleichgesetzt werden kann. — Bei auftretendem Wärmestromverlust $\dot{Q}_{V;ij}$ kann dieser mit

$$q_v = h_{1+X} = \frac{\dot{Q}_{V;ij}}{\dot{m}_G} \tag{2.4–59}$$

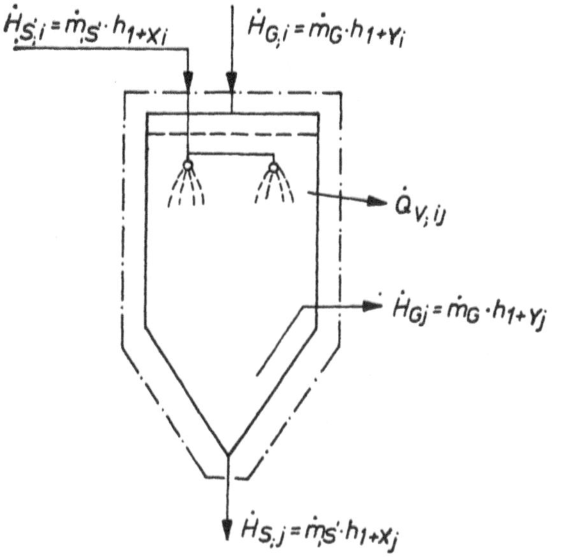

Abb. 2–27: Prinzip der Energiestrom-Bilanz in Beladungstrom-Schreibweise um einen Sprühtrockner.

auf 1 kg trockenes Gas bezogen und im MOLLIER-Diagramm auch dargestellt werden. Der exakte Trocknungsverlauf ergibt sich aus der differentiellen Betrachtung [2–42] zu

$$\dot{m}_S \cdot dh_{1+X} + \dot{m}_G \cdot dh_{1+Y} = 0 \tag{2.4–60}$$

Diese Differentialgleichung ist in doppelter Hinsicht zu interpretieren: Zum einen folgt daraus, daß der exakte Trocknungsverlauf im MOLLIER-Diagramm nicht als Gerade, sondern nur als gekrümmte Prozeß-Funktion in Abb. 2–28 darstellbar ist. Zum anderen ist Gl. (2.4–60) so zu interpretieren, daß ein erforderlicher Mindestenergiestrom für den Trocknungsprozeß aus dem 1. Hauptsatz nicht gefolgert werden kann. Der 1. Hauptsatz mit seiner Erhaltungsaussage für die Energie stellt damit eine notwendige, letztlich aber

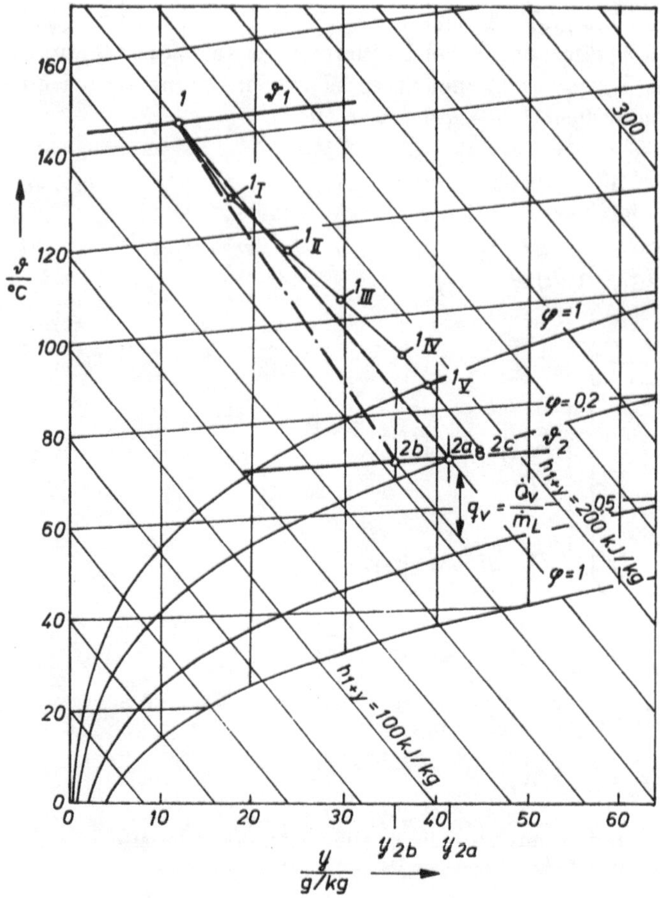

Abb. 2–28: Darstellung des Trocknungsverlaufes in einem Konvektions-Trockner in der Projezierung auf das h_{1+Y}; Y-Diagramm:

a – Prozeßlinie der adiabaten Trocknung; *b* – Prozeßlinie der realen, integral betrachteten Trocknung;
c – Prozeßlinie der realen, differentiell betrachteten Trocknung.

nicht hinreichende Bedingung für die Beschreibung von Prozessen, und damit auch speziell von Trocknungsprozessen, dar.

2.4.3.3. *Entropie- und Entropiestrom-Bilanzen*

Der 2. Hauptsatz der Thermodynamik, auch als Entropiesatz bezeichnet, gestattet die Charakterisierung der Richtung und des Ablaufs der Prozesse. Im Prinzip gilt die Aussage: Nur aus dem Verständnis des 2. Hauptsatzes, in

Verbindung mit den anderen Gesetzen der Thermodynamik, ist das Verständnis für die Thermodynamik der Trocknungsprozesse abzuleiten, wenn auch die Entropieformulierung dem Ingenieur meist schwerer zugänglich ist.

Die von CLAUSIUS formulierte thermodynamische Zustandsgröße Entropie S ist sowohl durch

$$\mathrm{d}S = \frac{\mathrm{d}Q}{T} \tag{2.4–61a}$$

als auch durch eine Ungleichung

$$(\mathrm{d}S)_{\mathrm{adiabat}} \gtreqqless 0 \tag{2.4–61b}$$

charakterisiert. Aus dem 2. Hauptsatz nach Gl. (2.4–61b) folgt:

— Der nur im Gedankenmodell vorstellbare Grenzfall des thermodynamisch idealen, vollständig umkehrbaren Prozesses ist durch $\mathrm{d}S_{ad} = 0$ gekennzeichnet.

— Der reale adiabate Prozeß ist durch $\mathrm{d}S_{ad} > 0$ gekennzeichnet. Jeder reale thermodynamische Prozeß weist damit einen Zuwachs an Entropie auf.

Aus der Betrachtungsweise der Thermodynamik irreversibler Prozesse [2–4 bis 2–6] folgt die Zweckmäßigkeit der Aufspaltung des Entropie- (Strom-) Zuwachses in einen Anteil, der auf innere (i), und in einen zweiten Anteil, der auf äußere, externe (e) Ursachen zurückzuführen ist.

$$\mathrm{d}\dot{S} = \mathrm{d}\dot{S}_i + \mathrm{d}\dot{S}_e \tag{2.4–62}$$

Die Anwendung der Definitionsgleichung (2.4–61a) der Entropie liefert in der Differentialschreibweise den Ansatz

$$\mathrm{d}S = m\left[\mathrm{d}\left(\frac{\Delta h}{T}\right) + \bar{c}_p \cdot \frac{\mathrm{d}T}{T} - R\,\frac{\mathrm{d}p}{p}\right] \tag{2.4–63}$$

und in integrierter Form

$$S_2 - S_1 = m\left[\frac{\Delta h_j}{T_j} + \bar{c}_p \cdot \ln\frac{T_2}{T_1} - R \cdot \ln\frac{p_2}{p_1} + \int_1^2 \mathrm{d}\mu\right] \tag{2.4–64a}$$

$$S_2 - S_1 = m[\Delta s_e + \Delta s_i] \tag{2.4–64b}$$

Die Schreibweisen für den Entropiestrom folgen analog als

$$\mathrm{d}\dot{S} = \dot{m}\,\mathrm{d}s \tag{2.4–65a}$$

$$\dot{S}_2 - \dot{S}_1 = \dot{m}(s_2 - s_1) = \sum^{j_0} \dot{S}_{j;\omega} - \sum^{i_0} \dot{S}_{i;\alpha} \tag{2.4–65b}$$

Beim Vergleich der Gln. (2.4–63) bis (–65b) mit denen der Energie- bzw. Energiestrom-Bilanzen (2.4–53) bis (–54c) fällt auf, daß

— einige der Energieterme, wie

- die Rotationsenergie $\frac{J}{2m}(\omega_2^2 - \omega_1^2)$
- die kinetische Energie $\frac{1}{2}(w_2^2 - w_1^2)$
- die potentielle Energie $g(Z_2 - Z_1)$ und
- die Arbeit $w_{t;12} = \int_{(1)}^{(2)} v \, dp$

keine Entsprechung in den Entropiegrößen haben. Das bedeutet, daß diese Größen entropiefrei, d. h. im Prinzip beliebig wandelbar sind;

— die Enthalpieterme und die Druckänderung einen Beitrag zur Entropieänderung bei den Zustandsgrößen liefern,

— bei den Prozeßgrößen die bei der Temperatur T abgegebene Wärme dQ den Beitrag

- $$dS_Q = \frac{dQ}{T} \qquad (2.4\text{–}66)$$

liefert, dessen Vorzeichen von der Richtung der Wärme abhängt und

— daß der Energieterm des chemischen Potentials $\frac{d\mu}{T}$ sichtbar wird.

Das Verständnis für das chemische Potential, für den Aufwand zur Konzentrationsveränderung, eröffnet den Zugang zum Verständnis der Trennprozesse und damit auch für die Trocknungsprozesse: Es ist eigentlich unnötig, mit den starken Energietermen, der Wärme und der Enthalpie, den Trocknungsprozeß zu betreiben. Vom Standpunkt der thermodynamischen Effektivität ist es zweckmäßiger, die Trennenergie gezielt auf die Veränderung der Konzentrationsenergie zu richten, um den Trocknungsprozeß mit einem minimalen thermodynamischen Arbeitsaufwand zu erreichen und alle unnötigen Verluste und Irreversibilitäten zu vermeiden. — Diese Betrachtungsweise wird im folgenden Abschnitt noch erhellt, doch stellt die Entropiebetrachtung die notwendige Grundlage dafür dar.

2.4.3.4. Exergie- und Exergiestrom-Bilanzen

Aus der Begrenztheit der Aussagen des 1. Hauptsatzes der Thermodynamik bei den Energiebilanzen einerseits und der getrennten nicht unmittelbar vergleichbaren Wertung der Entropie aus dem 2. Hauptsatz andererseits folgt logisch die notwendige Vereinigung beider Grundgesetze in einer Größe, wenn eine komplexe Erfassung aller Einflüsse erfolgen soll.

Für die Exergie gelten nach den Grundbeziehungen (2.2–21) bis (2.2–22) in Verbindung mit dem als „Anergie" bezeichneten, nicht arbeitsfähigen Teil der Energie für die Bereiche unterschiedliche Beziehungen:

– Für $T \geqq T_u$

$$\sum \text{Exergie} = \sum \text{Energie} - \sum \text{Anergie} \tag{2.4–67}$$

– für $T \leqq T_u$

$$\sum \text{Anergie} = \sum \text{Energie} + \sum \text{Exergie} \tag{2.4–68}$$

Die folgenden Darlegungen beziehen sich in der Regel konsequent nur auf Gl. (2.4–67); ($T \geqq T_u$). Das Umschreiben der Gl. (2.4–67) in die Form

$$\sum \text{Energie} = \sum \text{Exergie} + \sum \text{Anergie} \tag{2.4–69}$$

verdeutlicht, in Verbindung mit Gl. (2.4–61b), daß bei realen adiabaten Prozessen die Anergie nur wachsen und daher die Exergie nur abnehmen kann. Ursache sind neben den Verlusten nach dem 1. Hauptsatz, daher vorwiegend die Dissipationsverluste infolge der Triebkräfte ΔT; Δp; $\Delta \xi$ (bzw. $\Delta \mu$), die in der Prozeßgestaltung auftreten.

Die explizite Schreibweise der Exergie nach Gl. (2.4–67) setzt sich aus den in Tab. 2–9 genannten Einzeltermen zusammen. Dabei gelten die Gl. (2.4–70a) bis (–78c) für die Differentialschreibweise und die Gln. (2.4–79a) bis (–87c) für die Integralschreibweise der Exergiebilanzen.

Die Exergiestrom-Bilanz, die analog zum Massenstrom-Flußbild von Abb. 2–25 auch als Exergiestrom-Flußbild dargestellt werden kann, verdeutlicht, daß mit der Exergiestrom-Bilanz der thermodynamische Nutzen des Prozesses aus Gl. (2.2–31) für $e_{1+X;\text{min}}$ als

$$\dot{E}_{\text{Nutz}} = \dot{E}_{\text{min}} \tag{2.4–88}$$

$$\dot{E}_{\text{min}} \equiv \dot{m}_S \cdot e_{1+X;\text{min}} \tag{2.4–89}$$

ermittelt werden kann. Gleichzeitig wird, wie die Beispiele im Abschn. 5. belegen, eine überraschende Vielfalt der Exergieverluste deutlich.

Tabelle 2–9: Grundgleichungen der Energie, Exergie und Anergie in Differential- und

Nr.	Energieform	Differentialschreibweise					
		Energie		Exergie		Anergie	
1	Techn. Arbeit	$\mathrm{d}W_t$	(2.4–70a)	$\mathrm{d}W_t$	(2.4–70b)		
2	Elektr. Arbeit	$\mathrm{d}W_{el}$	(2.4–71a)	$\mathrm{d}W_{el}$	(2.4–71b)		
3	Wärme $T \geqq T_u$	$\mathrm{d}W$	(2.4–72a)	$\frac{T - T_u}{T}\,\mathrm{d}Q$	(2.4–72b)	$\frac{T_u}{T} \cdot \mathrm{d}Q$	(2.4–72c)
4	Kinetische Energie	$m \cdot w \cdot \mathrm{d}w$	(2.4–73a)	$m \cdot w \cdot \mathrm{d}w$	(2.4–73b)		
5	Potentielle Energie	$m \cdot g \cdot \mathrm{d}Z$	(2.4–74a)	$m \cdot g \cdot \mathrm{d}Z$	(2.4–74b)		
6	Volumenarbeit	$\mathrm{d}W_v$	(2.4–75a)	$-(p - p_u)\,\mathrm{d}V$	(2.4–75b)	$p_u \cdot \mathrm{d}V$	(2.4–75c)
7	Innere Energie	$\mathrm{d}U = m \cdot c_v \cdot \mathrm{d}T$	(2.4–76a)	$m \cdot c \cdot \mathrm{d}T + \cdots - T_u \cdot \mathrm{d}S + p_u\,\mathrm{d}V$	(2.4–76b)	$T_u \cdot \mathrm{d}S - p_u \cdot \mathrm{d}V$	(2.4–76c)
8	Enthalpie	$\mathrm{d}H = m \cdot c_p \cdot \mathrm{d}T$	(2.4–77a)	$m \cdot c_p \cdot \mathrm{d}T + \cdots - T_u \cdot \mathrm{d}S$	(2.4–77b)	$T_u \cdot \mathrm{d}S$	(2.4–77c)
9	Chemisches Potential					$m \cdot T_u \times \sum_{k=1}^{ka} f_k \cdot R_k \frac{\mathrm{d}p_k}{p}$	(2.4–78c)

Der „Kompliziertheit" der Exergie soll ein Zitat von Bošnjaković aus dem Jahre 1964 entgegengehalten werden: *„Das Arbeiten mit Exergien ist nicht schwieriger als mit der Enthalpie. Die Spielregeln sind ebenso einfach, leicht zu lernen und können fast rezeptartig befolgt werden ..."* [2–2]. Der im ersten Augenblick scheinbaren Kompliziertheit steht der unbestreitbare Vorteil der Exergie gegenüber, für technische Prozesse die technischen Arbeitsaufwendungen exakt ermitteln zu können und alle im Prozeß auftretenden

Integralgleichungen

Integralschreibweise

Energie		Exergie		Anergie	
$W_{t;12}$	(2.4–79a)	$W_{t;12}$	(2.4–79b)		
$W_{el;12}$	(2.4–80a)	$W_{el;12}$	(2.4–80b)		
Q_{12}	(2.4–81a)	$\frac{\bar{T} - T_u}{\bar{T}} \cdot Q_{12}$	(2.4–81b)	$\frac{T_u}{\bar{T}} \cdot Q_{12}$	(2.4–81c)
$\frac{m}{2} (w^2 - w_u^2)$	(2.4–82a)	$\frac{m}{2} (w^2 - w_u^2)$	(2.4–82b)		
$m \cdot g(Z - Z_u)$	(2.4–83a)	$m \cdot g(Z - Z_u)$	(2.4–83b)		
$-\int p \cdot \mathrm{d}V$	(2.4–84a)	$-\int p \cdot \mathrm{d}V + p_u(V_2 - V_1)$	(2.4–84b)	$-p_u(V_2 - V_1)$	(2.4–84c)
$m \cdot c_v(T - T_u)$	(2.4–85a)	$(U - U_u) - T_u(S - S_u) + p_u(V_2 - V_1)$	(2.4–85b)	$T_u(S - S_u) - p_u(V_2 - V_1)$	(2.4–85c)
$m \cdot c_p(T - T_u)$	(2.4–86a)	$(H - H_u) - T_u(S - S_u)$	(2.4–86b)	$T_u(S - S_u)$	(2.4–86c)
				$m \cdot T_u \times \sum_{k=1}^{K} f_k \cdot R_k \ln \frac{p_{k;u}}{p_k}$	(2.4–87c)

Verluste und Nichtumkehrbarkeiten zu erfassen. Die klare Erfassung dieser Verluste aus der Exergiebilanz ist die notwendige Voraussetzung für deren gezielte Minimierung.

Für die mit starken Exergietermen ablaufenden Trocknungsprozesse wird zur praktischen Handhabung der Exergiebilanzierung eine vereinfachte, auf die wesentlichen Einflußgrößen hinweisende Methode vorgeschlagen, die in ihrer Grundbetrachtung auf Sadi CARNOT [2–2; 2–7; 2–21] zurückgeht: Bei

Rechts-Kreisprozessen ist der maximale Wirkungsgrad durch

$$\eta_C = \frac{|W_{t;\max;\text{Rechts}}|}{Q_{zu}} = \frac{|P_{\max;\text{Rechts}}|}{\dot{Q}_{zu}} \tag{2.4-90a}$$

$$\eta_C = \frac{|\mathrm{d}W_{t-\max;\text{Rechts}}|}{\mathrm{d}Q_{zu}} = \frac{|\mathrm{d}P_{\max;\text{Rechts}}|}{\mathrm{d}Q_{zu}} \tag{2.4-90b}$$

$$\eta_C = 1 - \frac{T_u}{T} \tag{2.4-90c}$$

gegeben.

Analog gilt für Links-Kreisprozesse:

$$\eta_C = \frac{W_{t,\min;\text{Links}}}{Q_{zu}} = \frac{P_{\min;\text{Links}}}{\dot{Q}_{zu}} \tag{2.4-91a}$$

$$\eta_C = \frac{\mathrm{d}W_{t;\min;\text{Links}}}{\mathrm{d}Q_{zu}} = \frac{\mathrm{d}P_{\min;\text{Links}}}{\mathrm{d}\dot{Q}_{zu}} \tag{2.4-91b}$$

$$\eta_C = 1 - \frac{T_u}{T} \tag{2.4-91c}$$

Aus der Gleichsetzung von

$$\mathrm{d}E = \mathrm{d}W_{t;\max;\text{Rechts}} = \mathrm{d}W_{t;\min;\text{Links}} \tag{2.4-92}$$

folgen die Bedingungen zur rechnerischen oder grafischen Bestimmung der Exergien oder der Exergieverluste als

$$\mathrm{d}E = \eta_C \cdot \mathrm{d}Q \tag{2.4-93a}$$

$$\mathrm{d}E = \eta_C \cdot \mathrm{d}H \tag{2.4-93b}$$

und mit $\eta_C = 1$ auch

$$\mathrm{d}E = \eta_C \cdot \mathrm{d}W_t \tag{2.4-93c}$$

bzw. in Integralform

$$E_{12} = \int_1^2 \eta_C \cdot \mathrm{d}Q \tag{2.4-94a}$$

$$E_{34} = \int_3^4 \eta_C \cdot \mathrm{d}H \tag{2.4-94b}$$

$$E_{56} = \int_5^6 \eta_C \cdot \mathrm{d}W_t \tag{2.4-94c}$$

In Tab. 2–10 ist eine Übersicht der CARNOT-Faktoren verschiedener Energieterme angegeben. Abbildung 2–29 veranschaulicht das methodische Vorgehen bei der grafischen Bestimmung oder der analytischen Bestimmung der Exergien oder Exergieströme.

Tabelle 2–10: Übersicht über die CARNOT-Faktoren verschiedener Energieterme

Energie (J)		Energiestrom (W)	Bereich	η_C
Techn. Arbeit	$W_{t;12}$	Leistung P_{12}		$= 1$
Elektr. Arbeit	$W_{el;12}$	Leistung $P_{el;12}$		$= 1$
Wärme Q_{12}		Wärmestrom $\dot{Q}_{12}$	$T \geqq Tu$	$= \left(1 - \frac{Tu}{T}\right)$
Kinetische Energie	ΔW_{kin}	Kinetische Leistung		$= 1$
Potentielle Energie	ΔW_{pot}	Strom der potentiellen Energie		$= 1$
Volumenarbeit	ΔW_{v12}	—	$p = p_u$	$= \left(1 - \frac{p_u\, dV}{p\, dV}\right)$
Innere Energie	ΔU	Strom der Inneren Energie $\Delta\dot{U}$	$T \geqq T_u$	$= \left(1 - c_v \ln \frac{T}{Tu}\right)$
Enthalpie, fühlbar	ΔH	Enthalpiestrom, fühlbar $\Delta\dot{H}$	$T \geqq T_u$	$= \left(1 - c_p \ln \frac{T}{T_u}\right)$
Enthalpie, latent	ΔH_v	Enthalpiestrom, latent $\Delta\dot{H}_v$	$T \geqq T_u$	$= \left(1 - \frac{T_u}{T}\right)$

Die exergetische Darstellung des Trocknungsprozesses im η_C;Energie- bzw. η_C;Energiestrom-Diagramm ist damit nur der letzte Abschnitt in der grundsätzlich erforderlichen Bilanzierung und Bewertung. Er erfordert die vorhergehenden Schritte:

1. Darstellung des Prozesses mit seinen wesentlichen Zustandsparametern im Verfahrens-Fließbild.

2. Massen- bzw. Massenstrom-Bilanzen unter Beachtung des erforderlichen Bilanzausgleichs und der Massen- bzw. Massenstrom-Verluste.

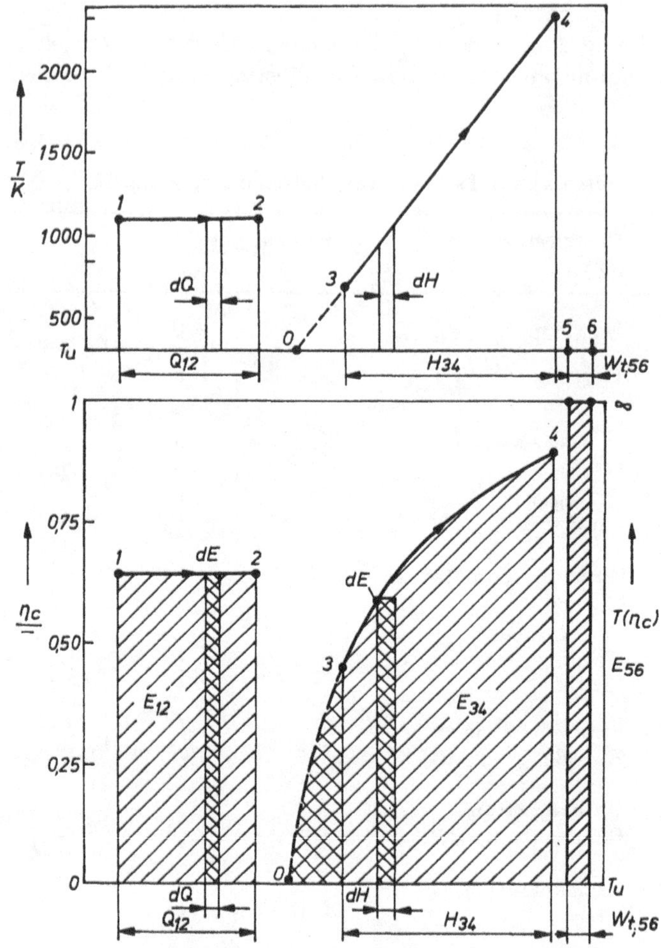

Abb. 2–29: Prinzipschema zur Veranschaulichung des Exergiedifferentials bzw. der Exergien nach den Gl. (2.4–90a) bis (2.4–94c) als Flächen im $\eta_C; Q$- bzw. $\eta_C; \Delta H$-Diagramm und deren Ableitung aus dem $T; Q$- bzw. $(T; \Delta H$-Diagramm.

3. Energie- bzw. Energiestrom-Bilanzen, ebenfalls unter Beachtung des Bilanzausgleichs und der Energie- bzw. Energiestrom-Verluste.

4. Ergänzung der Angaben zu 2. und zu 3. durch die Zustandsparameter einschließlich der Carnot-Faktoren bzw. Carnot-Faktoren-Funktionen.

5. Darstellung im η_C;Energie- bzw. η_C;Energiestrom-Diagramm und Auswertung zur Bestimmung der Exergien.

Mit dieser Bewertungsmethode wird der Blick auf die wesentlichen exergetischen Verluste gerichtet. Sie ermöglicht eine auf die praktische Verbesserung gerichtete Analyse des Prozesses mit geringem Mehrzeit-Aufwand: Die Bearbeitungsschritte 1. bis 3., die zeitaufwendig sind, müssen bei jeder verfahrenstechnischen Auslegungsrechnung oder Prozeßanalyse unumgänglich erfolgen. Die Bearbeitungsschritte 4. und 5. erfordern nur noch einen relativ geringen Zeitaufwand. Die dann aus der vereinfachten exergetischen Prozeßanalyse zu ziehenden Schlußfolgerungen sind für die Prozeßoptimierung von hoher Bedeutung.

Beispiele für die praktische Handhabung dieser Methode sind in den Abschn. 5., 7. und 8. dargestellt.

2.4.4. *Methodik der Bilanz-Korrektur*

Die in dem vorhergehenden Abschn. 2.4.3. dargestellten Beziehungen, speziell die unter 2.4.3.1. und 2.4.3.2. auf den Erhaltungssätzen beruhenden Bilanzen, gehen von einer fehlerfreien Bestimmung der Bilanzgrößen bzw. Bilanzstromgrößen aus. Diese Voraussetzung ist bestenfalls bei Projekten, nicht aber bei Prozeßanalysen an produzierenden Trocknungsanlagen erfüllt. Bei Bilanzen an Anlagen treten infolge der Meßunsicherheiten Abweichungen von der Bilanzforderung auf, weil scheinbar nach den Meßwerten die Erhaltungssätze nicht gelten:

$$\sum_{i=1}^{i_0} \dot{\Gamma}_i + \sum_{j=1}^{j_0} \dot{\Gamma}_j \neq 0 \qquad (2.4\text{–}95\text{a})$$

bzw.

$$\sum_{i=1}^{i_0 = i_0 + j_0} \dot{\Gamma}_i \neq 0 \qquad (2.4\text{–}95\text{b})$$

Diese Bilanzunstimmigkeiten müssen nach den Gesetzen der Fehlerfortpflanzung auf der Grundlage der statistischen Meßgenauigkeit der Einzelmessungen korrigiert werden.

Die Bilanzkorrekturen beruhen auf den Gaussschen Überlegungen der minimalen Fehlerquadratsumme für den wahrscheinlichsten Wert und berücksichtigen die Ein- und Ausgangsgrößen vorzeichenabhängig, aber sonst in gleicher Weise.

Die Korrektur für die Totalstrom-Bilanz wird durch den Wert $\sum \Delta\dot{\Gamma}_i$ durchgeführt mit

$$\sum_{i=1}^{i_0^*} \dot{\Gamma}_i + \sum_{i=1}^{i_0^*} \Delta\dot{\Gamma}_i = 0 \qquad (2.4\text{–}96)$$

Die Korrektur der Bilanzstromwerte $\dot{\Gamma}_i$, die von allen Fehlern infolge zeitlich unterschiedlicher Messungen sowie von offensichtlichen Fehlmessungen befreit wurden, erfolgt in allgemeiner Form mit dem Ansatz

$$\sum_{i=1}^{i_0*} [\dot{\Gamma}_i + \delta\dot{\Gamma}_i] = 0 \tag{2.4–97}$$

Die einzelnen Bilanzstrom-Korrekturwerte $\delta\dot{\Gamma}_i$ werden mit der Methode der LAGRANGEschen Multiplikatoren aus den Werten

$\sum_{i=1}^{i_0*} \Delta\dot{\Gamma}_i$ — Gesamtfehler der Totalstrombilanz nach Gl. (2.4–96)

$\Delta^*\dot{\Gamma}_i$ — der aus der Meßgenauigkeit resultierende absolute Fehler der Einzelströme $1(i)\ i_0*$

$\sum_{i=1}^{i_0*} [\Delta^*\dot{\Gamma}_i]^2$ — die aus der Meßgenauigkeit der Einzelströme resultierende absolute Fehlerquadrat-Summe über alle i_0 ein- und austretenden Ströme

durch

$$\delta\dot{\Gamma}_i = -\frac{[\Delta^*\dot{\Gamma}_i]^2}{\sum\limits_{i=1}^{i_0*} [\Delta^*\dot{\Gamma}_i]^2} \cdot \sum_{i=1} \Delta\dot{\Gamma}_i \tag{2.4–98}$$

gebildet. Diese Korrektur sichert, auf der Grundlage exakter Meßwerte, eine in sich widerspruchsfreie Gesamtbilanz mit der größten Wahrscheinlichkeit für die Einzelstromwerte.

Die Korrelation zwischen den Bilanzen ist dabei für die Reihenfolge der Bilanzkorrektur durch

— Massenstrom-Total-Bilanz,
— Massenstrom-Komponenten-Bilanzen,
— Energiestrom-Bilanz

gegeben. Erst nach Abgleich dieser Bilanzen sollten die Bilanzen der Abschn. 2.4.3.3. und 2.4.3.4. ermittelt und korrigiert werden.

Literatur- und Quellenverzeichnis

[2–1] ELSNER, N.: „*Grundlagen der Technischen Thermodynamik*“ (5. Aufl.). Akademie Verlag, Berlin 1985

[2–2] BOŠNJAKOVIĆ, F.: „*Technische Thermodynamik, Wärmelehre und Wärmewirt-*

schaft in Einzeldarstellungen" (Bd. 11 und 12, 12. Aufl.). Verlag Theodor Steinkopff, Dresden 1967

[2-3] BAEHR, H. D.: „*Thermodynamik*" (2. Aufl.). Springer-Verlag, Berlin/Göttingen/Heidelberg 1966

[2-4] BARANOWSKI, B.: „*Nichtgleichgewichts-Thermodynamik in der physikalischen Chemie*". VEB Deutscher Verlag für Grundstoffindustrie, Leipzig 1975

[2-5] DE GROOT, S. R.: „*Thermodynamik irreversibler Prozesse*". Bibliographisches Institut, Mannheim 1960

[2-6] KAMMER, H.-W.; SCHWABE, K.: „*Einführung in die Thermodynamik irreversibler Prozesse*". Akademie-Verlag, Berlin 1984

[2-7] ROTH, H. u. a.: „Technische Thermodynamik in Frage und Antwort — Repetitorium I" Köthen, Ingenieurhochschule Köthen, 1980

[2-8] R. KÖPSEL: „*Ausgewählte rechnerische Methoden der Verfahrenstechnik — Berechnung von fluiden Mischphasen und Mischphasengleichgewichten*". Akademie-Verlag, Berlin 1974

[2-9] AUTORENKOLLEKTIV: „*Thermodynamik der Mischphasen I*". VEB Deutscher Verlag für Grundstoffindustrie, Leipzig 1976

[2-10] RANT, Z.: „Exergie, ein neues Wort für technische Arbeitsfähigkeit". Forsch.-Ing.-Wes. **22** (1956), S. 36—37

[2-11] MOEBUS, W.: „Die Exergie der Mehrstoffgemische — Anwendung auf das Gemisch feuchte Luft". Luft und Kältetechnik **8** (1972) 3, S. 125—128

[2-12] SZARGUT, I.; STYRYLSKA, T.: „Die exergetische Analyse von Prozessen der feuchten Luft". Heizlüftung — Haustechnik **20** (1969) 5, S. 173—178

[2-13] FRATZSCHER, W.: „Energetische Analyse von Stoffübertragungsprozessen". VEB Deutscher Verlag für Grundstoffindustrie, Leipzig 1980

[2-14] FRATZSCHER, W.; BRODJANSKI, V. M.; MICHALEK, K.: „Exergie — Theorie und Anwendung". VEB Deutscher Verlag für Grundstoffindustrie, Leipzig 1986

[2-15] MALTRY, W.: „Beitrag zur Thermostatik, Thermodynamik und Regelungstechnik von Trocknungsprozessen, insbesondere des landwirtschaftlichen Heißlufttrocknungsprozesses mit einem Anhang: Tafeln der Zustandsgrößen und Zustandsdiagramme feuchter Luft im Bereich 0 bis 700 °C und 0 bis 500 g/kg Wassergehalt", Diss. B., TU Dresden, 1971

[2-16] MICHALEK, K.: „Untersuchungen zur optimalen Gestaltung der Energiewirtschaft von Rohöldestillationsanlagen unter besonderer Beachtung des Wärmeübertragersystems", Diss. A, TH Leuna-Merseburg, 1978

[2-17] KEINER, E.: „Ein Vorschlag zur thermodynamischen Beurteilung von Klimaprozessen". Wiss. Zeitschrift der TU Dresden **15** (1966) 5, S. 1093—1101

[2-18] REINKE, W.: „Berechnung der Exergie für das Zweistoffgemisch Luft". Luft- und Kältetechnik **7** (1971) 3, S. 137—141

[2-19] MALTRY, W.: „*Wärmelehre und Wärmewirtschaft*", Bd. 21: „*Wirtschaftliches Trocknen*". Verlag Theodor Steinkopff, Dresden 1975

[2-20] WIRTH, I.: „Zur thermodynamischen Analyse und Bewertung des Konvektionstrocknungsprozesses". Diss. A, IHS Köthen, 1987

[2-21] ROTH, H.; WIRTH, I.; KALZ, G.: „Exergetische Bewertung verfahrenstechnischer Varianten der Trocknung". Energieanwendung **32** (1983) 5, S. 177—180

[2-22] GRASSMANN, R.: „Probleme der Süßwassergewinnung". Verfahrenstechnik **6** (1972) 10, S. 357–362

[2-23] AUTORENKOLLEKTIV: „Energiewirtschaft für Verfahrenstechniker" (2. Aufl.). VEB Deutscher Verlag für Grundstoffindustrie, Leipzig 1982

[2-24] SCHREINER, H.: „Vielstufige Entspannungsverdampfung". Verfahrenstechnik **3** (1969) 7, S. 301–308

[2-25] A. W. LYKOW: „*Experimentelle und theoretische Grundlagen der Trocknung*". VEB Verlag Technik, Berlin 1955

[2-26] HENCKE, E.-G.; ROTH, H.: "Modelling Drying Processes". Mikrosymposium, therm. Stofftrennung; April 1986, Kühlungsborn

[2-27] KALZ, G.: „Ermittlung von Kapillardurchmessern in Pasten aus Sorptionsdaten". Chem. Techn. **35** (1983) 6, S. 311–313

[2-28] GÖRLING, P.: „*Untersuchungen zur Aufklärung des Trocknungsverhaltens pflanzlicher Stoffe*" (VDI-Forschungsheft 458). VDI-Verlag, Düsseldorf 1956

[2-29] PÖRSCH, W.: „Sorptionsisothermen – Ihre Ermittlung und Auswertung". Die Stärke **15** (1963) 11, S. 405–412

[2-30] MALTRY, W.: „Beitrag zur Thermodynamik der Feuchtigkeitsbindung und zur Anwendung des Mollier-i,X-Trocknungsdiagramms". Wiss. Zeitschrift der TU Dresden **13** (1964) 4, S. 1166–1170

[2-31] KAST, W.; JOKISCH, F.: „Überlegungen zum Verlauf von Sorptionsisothermen und zur Sorptionskinetik an porösen Feststoffen". Chemie – Ing.-Techn. **44** (1972) 8, S. 556–563

[2-32] C. STEFAN: „*Die Methodik der Wasserdampfsorptionsmessung*". Springer-Verlag, Berlin 1967

[2-33] KALZ, G.; PÜSCHEL, A.: „Dampfdruckmessung an Chlorpolyethylenpasten". Plaste und Kautschuk **30** (1983) 9, S. 502–504

[2-34] KALZ, G.; PÜSCHEL, A.: „Halbautomatische Apparatur zur statischen Dampfdruckmessung von Pasten". Plaste und Kautschuk **31** (1984) 9, S. 336–337

[2-35] DREXLER, H.; GIERSCHNER, K.: „Apparatur zur automatischen Aufnahme von Sorptionsisothermen". Chem. – Ing.-Techn. **43** (1971) 11, S. 691; s. a. Chem. Rdsch. **23** (1970), S. 751

[2-36] BEST, R.; SPINGLER, E.: „Messung von Adsorptions- und Desorptionsisothermen mit einer vollautomatischen Apparatur". Chem. – Ing.-Techn. **44** (1972) 21, S. 1222–1226

[2-37] MAHLER, K.: „Apparatur zum kontinuierlichen Aufzeichnen von Sorptionsisothermen", Vorgetragen auf der internen Arbeitssitzung des Fachausschusses „Trocknungstechnik" der Verfahrenstechnischen Gesellschaft im VDI am 12. Mai 1961 in Göttingen. Chem. – Ing.-Techn. **33** (1961) 9, S. 627–631

[2-38] MAHLER, K.: „Bestimmung der Restfeuchte über Gleichgewichtsdampfdruck und Sorptionsisotherme", erweiterte Fassung eines Vortrages bei der internen Arbeitssitzung des Ausschusses „Trocknungstechnik" der Verfahrenstechnischen Gesellschaft im VDI am 28. Okt. 1963 in Würzburg. Chem. – Ing.-Techn. **36** (1964) 5, S. 461–463

[2-39] SCHMALZ, E.-O.: „Manometrische Bestimmung von Wasser in Hochpolymeren". Faserforschung und Textiltechnik **21** (1970) 5, S. 209–215

[2–40] SCHUBERT, H.: „*Kapillarität in porösen Feststoffsystemen*“. Springer-Verlag, Berlin, Heidelberg, New York 1982

[2–41] NEISS, J.; WINTER, E. R. F.: „Neue Methoden zur Berechnung der kapillaren Flüssigkeitsleitfähigkeit in porösen Körpern“. Wärme- und Stoffübertragung **16** (1982), S. 175–190

[2–42] MUSHTAJEW, W. I.: „*Suschka dispersnych materialow w chimischeskoy promyschlennosti*“ („Trocknen disperser Materialien in der chemischen Industrie“). isdatelstwo „chemia“, Moskwa 1979

3. Grundlagen der Trocknungskinetik

Die zweite wichtige Voraussetzung für die Auslegung von Trocknern und Trocknungsanlagen ist die Kenntnis der Trocknungskinetik. Bei Trocknungsprozessen im engeren Sinne, mit Änderung des Aggregatzustandes der Feuchte, ist die Kenntnis des gekoppelten Stoff- und Energietransportes erforderlich. Es werden daher hier vorwiegend die Grundlagen der Kinetik für die Konvektions- und die Vakuum-Dampf-Trocknung behandelt.

Die gewählten Darstellungen beruhen auf analogen Ansätzen zum OHMschen Gesetz in der Schreibweise mit Leitfähigkeitsgrößen.

Allgemein gilt nach SPALDING [3–1]:

Wärmestromdichte = Wärmedurchlässigkeit · Triebkraft

$$\frac{\dot{Q}}{A} = \varkappa_Q \cdot \Theta_Q \qquad (3.0\text{–}1)$$

Stoffstromdichte = Stoffdurchlässigkeit · Triebkraft

$$\frac{\dot{m}}{A} = \varkappa_m \cdot \Theta_m \qquad (3.0\text{–}2)$$

Die Trocknungskinetik stellt ein Problem dar, bei dem es auf Kenntnis und Vorausberechenbarkeit der Stoff- und Wärmedurchlässigkeiten $\varkappa$ sowie der Triebkräfte Θ ankommt.

Bei den Wärmeübertragungsprozessen geht man einheitlich von der Temperaturdifferenz als Triebkraft aus und erhält die gleiche Dimension für die Wärmetransportkoeffizienten in $W \cdot m^{-2} K^{-1}$:

$$\dot{J}_Q = \frac{\dot{Q}}{A} \qquad (3.0\text{–}3a)$$

$$\dot{J}_{Q;WL} = \left(\frac{\lambda}{\delta}\right) \cdot \Delta T \qquad (3.0\text{–}3b)$$

$$\dot{j}_{Q;WÜ} = \alpha \cdot \Delta T \qquad (3.0\text{–}3\,c)$$

$$\dot{j}_{Q;Str} = \alpha_{Str} \cdot \Delta T \qquad (3.0\text{–}3\,d)$$

$$\dot{j}_{Q;WD} = k \cdot \Delta T \qquad (3.0\text{–}3\,e)$$

Komplizierter ist das Problem bei den Stofftransportprozessen, weil dort als Triebkräfte Partialdruckdifferenzen Δp_k, molare und spezifische Konzentrationen sowie Volumen-, Massen- sowie Molanteile auftreten können. Je nach gewählter Triebkraft ergeben sich daher auch unterschiedliche Dimensionen für die Stofftransportkoeffizienten, wie z. B. $\text{kmol} \cdot \text{m}^{-2} \cdot \text{s}^{-1}\,\text{Pa}^{-1}$; $\text{m} \cdot \text{s}^{-1}$; $\text{kg} \cdot \text{m}^{-2} \cdot \text{s}^{-1}$.

SPALDING [3–1] geht von der einheitlichen Schreibweise der Stromdichte

$$\dot{j}_m = \frac{\dot{m}}{A} = \beta \cdot \varrho \cdot \Theta \qquad (3.0\text{–}4)$$

mit dem Stoffdurchlässigkeitsfaktor

$$\varkappa_m = \beta \cdot \varrho \qquad (3.0\text{–}5)$$

aus, wodurch die Durchlässigkeit für den Stoffstrom $\varkappa_m$ in $\text{kg} \cdot \text{m}^{-2} \cdot \text{s}^{-1}$ und der Stoffübergangskoeffizient β in $\text{m} \cdot \text{s}^{-1}$ ausgedrückt werden.

Das Ergebnis der Trocknungskinetik ist in doppelter Hinsicht zu werten: Einerseits ist es die Grundlage für die Apparatedimensionierung, die sich auf die Invest- und Festkosten auswirkt. Andererseits zeigt die exergetische Bewertung, daß der Triebkraftaufwand, der sich in den Größen ΔT; Δp; $\Delta \xi$ bzw. $\Delta \psi$ und damit in der Gesamt-Triebkraft Θ widerspiegelt, einen klaren Zusammenhang mit dem Exergieaufwandsstrom: Hohe Triebkräfte bedeuten einen hohen Exergieverlust, der sich zwar im niedrigen Investaufwand, aber in der Regel auch in hohen laufenden Kosten beim Betrieb der Trocknungsanlagen äußert: Mit guten Stoff- und Wärmedurchlässigkeiten lassen sich niedrige Investaufwendungen bei vertretbaren variablen Betriebskosten erreichen. Der Prozeßkinetik im allgemeinen und der Trocknungskinetik im speziellen ist daher bei der Auslegung von Verfahren besonderes Augenmerk zukommen zu lassen.

3.1. Die Einzelphänomene des Energie- und Stofftransports

Ehe die für Trocknungsprozesse notwendige gekoppelte Betrachtung des Energie- und Stofftransportes formuliert werden kann, müssen die Einzelphänomene behandelt sein.

Da in der Regel Erfahrungen zum Energietransport in größerem Maße vorliegen als für den Stofftransport, sollen diese Probleme der Ausgangspunkt für die Darstellung sein. Vorrangig wird beim Wärmetransport mit dem vereinfachten, linearisierten Triebkraftansatz gearbeitet, dies ist hierbei durchaus zulässig.

Bei den Stofftransportproblemen dagegen ist die Präzisierung des Triebkraftbegriffes, vor allem auch unter Beachtung der Inertgasanteile, notwendig. Dort ist der Präzisierung der Triebkraft besondere Aufmerksamkeit zu schenken.

3.1.1. Energietransport

Der Energietransport für die Trocknungsprozesse wird durch die drei Grundphänomene

- Wärmeleitung,
- Wärmeübergang,
- Wärmestrahlung

beschrieben, die sich im realen Prozeß untereinander und mit den Stofftransportvorgängen überlagern.

Da die Energietransportprozesse intensiv untersucht wurden und häufig als analoge Basis zur Ermittlung der Stofftransportphänomene dienen, sollen hier solche Ergebnisse zitiert werden, die unmittelbar für Trocknungsprozesse erarbeitet wurden oder die auf diese Prozesse vorrangig angewandt werden.

3.1.1.1. Wärmeleitung

Grundgesetze

Innerhalb eines Mediums kommt es beim Auftreten von Temperaturgradienten zu einem als Wärmeleitung bezeichneten Transport von thermischer Energie. Für den Zusammenhang zwischen Wärmestromdichte $\dot{q}$ und dem Temperaturgradienten gilt das FOURIERsche Gesetz

$$\dot{q} = -\lambda \cdot \text{grad}\, \vartheta \qquad (3.1\text{–}1)$$

Der Proportionalitätsfaktor λ ist der Wärmeleitkoeffizient oder Wärmeleitfähigkeitskoeffizient, eine stoffspezifische Größe, die bei reinen Stoffen eine Funktion von Druck und Temperatur ist.

$$\lambda = \lambda(p; \vartheta) \qquad (3.1\text{–}2)$$

Bei Gemischen ist der Wärmeleitkoeffizient noch abhängig von der Zusammensetzung, bei feuchten Stoffen z. B. von der Feuchtebeladung X

$$\lambda = \lambda(p; \vartheta; \xi_1; \xi_2; \ldots; \xi_{i-1}) \tag{3.1–3a}$$

$$\lambda = \lambda(p; \vartheta; X) \tag{3.1–3b}$$

Der Temperaturgradient ist im instationären Fall eine Funktion von Ort und Zeit

$$\text{grad}\,\vartheta = f(r; t) \tag{3.1–4a}$$

Die Differentialgleichung für das Temperaturfeld im instationären Zustand ist durch die FOURIER-Gleichung

$$\frac{\partial \vartheta}{\partial t} = a\,\nabla^2\vartheta + \frac{\dot{q}_E}{\varrho \cdot c_p} \tag{3.1–5a}$$

mit dem Temperaturleitkoeffizienten

$$a = \frac{\lambda}{\varrho \cdot c_p} \tag{3.1–6}$$

gegeben.

Die Form des LAPLACE-Operators ∇^2 ist abhängig von dem gewählten Koordinatensystem, das auf die geometrischen Bedingungen abgestimmt sein muß.

Im stationären Fall ist das Temperatur- bzw. Temperaturgradientenfeld zeitunabhängig

$$\text{grad}\,\vartheta = f(r) \tag{3.1–4b}$$

und die FOURIER-Gleichung (3.1–5a) geht über in die Form

$$\left(\frac{\partial \vartheta}{\partial t}\right)_r = a\,\nabla^2\vartheta + \frac{\dot{q}_E}{\varrho \cdot c_p} = 0 \tag{3.1–5b}$$

Sind außerdem keine Wärmequellen vorhanden, $\dot{q}_E = 0$, so folgt die Grundgleichung der stationären Wärmeleitung, die LAPLACEsche Differentialgleichung zu

$$\left(\frac{\partial \vartheta}{\partial t}\right)_r = a \cdot \nabla^2\vartheta = 0 \tag{3.1–7a}$$

bzw.

$$\nabla^2\vartheta = 0 \tag{3.1–7b}$$

In Tab. 3–1 sind für drei einfache geometrische Formen sieben spezielle Grundlösungen in den Gln. (3.1–8) bis (3.1–13b) zusammengefaßt.

Tabelle 3–1: Grundbeziehungen für Probleme der stationären Wärmeleitung ohne Wärmequellen nach Gl. (3.1–7) für einfache geometrische Körper

Geometrische Grundform	Koordinaten-System	Spezielle Form der LAPLACE-Differentialgleichung	Anwendungsfälle	Berechnungsgleichungen
	Rechtwinkliges Koordinaten-System	$\frac{d^2\vartheta}{dx^2} = 0$ (3.1–8)	Ebene Wand: – einschichtig:	$\dot{Q} = \frac{\lambda}{\delta} A(\vartheta_\alpha - \vartheta_\omega)$ (3.1–9a)
			– mehrschichtig: • parallel nebeneinander mit gleicher Schichtdicke	$\dot{Q} = \sum_{i=1}^{i_0} \lambda_i A_i \left(\frac{\vartheta_\alpha - \vartheta_\omega}{\delta}\right)$ (3.1–9b)
			• parallel hintereinander	$\dot{Q} = \frac{A \cdot (\vartheta_\alpha - \vartheta_\omega)}{\sum_{i=1}^{i_0} \frac{\delta_i}{\lambda_i}}$ (3.1–9c)
Zylinderwand	Zylinder-Koordinaten	$\frac{d^2\vartheta}{dr^2} + \frac{1}{r} \cdot \frac{d\vartheta}{dr} = 0$ (3.1–10)	Rohrwand: – einschichtig: $(d_\alpha > d_\omega)$	$\dot{Q} = \frac{2\pi\lambda_L(\vartheta_\alpha - \vartheta_\omega)}{\ln\left(\frac{d_\alpha}{d_\omega}\right)}$ (3.1–11a)
			– mehrschichtig: $(d_{i;\alpha} = d_{i+1;\omega})$	$\dot{Q} = \frac{2\pi L(\vartheta_\alpha - \vartheta_\omega)}{\sum_{i=1}^{i_0} \frac{1}{\lambda_i} \cdot \ln\left(\frac{d_{i;\alpha}}{d_{i;\omega}}\right)}$ (3.1–11b)
Kugelwand	Kugel-Koordinaten	$\frac{d^2\vartheta}{dr^2} + \frac{2}{r} \cdot \frac{d\vartheta}{dr} = 0$ (3.1–12)	Kugelwände: – einschichtige konzentrische Hohlkugel:	$\dot{Q} = \frac{2\pi\lambda(\vartheta_\alpha - \vartheta_\omega)}{\frac{1}{d_\omega} - \frac{1}{d_\alpha}}$ (3.1–13a)
			– mehrschichtige konzentrische Hohlkugel	$\dot{Q} = \frac{2\pi(\vartheta_\alpha - \vartheta_\omega)}{\sum_{i=1}^{i_0} \frac{1}{\lambda_i}\left(\frac{1}{d_{i;\omega}} - \frac{1}{d_{i;\alpha}}\right)}$ (3.1–13b)

Wärmeleitfähigkeit trockener kapillarporöser Stoffe

Im Gegensatz zu etlichen anderen Stoffen sind poröse Feuchtgüter inhomogen und aus mehreren Komponenten zusammengesetzt. Sie bestehen aus Feststoff (S) unterschiedlicher Struktur, dem Gas (G) und der Feuchte (F). Ein trockener poröser Stoff ist eine Kombination von Feststoff und Gas. Im evakuierten Zustand reduziert er sich auf den Feststoff. Die Zahl der möglichen Varianten ist groß, daher sind theoretische Modelle zur Beschreibung des Wärmeleitverhaltens, des Wärmeleitkoeffizienten, notwendig, insbesondere von porösen Stoffen und Schüttungen [3–2; 3–3]. Dabei haben sich die drei folgenden Grundtypen von Modellen als zweckmäßig erwiesen, die sich in den Einheitszellen unterscheiden. Einheitlich wird dabei der kapillarporöse Stoff durch den statistischen Mittelwert der Porosität

$$\varepsilon = \frac{V_G}{V_S} \tag{3.1–14a}$$

charakterisiert. Die geometrische Anordnung des Feststoffes aber wird bei den Modellen unterschiedlich angenommen.

Plattenmodell von Krischer [3–4]

Das Modell der Einheitszelle setzt sich zusammen aus mehreren parallelen Platten, in paralleler und senkrechter Anordnung zu dem Wärmeleitvorgang gegliedert, wie es in Abb. 3–1 dargestellt ist. Das Verhältnis von Platten-

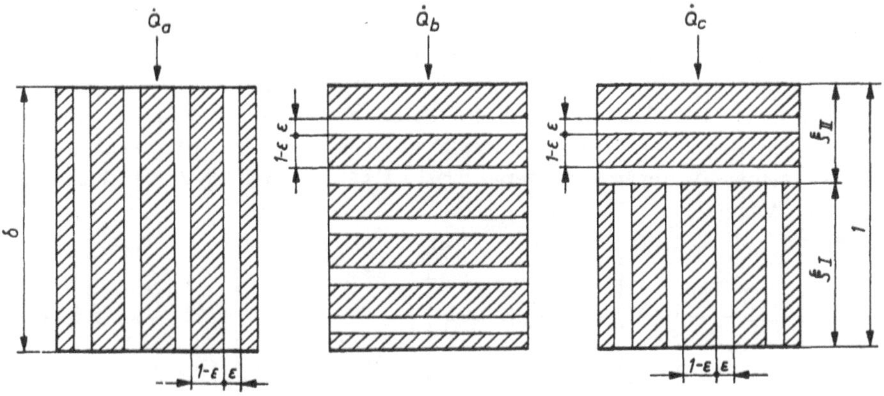

Abb. 3–1: Elemente der Einheitszelle für das Wärmeleitmodell nach Krischer [3–4] und eine Einheitszelle dieses Modells.

abstand zu Plattendicke folgt aus der Porosität ε. Bei diesem Modell wird das Realverhalten des Gutes additiv aus den beiden theoretischen Grenzfällen I und II zusammengesetzt. Der Anteil der in Wärmestromrichtung hintereinander liegenden Platten ξ_{II} ergänzt sich mit dem Anteil der parallel zur Wärmestromrichtung liegenden Platten

$$\xi_I = 1 - \xi_{II} \tag{3.1–15}$$

zu 1 und dient als adjustierbarer Parameter für das Modell. Aus den Grenzwert-Wärmeleitkoeffizienten

$$\lambda_I = \varepsilon \cdot \lambda_G + (1 - \varepsilon)\, \lambda_S \tag{3.1–16a}$$

$$\lambda_{II} = \frac{1}{\dfrac{\varepsilon}{\lambda_G} + \dfrac{1 - \varepsilon}{\lambda_S}} \tag{3.1–16b}$$

folgt der Wärmeleitkoeffizient des trockenen porösen Stoffes zu

$$\lambda = \frac{1}{\dfrac{1 - \xi_{II}}{\lambda_I} + \dfrac{\xi_{II}}{\lambda_{II}}} \tag{3.1–17}$$

Kugel- und Zylindermodell von Schlünder [3–5]

Nach dem Modell von Schlünder, das besser auf die geometrischen Strukturen von Schüttungen disperser Stoffe und von porösen Gütern mit Kapillaren abgestimmt ist, bestehen die Partikel nach Abb. 3–2 aus Kugeln oder Zylindern. Die Grundkörper haben einen gemeinsamen Berührungspunkt, der auf der Verbindung ihrer Mittelpunkte liegt. Der Wärmestrom geht durch den Berührungspunkt. Das Modell von Schlünder beruht auf der Annahme, daß die Einheitszellen keine Wärme senkrecht zur Wärmeflußrichtung austauschen und daß keine Strahlung zwischenauftritt. Es führt [3–5; 3–2] auf den resultierenden Wärmeleitkoeffizienten

$$\frac{\lambda}{\lambda_G} = \frac{2}{1 - \left(\dfrac{\lambda_G}{\lambda_S}\right)} \left[\frac{\ln \left(\dfrac{\lambda_S}{\lambda_G}\right)}{1 - \left(\dfrac{\lambda_G}{\lambda_S}\right)} - 1 \right] \tag{3.1–18a}$$

Ein verbessertes Zellenmodell, das die Porosität und die Partikelform im Modellansatz berücksichtigt, haben Zehner und Schlünder [3–2] aus dem

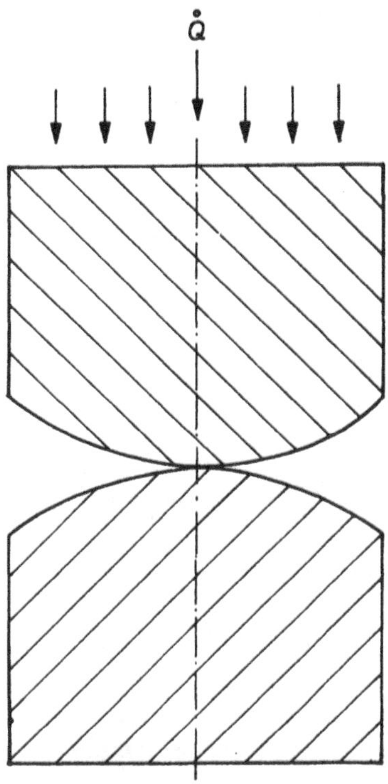

Abb. 3–2: Einheitszelle des Wärmeleitkoeffizienten-Modells von Schüttungen und kapillarporösen Stoffen nach SCHLÜNDER [3–5].

Grundmodell entwickelt. Als Korrekturfaktor, der Gestalt und Porosität in gleicher Weise berücksichtigen soll, haben sie den Verformungsfaktor B eingeführt.

Für kugelförmige Teilchen wird

$$B = 1{,}25 \left(\frac{1 - \varepsilon}{\varepsilon}\right)^{\frac{10}{9}} \qquad (3.1\text{–}14\,\mathrm{b})$$

angegeben. Bei Abweichungen der Schüttungspartikel und damit der Porenstruktur wird die mit dem Formfaktor C verallgemeinerte Beziehung vorgeschlagen

$$B = C \left(\frac{1 - \varepsilon}{\varepsilon}\right)^{\frac{10}{9}} \qquad (3.1\text{–}14\,\mathrm{c})$$

Damit lautet die verbesserte Modellgleichung von SCHLÜNDER

$$\frac{\lambda}{\lambda_G} = 1 - \sqrt{1-\varepsilon} + \sqrt{1-\varepsilon}\,\frac{2}{1-\left(\frac{\lambda_G}{\lambda_S}\right)\cdot B}$$

$$\times\left[\frac{\left(1-\frac{\lambda_G}{\lambda_S}\right)\cdot B}{\left(1-\left(\frac{\lambda_G}{\lambda_S}\right)\cdot B\right)^2}\cdot \ln\frac{\lambda_S}{B\cdot\lambda_G} - \frac{B+1}{2} - \frac{B-1}{1-\frac{\lambda_G}{\lambda_S}B}\right] \tag{3.1–18b}$$

Verteilungsmodell von MAXWELL [3–6]

Die Grundlage für diesen Modelltyp wurde durch die Arbeit von MAXWELL gelegt. Er beruht auf der Annahme, daß eine oder mehrere Komponenten in einer Grundkomponente verteilt sind.

Allen drei Modelltypen für die Wärmeleitfähigkeit trockener kapillarporöser Stoffe ist gemeinsam:

- Bei der Berechnung von Wärmeleitkoeffizienten unter vermindertem Druck, wie sie z. B. bei der Vakuum-Verdampfungs- und bei der Vakuum-Gefriertrocknung benötigt werden, ist sowohl der Wert für λ_G druckabhängig zu korrigieren als auch der Strahlungsaustausch zwischen den Partikeln bzw. in den Poren zu berücksichtigen [3–7].
- Die Modelle ergeben im allgemeinen unterschiedliche λ-Werte und sind nur für orientierende Abschätzungen geeignet. Auf eine experimentelle Bestimmung von Wärmeleitkoeffizienten, wie unter 3.2. erläutert, kann daher nicht verzichtet werden.

Wärmeleitfähigkeit feuchter kapillarporöser Stoffe

Der Wärmeleitkoeffizient kapillarporöser Stoffe wird durch die Feuchte stark beeinflußt. Da $\lambda_F > \lambda_G$ ist, vergrößert sich der effektive Wärmeleitkoeffizient.

Bei vollständig porengesättigten feuchten Stoffen ($\xi''_{F;P} = 1$), lassen sich beide Modelle von KRISCHER und SCHLÜNDER für trockene kapillarporöse Stoffe auf die feuchten Stoffe anwenden, indem der Wärmeleitkoeffizient des Gases λ_G durch den Wärmeleitkoeffizienten λ_F der Feuchte substituiert werden kann. Die Gln. (3.1–14) bis (3.1–18b) können mit $\lambda_G \Rightarrow \lambda_F$ zur Berechnung genutzt werden. Da sich λ_F weniger von λ_S unterscheidet als λ_G, unterscheiden sich die Grenzwerte λ_{I} und λ_{II} der flüssigkeitsgefüllten kapillarporösen Stoffe weniger als die der trockenen Stoffe.

Enthält der kapillarporöse Stoff außer der Feuchte auch Gas, so wird der Wärmeleitprozeß komplizierter, da sich die verschiedenen Ströme infolge der verschiedenen Widerstände im Gut überlagern. Eine Vorausberechnung des Wärmeleitkoeffizienten ist in solchen Fällen bisher nicht möglich.

3.1.1.2. Wärmeübergang durch Konvektion

Wärmeübergang durch Konvektion ist bei verschiedenen Trocknungsprozessen komplizierter und komplexer als bei üblichem einfachen Wärmeübergang. Es sollen daher Hinweise auf die Behandlung und die Ergebnisse des Wärmeübergangs in den Kategorien

- konventioneller Wärmeübergang,
- Wärmeübergang an fallenden Partikeln und in Partikelschwärmen, sowie
- Transportmechanismus an ruhenden und bewegten Schüttungen bei der Vakuum-Kontakt-Trocknung

speziell für Trocknungsprobleme dargestellt werden.

Konventioneller konvektiver Wärmeübergang

Die Wärmestromdichte beim Wärmeübergang wird meist durch den Newtonschen Ansatz beschrieben auf der Grundlage der Gl. (3.0–3a) mit

$$j_Q = \alpha(\vartheta_G - \vartheta_S) \tag{3.1–19}$$

Die Ermittlung des Wärmeübergangskoeffizienten α kann theoretisch unter Anwendung der Grenzschichttheorie oder über die Nutzung experimenteller Ergebnisse mit der Verallgemeinerung im Rahmen der Ähnlichkeitstheorie erfolgen. Die Ergebnisse werden vorwiegend unter Nutzung der Kriterialgrößen

Nusselt-Zahl: $$Nu = \frac{\alpha L_{\ddot{a}q}}{\lambda} = \frac{\alpha d}{\lambda} \tag{3.1–20}$$

Reynolds-Zahl: $$Re = \frac{w \cdot L_{\ddot{a}q}}{\nu} = \frac{w \cdot d}{\nu} \tag{3.1–21}$$

Prandtl-Zahl: $$Pr = \frac{\nu}{a} = \frac{\eta \cdot c_p}{\lambda} \tag{3.1–23}$$

Grashof-Zahl: $$Gr = \frac{\beta \cdot g \cdot T \cdot L_{\ddot{a}q}^3}{\nu^2} \tag{3.1–24}$$

Tabelle 3–2: Übersicht über Kriterialgleichungen des konventionellen Wärmeübergangs, meist zitiert in [3–1]

Problem	Gleichung und Konstanten	Gleichungs-Nr.	Gültigkeitsbereich	Autor
(1)	(2)	(3)	(4)	(5)
Ebene, glatte Flächen	$Nu = 0{,}664 \cdot Re^{0{,}50} \cdot Pr^{0{,}33}$	(3.1–28)	$Re < 10^5$ $0{,}1 < Pr < 10^3$ $L_{äq} = L_{Platte}$	POHLHAUSEN [3–8]
	$Nu = 0{,}057 \cdot Re^{0{,}78} \cdot Pr^{0{,}78}$	(3.1–29)	$10^5 < Re$ $Pr = 0{,}71$ $\vartheta = \frac{1}{2}[\vartheta_S + \vartheta_G]$	JÜRGES [3–9]
	$Nu = 0{,}055 \cdot Re^{0{,}80}$	(3.1–30)	$Pr \approx 0{,}70$	TREYBAL [3–10]
	Anblasen einer beheizten Platte, waagerecht durch Freistrahlen aus einer perforierten Platte: $\alpha = 148{,}1 \cdot 10^{-6} \cdot c_p \left(\frac{A_{ges.}}{A_B}\right)^{0{,}60} \cdot (\varrho \cdot w)^{0{,}78}$	(3.1–31)	A_{ges} Lochplattenfläche A_B Bohrungsfläche Plattenabstand: $\delta = 0{,}057;\ 0{,}108;\ 0{,}159$ m	FRIEDMAN, MUELLER [3–11]
	Runde Düsen: $Nu = 0{,}075 \cdot Re^{0{,}745}$	(3.1–32)	$d_D = L_{äq}$ $\frac{\delta}{d_D} \leqq 5$	KERSCHER, BOHNER, SCHEIDER [3–12]
	$Nu = 0{,}320 \cdot Re^{0{,}745} \cdot \left(\frac{\delta}{d_D}\right)^{-0{,}828}$	(3.1–33)	$\frac{\delta}{d_D} > 5$	

			$L_{äq}$ = Schlitzbreite	
	Rechteckige Düsen:			
	$Nu = 0{,}901 \cdot Re^{0{,}431}$	(3.1–34)	$\frac{\delta_0}{L_{äq}} \leqq 5$	
	$Nu = 0{,}135 \cdot Re^{0{,}697} \cdot \left(\frac{\delta}{L_{äq}}\right)^{-0{,}351}$	(3.1–35)	$\frac{\delta}{L_{äq}} > 5$	
Kugel in ausgedehnter Strömung; (Wärmeübergang)	$Nu = 2{,}0 + K \cdot Re^m \cdot Pr^n$	(3.1–36a)		zitiert in [3–13]
	$Sh = 2{,}0 + K \cdot Re^m \cdot Sc^n$	(3.1–36b)	Re-Bereich	
	$K; m; n$: 0,303 0,60 0,60		0…500	INGEBO,
	0,326 0,50 0,33		0…300	KUDRY-JASHEW-IPATENKO,
	0,493 0,50 0,33		10…1800	YUGE,
	0,50 0,50 0,33		0,1…1000	TSUBOUCHI, SATO
(Stoffübergang)	0,552 0,50 0,33		2…1300	FRÖSSLING,
	0,552 0,50 0,33		1…1000	MAXWELL; STORROW,
	0,60 0,50 0,33		2…200	RANZ; MARSHALL
Adiabate Wasser-Verdampfung in Schüttungen	$St = C \cdot Re^m \, Pr^{n-1}$	(3.1–37)	$L_{äq} = d_P$	CHILTON, COLBURN [3–14]
	1,95 0,51 siehe		0…350	
	0,41 Tab. 3–3.		350…	
	$St = \frac{1}{\varepsilon}\left[\frac{Re}{1-\varepsilon}\right]^{-0{,}50} \cdot Pr^{n-1}$	(3.1–38)	$40 < \frac{Re}{1-\varepsilon} < 4000$; $0{,}25 < \varepsilon < 0{,}5$	SHERWOOD … [3–15]

SCHMIDT-Zahl: $$Sc = \frac{\eta}{\varrho D} = \frac{\nu}{D} \tag{3.1–25}$$

STANTON-Zahl: $$St = \frac{\alpha \cdot a}{\lambda \cdot w} = \frac{Nu}{Re \cdot Pr} \tag{3.1–26}$$

durch Kriterialgleichungen des Typs

$$Nu = Nu(Re; Pr; Gr) \tag{3.1–27a}$$

$$St = St(Re; Pr; Gr) \tag{3.1–27b}$$

$$Nu = Nu\left(Re; Pr; \frac{L}{d}; \dots\right) \tag{3.1–27c}$$

beschrieben. Bei Problemen der erzwungenen Konvektion entfällt zumeist der Einfluß der GRASHOF-Zahl.

Wegen der Fülle der Literatur und der weit verbreiteten Kenntnisse zu diesem Problemkreis sollen die in Tab. 3–2 genannten Beispiele der konventionellen Konvektion als charakteristische Beispiele dienen.

Wärmeübergang an fallenden Partikeln und Partikelschwärmen

Für die Dimensionierung und Optimierung von Trocknern mit frei fallenden Partikeln und Partikelschwärmen wurde von KACHOLDT [3–16] ein längenbezogener Energieübertragungskoeffizient ζ_Q vorgeschlagen:

$$\zeta_Q = \frac{\mathrm{d}\dot{Q} \cdot \mathrm{d}t}{(T_1 - T_2) \cdot \mathrm{d}L} = \frac{\mathrm{d}Q}{\Delta T \cdot \mathrm{d}L} \tag{3.1–39}$$

Er ist zweckmäßig für Gleichstrom-Zerstäubungstrockner, bei denen das Längenmaß L die verfahrensparameter-abhängige Konstruktionsgröße ist. Der Anschluß an den konventionellen Wärmeübergangskoeffizienten α ist mit den vom Partikeldurchmesser d_P abhängigen Werten der Oberfläche A, des Partikelvolumens V, der Geschwindigkeit von Gas w_G und Sinkgeschwindigkeit der Partikel sowie der Partikeldichte ϱ zu berechnen:

$$\zeta_Q = \alpha(d_P) \frac{A(d_P) \cdot \dot{m}_S(1 + X)}{V(d_P) \cdot \varrho''(d_P)\,[w_G + w_S(d_P)]} \tag{3.1–40}$$

Für $\alpha(d_P)$ empfiehlt sich die Bezugnahme auf die Kriterialgleichung (3.1–36a) in Tab. 3–2.

Bei Partikelschwärmen ist deren Einfluß über ihre Verteilungsdichte zu berücksichtigen, wie es im Kap. 8 erläutert wird.

Transportmechanismus an ruhenden und bewegten Schüttungen bei der Vakuum-Kontakt-Trocknung

Der Transportmechanismus bei der Vakuum-Kontakt-Trocknung ist komplizierter und komplexer als die bisher behandelten Prozesse des reinen Wärmeüberganges. Bei der Vakuum-Kontakt-Trocknung lassen sich diese Einzel-Elemente nicht voneinander trennen, daher werden Stoff- und Wärmeübergangsprobleme im Zusammenhang behandelt. Da dieses Problem bisher nur selten durchgängig behandelt wurde, soll ausführlicher darauf eingegangen werden.

Der in Abb. 3–3a dargestellte Transportmechanismus der Vakuum-Kontakt-Trocknung unterscheidet sich wesentlich von dem der Konvektions-Trocknung in Abb. 3–3b: Bei der Vakuum-Kontakt-Trocknung verlaufen Wärme- und Dampftransport gleichsinnig, zur bzw. von der Verdunstungszone, entgegen dem an die Verdunstungszone nachströmenden flüssigen Feuchtestrom.

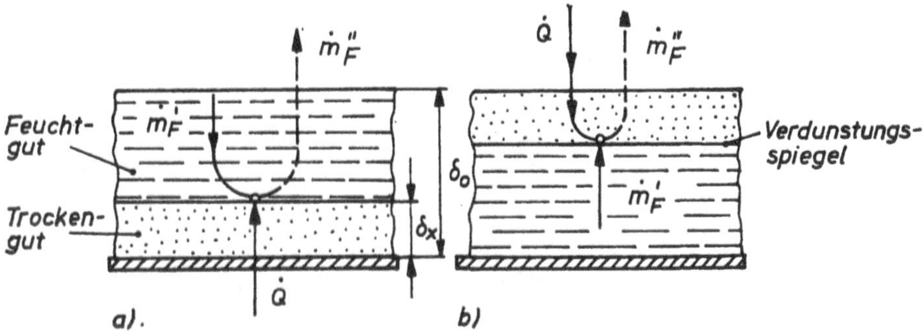

Abb. 3–3: Prinzip des Wärme- und Stofftransportes bei
a) der Vakuum-Kontakt-Trocknung im Vergleich zu
b) der Konvektions-Trocknung.

- Transportmechanismus des Wärme- und Stoffstroms ruhender Schüttungen bei Vakuum-Kontakt-Trocknung

Grundlegende Arbeiten zur Vakuum-Kontakt-Trocknung ruhender Schüttungen wurden von Krischer [3–4], Holland-Merten [3–17] und Kneule [3–7] durchgeführt. Abbildung 3–4 der Trocknungsverlaufskurven der Vakuum-Kontakt-Trocknung in der Darstellung $\left(\frac{\dot{m}_F'''}{A} \cdot \delta\right) = f\left(\frac{X}{X_a}\right)$ zeigt, daß sie analog zu den Trocknungsverlaufskurven bei der Konvektionstrocknung gestaltet sind. Nach einem Anlaufvorgang sind deutlich ein erster Trocknungsabschnitt annähernd konstanter Verdampfungsgeschwindigkeit und anschließend ein zweiter Trocknungsabschnitt mit fallender Verdampfungsgeschwindigkeit festzustellen. KRISCHER [3–4] wies nach, daß bei gleichem Gut die Knickpunktkurven bei Vakuum-Kontakt-Trocknung denen der Konvektions-Trocknung entsprechen. Sie sind damit als Funktionen der temperaturabhängigen Kapillaritätseigenschaften zu erkennen.

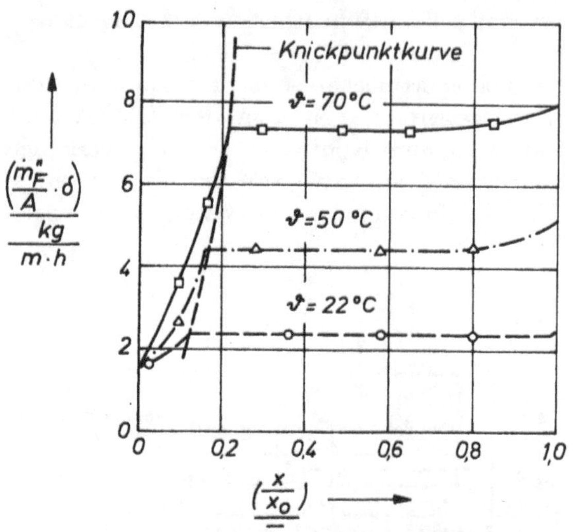

Abb. 3–4: Trocknungsverlaufskurven der Vakuum-Kontakt-Trocknung von Glaskugeln des Durchmessers $d = 0{,}5$ mm bei einer Schichtdicke der Glaskugeln von $\delta = 0{,}06$ m nach KRISCHER [3–4].

Im ersten Trocknungsabschnitt erfolgt die Verdampfung an oder nahe der Kontaktheizfläche, sie wird allein durch den Wärmestrom $\dot{Q}$ von der Kontaktheizfläche definiert. Reicht die Geschwindigkeit des Flüssigkeitstransports $\dot{m}_F$ aus dem Gut-Inneren an die Heizfläche nicht mehr aus, um den abdampfenden Feuchtestrom $\dot{m}_F''$ zu ersetzen, so bildet sich eine Trockengutzone der zunehmenden Dicke δ_x aus, die den Wärmestrom im Verlauf des zweiten Trocknungsabschnitts kontinuierlich reduziert, bis am Ende des gesamten Trocknungsprozesses die Dicke δ_x den Wert der Schichtdicke δ_0 erreicht.

Zum Ort der Verdampfung im ersten Trocknungsabschnitt gibt es unterschiedliche Modellauffassungen: HOLLAND-MERTEN [3–17] nimmt an, daß die Verdampfung erst an der Gutsoberfläche erfolge. HAAS [3–18] setzt voraus, daß die Verdampfung über die gesamte Schüttung gleichmäßig verteilt erfolge. KRISCHER [3–4]; KNEULE [3–7; 3–19]; SCHNELLE [3–20] und HARTMANN [3–21] gehen dagegen von der auch praktisch begründeten Annahme aus, daß die Verdampfung stets am Trockenspiegel erfolgt, d. h. im ersten Trocknungsabschnitt an oder nahe der Heizfläche, im zweiten Trocknungsabschnitt an der Grenzfläche zwischen trockenem und feuchtem Gut.

Bei der Untersuchung des Temperaturverlaufs stellt sich nach den Ergebnissen aller Autoren [3–17 bis 3–21] nach sehr kurzer Zeit über der gesamten Schüttung nahezu die dem Systemdruck zugehörige Siedetemperatur der Feuchte während des ersten Trocknungsabschnittes ein. Erst am Ende des zweiten Trocknungsabschnittes steigt die Gut-Temperatur in den zur Heizfläche planparallelen Meßebenen sprunghaft an. Das Absinken der Gut- und damit der Siedetemperatur wird unterschiedlich erklärt: KRISCHER führt sie auf die Veränderung der Wärmeleiteigenschaften des Trockengutes, auf die instationäre Aufheizphase zurück [3–4], während SCHNELLE diesen Effekt durch die Partialdruckabsenkung der Feuchte infolge der unvermeidlichen Falschluftansaugung in Vakuumanlagen erklärt [3–20].

Es liegen mehrere Veröffentlichungen zu speziellen Untersuchungen der Vakuum-Kontakt-Trocknung an ruhenden Schüttungen vor [3–21].

- Transportmechanismus des Wärme- und Stofftransports bewegter Schüttungen bei Vakuum-Kontakt-Trocknung

Untersuchungen zur Vakuum-Kontakt-Trocknung bewegter Schüttungen müssen eine wesentlich größere Zahl von Einfluß-Parametern erfassen. Die Zahl der Veröffentlichungen zu diesem Gebiet ist groß. Aus Platzgründen muß auf die Literaturübersicht von HARTMANN verwiesen werden [3–21], der aus 56 grundlegenden und speziellen Arbeiten des Zeitraums 1954 bis 1984 als Haupteinflußgrößen 7 Parameter ermittelte (Partikeldurchmesser d_P, Druck p, Temperaturdifferenz ΔT, Wärmeeindringleitfähigkeit $(\lambda \cdot c \cdot \varrho)$; Kontaktzeit t_{Ko}; Rauhigkeit an Partikeln und Heizfläche δ). Es hat in diesem Zusammenhang wertvolle Grundlagenuntersuchungen mit „ab-initio-Modellen“ gegeben, die in der anschaulichen Deutung der Vorgänge und ihrer quantitativen Kalkulation wesentlich weiterführten.

Für glatte Kugeln ermittelte KRISCHER [3–4] aus theoretischen Untersuchungen die Beziehung für den Wärmeübergangskoeffizienten zwischen beheizter Wand und Schüttung;

$$\alpha = \frac{2}{\sqrt{\pi}} \frac{\sqrt{(\lambda \cdot c\varrho)\,\delta_0}}{\sqrt{t_{Ko}}} \qquad (3.1\text{–}41)$$

die aber im Bereich kleiner Partikeldurchmesser $d_p < 10^{-5}$ m nicht mehr günstig ist und zu hohe Werte liefert.

Für monodisperse Gleichkornschüttungen wurde von Schlünder [3–22] für den Fall kurzer Kontaktseiten in Gasen mit dem Akkomodationskoeffizienten γ und großer modifizierter mittlerer freier Weglänge Λ' der Gasmoleküle — im Vergleich zum Wandabstand δ — mit

$$\Lambda' = 2\Lambda \left[\frac{2-\gamma}{\gamma}\right] \tag{3.1–42}$$

der maximale Wärmeübergangskoeffizient zu

$$\alpha_{\max} = \frac{4\lambda_G}{d_p}\left[\left(\frac{2\Lambda'}{d_p}+1\right)\cdot \ln\left(\frac{d_p}{2\Lambda'}+1\right)-1\right] \tag{3.1–43}$$

ermittelt.

Wunschmann [3–23; 3–24] versuchte, den Durchmischungseinfluß mit der sog. Penetrationstheorie zu modellieren, die auf den Annahmen einer instationären Aufheizung an der Wand und einer plötzlichen Durchmischung mit vollständigem Ausgleich des Temperaturgradienten beruht. Muchowski [3–25; 3–26] führte diese Betrachtungen weiter und formulierte für den Gesamtwärmeübergang der gerührten Schüttung

$$\alpha_{\text{ges.}} = \alpha_{\text{WÜ}} + \alpha_{\text{Rühr}} \tag{3.1–44}$$

Da nicht alle Abhängigkeiten der Kugelschüttungen mit den glatten Kugeln erklärt werden können, erhielt Günes [3–27] durch Berücksichtigung der Rauhigkeit δ der Kugeln bzw. der Heizfläche in Präzisierung der Gl. (3.1–43)

$$\alpha_{\max} = \frac{4\lambda_G}{d_p}\left[\left(\frac{2(\Lambda'+\delta)}{d_p}+1\right)\cdot \ln\left(\frac{d_p}{2(\Lambda'+\delta)}+1\right)-1\right] + \alpha_{\text{Rühr}} \tag{3.1–45}$$

Gleichung (3.1–45) verdeutlicht aber auch die Grenzen der „ab-initio-Modelle“ für reale polydisperse Produkte, deren Parameter nur schwer ermittelbar sind.

Hartmann [3–21] ging einen anderen Weg zur Modellierung des Wärmeübergangs in dem dominierenden ersten Trocknungsabschnitt. Aufbauend auf dem durch Krischer [3–4], Kneule [3–7] und Schnelle [3–20] formulierten Grundansatz des Modells der kapillaren Flüssigkeitsleitung im ruhenden Gut nach Abb. 3–5 entwickelte er für eine ingenieurtechnisch praxisnahe Modellierung aus dem Kräftegleichgewicht von kapillarer Zugkraft F_{Zug} und Reibungskraft F_{Reibung} eine Gleichgewichtsbedingung. Daraus folgt, daß eine trockene Schicht δ_{tr}

$$\delta_{tr} = \delta_0 - \delta_{\max} \tag{3.1–46}$$

mit

$$\delta_{\max} = \frac{2a_0^3}{3C_1} \cdot \frac{\sigma_F \cdot \varrho_F}{\eta_F} \cdot \frac{A}{\dot{m}_F} \tag{3.1–47}$$

entsteht, durch die die Wärme an die Verdampfungsebene geleitet werden muß.

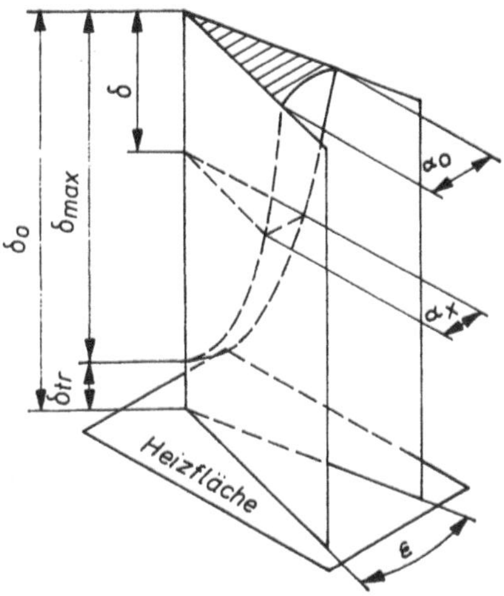

Abb. 3–5: Geometrische Bedingungen des Modells der kapillaren Flüssigkeitsleitung im 1. Trocknungsabschnitt in einem Plattenwinkel nach HARTMANN [3–21].

Durch die Gleichsetzung von Energiestrom-Bilanz und kinetischen Ansatz für den 1. Trocknungsabschnitt

$$\dot{m}_F \cdot \Delta h_{V,F} = \alpha_I A_H (T_{wi} - T_S) \tag{3.1–48}$$

mit

$$\alpha_I = \frac{\lambda_S}{\delta_{tr}} \tag{3.1–49}$$

folgt

$$\alpha_I = \frac{\lambda_S}{\delta_0} + \left[\frac{C(\varepsilon) \cdot a_0^3}{A_{H,b} \cdot \delta_0}\right] \left[\frac{\Delta h_v \cdot \varrho_F \cdot \sigma_F}{\Delta T \cdot \eta_F}\right] \tag{3.1–50a}$$

bzw. in dimensionsloser Schreibweise

$$Nu_I = 1 + \left[\frac{C(\varepsilon)\, a_0^3}{A_{H,b} \cdot \delta_0}\right] \left[\frac{\Delta h_v \cdot \varrho_F \cdot \sigma_F \cdot \delta_0}{\Delta T \cdot \eta_F \cdot \lambda_S}\right] \tag{3.1–50b}$$

Dabei können die zehn Einflußgrößen auf den Wärmeübergangskoeffizienten im ersten Trocknungsabschnitt zu vier dimensionslosen Kriterien zusammengefaßt werden, die — allerdings in modifizierter Form — bereits bekannten Kriterien entsprechen:

— Das Gut-Kapillaritäts-Kriterium

$$Ka_S = \frac{C(\varepsilon)\, a_0^3}{A_{H,b} \cdot \delta_0} = \frac{C^*}{A_{H,b}} \tag{3.1–51}$$

gestattet eine zusammenfassende Beschreibung der Kapillaritätseigenschaften des Trockengutes auf der durch das Feuchtgut benetzten Heizfläche $A_{H,b}$ mit dem charakteristischen Gut-Kapillaritäts-Parameter $C^* = C(\varepsilon) \cdot a_0^3 \cdot (1/\delta_0)$. Die in dem Parameter C^* enthaltene mittlere Kapillarlänge δ_0 hat dabei eine — je nach Betriebsweise der Vakuumtrocknung — unterschiedliche Bedeutung:

- Bei der Vakuum-Trocknung von ruhendem Gut ist sie eine rein gutsspezifische Größe.
- Bei der Trocknung im Vakuum-Schaufel-Trockner, d. h. im bewegten Gut, ist sie eine guts- und apparatespezifische Größe. In erster Näherung wird sie auf den Apparateeinfluß reduziert, wodurch der nur für ruhendes Gut entwickelte Ansatz auch auf bewegte Schüttungen übertragbar und anwendbar wird.

In beiden Fällen ist die experimentelle Ermittlung der Konstante C^* und auch δ_0 unter analogen Bedingungen zu ermitteln.

— Das Flüssigkeits-Kapillarströmungs-Kriterium

$$Ka_F = \frac{\eta_F^2}{\varrho_F \sigma_F \delta_0} \tag{3.1–52}$$

das einer modifizierten Kapillaritäts-Kennzahl von M. Weber entspricht, charakterisiert das Strömungsverhalten mit bekannten physikalischen Parametern der Flüssigkeit und der charakteristischen Kapillarlänge δ_0.

— Eine Prandtl-Zahl der flüssigen Feuchte

$$Pr = \frac{c''_{p;F} \cdot \eta_F''}{\lambda_F''}, \tag{3.1–53}$$

— ein temperaturgradientenabhängiges Kriterium der Verdampfungsenthalpie mit dem kubischen Ausdehnungskoeffizienten β_F

$$K_v'' = \frac{c''_{p;F}}{\Delta h_{v;F} \cdot \beta_F''} \tag{3.1–54a}$$

und das Temperaturgradienten-Kriterium

$$K_{\Delta T} = \beta_F \cdot \Delta T \tag{3.1–54b}$$

sowie
— der Simplex aus den Wärmeleitkoeffizienten

$$\left(\frac{\lambda_F''}{\lambda_S'}\right) \tag{3.1–55}$$

komplettieren die Kriterien.

Damit folgt eine theoretische Lösung für den 1. Trocknungsabschnitt in der Schreibweise als Kriterialgleichung mit

$$Nu_\mathrm{I} = 1 + \frac{Ka_S \cdot Pr}{Ka_F \cdot K_v''} \cdot \frac{1}{K_{\Delta T}} \cdot \left(\frac{\lambda_F''}{\lambda_S'}\right) \tag{3.1–50c}$$

Die Schreibweise verdeutlicht die wesentlichen Einflußparameter auf den Wärmeübergang im Vakuumschaufel-Trockner. Die von HARTMANN [3–21] ermittelten Werte wurden in die logarithmierte Gl. (3.1–50c)

$$\lg (Nu_\mathrm{I} - 1) = \lg \left[\frac{Ka_S \cdot Pr}{Ka_F \cdot K_v''} \cdot \frac{1}{F} \cdot \left(\frac{\lambda_F''}{\lambda_S'}\right)\right] - \lg \Delta T \tag{3.1–50d}$$

eingesetzt. Für wasserfeuchte Polymermatrix KS 10 ermittelte HARTMANN systematisch Wärmeübergangskoeffizienten, die nach Gl. (3.1–50d) als

$$\lg (Nu_\mathrm{I} - 1) = \lg [60] - \lg \Delta T \tag{3.1–50e}$$

in Abb. 3-6 dargestellt ist. Sie bestätigt die theoretische Ableitung und den Einfluß des Temperaturgradienten ΔT auf den Wärmeübergang im Gut. Der Ansatz von HARTMANN bietet eine stabile Grundlage für ingenieurtechnisch orientierte Untersuchungen zum Wärmeübergang bei Verdampfungstrocknung.

Die Trocknungsverlaufskurven realer wasserfeuchter Güter im Vakuum-Schaufel-Trockner nach Abb. 3–7 [3–21] bestätigen die Ergebnisse an Modellsubstanzen von KRISCHER.

Für Produkte mit normierbarem Trocknungsverhalten läßt sich das Gesamt-Trocknungsverhalten vorausberechnen, wenn auch größere Unsicherheiten für den 2. und 3. Trocknungsabschnitt auftreten als im 1. Trocknungsabschnitt.

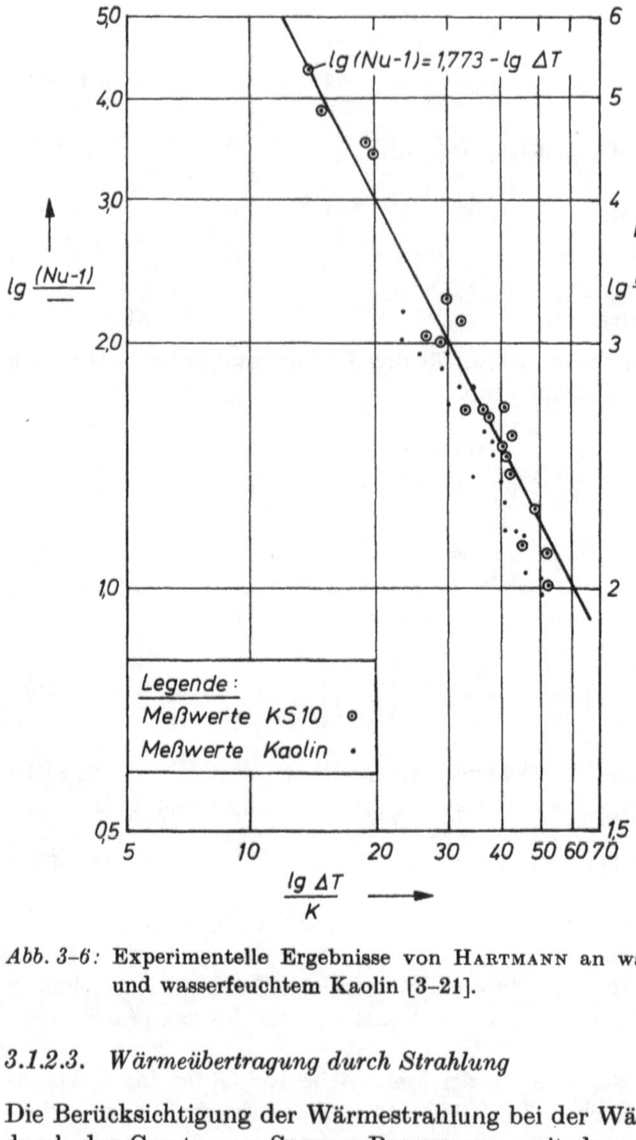

Abb. 3–6: Experimentelle Ergebnisse von HARTMANN an wasserfeuchtem KS 10 und wasserfeuchtem Kaolin [3–21].

3.1.2.3. Wärmeübertragung durch Strahlung

Die Berücksichtigung der Wärmestrahlung bei der Wärmeübertragung erfolgt durch das Gesetz von STEFAN-BOLTZMANN, mit dem unter Berücksichtigung des Emissionsverhältnisses technischer Oberflächen ε gilt

$$\dot{j}_Q = \frac{\dot{Q}}{A} = \varepsilon \cdot C_s \left(\frac{T}{100}\right)^4 \tag{3.1–56}$$

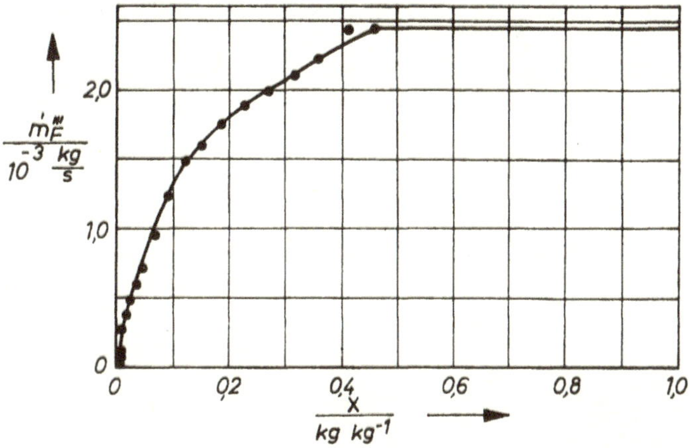

Abb. 3-7: Trocknungsverlaufskurve der Vakuum-Kontakt-Trocknung vom Molsieb der Polymermatrix des Typs KS 10 bei $T_F = 351{,}7$ K bei $p = 10{,}53$ kPa im Vakuum-Schaufel-Trockner nach HARTMANN [3–21].

mit

$$C_s = 5{,}67\ \mathrm{W\ m^{-2}\ K^{-4}}$$

Für zwei miteinander im Strahlungsaustausch stehende Flächen folgt

$$\frac{\dot{Q}}{A} = C_{12}\left[\left(\frac{T_1}{100}\right)^4 - \left(\frac{T_2}{100}\right)^4\right] \tag{3.1–57}$$

Für zwei große ebene Flächen, die einander parallel gegenüberstehen, gilt dabei

$$C_{12} = \frac{C_s}{\dfrac{1}{\varepsilon_1} + \dfrac{1}{\varepsilon_2} - 1} \tag{3.1–58}$$

Für einander umschließende Flächen gilt

$$C_{12} = \frac{C_s}{\dfrac{1}{\varepsilon_1} + \dfrac{A_1}{A_2}\left(\dfrac{1}{\varepsilon_2} - 1\right)} \tag{3.1–59}$$

Allgemein gilt für einander nicht umschließende Flächen

$$\frac{\dot{Q}}{A} = C_{12} \cdot \Phi_{12}\left[\left(\frac{T_1}{100}\right)^4 - \left(\frac{T_2}{100}\right)^4\right] \tag{3.1–60}$$

mit Φ_{12} als Winkelfunktionsverhältnis, das aus dem LAMBERTschen Cosinus-Gesetz folgt.

Der Anschluß an die Wärmeübertragungskoeffizienten ist definiert durch

$$\alpha_{\text{str}} = \frac{C_{12}\Phi_{12}\left[\left(\frac{T_{\text{str}}}{100}\right)^4 - \left(\frac{T_S}{100}\right)^4\right]}{(T_{\text{str}} - T_S)} \tag{3.1-61}$$

Bei nicht allzu großen Temperaturdifferenzen gilt nach KNEULE [3–7] näherungsweise mit

$$T_m = \frac{T_{\text{str}} + T_S}{2} \tag{3.1-62a}$$

$$\alpha \approx 0{,}04 C_{12}\Phi_{12}\left(\frac{T_m}{100}\right)^3 \tag{3.1-62b}$$

Der Einfluß der Strahlung überlagert sich der Wärmeleitung und der Konvektion nach dem Superpositionsgesetz.

3.1.2. *Stofftransport*

3.1.2.1. *Dampftransport*

Im allgemeinen kann man davon ausgehen, daß die Dampfbewegung sowohl im Feuchtgut als auch in der Grenzschicht zum umgebenden Medium diffusiven Charakter trägt und einen einseitig gerichteten Vorgang darstellt. Die Transportgesetze werden unter Berücksichtigung beider Aspekte formuliert.

Ausgangspunkt einer Formulierung sollte das von DE GROOT [3–28] auf der Basis der Thermodynamik irreversibler Prozesse formulierte Diffusionsgesetz im Molenstrom

$$\dot{J}'''_{F;M} = \frac{\dot{n}_F}{A} \tag{3.1-63a}$$

$$\dot{J}'''_{F;M} = -D\,\frac{(1 - \beta_F''')}{(1 - \psi_F)\cdot v_M}\,\frac{\partial\psi_F'''}{\partial x} \tag{3.1-63b}$$

bzw. im Massenstrom

$$\dot{J}_F''' = \frac{\dot{m}_F'''}{A} = \dot{J}'''_{F;M}\cdot M_F \tag{3.1-64a}$$

$$\dot{J}_F''' = \frac{\dot{m}_F'''}{A} = -D\frac{(1 - \beta_F''')\cdot M_F}{(1 - \psi_F''')\cdot v_M}\,\frac{\partial\psi_F'''}{\partial x} \tag{3.1-64b}$$

sein.

Die Bezugnahme der folgenden Ableitungen auf die Gl. (3.1–63b) bzw. (–64b) hat den Vorteil, daß die daraus abgeleiteten Formen auf denselben Diffusionskoeffizienten führen und die Gleichungen relativ einfach sind.

Wird als Zusammensetzungsangabe der Massenanteil ξ_k und als Bezugsgeschwindigkeit die mittlere Schwerpunktgeschwindigkeit

$$\vec{w} = \sum_{k=1}^{k_0} \xi_k \cdot \vec{w}_k \tag{3.1–65a}$$

mit dem Wichtungsfaktor β_k'''

$$\beta_k''' = \xi_k''' \tag{3.1–65b}$$

gewählt, so folgt wegen

$$\dot{J}'''_{F;M} = -D \frac{(1 - \xi_F)}{(1 - \psi_F)} \frac{1}{v_M'''} \frac{\mathrm{d}\psi_F'''}{\mathrm{d}\xi_F'''} \frac{\partial \xi_F'''}{\partial x} \tag{3.1–63c}$$

aus Gl. (3.1–63a) die molare Stoffstromdichte der Feuchte

$$\dot{J}'''_{F;M} = -D \cdot \frac{\overline{M}}{M_F} \frac{1}{v_M'''} \frac{\partial \xi'''}{\partial x} \tag{3.1–63d}$$

Mit der Dichte

$$\varrho''' = \frac{\overline{M}'}{v_M'''} \tag{3.1–66}$$

folgt die Massenstromdichte der Dampffeuchte zu

$$\dot{J}_F''' = -D\varrho''' \frac{\partial \xi_F'''}{\partial x} \tag{3.1–64c}$$

Die einseitige Diffusion des Feuchte-Dampfstroms in den umgebenden Konvektionsgasstrom bedingt mit dem Verschwinden des Gasstroms eine zusätzliche konvektive Strömung, weil mit der Definition des Diffusionsstromes für eine Komponente k ($1 \triangleq F$; $2 \triangleq G$) die Bedingung

$$\vec{J}_k''' = \varrho_k'''(\vec{w}_k - \vec{w}) \tag{3.1–67}$$

gilt. Setzt man hier Gl. (3.1–65a) ein und summiert über alle Ströme, so folgt die resultierende Strombedingung:

$$\sum_{k=1}^{k_0} \vec{J}_k''' = 0 \tag{3.1–68}$$

Für diese Bedingungen der einseitigen Feuchte-Dampfdiffusion in den Konvektionsgasstrom gilt

$$\vec{j}'''_{F;\text{ges}} = \vec{j}_F''' + \varrho_F''' \cdot \vec{w} \tag{3.1–69a}$$

$$\vec{j}'''_{G;\text{ges}} = -\vec{j}_F''' + \varrho_G''' \cdot \vec{w} \tag{3.1–69b}$$

Wegen Gl. (3.1–68) folgt aus Gl. (3.1–7b) die Gesamtgeschwindigkeit zu

$$\vec{w} = \frac{\vec{j}_F'''}{\varrho_G'''} \tag{3.1–70}$$

und die gesamte Feuchtestromdichte zu

$$\vec{j}'''_{F;\text{ges}} = \frac{1}{1 - \xi_F'''} \vec{j}_F''' \tag{3.1–71}$$

Wird anstelle des Massenanteils ξ_F''' die in der Trocknungstechnik übliche Beladung Y eingesetzt, so folgt aus (3.1–64c) und (–71)

$$\vec{j}'''_{F;\text{ges}} = -D \cdot \varrho''' \frac{1}{1 + Y} \frac{\partial Y}{\partial x} \tag{3.1–72}$$

für die gesamte Feuchtestromdichte im allgemeinen Fall.

Dieser Grundansatz soll auf zwei Spezialfälle, die in der Trocknungstechnik ständig vorkommen, angewandt werden.

Dampftransport in Poren durch Diffusion

In Abb. 3–8 ist die zusammenfassende Übersicht der Diffusion aus einer geraden Pore bzw. einem System gerader Poren und einem System gewundener Poren mit dem Abstand δ des Verdunstungsspiegels von der Oberfläche eines kapillarporösen Körpers dargestellt.

Für die stationäre Diffusion von Dampf aus einer geraden Pore oder einem System gerader Poren mit der Porenfläche A_P gilt

$$\dot{m}_F''' = \dot{j}_F''' \cdot A_P \tag{3.1–73}$$

Die Massenstromdichte kann durch Integration der Gl. (3.1–64c) und (–71) in den Grenzen von (1) bis (2) berechnet werden

$$\dot{m}_F''' = \frac{D}{\delta} \varrho''' \ln \left[1 + \frac{\xi_1''' - \xi_2'''}{1 - \xi_1'''}\right] \cdot A_P \tag{3.1–74a}$$

$$\dot{m}_F''' = \frac{D}{\delta} \varrho''' \ln \left[1 + \frac{Y_1 - Y_2}{1 + Y_2}\right] \cdot A_P \tag{3.1–74b}$$

Unter Berücksichtigung der Porosität ε eines Systems gerader Poren folgt nach Abb. 3–8 mit

$$\varepsilon = \frac{V_P}{V} = \frac{A_P}{A} \tag{3.1–75}$$

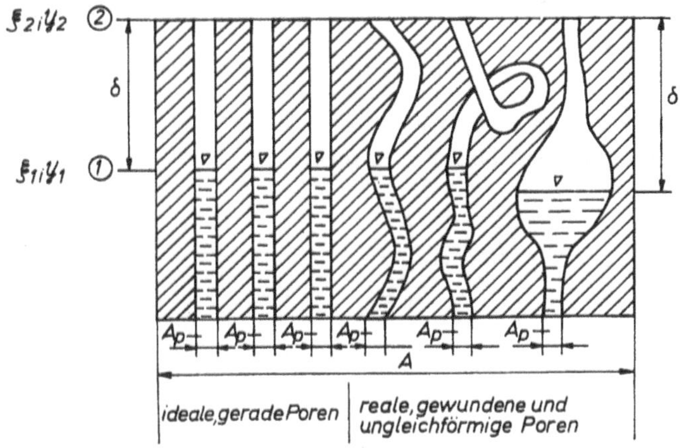

Abb. 3–8: Zusammenfassende Übersicht der Porengestalt von idealen und realen Poren in einem Porensystem.

die Dampfstromdichte, bezogen auf die Gesamtfläche A des porösen Körpers

$$\dot{J}_F''' = \frac{D \cdot \varepsilon}{\delta} \varrho''' \cdot \ln \left[1 + \frac{Y_1 - Y_2}{1 + Y_2}\right] \tag{3.1–76}$$

Für ein System gewundener realer Porensysteme führte Krischer [3–4] einen Windungs-(Längen)-Faktor

$$\Lambda = \frac{L_P}{\delta} \geqq 1 \tag{3.1–77}$$

ein. Mit dem sich daraus ergebenden Diffusionswiderstandsfaktor

$$\mu_D = \frac{\Lambda}{\varepsilon} \tag{3.1–78}$$

kann Gl. (3.1–76) in der Form geschrieben werden

$$\dot{J}_F''' = \frac{D}{\delta \cdot \mu_D} \varrho''' \cdot \ln \left[1 + \frac{Y_1 - Y_2}{1 + Y_2}\right] \tag{3.1–79}$$

Für den stationären Fall folgt die Stoffdurchlässigkeit zu

$$\varkappa_m = \frac{D \cdot \varrho}{\delta \cdot \mu_D} \tag{3.1-80}$$

und den dimensionslosen Mittelwert der berichtigten Triebkraft zu

$$\ln\,[1 + \Theta] = \ln\left[1 + \frac{Y_1 - Y_2}{1 + Y_2}\right] \tag{3.1-81}$$

Bei der Behandlung instationärer Diffusionsprobleme in porösen Stoffen ist Gl. (3.1–72) in der eindimensionalen Differentialform

$$\dot{J}_F''' = -\frac{D}{\mu_D}\,\varrho'''\,\frac{1}{1 + Y}\,\frac{\partial Y}{\partial x} \tag{3.1-82a}$$

bzw. vielfach wegen $Y \ll 1$ auch in der Form

$$\dot{J}_F''' = -\frac{D}{\mu_D}\,\varrho'''\,\frac{\partial Y}{\partial x} \tag{3.1-82b}$$

anzusetzen.

Dampftransport im Außenraum

Die Stoffstromdichte des äußeren Dampftransports bei Verdunstung einer Feuchte F als flüchtiger Stoff in einem umgebenden Konvektions-Gasstrom G kann aus dem in Abb. 3–9 dargestellten Bilanzschema der einfachen REYNOLDS-Analogie für den konvektiven Stoffübergang ermittelt werden. Diese Analogie geht von der Überlegung aus, daß ein Strom $\varkappa_{Re}$ vom umgebenden Konvektions-Gas mit den Zustandsgrößen des Außenraumes (T_G; ϑ_G; ξ'''; Y_G; ...) an die Phasengrenze — bei SPALDING als Oberfläche (S = Surface) bezeichnet — herangeführt wird und gemeinsam mit dem verdunsteten Strom $\dot{J}_F'''$ für den daraus resultierenden Gesamtstrom ($\varkappa_{Re} + \dot{J}_F'''$) die gleiche Wirkung auf den Stoffübergang hat wie die äußerst verwickelten Strömungsverhältnisse in der Grenzschicht. Die Größe $\varkappa_{Re}$ stellt dabei den zuströmenden REYNOLDS-Strom dar. Der abströmende Gesamtstrom ($\varkappa_{Re} + \dot{J}_F'''$) verläßt den Kontrollraum in dem S-Zustand, der unmittelbar an der gesättigten Phasengrenze herrscht. Die Feuchtebilanz liefert aus

$$\varkappa_{Re}\xi'''_{F;G} + \dot{J}_F''' = (\varkappa_{Re} + \dot{J}_F''')\,\xi'''_{F;S} \tag{3.1-83}$$

$$\dot{J}_F''' = \varkappa_{Re}\,\frac{\xi'''_{F;S} - \xi'''_{F;G}}{1 - \xi'''_{F;S}} \tag{3.1-84}$$

Die Behandlung des äußeren Stofftransportes bei der Verdunstung einer flüssigen Feuchte in ein Gas liefert entsprechend der Gl. (3.1–74)

$$\dot{J}_F''' = \varrho''' \cdot \beta \cdot \ln \left[1 + \frac{\xi_F'''(T_S) - \xi_{F;G}'''}{1 - \xi_F'''(T_S)} \right] \tag{3.1–85a}$$

$$\dot{J}_F''' = \varrho''' \cdot \beta \cdot \ln \left[1 + \frac{Y(T_S) - Y_G}{1 + Y_G} \right] \tag{3.1–85b}$$

Der Ausdruck

$$\Theta = \frac{\xi_F'''(T_S) - \xi_{F;G}'''}{1 - \xi_F'''(T_S)} = \frac{Y(T_S) - Y_G}{1 + Y_G} \tag{3.1–86}$$

stellt die dimensionslose Triebkraft des Verdunstungsprozesses dar, die unmittelbar aus jeder Bilanz des Kontrollvolumens mit Erhaltungsgrößen abgeleitet werden kann.

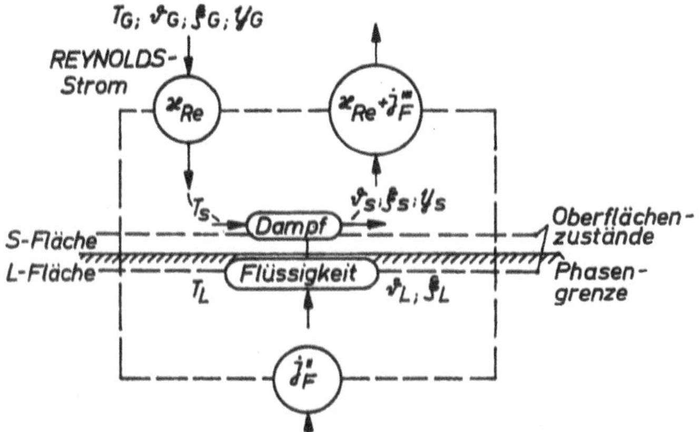

Abb. 3–9: Bilanzschema für den Dampftransport im konvektiven Stoffübergang nach der einfachen Reynolds-Analogie bei Spalding [3–1].

Für kleine Werte der Triebkraft $\Theta < 0{,}1$ ist mit einem relativen Fehler kleiner 5% die Näherungsbeziehung zulässig:

$$\dot{J}_F''' \approx \varrho''' \cdot \beta \cdot \Theta \tag{3.1–85c}$$

Für größere Triebkräfte ist die Triebkraftabhängigkeit des Stoffübergangs zu korrigieren.

Die vom Konvektionsgas an die Phasengrenze übertragene Wärmestromdichte ist durch die kinetische Bedingung

$$\dot{q} = \alpha(\vartheta_G - \vartheta_S) \equiv \dot{J}_Q \tag{3.1–87a}$$

und die Energiestromdichte-Bilanz gegeben

$$\dot{q} = \varkappa_{Re} c_p(\vartheta_G - \vartheta_S) \equiv \dot{J}_Q \tag{3.1–87b}$$

Die einfache Reynolds-Strom-Analogie führt auf

$$\varkappa_{Re} = \frac{\alpha}{c_p} \tag{3.1–88a}$$

und ermöglicht bei bekanntem Wärmeübergangskoeffizienten α auch die Ermittlung des Stoffübergangskoeffizienten

$$\beta = \frac{\alpha}{\varrho c_p} \tag{3.1–88b}$$

In Erweiterung dieser Grund-Analogie wurde unter Berücksichtigung der Strömungsbedingungen im äußeren Konvektionsgas mit

$$Le = \frac{Pr}{Sc} = \frac{\lambda}{\varrho \cdot c_p \cdot D} \tag{3.1–89}$$

die präzisierte Analogie entwickelt, nach der gilt

$$\beta = \frac{\alpha}{\varrho \cdot c_p \cdot Le^{(1-n)}} \tag{3.1–88c}$$

Richtwerte für den Exponenten n in Abhängigkeit von der äußeren Strömungsform sind in Tab. 3–3 angegeben. Diese Beziehungen ermöglichen in vielen Fällen die Ermittlung der Stoffübergangskoeffizienten β aus den Wärmeübergangskoeffizienten α, für deren Kalkulation wesentlich umfassendere Arbeiten existieren, auf die teilweise im Abschn. 3.1.2.2. hingewiesen wird. Eine ausführliche und umfassendere Darstellung hierzu ist bei Spalding [3–1] zu finden.

An dieser Stelle soll unterstrichen werden, daß man Gl. (3.1–23) über die erweiterte Reynolds-Hypothese unmittelbar erhält, indem man die Bilanzbeziehungen auf Schichten innerhalb des Kontrollvolumens anwendet und nach Abb. 3–10 vom Zustand S der Oberfläche zu dem Zustand G der Außenströmung integriert [3–1]. — Zur Erfassung der triebkraftabhängigen Ein-

Tabelle 3–3: Werte für den Exponenten n in Gl. (3.1–36) und (3.1–88c)

Strömungsform im Außenraum	n	$(1 - n)$
Rein laminare Strömung	0	1,0
Turbulente Strömung an ebenen Wänden mit laminarer Grenzschicht (technisch wichtigster Fall)	0,33	0,67
Thermischer Anlaufvorgang in reibungsfreier Strömung	0,50	0,50
Vollkommene Turbulenz	1,00	0

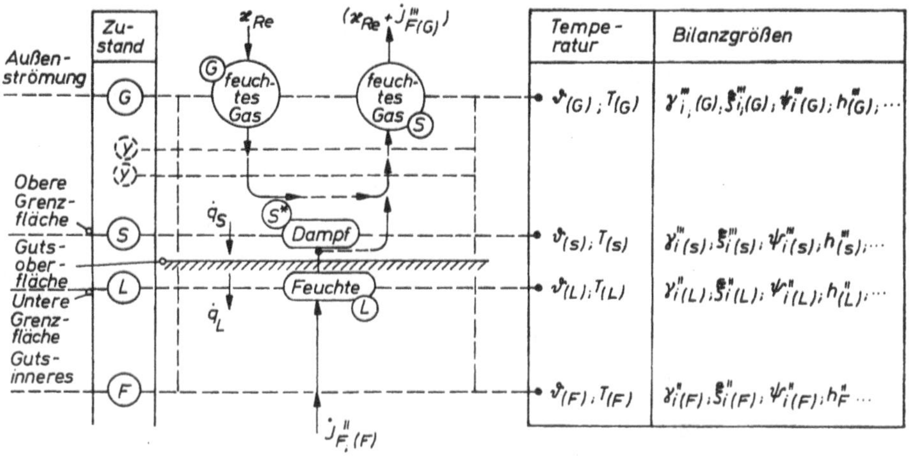

Abb. 3–10: Differenziertes Bilanzschema für den Dampftransport im konvektiven Stoffübergang nach der REYNOLDS-Analogie bei SPALDING [3–1].

flüsse formt man um

$$\dot{J}_F''' = \varrho''' \left\{\beta_{\Theta=0} \left[\frac{\ln(1+\Theta)}{\Theta}\right]\right\} \cdot \Theta \tag{3.1–90a}$$

$$\dot{J}_F''' = \varrho''' \cdot \beta_\Theta \cdot \Theta \tag{3.1–90b}$$

und entwickelt die Triebkraftabhängigkeit des Stoffübergangskoeffizienten-Verhältnisses als Reihe:

$$\left[\frac{\beta_\Theta}{\beta_{\Theta=0}}\right] = \left[1 - \frac{\Theta}{2} + \frac{\Theta^2}{3} - \frac{\Theta^3}{4} + \cdots\right] \tag{3.1–91}$$

In Abb. 3–11 ist der Triebkrafteinfluß auf die notwendige Korrektur des Stoffübergangskoeffizienten β_Θ im Bereich von der Kondensation ($\Theta < 0$) bis zur Verdampfung ($\Theta > 0$) dargestellt, woraus auch der Toleranzbereich für den Wegfall des Korrekturkoeffizienten folgt. Allgemein gilt:

$$\beta_\Theta = \beta_{\Theta=0} \left[\frac{\beta_\Theta}{\beta_{\Theta=0}}\right] \tag{3.1–92}$$

in Verbindung mit Gl. (3.1–91) und (–86) für Trocknungsprozesse.

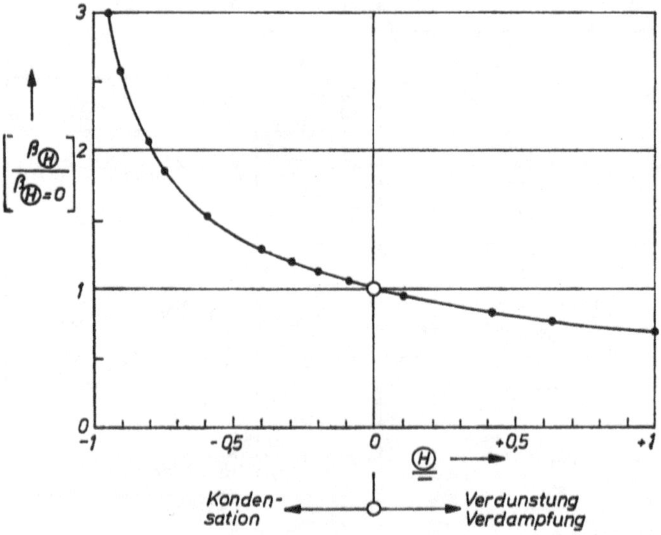

Abb. 3–11: Darstellung des dimensionslosen, nach den Gleichungen (3.1–90a) bzw. (3.1–91) berechneten Stoffübergangskoeffizienten-Relationen $\beta_\Theta/\beta_{\Theta=0}$ zur Erfassung des Triebkrafteinflusses.

3.1.2.2. Flüssigkeitstransport

Die Intensivierung der Trocknungsprozesse erfordert in zunehmendem Maße eine Analyse und Vorausberechnung der Feuchtigkeitsverteilung als Flüssigkeit im zu trocknenden Gut, auch in kleinen Partikeln und dünnen Schichten, die meßtechnisch meist nicht bestimmt werden können und nur über den Mittelwert der Feuchte erfaßbar sind. Die Grundgesetze gestatten aber auch hier die Ermittlung der Feuchteverteilung.

Der Aufbau der zu trocknenden Feuchtgüter erfordert — oder gestattet —

analog zu Gleichgewichtsmodellen auch zwei unterschiedliche Modell-Grundtypen für den Flüssigkeitstransport — die Diffusion und den kapillaren Transport.

Feuchtetransport durch Diffusion

Bei homogenen, nichtporösen Stoffen, wie z. B. bei Hochpolymeren, erfolgt die Bewegung der Feuchte durch Platzwechselvorgänge im Gut. In diesem Fall kann der Feuchtetransport über das Diffusionsmodell beschrieben werden. In Vektorenschreibweise wird der Konzentrationsgradient eines Volumenelementes durch den ∇-Operator

$$\operatorname{grad} j_F'' = \frac{\partial j_F''}{\partial x}\vec{e}_x + \frac{\partial j_F''}{\partial y}\vec{e}_y + \frac{\partial j_F''}{\partial z}\vec{e}_z \tag{3.1-93a}$$

$$\operatorname{grad} j_F'' \equiv \nabla j_F \tag{3.1-93b}$$

beschrieben. Für die Feuchtekonzentration j_F'' kann auch die Feuchte-Dichte ϱ_F'' angewendet werden, womit für nicht-schrumpfende Güter die Bedingung folgt

$$\hat{\varrho}_F'' = X \cdot \varrho_s' \tag{3.1-94}$$

Die Anwendung der Massenstromdichte analog nach Gl. (3.1–64) führt auf die Bedingungen

$$\frac{\partial j_F''}{\partial t} = \nabla \cdot (D_F \nabla j_F'') \tag{3.1-95a}$$

$$\frac{\partial \hat{\varrho}_F''}{\partial t} = \nabla \cdot (D_F \nabla \hat{\varrho}_F'') \tag{3.1-95b}$$

$$\frac{\partial X}{\partial t} = \nabla \cdot (D_F \nabla X) \tag{3.1-95c}$$

Vielfach lassen sich diese Transportvorgänge nur über stark konzentrationsabhängige Diffusionskoeffizienten beschreiben. Zur Darstellung der Feuchteabhängigkeit des Diffusionskoeffizienten D_F eignen sich vor allem Exponentialansätze und Reihenentwicklungen der Typen

$$D = D_0 \cdot \exp(BX) \tag{3.1-96a}$$

$$D = D_0 + D_1 X + D_2 X^2 + \cdots \tag{3.1-96b}$$

Die Lösung von Gl. (3.1–95) in Verbindung mit Gl. (3.1–96) ist mit ausreichender Genauigkeit nur numerisch lösbar.

Kapillarer Feuchtetransport

Bei kapillarporösen Gütern und Haufwerken, wie sie disperse Güter darstellen, erfolgt der Feuchtetransport in den Kapillaren. Die schleichende Bewegung inkompressibler Flüssigkeiten läßt die Beschleunigungs- und Trägheitskräfte vernachlässigbar klein werden. Bei der Voraussetzung einer REYNOLDS-Zahl des Poren-Feuchtetransports

$$Re_P = \frac{w \cdot dp}{\nu} < 5 \tag{3.1–97}$$

ist die schleichende Feuchtebewegung für die vereinfachte Bewegungsgleichung von NAVIER-STOKES erfüllt:

$$-\nabla p + \varrho'' g + \varrho'' \cdot \nu \, \nabla^2 \vec{w} = 0 \tag{3.1–98}$$

Für die in Abb. 3–1 dargestellte ideale, senkrechte, zylindrische Kapillare folgt daraus das HAGEN-POISEUILLEsche Gesetz

$$\dot{V}_{\text{kap}} = -\frac{\pi \cdot d_{\text{kap}}^4}{128 \cdot \eta''} \left(\frac{\partial p}{\partial z} - \varrho'' g \right) \tag{3.1–99a}$$

$$w_{\text{kap}} = -\frac{d_{\text{kap}}^2}{32 \cdot \eta''} \left(\frac{\partial p}{\partial z} - \varrho'' g \right) \tag{3.1–99b}$$

Ursache des Flüssigkeitstransportes können damit sowohl der von außen aufgebrachte Druck bzw. Druckgradient als auch innere Kapillarkräfte sein. Die Beziehungen über das Kräftegleichgewicht zwischen den kapillaren Ad- und Kohäsionskräften sind im Abschn. 2.3.2.4. bei der Gleichgewichtsbetrachtung angegeben.

Zur Berechnung dieser kapillaren Feuchte-Transportprozesse führte BUCKINGHAM [3–29] 1907 das Kapillarpotential Φ ein

$$-\nabla \Phi \equiv \nabla p + \varrho'' g \tag{3.1–100a}$$

$$\Phi = (p - p_0) - \varrho'' g (z - z_0) \tag{3.1–100b}$$

das als Summe von Druck- und Gravitationspotential zu verstehen ist. Im Gleichgewichtsfall steht das Druckpotential im Gleichgewicht mit dem Druck, der durch die kapillaren Flüssigkeitssteighöhen ausgelöst wird. Damit ist das

Druckpotential eine für den Feuchtigkeitstransport in Kapillaren ganz charakteristische Eigenschaft poröser Stoffe, die experimentell zu ermitteln ist. Diese Eigenschaft im Gleichgewichtsverhalten wird in der Trocknungstechnik als Saugspannung bezeichnet. In der Bodenphysik ist sie unter dem Begriff des Matrixpotentials bekannt.

Analog zu Gl. (3.1–99b) erhält man als DARCYsches Gesetz (1856) für die Flüssigkeitsbewegung durch ein verzweigtes Porensystem die allgemeingültige Beziehung

$$\vec{w} = -\mathbf{k} \cdot \nabla \Phi \qquad (3.1\text{–}101)$$

Für ein Feuchtgut mit isotropen Transporteigenschaften vereinfacht sich die Beziehung, weil der Permeabilitätstensor **k** zur skalaren Größe der Durchlässigkeit b entartet

$$\mathbf{k} = \frac{b}{\eta''} \qquad (3.1\text{–}102)$$

Ergebnisse der Bestimmung der Durchlässigkeit b an verschiedenen Porensystemen sind in Tab. 3–4 zusammengefaßt.

Komplizierter werden die Verhältnisse bei Berücksichtigung einer zweiten fluiden Phase im porösen Gut, wie es bei allen Konvektionstrocknungsprozessen der Fall ist. Hierbei wird der Permeabilitätstensor eine Funktion des Flüssigkeitssättigungsgrades

$$\varphi''_{F;P} = \frac{m_F''}{m''_{F;P}} \qquad (3.1\text{–}105)$$

Tabelle 3–4: Ergebnisse der Durchlässigkeiten b für verschiedene Porensysteme [3–30]

Untersuchungssubstanz	Bereich der Untersuchungen	Durchlässigkeit b		Autor
Gleichmäßige Zufallspackung gleichgroßer Kugeln	$0{,}37 \leqq \varepsilon \leqq 0{,}64$	$b = \dfrac{\bar{d}_P \cdot \varepsilon^{4,55}}{22{,}4(1-\varepsilon)}$	(3.1–103)	GUPTE
Ohne genauere Spezifizierung		$b = \dfrac{\varepsilon^3}{k^*(1-\varepsilon)} \cdot \dfrac{V_P}{A_P}$ mit $k^* \approx 5$	(3.1–104)	CÁRMAN, KOZENY

Durch die folgenden Ansätze wird der Zusammenhang zwischen Permeabilität und Kapillarpotential, beides eine Funktion des Flüssigkeitssättigungsgrades, gegeben:

$$\vec{w} = -k(p_{\mathrm{saug}})\,\nabla\Phi \tag{3.1–106}$$

mit

$$b = b_0 \cdot b_{\mathrm{Rest}}(\varphi_F'') \tag{3.1–107}$$

für $0 < b_{\mathrm{Rest}} < 1$ durch

$$b_{\mathrm{Rest}}(\varphi_F'') = \frac{\varphi''_{F;P} - \varphi''_{F;\mathrm{Rest}}}{1 - \varphi''_{F;\mathrm{Rest}}} \tag{3.1–108}$$

(vgl. dazu SCHUBERT [3–30]).

Das Verständnis für diese Vorgänge ergibt sich auch aus der im Abschn. 2.3.3. erläuterten Saugspannungskurve. Die Restsättigung $\varphi''_{F;\mathrm{Rest}}$ stellt dabei den Grenzwert dar, der bei mechanischer Entfeuchtung nicht unterschritten werden kann, auch wenn der Druck gegen einen unendlich großen Wert geht.

Für die Trocknungsprozesse interessiert vorrangig der Zusammenhang zwischen der Flüssigkeitsstromdichte $\dot{J}_F''$ und dem Feuchtegradienten ∇X im Gut

$$\dot{J}_F'' = -\varrho \cdot \varepsilon \cdot k(X) \cdot \frac{\mathrm{d}p_{\mathrm{kap}}}{\mathrm{d}\varphi_F''} \cdot \frac{\mathrm{d}\varphi_F''}{\mathrm{d}X}\,\nabla X \tag{3.1–109a}$$

$$\dot{J}_F'' = -\varrho_s k_F(X) \cdot \nabla X \tag{3.1–109b}$$

Die vergleichende Zusammenfassung führt zu dem von KRISCHER [3–4] eingeführten Feuchteleitkoeffizienten

$$k_F = \frac{\varrho_F''}{\varrho_s}\,\varepsilon \cdot k(X)\,\frac{\mathrm{d}p_{\mathrm{kap}}}{\mathrm{d}p_F''} \cdot \frac{\mathrm{d}\varphi_F''}{\mathrm{d}X} \tag{3.1–110a}$$

$$k_F = \frac{\varrho_F''}{\varrho_s}\,\varepsilon \cdot k(X)\,\frac{\mathrm{d}p_{\mathrm{kap}}}{\mathrm{d}X} \tag{3.1–110b}$$

Diese Zusammenhänge sind jedoch nur dann richtig, wenn die Saugspannungsfunktion $p_{\mathrm{kap}}(\varphi_F)$ bzw. $p_{\mathrm{kap}}(X)$ eine eindeutige und differenzierbare Funktion ist.

Übersichten zu Kapillarverteilungsmodellen sind aus den Arbeiten von KRISCHER [3–4]; NEISS [3–31]; SOMMER [3–32]; VAN BRAKEL [3–33] und SCHUBERT [3–30] zu entnehmen.

Kapillarverteilungsmodelle, die aus den Gleichgewichtsbestimmungen der

Feuchtgüter ermittelt werden können, liefern die Abhängigkeiten $k_F(X)$. Da allerdings kein Kapillarverteilungsmodell existiert, das generell und über alle Bereiche akzeptiert werden kann, ist auch der Feuchteleitkoeffizient $k_F(X)$ nur für Teilbereiche aus einem Kapillarverteilungsmodell ableitbar. — Bilden sich in porösen Stoffen scharfe Flüssigkeitsfronten aus, so dürfte für $p_F > p_{F;1}$ die Annahme

$$k_F = \text{const} \tag{3.1-111}$$

gerechtfertigt sein, da sowohl $k = \text{const}$ als auch $\frac{\mathrm{d}p_{\text{kap}}}{\mathrm{d}\varphi_{F;P}} = \text{const}$ angenommen werden darf.

An technischen Adsorbentien fand JOKISCH [3-34] experimentell anhand eines Diffusionsmodells den Zusammenhang mit der Beladung

$$k_F(X) = k_{F;0} \cdot \exp(a \cdot X) \tag{3.1-112}$$

3.2. Experimentelle Methoden zur Ermittlung von Transportkoeffizienten und kinetischen Eigenschaften

3.2.1. Experimentelle Bestimmung des Wärmeleitkoeffizienten

Feuchtstoffe erfordern im allgemeinen die experimentelle Bestimmung des Wärmeleitkoeffizienten. Diese allgemeine Feststellung trifft im besonderen für feuchte pulverförmige Stoffe und Schüttungen zu, wenn eine höhere Genauigkeit als $\pm 30\%$ verlangt wird.

Prinzipiell unterscheidet man zwischen stationären und instationären Meßmethoden [3-35; 3-36]. — Die stationären Meßmethoden scheiden wegen der Beeinflussung der Feuchteverteilung bei langen Versuchszeiten für feuchte Stoffe grundsätzlich aus, obwohl sie sonst eine höhere Meßgenauigkeit ermöglichen.

Bei den instationären Meßverfahren spielt die Geometrie der Meßzelle eine untergeordnete Rolle, und es sind nur sehr kurze Meßzeiten nötig. Mit diesen Methoden lassen sich daher effektive Wärmeleitkoeffizienten feuchter Schüttgüter bei unterschiedlichen Temperaturen und bei verschiedenen Feuchtigkeitsgehalten messen. Ein Nachteil der instationären Meßverfahren ist, daß die Genauigkeit der Erfassung der zeitlichen Temperaturänderung geringer als die Bestimmung des Temperaturgradienten bei den stationären Methoden ist. Die Genauigkeit wird mit bestenfalls $\pm 3\%$ eingeschätzt.

Von praktischer Bedeutung ist das instationäre Heißdrahtverfahren [3-37 bis 3-45]. Es ist prinzipiell zur Bestimmung des Wärmeleitkoeffizienten λ als auch zur Bestimmung des Temperaturleitkoeffizienten a von Pulvern und Schüttungen, festen Stoffen, Flüssigkeiten und Gasen geeignet.

Bei diesem in Abb. 3–12 dargestellten Prinzip des Verfahrens wird ein dünner Draht, der Heißdraht, in der zu untersuchenden Probe aufgespannt. Die Probe und der Heißdraht haben zu Beginn der Messung die gleiche Temperatur. Zur Zeit $t = 0$ wird durch einen Schalter S eine Sprung-Spannung auf den Heißdraht, der gleichzeitig Heizdraht ist, gegeben; dadurch wird der Heizdraht mit einer zeitlich konstanten Heizleistung $\dot{Q}$ belastet. Vom Heizdraht wird ein pro Länge zeitlich konstanter Wärmestrom

$$\dot{q}_L = \frac{\dot{Q}}{L} \tag{3.2–1}$$

in das Medium abgegeben. Die Temperaturänderung $\Delta\vartheta$ ist abhängig von der Wärmestrom-Längendichte $\dot{q}_L$, der Zeit t und dem Wärmeleitkoeffizienten λ.

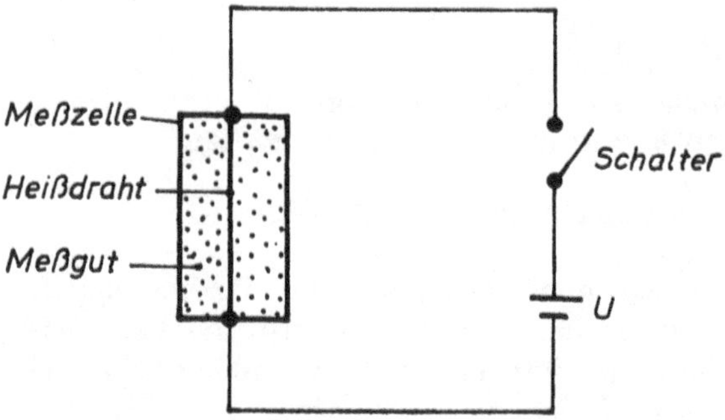

Abb. 3–12: Prinzip des instationären Heißdraht-Verfahrens.

Aus der zeitlichen Temperaturänderung des Heißdrahtes $\Delta\vartheta$ ist der Wärmeleitkoeffizient λ bestimmbar. Ist der Heißdraht gleichzeitig Heizer und Temperaturmeßfühler, so wird die Temperaturänderung durch Widerstandsmessung in einer Wheatstone-Brücke erfaßt.

An den Heißdraht werden bei der Widerstandsmeßmethode zwei gegensätzliche Forderungen gestellt:

— Genaue Kenntnis der Widerstands-Kennlinie $R_{\text{Heiz}}(\vartheta)$ für die Temperaturmessung und zur exakten Temperaturbestimmung einen möglichst großen Temperaturbeiwert sowie

— möglichst kleine Widerstandsänderung mit der Temperatur, d. h. einen möglichst kleinen Temperaturbeiwert, um einen konstanten Wärmestrom $\dot{q}_L$ zu erzeugen.

Beide Forderungen widersprechen sich. Sie können nur durch Wahl eines geeigneten Heißdraht-Werkstoffes angepaßt werden. Geeignete Materialien

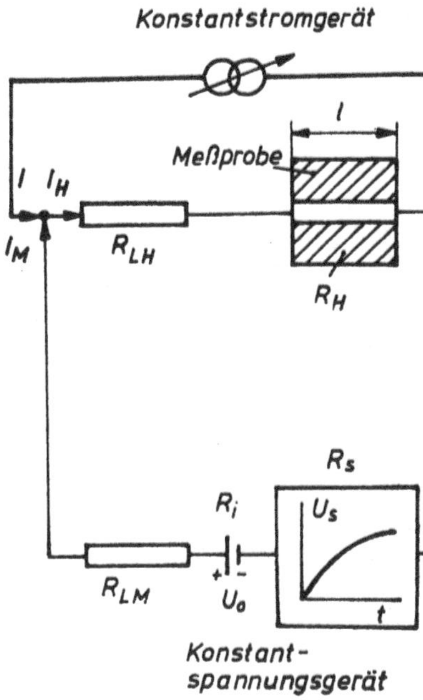

Abb. 3–13: Schematische Darstellung der Widerstands-Meßmethode.

sind Platin, Nickel, Nickel/Chrom bzw. Platin—Rhodium. In kleinen Temperaturbereichen gilt ein linearer Zusammenhang

$$R_{\text{Heiz}}(\vartheta) = R_{\text{Heiz};0}\left[1 + \left(\frac{\partial R_{\text{Heiz}}}{\partial \vartheta}\right) \cdot \Delta\vartheta_{\text{Heiz}}(t)\right] \tag{3.2–2}$$

Bei der Thermoelementenmeßmethode sind ein oder mehrere Thermoelemente im Meßmedium axial zum Heißdraht angeordnet. Bei der Verwendung mehrerer Thermoelemente kann sowohl der Wärmeleit- als auch der Temperatur-Leitkoeffizient ermittelt werden.

Der Wärmestrom breitet sich bei der instationären Heißdrahtmethode achsensymmetrisch aus, da eine axiale, linienförmige Wärmequelle verwendet wird. Für das entstehende Temperaturfeld gilt die Differentialgleichung (3.1–10) in Tab. 3–1. Unter den vier Voraussetzungen

— die Temperatur ϑ sei nur von der Zeit t und dem radialen Abstand r abhängig,
— Wärme- und Temperaturleitkoeffizient werden während der Messung als konstant angenommen,

- der Durchmesser des Heißdrahtes als Wärmequelle sei vernachlässigbar klein gegenüber dem radialen Abstand und
- die Längenwärmestromdichte $\dot{q}_L$ nach Gl. (3.2–1) sei konstant

folgt als Lösung der Differentialgleichung (3.1–10) mit $\ln C = \gamma =$ EULER-Konstante $= 0{,}5772\ldots$

$$\vartheta(r;t) = \frac{\dot{q}_L}{4\pi\lambda}\left[\ln\frac{4at}{C\cdot r^2} - \sum_{n=1}^{\infty}\frac{(-1)^n\cdot\left(\frac{r^2}{4at}\right)^n}{n\cdot n!}\right] \tag{3.2–3}$$

Die Funktion

$$\vartheta = \vartheta_r(\ln t) \tag{3.2–4}$$

ist in der Abb. 3–15 dargestellt. Nach einer Verzögerungszeit t_v ist die Funktion (3.2–4) eine Gerade. Benutzt man diesen linearen Teil der Funktion, so können die Reihenglieder der Gl. (3.2–3) entfallen. Es gilt im Zeitintervall

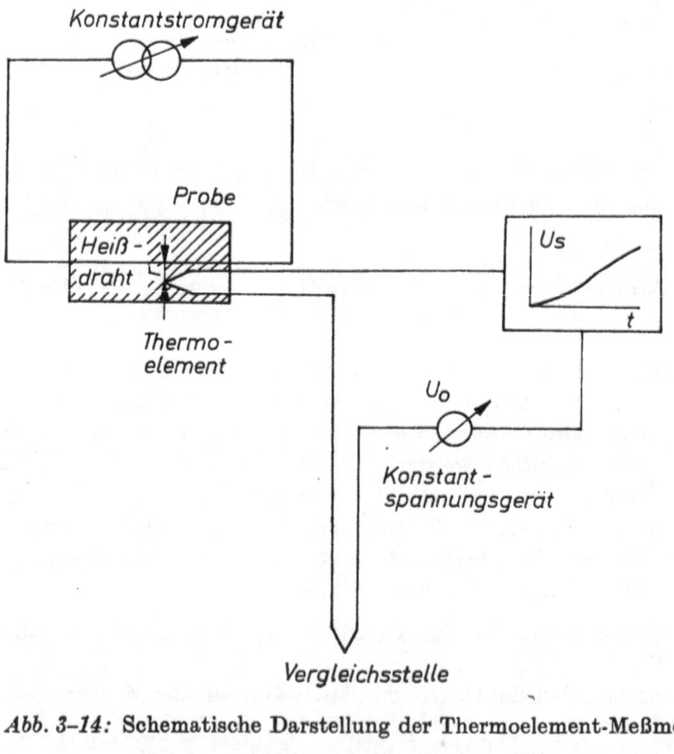

Abb. 3–14: Schematische Darstellung der Thermoelement-Meßmethode.

zwischen t_v und t_E, dem Erreichen des Randes der Meßzelle durch die Temperatursteigerung, die vereinfachte Beziehung

$$\vartheta(r;t) = \frac{\dot{q}_L}{4\pi\lambda} \cdot \ln \frac{4at}{C \cdot r^2} \tag{3.2–5}$$

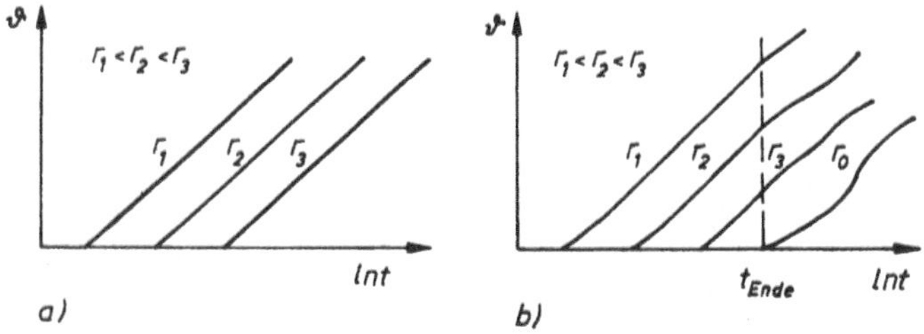

Abb. 3–15: Temperaturverlauf $\vartheta(\ln t)$ im unendlich ausgedehnten Medium.

Mit Gl. (3.2–5) ergeben sich für den radialen Abstand r zu den Zeiten t_1 und t_2 die Temperaturen ϑ_1 und ϑ_2. Durch Differenzbildung und Umstellung folgt die Berechnungsgleichung für den Wärmeleitkoeffizienten λ zu

$$\lambda = \frac{\dot{q}_L}{4\pi} \cdot \frac{\ln\left(\frac{t_2}{t_1}\right)}{(\vartheta_2 - \vartheta_1)} \tag{3.2–6}$$

Nach Untersuchungen von WARNKE [3–41] wird durch Verwendung von Heißdrähten mit einer geeigneten Ummantelung aus Keramik oder Glas infolge der kleinen Wärmespeicherkapazität der Schutzschicht das Temperaturfeld nicht verändert. Dadurch ist eine wesentliche Verbesserung der mechanischen Stabilität der Meßeinrichtung möglich.

Die Meßanordnung besteht bei der Widerstandsmeßmethode nach Abb. 3–16 aus der Meßzelle mit dem Heißdraht sowie der Verstärker- und Registriereinrichtung zur meßtechnischen Erfassung der Temperatur-Zeit-Funktion.

Die Meßzellen bestehen aus Glas oder Plexiglas. Abbildung 3–17 zeigt eine temperierbare Glaszelle. Es werden Heißdrähte aus Platin mit einer Länge von 150 mm und einem Durchmesser von 0,03 mm mit einer Keramik- oder Glasummantelung benutzt.

Da die vereinfachte Gl. (3.2–6) nur im Zeitintervall zwischen t_v und t_E gilt, wird in einer variierten Meßanordnung in Anlehnung an eine Arbeit von LIE [3–42] mit einer Meß- und einer Vergleichszelle gearbeitet. Auf den X-Kanal

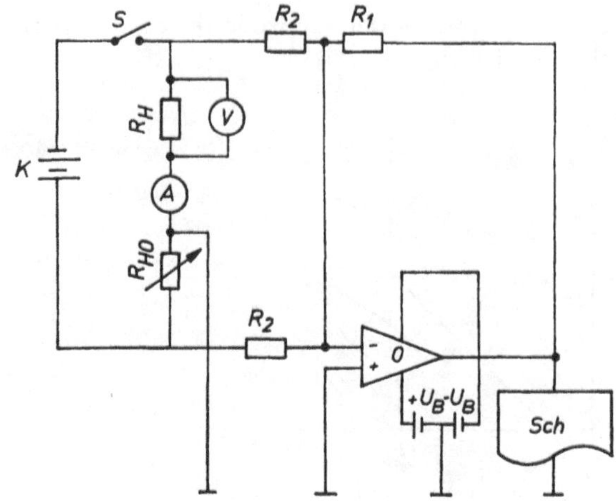

Abb. 3–16: Prinzipschaltbild der Heißdraht-Meßanordnung.

K – Konstantstromquelle; S – Schalter; V – Voltmeter; A – Amperemeter; O – Operationsverstärker; U_B – Betriebsgleichspannung; R_H – Heißdrahtwiderstand; $R_{H \cdot O}$ – Kompensationswiderstand; R_1, R_2 – Widerstände des Multiplikationsgliedes; Sch – Schreiber

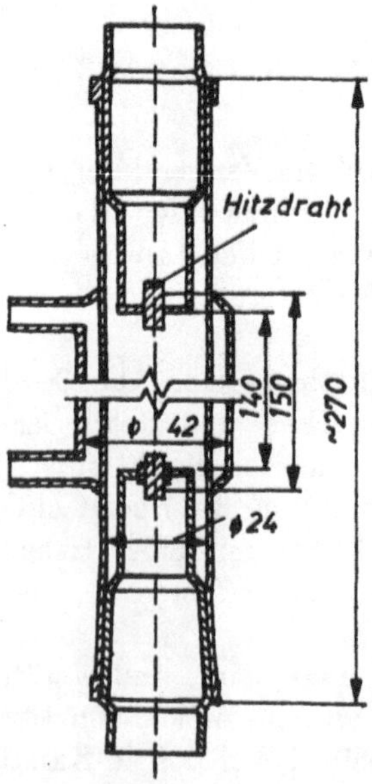

Abb. 3–17: Temperierbare Glaszelle für die Heißdraht-Meßmethode.

eines $X;Y$-Koordinatenschreibens wird mit der Vergleichszelle ein dem Logarithmus der Zeit proportionales Signal gegeben

$$U_x = C_x \cdot \lg t \tag{3.2–7a}$$

während der Y-Kanal aus der Meßzelle das der Temperatur proportionale Signale

$$U_y = C_y \cdot \vartheta \tag{3.2–7b}$$

erhält. Dadurch erhält man während des Zeitintervalls zwischen t_v und t_E eine Gerade mit der Steigung

$$\frac{\partial U_y}{\partial U_x} = C_{x;y} \cdot \frac{d\vartheta}{d \lg t} \sim \frac{C_{\mathrm{App.}}}{\lambda} \tag{3.2–7c}$$

Die Auswertung erfolgt durch direkte Kopplung von Meßapparatur und Rechner. Der apparatespezifische Kalibrierfaktor $C_{\mathrm{App.}}$ wird mit Eichsubstanzen ermittelt. Das Verhältnis von experimentell ermittelter und theoretisch berechneter Apparatekonstante ist < 1. Ursache für die Notwendigkeit der

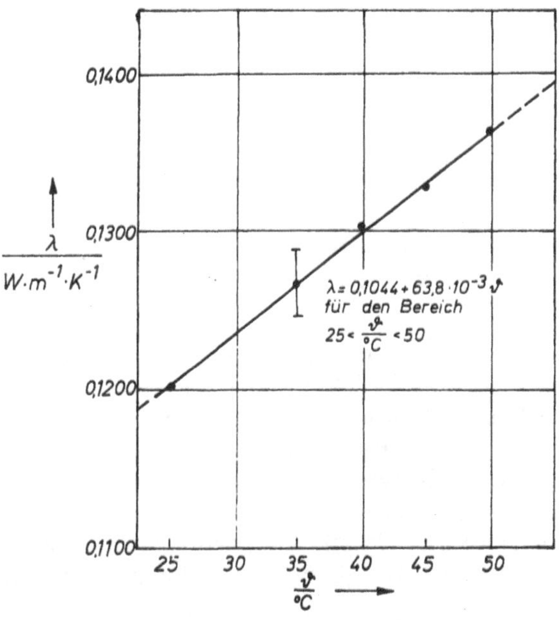

Abb. 3–18: Temperaturabhängigkeit des Wärmeleitkoeffizienten von Polystyrol $\lambda = \lambda_X(\vartheta)$.

Kalibrierung sind vor allem die endliche Dicke des Heißdrahtes und der Wärmefluß an den Drahtenden.

Ergebnisse der experimentell bestimmten Wärmeleitkoeffizienten λ als Funktion von Temperatur ϑ und Feuchtegehalt X zeigen Abb. 3–18 und 3–19.

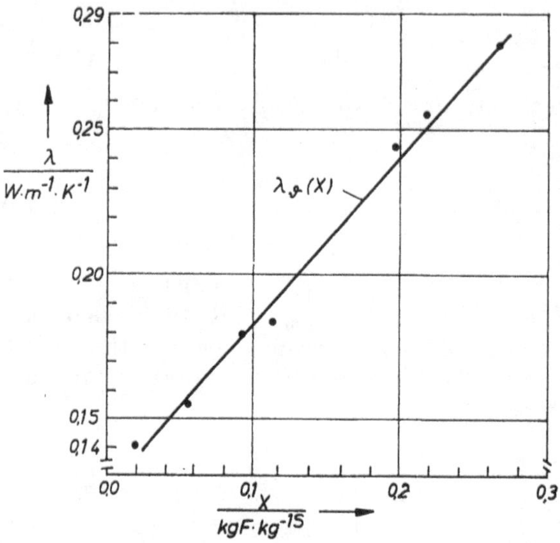

Abb. 3–19: Feuchteabhängigkeit des Wärmeleitkoeffizienten von Kaolin $\lambda = \lambda_\vartheta(X)$.

3.2.2. *Experimentelle Methoden zur Bestimmung des Diffusionswiderstandsfaktors μ und des Feuchteleitkoeffizienten k_F*

Beim Stofftransport im Feuchtgut ist zwischen dem Dampftransport im Bereich der hygroskopischen Gutsfeuchten ($\overline{X} < \overline{X}_P$) und dem Transport der flüssigen Gutsfeuchte im überhygroskopischen Bereich der Gutsfeuchte ($\overline{X} > \overline{X}_P^*$) zu unterscheiden. Beide Transportphänomene werden durch unterschiedliche Transportgesetze und -koeffizienten charakterisiert.

Die experimentelle Ermittlung des Diffusionswiderstandsfaktors μ für den Feuchtetransport als Dampf wird zweckmäßig mit eindimensionalem Druckgradienten ausgeführt. Analog zu Gl. (3.1–79) gilt für die Dampfstromdichte [3–46]

$$\dot{J}_F''' = \frac{D}{\delta \cdot \mu_D} \cdot \frac{p}{R_F \cdot T} \frac{p_F^* - p_F}{p - p_{F;m}} \tag{3.2–8}$$

Der mittlere Feuchte-Dampfdruck ist gegeben durch das logarithmische Mittel

$$p_{F;m} = \frac{p_F^* - p_F}{\ln \dfrac{p - p_F}{p - p_F^*}} \tag{3.2–9}$$

Der Diffusionskoeffizient folgt damit als

$$\mu = \frac{D \cdot A}{\delta^* \cdot \dot{m}_F'''} \cdot \frac{p}{R_F \cdot T} \cdot \frac{p_F^* - p_F}{p - p_{F;m}} \tag{3.2–10}$$

Darin bedeutet δ^* den Abstand der Ebene mit hygroskopischer Feuchte von der Probenoberfläche. Er wird ermittelt durch den Schnittpunkt der maximalen hygroskopischen Feuchte $X^*_{F;\,P}$ mit den Funktionen der Feuchteverteilung $X(\delta)$.

Die Feuchtebewegung von Flüssigkeit in kapillarporösen Stoffen wird nach Gl. (3.1–109) durch die Stoffstromdichte

$$\dot{j}_F'' = -\varrho_S \cdot k_F(X) \cdot \frac{\mathrm{d}X}{\mathrm{d}z} \tag{3.2–11a}$$

$$\dot{j}_F'' = -\varrho_F'' \cdot k_F(\psi_F) \cdot \frac{\mathrm{d}\psi_F}{\mathrm{d}z} \tag{3.2–11b}$$

beschrieben. Der Transportkoeffizient der flüssigen Feuchte k_F ist dabei keine stoffspezifische Größe, sondern in starkem Maße von der Feuchte (X bzw. ψ_F) abhängig.

Die Bestimmung des Feuchteleitkoeffizienten k_F ist nach Krischer [3–4] mit verschiedenen Methoden möglich. Es gibt vier Grundtypen:

- Messung der Kapillarwasserbewegung und Feuchteverteilung im Beharrungszustand,
- Durchführung von Trocknungsversuchen,
- Durchführung von Befeuchtungsversuchen und
- Bestimmung aus der Kapillarradien-Verteilungsfunktion.

Im folgenden wird auf die an erster Stelle genannte Methode der Messung im Beharrungszustand eingegangen. Bei ausschließlichem Flüssigkeitsleitvorgang im Gut ($\overline{X} > \overline{X}_P^*$) kann k_F bei konstanter Temperatur direkt aus Gl. (3.2–11) berechnet werden. Im Beharrungszustand sind zu bestimmen die Massenstromdichte der Feuchte $\dot{j}_F''$ und die Feuchteverteilung $X(z)$.

Die Feuchteverteilung wird in einer waagerecht angeordneten zylindrischen Säule, die das Versuchsgut enthält, ermittelt. An dem einen Ende der Säule wird ein meß- und regelbarer Feuchte-Massenstrom aufgegeben, der auf der gegenüberliegenden Seite von einem kontinuierlich strömenden Luftstrom aufgenommen wird. Durch das Einschalten von Zusatzfiltern unterschiedlicher Feuchtedurchlässigkeit läßt sich der Feuchtestrom regulieren. Damit kann der mittlere Feuchtegehalt $\overline{X}$ der Probe in einem weiten Bereich variiert werden.

Nach Einstellung des Beharrungszustandes werden die Feuchtestromdichte $\dot{j}_F'' = \frac{\dot{m}_F''}{A}$ und die Feuchteverteilung $X(z)$ bestimmt.

Die gesamte Apparatur besteht aus

— der waagerecht angeordneten zylindrischen Säule mit dem Probegut;

— Filtern, z. B. Membranfiltern, und Meßbüretten zur Einstellung eines konstanten Feuchtestromes sowie

— einer Einrichtung zur Konditionierung eines definierten Luftzustandes und zur Einstellung des Luftstromes [3–46].

Die Feuchte-Verteilung kann mit verschiedenen Methoden ermittelt werden. Den geringsten apparativen Aufwand erfordert die Zerlegung der Probesäule unmittelbar nach Abbruch des Versuches in kleine Abschnitte und Ermittlung

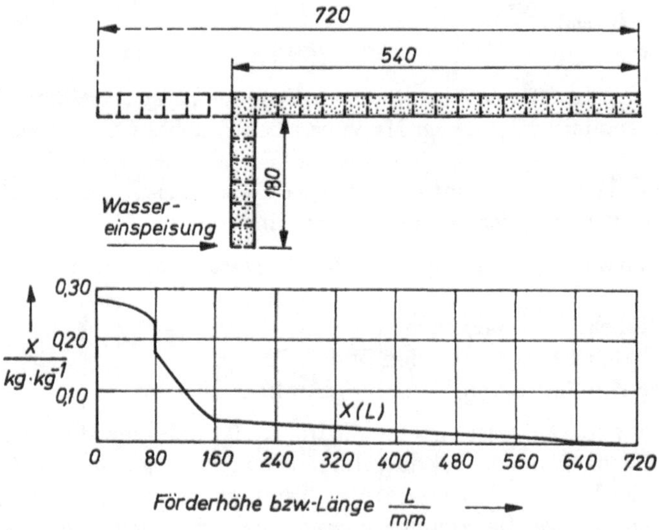

Abb. 3–20: Feuchteverteilungsfunktion $X(Z)$ bei der stationären Meßmethode zur Bestimmung des Feuchteleitkoeffizienten k_F von Wasser in Kaolin mit der zugehörigen Säule.

der Feuchte durch Differenzwägung vor und nach der Trocknung. — Das abschnittsweise Bestimmen der Feuchte kann auch durch Messung feuchteabhängiger physikalischer Parameter, wie z. B. der Wärmeleitfähigkeit, der elektrischen Leitfähigkeit oder der Dielektrizitätskonstante erfolgen. Von KRISCHER und MAHLER [3–46] wird eine dielektrische Meßmethode angegeben.

Aus den Meßpunkten der Feuchte ergibt sich eine Feuchte-Verteilung $\overline{X}(z)$, aus der sich durch Differentiation $\left(\frac{\mathrm{d}X}{\mathrm{d}z}\right)$ ableiten läßt. Damit gilt

$$k_F(X) = -\frac{\dot{j}_F''}{\varrho_S} \cdot \frac{1}{\left(\frac{\mathrm{d}X}{\mathrm{d}z}\right)} \qquad (3.2\text{–}12)$$

Abbildung 3–20 zeigt eine Feuchte-Verteilungsfunktion und die zugehörige Säule [3–4]. Die starke Feuchteabhängigkeit des Feuchteleitkoeffizienten k_F ist in Abb. 3–21 gemeinsam mit dem Verlauf $\varphi_W(z)$ dargestellt. Die Funktionen können als typisch für alle Stoffe bei kapillarer Feuchtebewegung angesehen werden.

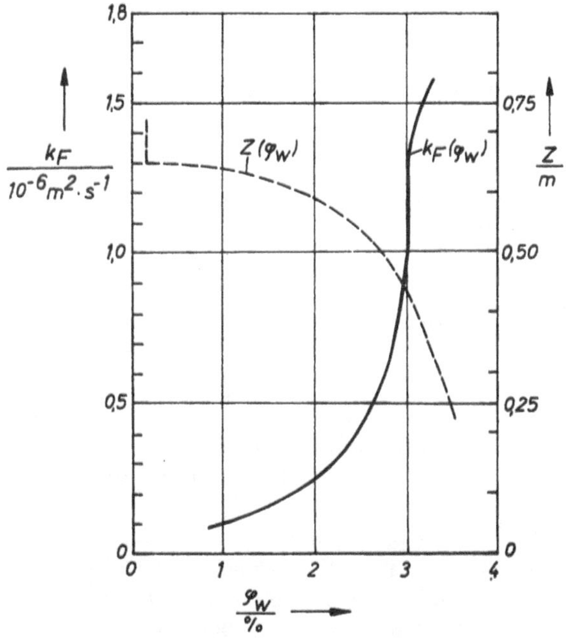

Abb. 3–21: Abhängigkeit des Feuchteleitkoeffizienten k_F von Wasser in Kaolin bei 20°C [3–4].

3.2.3. *Experimentelle Methoden zur Ermittlung von Trocknungsverlaufskurven*

Stoffspezifische Trocknungsverlaufskurven werden im Labor unter konstanten äußeren Bedingungen, im klassischen kinetischen Experiment, gewonnen. Aus ihnen können daher relativ einfach die integralen Stoffübergangs- bzw. Stofftransportkoeffizienten für die gegebenen Randbedingungen bestimmt werden, ohne allerdings die komplizierten Vorgänge des kombinierten Stoff- und Energietransportes feststellen oder gar erklären zu können. Wegen der Schnelligkeit bei der experimentellen Bestimmung und der meist sehr guten Reproduzierbarkeit stellen Trocknungsverlaufskurven nach wie vor eine unverzichtbare Grundlage bei der Aufklärung der Kinetik des Trocknungsprozesses dar.

Eine ausführliche Übersicht über die einzelnen Meßverfahren und deren gerätetechnische Einzelheiten wird von LÜCK [3–47] gegeben.

Wesentliche Grundlage der experimentellen Ermittlung von Trocknungsverlaufskurven sind die im Abschn. 3.2.5. behandelten Methoden der Feuchtemessung. Tabelle 3–5 gibt hier nur eine auf die Trocknungsverlaufskurven-Meßtechnik bezogene Wertung der Feuchte-Meßmethoden [3–48]. Nach dieser Wertung stehen die Wägemethoden für Laboruntersuchungen wegen der Universalität ihrer Anwendung in Verbindung mit der sehr guten Meßtechnik an erster Stelle, wenn auch die Probleme bei großen Trocknungsgeschwindigkeiten sowie bei chemischer und thermischer Instabilität der Feuchtgüter nicht voll beherrscht werden.

Wägemethoden zur Messung der Trocknungskinetik bei der Konvektions-Trocknung

Die Darstellung von Wägemethoden soll hier erfolgen, weil sie auf einem lange bekannten, zuverlässigen, exakten und guts- wie feuchte-unabhängigen Prinzip beruhen, das sowohl für Strahlungs- als auch für Konvektions-Trocknung anwendbar ist.

Aus den Mängeln der diskontinuierlichen Wägung, die bei unterbrochener Trocknung auftraten, resultierte die Weiterentwicklung zu zeitkontinuierlichen Wägeverfahren. Sie unterscheiden sich durch die Anordnung der Proben, wie die Arbeiten von LYKOW [3–49]; KRISCHER, MAHLER [3–50]; BUHLMANN, PILHOFER, HEISS [3–51]; ASHWORTH, CARTER [3–52] und LÖSER [3–53] belegen. Besondere Bedeutung kommt der Anwendung elektronischer Waagen auch vom Standpunkt der Automatisierung und Auswertung zu. Die Modifizierung mechanischer Waagen zu nach elektronischem Kompensationsprinzip arbeitenden Thermowaagen bietet variable Möglichkeiten der Meßgutanordnung und der Konvektionsgasführung. Damit gelang SCHICKETANZ [3–54] eine störungs-

Tabelle 3–5: Auf die Trocknungsverlaufs-Messung bezogene Wertung der Feuchte-Meßmethoden [3–48]

Methoden-Übersicht			Bewertungs-Kriterien							
Nr.	Meßgut/ Methoden-Typ	Methoden-spezifizierung	Invest-aufwand	Verfüg-barkeit	Stoff-spez. Kali-brierung	GAB-Anforde-rung	Auto-mati-sier-barkeit	Stabili-täts-beein-flussung	Gesamt-be-wertung	Stelle
1.	Abluftfeuchte	— Infrarot-Methode	◐	○	○	●	●	●	◕	III.
2.	Materialfeuchte									
2.1.	Spektrometrie	— Ultrarot-Methode	◔	◐	○	◐	●	●	◐	IV.a
		— Kerninduktion	○							
2.2.	Elektr. Methoden	— Leitfähigkeit	◐	●	○	●	●	◐	◕	II.
		— Dielektrizität	◐							
2.3.	Isotopen-Methoden	— Strahlungsabsorption	○	●	○	○	●	●	◐	IV.b
		— Streuung	○							
2.4.	Wäge-Methoden		●	●	●	●	●	◐	◕	I.

freie Messung der Trocknungskinetik bei der Durchströmungstrocknung bis zu Gasgeschwindigkeiten von 0,8 m/s durch Anwendung eines Druckausgleichsystems.

Die meisten handelsüblichen Trocknungswaagen sind heute mit einem beachtlichen Bedien- und Auswertekomfort lieferbar [3–55; 3–56], doch nutzen sie aus apparativen Gründen meist die Strahlungstrocknung, weil hiermit die Meßgenauigkeit im Vergleich zur Ausströmung eines Konvektionsgases auf die Probe wesentlich leichter zu verwirklichen ist.

Eine für die Überström-Konvektions- und Strahlungstrocknung in gleicher Weise geeignete Thermowaage wurde mit einer zur elektronischen Waage modifizierten mechanischen Waage geschaffen [3–57]. Die Konvektionsgasführung zur Überströmung wurde so gestaltet, daß auch große Konvektionsgas-Geschwindigkeiten bei den Messungen die Meßgenauigkeit nicht ungünstig beeinflussen können [3–58]. Abbildung 3–22 zeigt den schematischen Aufbau der Thermowaage mit den Zusatzeinrichtungen zur Modifizierung der Versuchsparameter und den Auswerteeinrichtungen. Der Parameterbereich der Einrichtung, der speziell für die Messung der Trocknungskinetik mit hochfeuchten Gasen modifiziert wurde, ist aus Tab. 3–6 zu entnehmen.

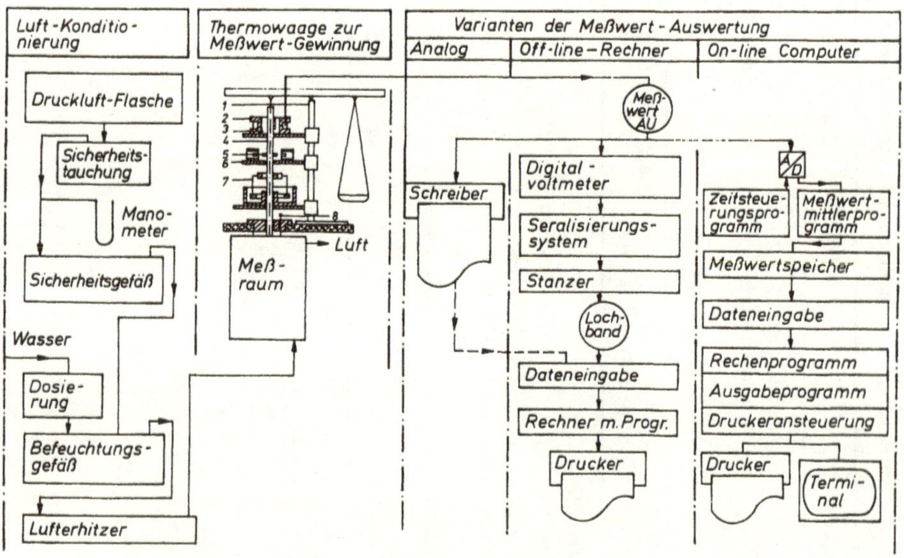

Abb. 3–22: Schematischer Aufbau der Thermowaage mit den Zusatzeinrichtungen zur Modifizierung der Versuchsparameter und dem Blockschaltbild der Varianten der Auswerteeinrichtungen.

1 – Waage; *2* – Spule; *3* – Kern; *4* – Gestänge; *5* – Meßblende; *6* – optische Abtastung; *7* – Flüssigkeitsdämpfung; *8* – Thermoelement

Tabelle 3–6: Übersicht über die auf der Thermowaage erreichbaren Trocknungsparameter und einsetzbaren Probebehälter

Parameter	Symbol	Dimension	Bereich	
			von	bis
Gastemperatur	ϑ_G	°C	20	260
	T_G	K	300	530
Gasgeschwindigkeit	w_G	$m \cdot s^{-1}$		
Feuchtebeladung				
• des Gases	Y	$kg \cdot kg^{-1}$	10^{-2}	2,0
• des Gutes	X	$kg \cdot kg^{-1}$	0	∞
Massenänderung des Gutes	Δm	kg	...	$5 \cdot 10^{-3}$
Probeschale:				
• Durchmesser	d_i	mm	25	30
• Höhe	Z_i	mm	1	15
• Material			Teflon	(PTFE)
• Form			Doppelmantelgefäß	

Erfassung und Auswertung der Meßergebnisse bestimmen in gleicher Weise die Qualität der experimentell ermittelten Trocknungsverlaufskurven. Das gilt um so mehr, als zur Ermittlung der Trocknungsgeschwindigkeit $\dot{\overline{X}}(t)$ die Trocknungsverlaufskurve $m(t)$ bzw. $\overline{X}(t)$ differenziert werden muß. Die automatisierte digitalisierte Kurzzeit-Meßwerterfassung auf Lochstreifen in Verbindung mit der analogen Schreiberaufzeichnung, die bereits von Buhlmann u. a. [3–51] realisiert wurde, ist notwendige Voraussetzung für die Glättung des Meßpunktverlaufs durch eine Regressionskurve. Die unmittelbare Meßkurve weist z. T. infolge äußerer mechanischer Erschütterungen und Wirbelablösungen des Konvektionsgases Unstetigkeiten auf, die ursächlich nicht auf den Trocknungsverlauf zurückzuführen sind und die daher eliminiert werden müssen. Nach der Eliminierung dieser zufälligen, nicht vom Trocknungsprozeß abhängigen Schwankungen können vom Rechner ausgeglichene Meßprotokolle und Trocknungsverlaufs-Kurven in hoher Qualität erhalten werden [3–59].

Ergebnisse von Trocknungsverlaufsmessungen

Die experimentellen Ergebnisse von Trocknungsverläufen werden je nach Erfassung des Ergebnisses in Form von Tabellen oder Lochstreifen erhalten und drücken — entweder direkt oder über Kalibrierabhängigkeiten noch umzurechnen — zunächst nur die Massen-Zeit-Abhängigkeit aus

$$m = m(t) \tag{3.2-13a}$$

Durch die Ermittlung der Trockensubstanz m_s der Probe kann auf die Feuchte-Abhängigkeit

$$\overline{X}(t) = \frac{m(t) - m_s}{m_s} \tag{3.2-13b}$$

umgerechnet werden. Die Zeitabhängigkeit der mittleren Gutsfeuchte

$$\overline{X} = \overline{X}(t)$$

ist damit der unmittelbaren Feuchteverlaufsmessung direkt proportional. In Abb. 3–23 ist der typische Verlauf der Trocknungsfunktion eines kapillarporösen Gutes dargestellt. Nach einer Aufheizphase, die bis zum stationären Anfangspunkt α reicht, verläuft die Gutstrocknung mit nahezu konstanter Trocknungs-

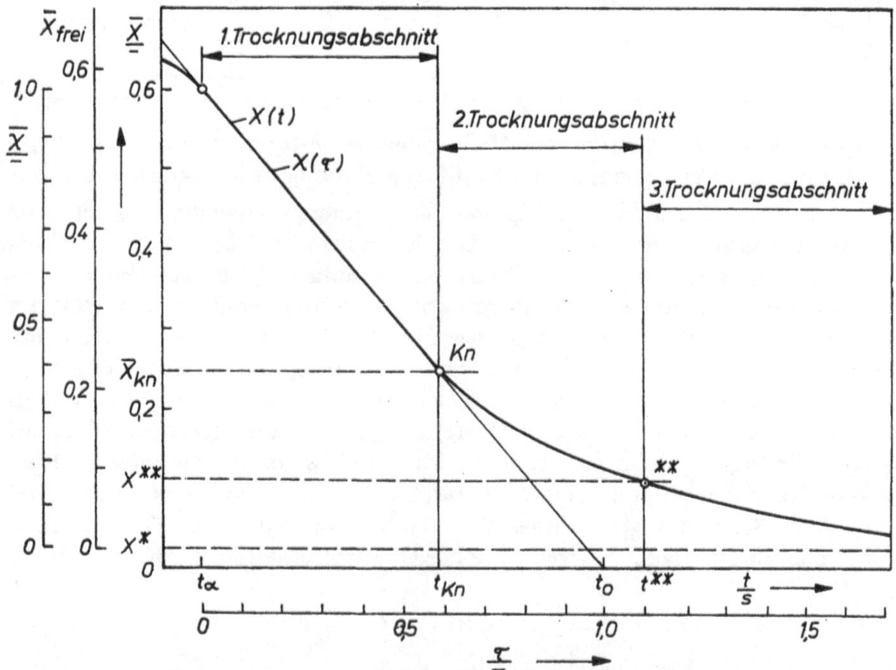

Abb. 3–23: **Prinzipieller Verlauf der Trocknungsfunktion $X(t)$ mit den Größen X_α, t_α sowie t_0 zur Umrechnung in den normierten dimensionslosen Verlauf $\chi(\tau)$.**

geschwindigkeit bis zum sogenannten Knickpunkt K_n. Beim Knickpunkt endet der durch konstante Trocknungsgeschwindigkeit gekennzeichnete 1. Trocknungsabschnitt. Bei ihm verdunstet fast freie Oberflächenfeuchte. — Am Knickpunkt K_n; $(\bar{X}_{kn}; t_{kn})$ wandert die Trocknungsfront in das Gut hinein. Infolge des zunehmenden Wärme- und Stofftransport-Widerstandes bei absinkender Trocknungsfront wird der 2. Trocknungsabschnitt auch als der Abschnitt fallender Trocknungsgeschwindigkeit bezeichnet. Dieser Abschnitt reicht bis zur maximalen hygroskopischen Feuchte X^{**}, die nach der Zeit t^{**} erreicht wird. In diesem Abschnitt trocknen die Poren aus, von den großen Poren beginnend und zunehmend zu den kleineren übergehend. Die Verhältnisse sind außerordentlich kompliziert. — Der 3. Trocknungsabschnitt beginnt bei der maximalen hygroskopischen Feuchte $\bar{X}^{**}$; in diesem Bereich trocknet die Restfeuchte, die an den Porenwänden haftet, und die daher auch einen höheren spezifischen Trennaufwand erfordert.

Der Punkt $\bar{X}_P{}^*$, der den Zustand der vollständigen Porensättigungsfeuchte charakterisiert, ist aus dieser integralen Funktion experimentell meist sehr schwer zu erkennen. Er ist jedoch für das Verständnis der Modellierung des Trocknungsverlaufes wichtig und kann mit

$$\bar{X}_P{}^* = \varepsilon \frac{\varrho_F{}''}{\varrho_S{}'} \qquad (3.2\text{–}14)$$

errechnet werden aus den Stoffdaten.

Deutlicher wird die Unterscheidung der verschiedenen Trocknungsabschnitte in der Darstellung der Trocknungsgeschwindigkeit von der Zeit

$$\dot{\bar{X}}(t) = \frac{\mathrm{d}\bar{X}(t)}{\mathrm{d}t} \qquad (3.2\text{–}15)$$

oder der Abhängigkeit der Trocknungsgeschwindigkeit von der Gutsfeuchte

$$\dot{\bar{X}} = \dot{\bar{X}}(\bar{X}) \qquad (3.2\text{–}16)$$

da die Trocknungsgeschwindigkeit signifikant von der Gutsfeuchte beeinflußt wird.

Dieser prinzipielle Trocknungsverlauf wird durch die Struktur des Feuchtgutes entscheidend mit beeinflußt. In Abb. 3–24 ist der prinzipielle Verlauf von hygroskopischen und nichthygroskopischen kapillarporösen Gütern sowie von nichtporigen Materialien dargestellt. Die kapillarporösen Güter (a) und (b) weisen einen meist sehr deutlich ausgeprägten 1. Trocknungsabschnitt aus, im Gegensatz zu den nichtporigen Materialien, denen ein solcher Abschnitt fehlt. Nichtporige Materialien weisen von Anfang an fallende Trock-

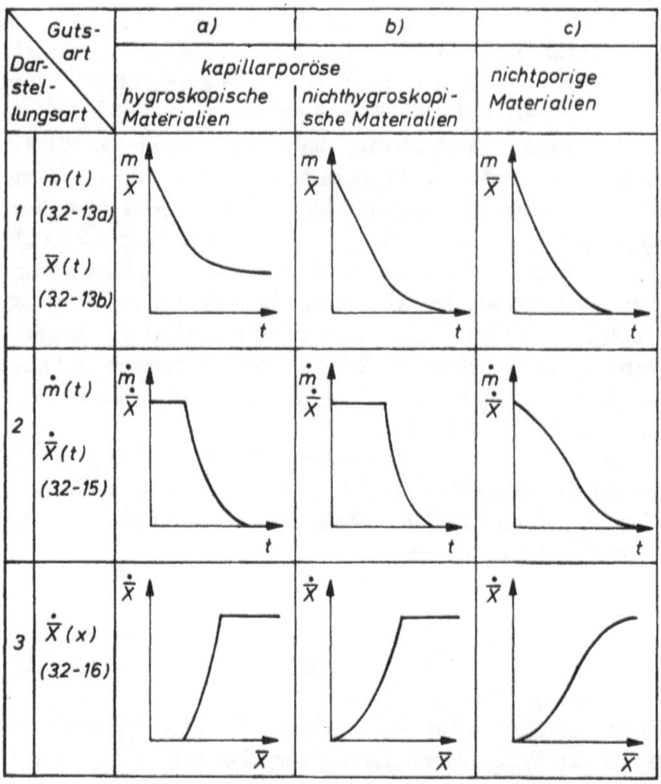

Abb. 3–24: Prinzipieller Verlauf der Trocknungskurven nach den Funktionen $X(t)$ (3.2–13), $\dot{X}(t)$ (3.2–15) und $\dot{X}(\overline{X})$ (3.2–16) von
a) hygroskopischen kapillarporösen Materialien
b) nichthygroskopischen kapillarporösen Materialien und
c) nichtporigen Materialien.

nungsgeschwindigkeiten aus. — Hygroskopische Güter weisen zwei Knickpunkte (bei $\overline{X}_{Kn}$ und $\overline{X}^{**}$) auf, während nichthygroskopische Güter nur einen Knickpunkt bei $\overline{X}_{Kn}$ zeigen.

Mit Veränderung der äußeren Parameter des Trocknungsprozesses, der Gas-Temperatur ϑ_G, der Gas-Beladung Y_G und der Gasgeschwindigkeit w_G verändern sich Absolutwerte des Trocknungsverhaltens signifikant. Der analoge Verlauf bleibt aber für das jeweilige Gut erhalten, wie Abb. 3–25 für Trocknungsverlaufskurven unterschiedlicher Anfangs- und Endbeladungen ($\overline{X}_\alpha$; $\overline{X}_\omega$) für vier unterschiedliche Farbstoffe *A* bis *D* verdeutlicht. Das legt die Normierbarkeit des Trocknungsverlaufes nahe.

Von MILITZER [3–60] wurde auf der Grundlage der empirisch verallgemeinernden Formulierung des Anfangsimpulses auf den Gesamtverlauf der Trocknung nach KRASNIKOW [3–61] ein Normierungsverfahren in dimensionsloser Darstellung entwickelt, dessen Bedeutung über den Trocknungsprozeß hinausreicht und auch für andere Fest-Fluid-Prozesse gültig ist. Die theoretische Interpretation des Anfangsimpulses unterstreicht auch GINSBURG [3–62].

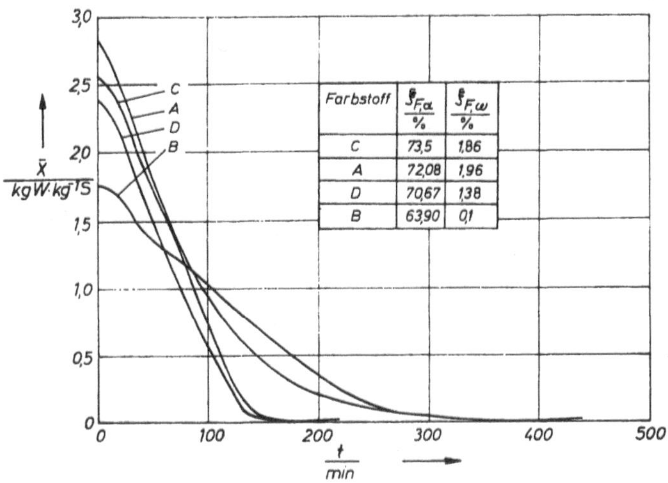

Abb. 3–25: Trocknungsverlaufskurven verschiedener Farbstoffe bei unterschiedlichen Anfangs- und Endbedingungen ($\vartheta = 90\,°C$; $\varphi = 0{,}014$; $w = 2{,}2\ m \cdot s^{-1}$).

Gegenstand der Untersuchungen sollte nur die freie Feuchte sein

$$\bar{X}_{frei} = \bar{X} - \bar{X}^* \tag{3.2–17}$$

Die dimensionslose, auf die freie Anfangsfeuchte $X_{frei;\alpha}$ bezogene freie Feuchte ist definiert durch

$$\bar{\chi}(t) = \frac{\bar{X}(t) - \bar{X}^*}{X_\alpha(t_\alpha) - \bar{X}^*} \tag{3.2–18}$$

mit den charakteristischen Werten nach Abb. 3–23.

Analog wird eine reduzierte Zeit τ definiert als

$$\tau = \frac{(t - t_\alpha)}{(t_0 - t_\alpha)} \tag{3.2–19}$$

Der Nenner von Gl. (3.2–19) ist die Zeitkonstante des Prozesses. Sie ist durch die Trocknungszeit gegeben, die notwendig ist, um die freie Feuchte mit der Anfangstrocknungsgeschwindigkeit zu entfernen:

$$(t_0 - t_\alpha) = \frac{\overline{X}_\alpha - \overline{X}^*}{-\left(\frac{\mathrm{d}\overline{X}}{\mathrm{d}t}\right)_\alpha} \tag{3.2–20}$$

Mit den Gln. (3.2–18) bis (3.2–20) wird eine konsequent dimensionslose Trocknungsgeschwindigkeit definiert

$$\dot{\overline{\chi}} = \frac{\mathrm{d}\overline{\chi}}{\mathrm{d}\tau} \tag{3.2–21a}$$

$$\dot{\overline{\chi}} = \frac{\mathrm{d}\left(\frac{\overline{X}(t) - \overline{X}^*}{\overline{X}_\alpha(t_\alpha) - \overline{X}^*}\right)}{\mathrm{d}\left(\frac{t - t_\alpha}{t_0 - t_\alpha}\right)} \tag{3.2–21b}$$

Aus ihr folgt durch Umformung

$$\dot{\overline{\chi}} = \frac{-\frac{\mathrm{d}\overline{X}(t)}{\mathrm{d}t}}{-\left(\frac{\mathrm{d}\overline{X}}{\mathrm{d}t}\right)_\alpha} = \frac{\dot{\overline{X}}(t)}{\dot{\overline{X}}_\alpha(t_\alpha)} \tag{3.2–21c}$$

als die auf die Anfangstrocknungsgeschwindigkeit $\dot{\overline{X}}_\alpha(t_\alpha)$ bezogene relative Trocknungsgeschwindigkeit. Damit ist es möglich,

— einerseits von der Anfangstrocknungsgeschwindigkeit zu abstrahieren, wodurch infolge der Normierung die unter ähnlichen Bedingungen von äußerer und innerer Trocknungsgeschwindigkeit gewonnenen unterschiedlichen Trocknungsverlaufskurven zusammenfallen, wie Abb. 3–26 [3–57] anschaulich verdeutlicht und

— andererseits von den dimensionslosen Trocknungsverlaufskurven $\overline{\chi}(\tau)$ bzw. $\dot{\overline{\chi}}(\tau)$ — zumindest in orientierender Weise — unter Benutzung von Gl. (3.3–67) auf den technischen Trocknungsverlauf umzurechnen:

$$-\frac{\mathrm{d}\overline{X}(t)}{\mathrm{d}t} = -\left(\frac{\mathrm{d}\overline{X}}{\mathrm{d}t}\right)_\alpha \cdot \dot{\overline{\chi}}(t) \tag{3.2–22}$$

mit

$$\Delta t = \Delta\tau \cdot (t_0 - t_\alpha) \tag{3.2–23}$$

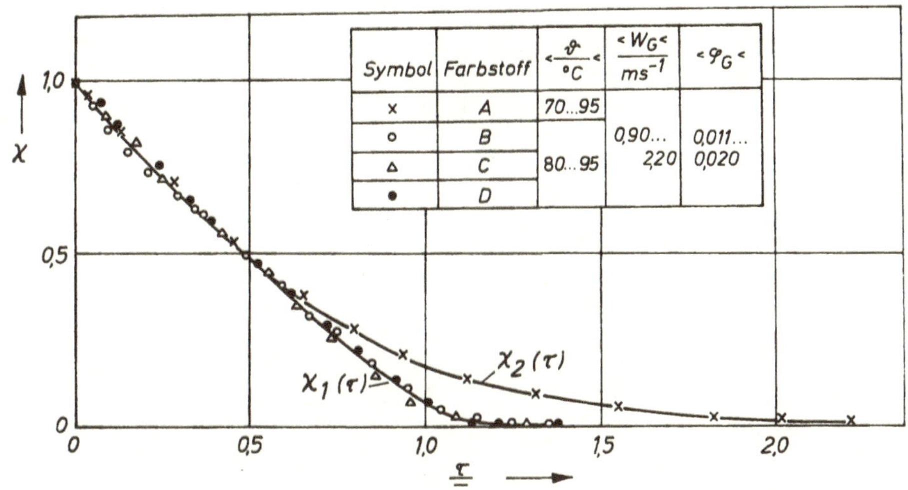

Abb. 3-26: Normierte Trocknungsverlaufskurven der in Abb. 3-25 gemessenen Trocknungsverlaufskurven von vier verschiedenen Farbstoffen. Drei Farbstoffe *B*, *C*, *D* lassen sich auf eine Funktion $\chi_1(\tau)$ normieren, der Farbstoff *A* zeigt eine andere Normierungsfunktion $\chi_2(\tau)$.

als

$$-\frac{d\overline{X}(t)}{dt} = -\frac{\alpha A \cdot \Delta\vartheta}{\Delta h_{v;F}} \cdot \dot{\chi}(t) \qquad (3.2\text{–}24)$$

Die normierte Darstellung der Ergebnisse des klassischen kinetischen Experimentes der Trocknung ermöglicht, bei Normierbarkeit der Verlaufskurven, sowohl den experimentellen Aufwand im Labor zu senken als auch auf technische Trocknungsbedingungen umzurechnen, ohne eine Annahme über den inneren Transportmechanismus zu treffen. Ausführlich werden die Grundlagen und deren Ergebnisse von Militzer dargestellt [3–60; 3–63]. Eigene Messungen an keramischen Massen, organischen Farbstoffpasten u. a. Produkten bestätigen, daß auch der Trocknungsverlauf unterschiedlicher Farbstoffe o. a. Produkte zu jeweils einer charakteristischen dimensionslosen Trocknungsverlaufskurve $\overline{\chi}(\tau)$ bzw. $\dot{\chi}(\tau)$ zusammengefaßt werden kann, wie Abb. 3–26 und 3–27 zeigen [3–57; 3–59]. In diesem Falle darf man auf ähnliche innere Trocknungs- und Transportbedingungen schließen. Daher stellt die experimentelle Ermittlung der Trocknungsverlaufskurven gleichzeitig eine Grundlage für eine exaktere Modellierung des Feuchtetransportes im Gut mit dar.

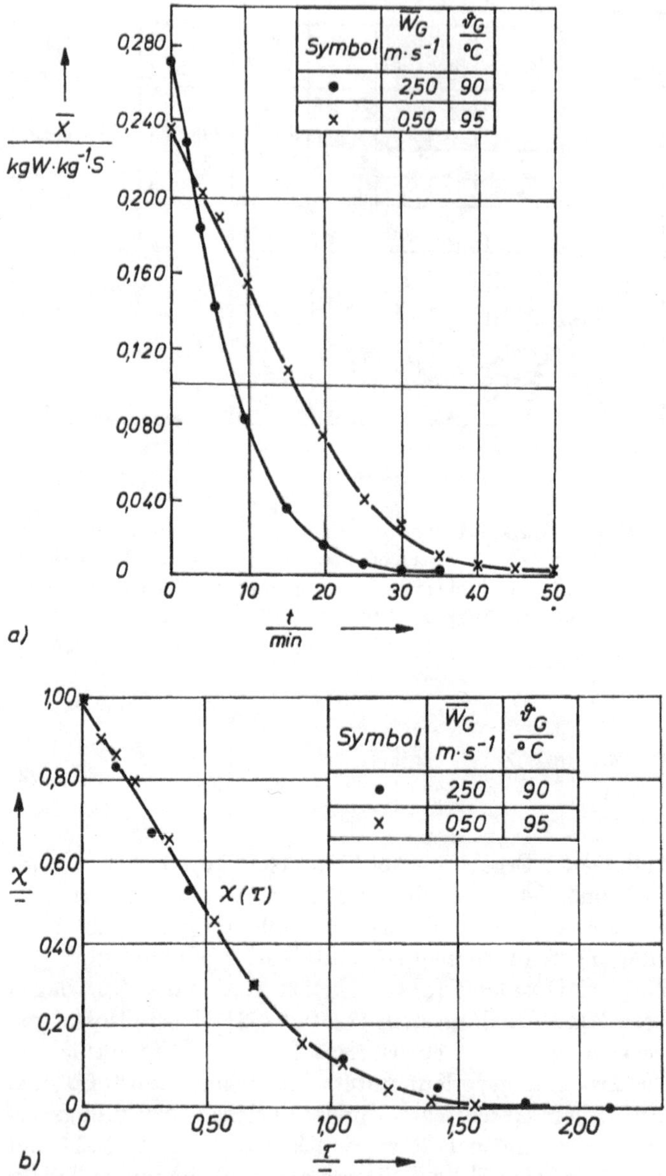

Abb. 3-27: **Trocknungsverlaufskurven $\overline{X} = \overline{X}(t)$ und normierte Trocknungsverlaufskurve $\overline{\chi} = \overline{\chi}(\tau)$ von Porzellanmasse bei unterschiedlichen äußeren Trocknungsbedingungen $\overline{w}$ und ϑ_G.**

3.2.4. Ermittlung der thermischen Stabilität

Für die Wahl der Parameter Temperatur und Verweilzeit von Trocknungsprozessen ist die Kenntnis des thermischen Verhaltens, speziell der thermischen Stabilität der zu trocknenden Substanzen, notwendig.

Zur Untersuchung der thermischen Belastbarkeit bzw. Stabilität werden vorwiegend drei Methoden genutzt:

- Thermogravimetrie (*TG*),
- Differenz-Thermoanalyse (*DTA*),
- Differenz-Scanning-Kalorimetrie (*DSC*).

Bei der Thermogravimetrie [3–64; 3–65] werden von der Untersuchungssubstanz die Massen-Zeit- und die Massen-Temperatur-Abhängigkeiten $m = f(t)$ und $m = f(\vartheta)$ registriert. Die Erwärmung erfolgt nach einem linearen Temperatur-Zeit-Programm. Massenänderungen an der Probe treten auf bei der Trocknung durch Wasserabgabe, durch Wasserabspaltung sowie bei der thermischen Zersetzung der Substanz. Der Massenverlust drückt sich in einer Stufe oder Übergangsfunktion der thermogravimetrischen Kurve aus.

Bei der Differenz-Thermoanalyse [3–64; 3–65] wird die Temperaturdifferenz $\Delta\vartheta$ bzw. ΔT zwischen der zu untersuchenden Probesubstanz P und einer Inertsubstanz I gemessen. Beide Substanzen werden gleichzeitig in einem Ofen erhitzt; auch hier wird ein lineares Temperatur-Zeit-Programm bei der Erwärmung angewendet. In beiden Substanzen sind als Temperaturfühler Thermoelemente angeordnet, die gegeneinander geschaltet sind. Läuft in der Probesubstanz genau wie in der Inertsubstanz kein zusätzlicher thermischer Prozeß zur Erwärmung ab, so ist $\Delta\vartheta = \vartheta_P - \vartheta_I = 0$. Tritt dagegen in der Probesubstanz P ein Prozeß auf, der mit einer Stoffänderung und daher auch mit einer Enthalpieänderung verbunden ist, so folgt $\Delta\vartheta \neq 0$. – Bei dieser

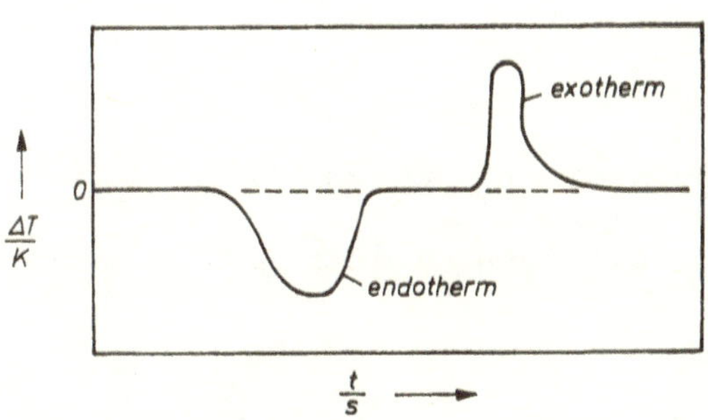

Abb. 3–28: Prinzip einer DTA-Kurve.

Methode wird die Temperaturdifferenz als Funktion der Temperatur $\Delta\vartheta = f(T)$ bzw. als Funktion von der Zeit $\Delta\vartheta = f(t)$ registriert.

Die *DTA*-Kurven haben je nachdem, ob der beobachtete Prozeß exotherm oder endotherm abläuft, einen positiven oder negativen Peak, wie aus Abb. 3–28 zu entnehmen ist.

Schwache thermische Effekte sind bei einer normalen *DTA*-Kurve schwierig zu erkennen. Eine Erhöhung des Auflösevermögens und der Empfindlichkeit ist möglich durch die Bildung der ersten Ableitung („derivation") nach der Zeit. Man bezeichnet die Methode als Derivations-Differenz-Thermoanalyse (*DDTA*). Man erhält mit

$$\frac{\mathrm{d}\,\Delta\vartheta}{\mathrm{d}t} = \Delta\dot{\vartheta} \qquad (3.2\text{–}25)$$

aus der *DDTA* die Funktionen $\Delta\dot{\vartheta} = f(T)$ bzw. $\Delta\dot{\vartheta} = f(t)$.

Zwei Nachteile weist die *DTA* auf: Die genaue Deutung der Effekte ist allein aus dem *DTA*- oder *DDTA*-Diagramm nicht möglich und eine quantitative Auswertung gelingt nur näherungsweise.

Im allgemeinen wird daher die Differenz-Thermoanalyse mit der Thermogravimetrie gekoppelt. In Abb. 3–29a bis 3–29c ist das thermische Verhalten von wasserfeuchtem Kaolin, Chlorpolyethylen dargestellt. Für alle drei *TG*-Kurven in der Abbildung ist charakteristisch, daß bei $\vartheta = 100\,°C$ eine signifikante Entfernung des Wassers erfolgt. Beim Chlorpolyethylen beginnt bei $\vartheta = 260\,°C$ die thermische Zersetzung dieses Hochpolymeren nach der *DTA*-Kurve.

Eine quantitative Auswertung der *DTA*-Kurven zur Ermittlung der Umwandlungs- bzw. Zersetzungsenthalpien Δh sowie der spezifischen Wärmekapazitäten ist nur in grober Näherung möglich. Aus der *DTA* wurden kalorimetrische Methoden entwickelt, die die o. g. Größen quantitativ exakter bestimmen können. Besonders geeignet ist dafür die Differenz-Scanning-Kalorimetrie (*DSC*) [3–66].

3.2.5. *Feuchtemeßverfahren*

Bei der Untersuchung von Trocknungsprozessen im Labor und im technischen Betrieb spielen die Feuchtemeßverfahren eine dominierende Rolle. Sie sind unverzichtbare Grundlage der Prozeßmodellierung und der -optimalsteuerung.

Einsatzgebiete und Bedeutung

Die Feuchtemessung hat historische Traditionen. Leonardo da Vinci baute bereits um 1500 Hygrometer mit Baumwollknäuel als Meßfühler. Der Begriff

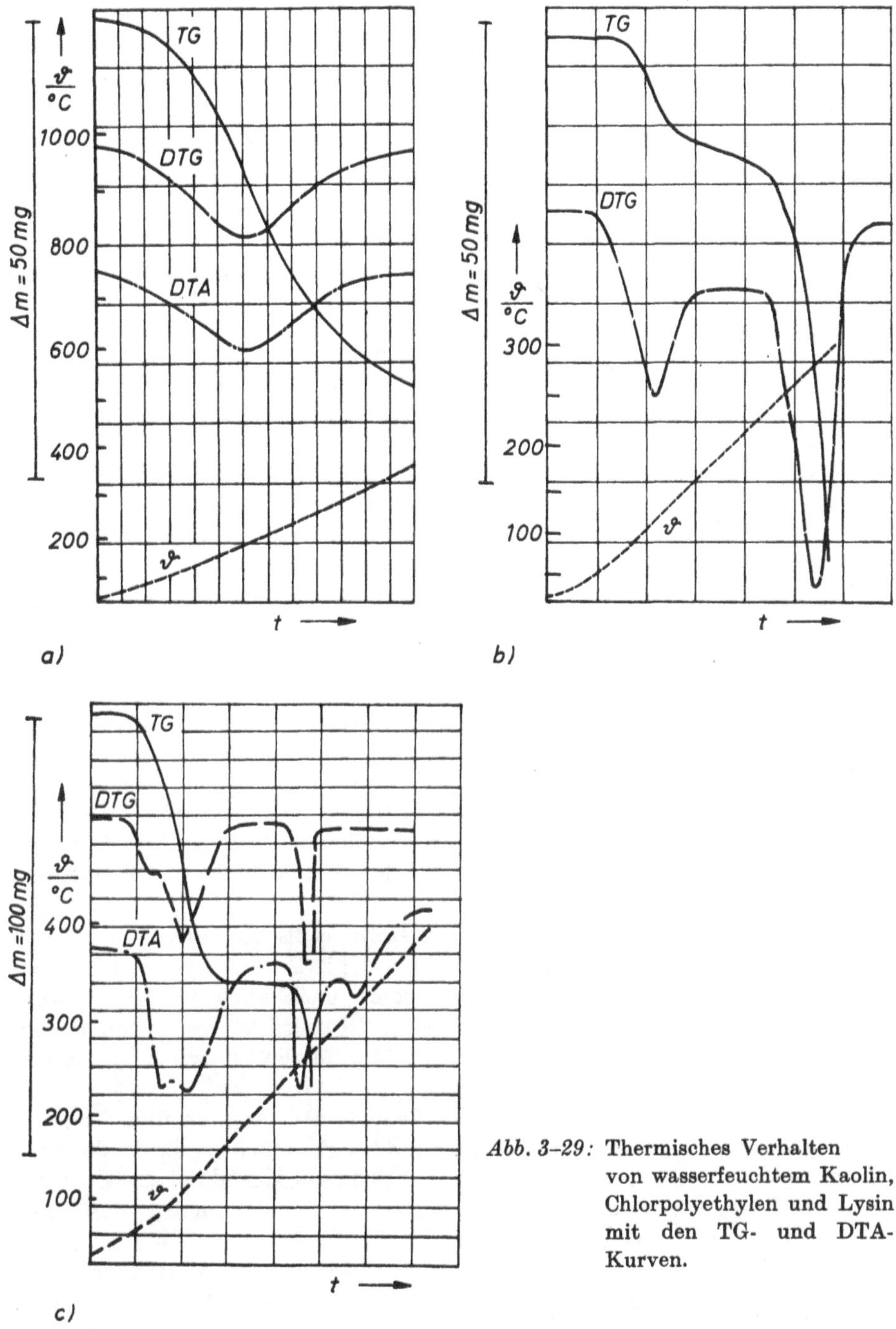

Abb. 3–29: Thermisches Verhalten von wasserfeuchtem Kaolin, Chlorpolyethylen und Lysin mit den TG- und DTA-Kurven.

der relativen Luftfeuchte wurde um 1780 vom Naturforscher und Mountblanc-Bezwinger Horace Benedicte DE SAUSSURE eingeführt.

Bei Trocknungsprozessen werden die Feuchtemeßverfahren benötigt

- zur Charakterisierung des Zustandes der festen, flüssigen und gasförmigen Feuchtgüter,
- zur Untersuchung der Trocknungs-Kinetik sowie
- zur Regelung des Trocknungsprozesses, um Produktqualität und rationellen Energieeinsatz zu sichern.

Die große Zahl von Feuchtemeßverfahren wird unterteilt nach den Aspekten der Gutsart und dem Typ des Verfahrens: Bei der Gutsart unterscheidet man zwischen den Gas- bzw. Luftfeuchtemeßverfahren und den Materialfeuchtemeßverfahren für Flüssigkeiten und Feststoffe. Beim Typ des Feuchtemeßverfahrens unterscheidet man zwischen den direkten Meßverfahren und den indirekten Feuchtemeßverfahren. Die letztgenannte Gruppe nutzt die Messung anderer physikalischer Eigenschaften, die in einem funktionalen Zusammenhang mit dem Feuchtegehalt stehen.

Zur Angabe des Feuchtegehaltes benutzt man bei Gasen die Beladung Y, die relative Feuchte φ oder den im Zahlenwert identischen Sättigungsgrad, sowie in Einzelfällen die Massenfeuchte-Konzentration, die in der Meßtechnik teilweise als absolute Feuchte bezeichnet wird. — Bei Gutsfeuchten sind Angaben als Beladung X, Massenanteil der Feuchte ξ_F oder des Trockengehaltes $\xi_s = 1 - \xi_F$ üblich.

Fundamentale Bedeutung besitzen, wie im Abschn. 3.2.3. erläutert, die direkten, meist auf dem Wägeverfahren beruhenden Methoden. Die verbreitetste Methode ist das DÖRR-Wägeverfahren. Die direkten Methoden werden unbedingt zur Kalibrierung der indirekten Feuchtemeßmethoden benötigt.

Bei den indirekten Meßverfahren müssen stoffspezifische Kalibrierfunktionen ermittelt werden. Dabei ist zu beachten, daß die indirekte physikalische Meßgröße nicht allein vom Feuchtegehalt, sondern meist auch bei Schüttgütern von solchen Einflußgrößen wie Schüttdichte, Korngröße, Kornform, Homogenität, Elektrolytgehalt abhängt und bei der Methodenfestlegung berücksichtigt werden müssen.

Zusammenfassende Darstellungen der Feuchtemeßverfahren findet man in Monografien [3–47; 3–67] und in Hand- und Taschenbüchern der Meßtechnik [3–68 bis 3–74]. Die große Anzahl der Feuchtemeßverfahren beruhen auf unterschiedlichen physikalischen Parametern und Gesetzmäßigkeiten oder auch chemischen Umsetzungen.

Eine Klassifizierung der verschiedenen Feuchtemeßverfahren ist nach unterschiedlichen Gesichtspunkten möglich [3–47; 3–67; 3–69; 3–71; 3–72; 3–73].

Gas-Feuchtemeßverfahren

Einen Überblick über die wichtigsten Meßverfahren und deren Einsatzbereiche gibt Tab. 3–7. Neben den beiden ausführlicher dargestellten Standardverfahren wird auf Methoden hingewiesen, die in letzter Zeit zunehmend an Bedeutung gewinnen; dazu gehören vor allem das Lyman-Alpha-Hygrometer [3–47; 3–67; 3–71; 3–72], das Mikrowellenhygrometer und das Infrarothygrometer [3–71; 3–78; 3–79]. Das Tauspiegelhygrometer kann in der Ausführung der Technischen Hochschule Ilmenau unter Anwendung eines kapazitiven Taupunktsensors für die Betriebsmeßtechnik und zur Prozeßsteuerung eingesetzt werden.

• Aspirationspsychrometer

Das psychrometrische Meßprinzip – auch als Trocken- und Feuchtethermometerverfahren bezeichnet – beruht auf dem Abkühlungseffekt eines nicht mit Feuchtedampf gesättigten Gasstromes beim Vorbeistreichen an einem Feuchtthermometer infolge der Verdunstung der Feuchte.

Psychrometer weisen zwei Thermometer auf. Das Trockenthermometer mißt die Gastemperatur ϑ_G, wobei das Gas den vorhandenen Feuchtepartialdruck p_F

Tabelle 3–7: Übersicht über einige wichtige Gas-Feuchtemeßverfahren und deren meßtechnische Parameter [3–69; 3–71; 3–74]

i	Bezeichnung des Feuchtemeßverfahrens bzw. des Meßprinzips	Meßbereiche		Meßgenauigkeit	
		Taupunkt ϑ $\varphi = 1$ (°C)	Gastemperatur ϑ_G (°C)	$\Delta\vartheta$ $\varphi = 1$ (K)	ΔY (%)
1	Aspirationspsychrometer	0 ··· + 45	0 ··· + 50	±0,2	
2	Tauspiegelhygrometer	0 ··· +100	0 ··· +140	±1	
3	Li Cl-Leitfähigkeitsfühler	−15 ··· + 40	0 ··· + 80	±1	
4	Li Cl-Taupunktfühler	−15 ··· + 80	−30 ··· +100	±1	
5	Haar-Hygrometer	−27 ··· + 48	−20 ··· + 50	±2 ··· 5	
6	Lyman-Alpha-Hygrometer	−50 ··· + 25		±1	
7	Mikrowellenhygrometer	−65 ··· + 40		±0,5	
8	Elektrolysehygrometer[1])	−76 ··· − 20	··· +100		±5
9	Metalloxidhygrometer (Al_2O_3)	−110 ··· + 20	−110 ··· +100	±1	
10	Infrarothygrometer	−150 ··· + 15			±1

[1]) zur Spurenfeuchtebestimmung

aufweist; das über einen saugfähigen Befeuchtungsstrumpf befeuchtete zweite Thermometer mißt die am zugehörigen Sättigungszustand $\varphi = 1$ vorliegende Kühlgrenztemperatur ϑ_F^*. Den prinzipiellen Aufbau des Aspirationspsychrometers nach ASSMANN zeigt Abb. 3–30 [3–71]. Beide Thermometer sind in getrennten Strömungsrohren angeordnet. Der Aspirator saugt das Meßgas durch die inneren Strömungsrohre und durch die Ringspalte. An den Thermometern muß eine ausreichende Strömungsgeschwindigkeit vorhanden sein, um deren Einfluß auf die Feuchtetemperatur zu eliminieren. Die beim Psychrometer erhaltene Temperaturdifferenz $(\vartheta_G - \vartheta_F^*)$ ist nicht proportional der Feuchte des Meßgases.

Die Auswertung psychrometrischer Meßergebnisse erfolgt daher grafisch mit dem MOLLIER-Diagramm nach Abb. 3–31 oder mit geeigneten Psychrometerformeln [3–71; 3–72]. Für technische Messungen an wasserfeuchter Luft gilt die Gleichung von SPRUNG

$$p_F = p_F^*(\vartheta_F^*) - \frac{0{,}5 \cdot p}{1006} (\vartheta_G - \vartheta_F^*) \tag{3.2–26a}$$

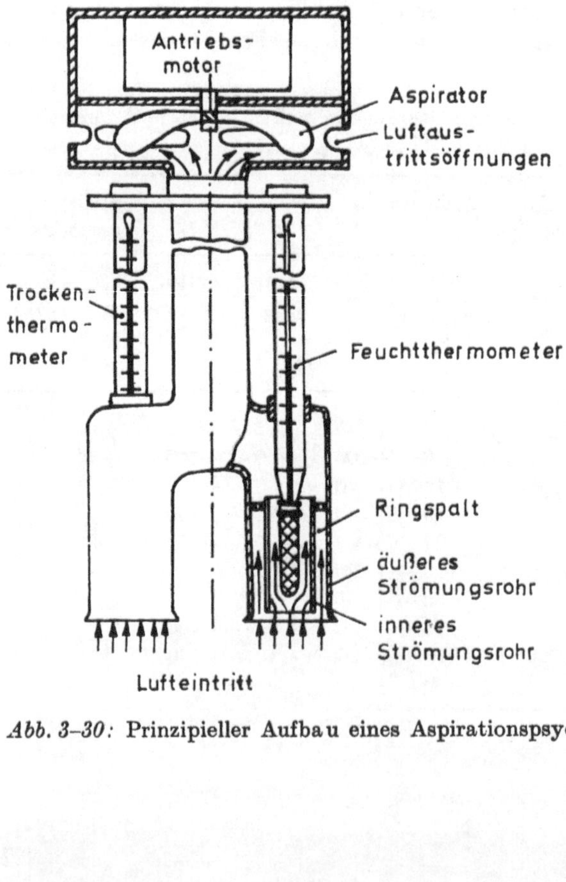

Abb. 3–30: Prinzipieller Aufbau eines Aspirationspsychrometer nach ASSMANN [3–68].

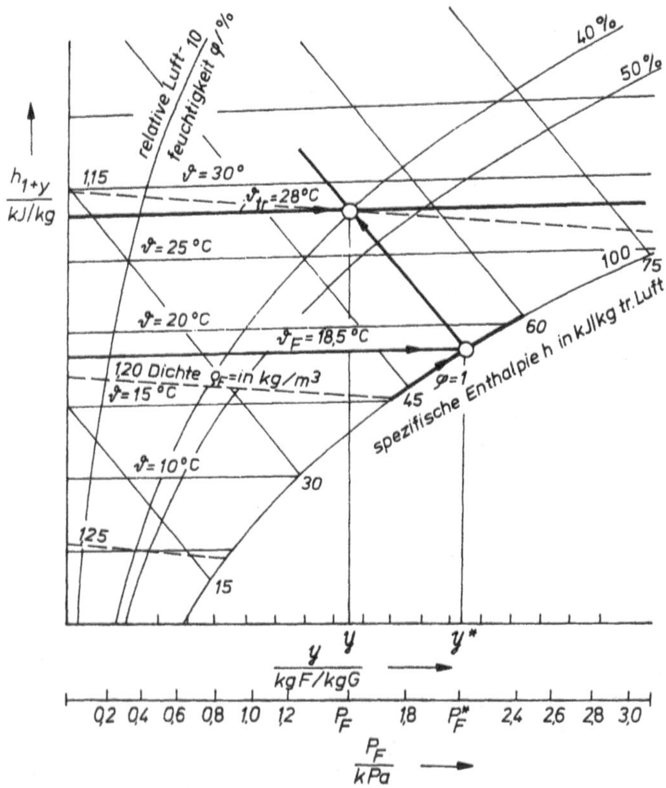

Abb. 3–31: Auswertung psychrometrischer Meßergebnisse im MOLLIER-h_{1+Y}; Y-Diagramm feuchter Luft.

Die derzeit beste Regressionsbeziehung folgt aus der Analogtheorie der Wärme-Stoff-Übertragung [3–71; 3–76; 3–77] zu

$$p_F = p_F^*(\vartheta_F^*) - \frac{(c_{p;G} + Y \cdot c'''_{p;F}) \cdot p}{\Delta h_v(\vartheta_F^*) \cdot \left(\dfrac{M_W}{M_F}\right)} \cdot \left(\frac{a}{D}\right)^n (\vartheta_G - \vartheta_F^*) \quad (3.2\text{–}26\,\text{b})$$

Das Aspirationspsychrometer nach ASSMANN besitzt gute statische Meßeigenschaften und ist als Referenznormal geeignet [3–71]. Für die Betriebsmeßtechnik gibt es jedoch geeignetere Geräte, da das Nachfüllen von Wasser und eine zusätzliche automatische Meßwertauswertung notwendig sind. Das elektronische Aspirationspsychrometer [3–76], kombiniert mit moderner Elektronik, ist ein zur Steuerung und Regelung geeignetes Meßverfahren.

• Tauspiegelhygrometer

Das Prinzip des Tauspiegelhygrometers zur Messung der Gas- bzw. Luftfeuchte beruht auf der Temperaturmessung einer gekühlten Spiegelfläche, bei der die Feuchte aus dem Gas kondensiert ($\varphi = 1$). Diese Temperatur ist die Tautemperatur ϑ_{Tau}. Allein aus der Tautemperatur ergibt sich bei bekanntem Gesamtdruck die Feuchtebeladung des Gases Y. — Wird außerdem die Gastemperatur ϑ_G gemessen, so kann die relative Feuchte φ bestimmt werden.

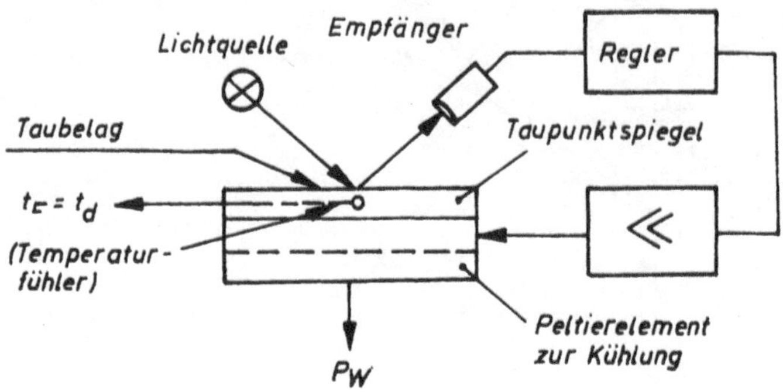

Abb. 3-32: Prinzipieller Aufbau eines Tauspiegelhygrometers [3-77].

Tauspiegelhygrometer [3-68; 3-71; 3-73] bestehen im wesentlichen aus drei Baugruppen: dem Taupunktspiegel, der Indikationseinrichtung und der Kühleinrichtung. Abbildung 3-32 zeigt den prinzipiellen Aufbau eines Tauspiegelhygrometers. Der Taupunktspiegel ist entweder eine polierte Metalloberfläche aus Kupfer, Silber, Gold, Platin, Edelstahl, Aluminium bzw. Nickel oder es dient Glas als Spiegelmaterial.

Infolge von Verunreinigungen im Meßgas kann sich auf dem Spiegel ein Belag bilden, der für ein ordnungsgemäßes Funktionieren entfernt werden muß.

Die Indikationseinrichtung dient zur Feststellung des Kondensats auf der Spiegeloberfläche. Häufig werden Photosensoren (optische Beleuchtung und fotoelektrischer Empfänger), aber auch elektrische Indikationsmethoden (Messung des Leitwertes oder der Kapazität der Feuchteschicht) angewandt. Die Abkühlung des Taupunktspiegels erfolgt durch Peltier-Kühlelemente. Eine spezielle Schaltung dient bei der Inbetriebnahme zum schnellen Erreichen eines stationären Tauzustandes. Die Tautemperatur wird mit Widerstandsthermometern, Thermoelementen oder Transistoren gemessen. Das Meßverfahren ist besonders gut für die betriebliche Meßtechnik und zur Prozeßsteuerung geeignet.

Guts-Feuchtemeßverfahren

Die Bestimmung des Feuchtegehaltes X von Flüssigkeiten und Feststoffen ist erheblich schwieriger als die Messung der Gasfeuchte. Es können hierfür nicht so allgemeingültige Meßverfahren angegeben werden, oft sind die Meßverfahren auf ein enges stoffspezifisches Anwendungsgebiet begrenzt. Die Ursachen liegen u. a. darin, daß der Feuchtegehalt eines Gutes, meist Wasser, im allgemeinen nicht als Einzeleffekt erfaßt werden kann. Als Mischeffekte von Feuchte und Gut sowie bei Schüttgütern können durch ungleichmäßige Feuchte- und Partikelverteilungen störende Zusatzeffekte auftreten, die zusätzlich noch durch Korngrößenverteilung, Kornform, Füllungsgrad bzw. durch den Elektrolytgehalt überlagert werden.

Die derzeit am häufigsten genutzten Meßverfahren in der Praxis [3–47; 3–67; 3–68; 3–69; 3–74; 3–77] sind:

Dörr-Wägemethode als Absolutmeßmethode,
Karl-Fischer-Methode (sie ist eine chemische Wasserbestimmungsmethode).
Calciumcarbid-Methode (als ebenfalls chemische Methode, das entstehende Ethin läßt sich gaschromatografisch quantitativ bestimmen),
elektrische Leitfähigkeitsmeßverfahren sind einfach und leicht handhabbar; der Meßbereich liegt im hygroskopischen Bereich $\xi_F \triangleq 5 \cdots 10\%$. Der Elektrolyteinfluß wirkt sehr störend. Vor dem Einsatz ist eine eingehende Prüfung der Verfahrenseignung erforderlich.
Dielektrische Meßverfahren sind in gleicher Weise für Flüssigkeiten wie für sehr feuchte und sehr trockene Güter geeignet. Störenden Einfluß hat die Dichte und damit die Inhomogenität des Materials. Das Verfahren basiert auf den großen Unterschieden der relativen Dielektrizitätskonstanten des Wassers ($\varepsilon \approx 81$) und der der trockenen Güter ($\varepsilon = 2 \cdots 6$).
Mikrowellenabsorptionsmethode: Hier erfolgt die Absorption hochfrequenter Energie im feuchten Gut. Diese Meßverfahren sind den dielektrischen Methoden analog.
Infrarot-Meßverfahren, bei denen für die Gutsfeuchtebestimmung die Lichtreflexionsmethode benutzt wird.
Neutronen-Feuchtemeßverfahren: Bei den kernphysikalischen Methoden ist der Einfluß störender Faktoren auf die Meßgröße im allgemeinen geringer als bei den o. g. Methoden.

Während die ersten drei Meßmethoden direkte Feuchtemeßverfahren sind, stellen die folgenden fünf Meßverfahren indirekte Meßverfahren dar, die der stoff- und apparatespezifischen Kalibrierung bedürfen. — Weit verbreitet sind vor allem die beiden im folgenden näher beschriebenen indirekten Meßverfahren.

• Dielektrische Messung

Die Gutsfeuchtebestimmung mit dem HF-Digital-Granulatfeuchtemesser (DGF) beruht auf der Messung der relativen Dielektrizitätskonstante ε [3–78].

Für eine gegebene Meßzelle, die die Abmessungen des Kondensators repräsentiert, ist die Meßgröße nur von der relativen DK der Meßsubstanz abhängig. Beim DGF wird das elektrische Signal (S) digital in „digit“ angezeigt. Der Vorteil der Methode liegt darin, daß die Probe erhalten bleibt und für weitere Messungen benutzt werden kann. — Für eine Reihe von Stoffen, wie z. B. für Kaolin, ergaben sich gemäß Abb. 3–33 lineare Kalibrierfunktionen.

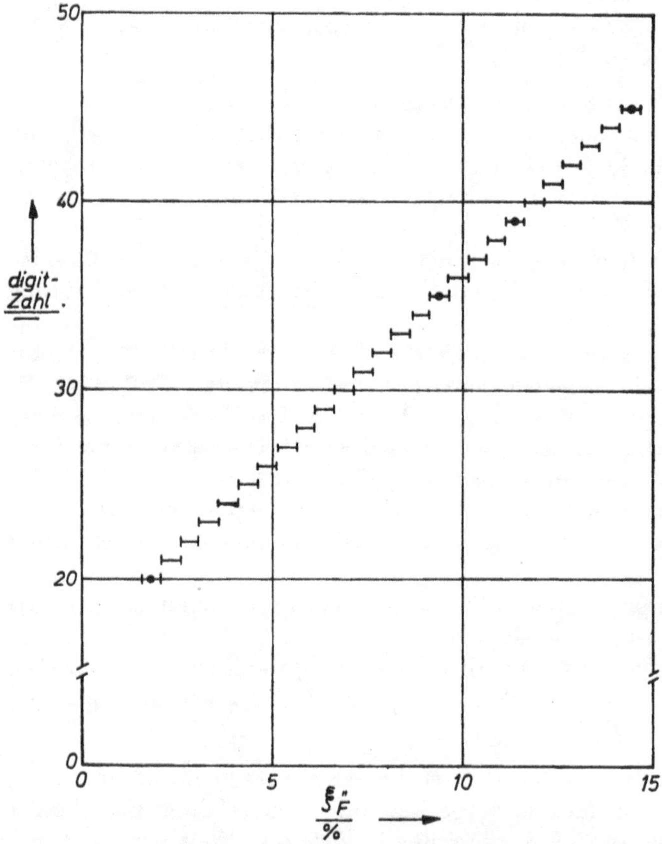

Abb. 3–33: Kalibrierfunktion von wasserfeuchtem Kaolin bei $\vartheta = 20\,°C$ des HF-Digital-Granulatfeuchtemessers (DGF).

• Mikrowellenabsorptionsmethode

Bei einer Frequenz von $f = 22$ GHz besitzt das Wasser ein sehr starkes Relaxationsverhalten, so daß schon bei geringen Feuchten ein großer Teil der Hochfrequenzenergie vom feuchten Gut (Wasser) absorbiert wird [3–79; 3–80]. Wird eine feuchte Schüttung mit HF-Energie durchstrahlt, so wird ein Teil reflektiert und ein Teil absorbiert. Läßt sich die Reflexion ausschalten, so ist die Absorption proportional der Gutsfeuchte.

Die Durchstrahlungsmeßstrecke besteht aus einem Klystron-Generator als Sender, einem Empfänger mit Abstimmeinrichtung und einem zwischen beiden liegenden Hohlleiter mit der Meßprobe. Als periphere Geräte benötigt man ein Netzgerät für das Klystron und ein digitales Anzeigegerät für die Ausgangs-

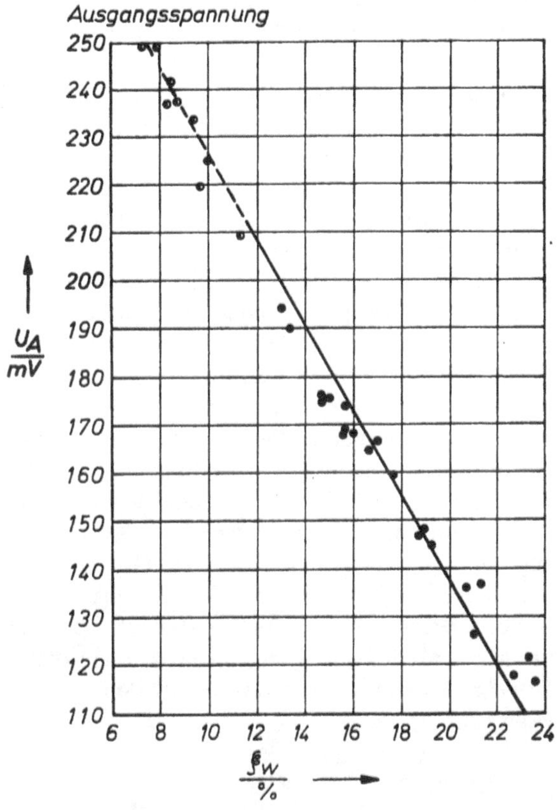

Abb. 3–34: Kalibrierfunktion der Mikrowellenabsorptionsmethode $U_A = f(\xi_w)$ bei $\vartheta = 20\,°C$.

• Meßwerte Trockenkohle ◐ Meßwerte Staub

spannung. Mit dieser Schaltung benutzt man die Ausgangsspannung als Meßgröße bei konstanter hochfrequenter Eingangsspannung.

Ein signifikanter Einfluß des Elektrolytgehaltes konnte nicht festgestellt werden. Abbildung 3–34 zeigt den Zusammenhang zwischen der Meßgröße Ausgangsspannung U_A und dem Feuchtegehalt $\xi_F = \xi_W$.

3.3. Modellierung der Stoff- und Energietransportprozesse bei der Trocknung

Die Zielstellung bei Modellierung der Trocknungsprozesse besteht vor allem darin, die Übertragbarkeit der im Laborexperiment unter konstanten äußeren Bedingungen ermittelten kinetischen Grundkurve auf den technischen Apparat zu sichern, bei dem meist gegenüber dem Laborexperiment sowohl örtlich veränderliche Prozeßparameter als auch unterschiedliche geometrische und Zustandsparameter auftreten.

Aus den Ergebnissen werden die Dimensionierung des technischen Apparates und die Konzentrations- bzw. Beladungsverteilung, die sich auf den Exergieaufwandsstrom auswirkt, ermittelt.

Die experimentell ermittelte kinetische Grundkurve beschreibt das Stoff- und Energietransportverhalten integral. Bislang wurde nach der unter 3.2.3. beschriebenen Normierungsmethode verfahren, bei der durch die Normierung die äußeren Stoff- und Wärmeübergangsbedingungen eliminiert wurden. Die normierten Trocknungsverlaufskurven wurden als invariant gegenüber einer Änderung der äußeren Bedingungen angenommen. Diese Annahmen gelten natürlich exakt nur, wenn das Verhältnis von innerem zu äußerem Stoff- und Energietransport konstant bleibt. Doch zeigt das Zusammenfallen von Laboratoriumsexperimenten unter differenzierten äußeren Bedingungen die außerordentlich weiten Grenzen der praktischen Gültigkeit. Allerdings ist auch zu beachten, daß die integrale Erfassung der Zustände die differentiell vorhandenen Unterschiede in der Feuchteverteilung überdeckt. In den Fällen, in denen man sich dieser Übertragungsmethode sicher ist, werden die Grenzen der integralen Methode nicht offenbar, doch steigen bei höheren Konzentrations- und Beladungsdifferenzen die erforderlichen Exergieaufwendungen für den Trocknungsprozeß. Damit gewinnen die Modellierung der differentiellen Stoff- und Energietransportprozesse für die Auslegung und den optimalen Betrieb von Trocknungsprozessen an Bedeutung.

3.3.1. Bilanzgleichungen für die Stromdichten im Gut

Die gekoppelten Vorgänge des Stoff- und Wärmetransportes in den Feuchtgütern bei Trocknungsprozessen sind der mathematischen Modellierung bisher nur unter vereinfachenden Annahmen zugänglich. In vielen Fällen haben sich folgende Vereinfachungen für die praktischen technischen Probleme mit hinreichender Genauigkeit als zweckmäßig erwiesen und sollen auch bei den folgenden Ableitungen vorausgesetzt werden:

Die Feuchtgüter sind isotrop, auch in ihrer Porenstruktur,

die Porenstruktur ist invariant in bezug auf den Trocknungsprozeß, Erscheinungen der Schrumpfung und Krustenbildung werden vernachlässigt,

die Gasphase in den engen Kapillarräumen ist stets mit Feuchtedampf entsprechend dem Sorptionsverhalten des Feuchtgutes gesättigt.

Damit lauten die Stoff-Bilanzgleichungen für den Dampf F''' und die flüssige Feuchte F''

$$\frac{\partial \hat{\varrho}_F'''}{\partial t} = -\nabla \dot{J}_F''' + \sigma_F''' \tag{3.3–1a}$$

$$\frac{\partial \hat{\varrho}_F''}{\partial t} = -\nabla \dot{J}_F'' + \sigma_F'' \tag{3.3–1b}$$

Wegen der Masseerhaltung $\sigma_F''' + \sigma_F'' = 0$ und der gegenüber Flüssig-Feuchte-Dichte ϱ_F'' vernachlässigbaren Dampf-Feuchte-Dichte $\varrho_F'''(\varrho_F''' \ll \varrho_F'')$ folgt daraus

$$\frac{\partial \hat{\varrho}_F''}{\partial t} = -\nabla \cdot (\dot{J}_F'' + \dot{J}_F''') \tag{3.3–2a}$$

mit

$$\frac{\partial \hat{\varrho}_F''}{\partial t} = \varrho_S' \frac{\partial X}{\partial t} \tag{3.3–2b}$$

Unter Anwendung der Gleichungen resultiert die Beziehung

$$\frac{\partial X}{\partial t} = \nabla \cdot \left[\frac{\varrho_G'''}{\varrho_S'} \frac{D}{\mu_D} \left(1 - \frac{\varrho_s'}{\varrho_F'' \cdot \varepsilon} X\right) \nabla Y + k_F(x) \nabla X\right] \tag{3.3–3}$$

Sie stellt die allgemeine Beziehung für die Beladungsänderung beim Trocknungsprozeß dar und ist in Verbindung mit dem Desorptionsgleichgewicht $Y = Y(X; T)$ und der Energiebilanz zu lösen.

Aus der Energiestromdichte-Bilanz

$$\frac{\partial}{\partial t} [h_S' \varrho_S' + h_F''' \varrho_F''' + h_F'' \varrho_F''] = -\nabla[\dot{J}_Q + h_F''' \dot{J}_F''' + h_F'' \dot{J}_F''] \tag{3.3–4}$$

folgt unter Benutzung der Zusammenfassung

$$c_p = (c_{pS}' + X c_{pF}'') \tag{3.3–5}$$

in Verbindung mit der Stoffbilanz

$$\varrho_S \cdot c_p \frac{\partial \vartheta}{\partial t} = -\nabla \dot{\boldsymbol{j}}_Q - \Delta h_v \cdot \nabla \dot{\boldsymbol{j}}_F''' \tag{3.3-6}$$

Unter Vernachlässigung der konvektiven Enthalpieströme

$$c_{pF}''' \dot{\boldsymbol{j}}_F''' \nabla \vartheta + c_{pF}'' \dot{\boldsymbol{j}}_F'' \nabla \vartheta \approx 0 \tag{3.3-7}$$

und Einführung der linearen Ströme nach Gl. (3.1–72) in (3.3–6) erhält man

$$\varrho_S \cdot c_p \frac{\partial \vartheta}{\partial t} = \nabla \cdot \left[\left(\lambda(\ddot{a}) \nabla \vartheta + \Delta h_v(X) \cdot \varrho_G''' \frac{D}{\mu_D} \left(1 - \frac{\varrho_S'}{\varrho_F'' \varepsilon} X \right) \nabla Y \right] \right. \tag{3.3-8}$$

Diese allgemeinen Trocknungsgleichungen sind nicht geschlossen analytisch lösbar. Für numerische Lösungen empfehlen sich spezielle Anpassungen.

Planparallele Platte

Für die Bedingungen einer planparallelen Platte folgten mit den dimensionslosen Variablen

— der FOURIER-Zahl als dimensionslose Zeit

$$Fo = \frac{a \cdot t}{L_0^2} \tag{3.3-9a}$$

— der bezogenen Ortskoordinate l, wobei L_0 bei einseitiger Trocknung die Plattendicke darstellt, bei beidseitiger Trocknung ist L_0 die halbe Plattendicke

$$l = \frac{L}{L_0} \tag{3.3-9b}$$

— der dimensionslosen freien Gutsfeuchte

$$\bar{\chi} = \frac{\bar{X} - \bar{X}^*}{\bar{X}_\alpha - \bar{X}^*} \tag{3.3-9c}$$

— der dimensionslosen Temperaturdifferenz

$$\vartheta_r = \frac{\vartheta - \vartheta_a}{\vartheta_{\alpha} - \vartheta_a} \tag{3.3-9d}$$

— der LYKOW-Zahl des Flüssigtransports

$$Ly_F = \frac{k_F}{a} \tag{3.3–9e}$$

— der LYKOW-Zahl des Dampftransports

$$Ly_D = \frac{\varrho_G{'''}}{\varrho_S{'}} \frac{D}{\mu_D \cdot a} \tag{3.3–9f}$$

— der KOSSOVITCH-Zahl

$$Ko = \frac{\Delta h_v(\overline{X}_\alpha - X^*)}{c_p(\vartheta_G - \vartheta_\alpha)} \tag{3.3–9g}$$

— dem relativen freien Dampfraum in den Poren

$$\varphi'''_{G;P} = 1 - \frac{\varrho_S{'}X}{\varrho_F{''}\varepsilon} = 1 - \varphi''_{F;P} \tag{3.3–9h}$$

— der relativen freien Feuchte in den Poren

$$\varphi''_{F;P} = \frac{\varrho_S{'}(\overline{X}_\alpha - \overline{X}^*)}{\varrho_F{''} \cdot \varepsilon} \tag{3.3–9i}$$

und den drei dimensionsbehafteten bezogenen Größen

$$\varkappa_x = \frac{\mathrm{d}Y}{\mathrm{d}X} \tag{3.3–9j}$$

$$\varkappa_T = \frac{\mathrm{d}Y}{\mathrm{d}T} \tag{3.3–9k}$$

$$G = \frac{\vartheta_G - \vartheta_\alpha}{\overline{X}_\alpha - \overline{X}^*} \tag{3.3–9l}$$

die Trocknungsgleichungen der planparallelen Platte

$$\frac{\partial \chi}{\partial Fo} = Ly_D \cdot \varkappa_T(\varphi'''_{G;P} - \varphi''_{F;P}\chi) \frac{\partial^2 \vartheta_r}{\partial l^2} + [Ly_D \varkappa_x(\varphi'''_{G;P} - \varphi''_{F;P}\chi) + Ly_F] \frac{\partial^2 \chi}{\partial l^2} \tag{3.3–10a}$$

$$\frac{\partial \vartheta_r}{\partial Fo} = [1 + Ly_D \cdot Ko \cdot G \cdot \varkappa_T(\varphi'''_{G;P} - \varphi''_{G;P}\chi)] \frac{\partial^2 \vartheta_r}{\partial l^2} + Ly_D \cdot Ko \cdot \varkappa_x(\varphi'''_{G;P} - \varphi''_{F;P}\chi) \frac{\partial^2 \chi}{\partial l^2} \tag{3.3–10b}$$

mit den Anfangsbedingungen, daß zum Zeitpunkt 0 der relative Temperaturunterschied in der Platte nicht vorhanden ist und die Platte überall die gleiche freie Feuchte enthält:

$$Fo = 0; \qquad \vartheta_r = 0; \qquad \bar{\chi} = 1 \tag{3.3–11}$$

Analytische Lösungen der allgemeinen Trocknungsgleichungen (3.3–10) und (–11) existieren nicht.

Dieses Gleichungssystem gilt, sofern die Quadrate bzw. Produkte der ersten Ortsableitungen vernachlässigbar klein sind.

Ferner sind bei der Benutzung zwei wesentliche Aspekte zu beachten: Im überhygroskopischen Feuchtebereich $X > X^{**}$ verschwindet $\varkappa_x \Rightarrow 0$, der Ausdruck $(\varphi'''_{F;P} - \varphi''_{F;P}\chi)$ enthält die Einschränkung des Dampfdiffusionsraumes durch den vorliegenden Feuchtegehalt. Bei niedrigen Temperaturgradienten kann man die Dampfdiffusionsterme in diesem Bereich vernachlässigen und erhält das vereinfachte System

$$\frac{\partial \chi}{\partial Fo} = Ly_F \frac{\partial^2 \chi}{\partial l^2} \tag{3.3–12a}$$

$$\frac{\partial \vartheta_r}{\partial Fo} = \frac{\partial^2 \vartheta_r}{\partial l^2} \tag{3.3–12b}$$

Dieser Gleichungssatz gilt streng für den 1. Trocknungsabschnitt.

Bei der Behandlung des 2. Trocknungsabschnittes ist Gl. (3.3–12) in Verbindung mit Randbedingungen vom STEFANschen Typ zu lösen und führt im wesentlichen auf das von SUZUKI, KEEY und MAEDA [3–79] weiterentwickelte Trocknungsfrontmodell von KRISCHER [3–4].

Anhand einer numerischen Lösung des Systems durch BERGER und PEI [3–80] wurde gezeigt, daß der Trocknungsverlauf nach einer thermischen Anlaufphase mit Änderung der Oberflächentemperatur zu einem 1. Abschnitt konstanter Trocknungsgeschwindigkeit führt. In diesem Abschnitt ändert sich die Oberflächentemperatur nicht und liegt nahe der Kühlgrenztemperatur. Somit wird in diesem Bereich die Trocknungsgeschwindigkeit fast ausschließlich durch die äußeren Bedingungen des Stoff- und Wärmeübergangs bestimmt. Allerdings hängt die Dauer des 1. Trocknungsabschnitts von der LYKOW-Zahl der flüssigen Feuchte Ly_F ab und wächst mit steigender Ly_F-Zahl. Der 1. Trocknungsabschnitt ist beendet, wenn die Oberflächenfeuchte kleiner wird als die maximale hygroskopische Feuchte. Da bei kleinen Feuchteleitfähigkeiten der Feuchtegradient an der Oberfläche im 1. Trocknungsabschnitt größer wird, wird die maximale hygroskopische Feuchte schneller erreicht und somit der 1. Trocknungsabschnitt relativ verkürzt.

Im 2. Trocknungsabschnitt, der das Übergangsgebiet vom 1. zum 3. Trocknungsabschnitt darstellt, fällt die Trocknungsgeschwindigkeit sowohl infolge des in das Gut eindringenden Trocknungsspiegels als auch infolge der zwar nur geringen Veränderung des Feuchteleitkoeffizienten. Zur Darstellung eignet sich ein Trockenspiegelmodell nach Abschn. 3.3.4.

Da der Feuchteleitkoeffizient k_F gemäß den Aussagen im Abschn. 3.1.1.2. eine ausgeprägte Funktion der Gutsfeuchte ist, verschwindet der Feuchteleitkoeffizient nahezu bei geringen Feuchten. In diesem Bereich vernachlässigbarer Feuchtebeweglichkeit, dem sog. 3. Trocknungsabschnitt, treten nur geringe Temperaturgradienten auf, so daß für $(b_1 - b_2\chi) \simeq 1$ das vereinfachte Gleichungs-System lautet:

$$\frac{\partial \chi}{\partial Fo} = Ly_D \cdot \varkappa_x \cdot \frac{\partial^2 \chi}{\partial l^2} \tag{3.3–13}$$

Nimmt man für die Randbedingung das Verschwinden der freien Feuchte χ an, so ist die Lösung von Gl. (3.3–13) nahezu unabhängig von den äußeren Trocknungsbedingungen, lediglich die Gastemperatur ϑ_G hat einen Einfluß auf die Kriterien Ly_D und $\varkappa_x$.

3.3.2. Trocknung im 1. Trocknungsabschnitt mit konstanter Geschwindigkeit

Im 1. Trocknungsabschnitt spielen der Stoff- und Wärmeübergang an der Verdunstungs- bzw. der Verdampfungsfläche die entscheidende Rolle. Die in diesem Prozeßabschnitt entfernte Feuchte kann in erster Näherung als freie, ungebundene Feuchte angesehen werden. Die Massenstromdichte der Flüssigkeit an die Verdunstungsfläche entspricht der des abgeführten Dampfes. Die relativ exakte Erfassung der Kinetik dieses Prozesses ist Voraussetzung für alle weiteren Prozeßabschnitte der Trocknung.

3.3.2.1. Grundsätzliches Berechnungsmodell

Wie von Spalding [3–1] an vielen Anwendungsbeispielen gezeigt wurde, ist bei der Beschreibung dieser Transportprozesse die Nutzung der Reynolds-Hypothese zweckmäßig. Zum einen liefert sie schnell das gleiche Ergebnis wie die Ermittlung über die Differentialgleichungsansätze der Diffusionsgesetze, zum anderen ermöglicht sie darüber hinaus auch die Behandlung verwickelterer Probleme in einfacher Form.

Das prinzipielle Bilanzschema der Stoffstromdichten für den Trocknungsprozeß der Oberflächenfeuchte eines Gutes ist dazu in Abb. 3–9 und 3–10 dargestellt. Der fiktive Reynolds-Strom tritt als Massenstromdichte $\varkappa_{Re}$ mit dem Zustand der Außenströmung G ($\triangleq$ Gas) durch eine sehr nahe über der Oberfläche der freien Feuchte liegende Bilanzhülle S ($\triangleq$ Surface) an die Oberfläche heran. An der Bilanzhülle S liegt die Feuchte als Dampf vor; unterhalb der Bilanzhülle S befindet sich dieses Dampf-Gas-Gemisch im Gleichgewicht mit dem Oberflächenzustand der Feuchte, die ihrerseits identisch ist mit dem flüssigen Grenzflächenzustand L ($\triangleq$ Liquid). Die Feuchte tritt durch die Bilanzhülle F ($\triangleq$ Fluid) mit dem Zustand der Feuchte im Inneren des Feuchtgutes in den Bilanzraum ein.

Die Massenstromdichte-Bilanz um den Zustandsraum GS mit einer den Erhaltungssätzen genügenden Bilanzgröße Γ_i, geschrieben mit den spezifischen Bilanzgrößen γ_i; liefert

$$\varkappa_{Re}\gamma'''_{i(G)} + \dot{J}''_{F;(S)}\nu_i = (\varkappa_{Re} + \dot{J}''_{F;(S)})\,\gamma'''_{i(S)} \tag{3.3–14}$$

Dabei charakterisiert das Massenstrom-Verhältnis

$$\nu_i = \frac{\dot{J}'''_{F(S)i}}{\dot{J}'''_{(S)i}} \tag{3.3–15}$$

das Verhältnis des Dampfstroms einer Komponente (F) im Gesamtdampfstrom. In Gütern, die mit Einstoff-Feuchten beladen sind, ist dieser Relationswert konstant bei $\nu = 1$, während er sich bei Mehrstoff-Feuchten auf Werte $\nu < 1$ reduziert und im Verlauf des Trocknungsprozesses verändert.

Aus Gl. (3.3–1) folgt die Massenstromdichte der übergehenden Feuchte zu

$$\dot{J}_F''' = \varkappa_{Re}\cdot\frac{\gamma'''_{i(F)S} - \gamma'''_{iF(G)}}{\nu_i - \gamma'''_{i(F)S}} \tag{3.3–16a}$$

bzw. mit den analogen Größen der Stoffdurchlässigkeit $\varkappa_{Re}$ und der dimensionslosen Triebkraft Θ

$$\dot{J}_F''' = \varkappa_{Re}\cdot\Theta \tag{3.3–16b}$$

Die Energiestromdichte-Bilanz um den Bilanzraum GS liefert analog zu Gl. (3.3–14)

$$-\dot{q} = [(\varkappa_{Re} + \dot{J}_F'')\,h_{(S)}] - [\varkappa_{Re}h_{(G)} + \dot{J}_F''h_{(S*)}] \tag{3.3–17}$$

die übergehende Feuchtestromdichte

$$\dot{J}_F''' = \varkappa_{Re}\,\frac{(h_{(G)} - h_{(S)})}{\left(h_{(S)} - h_{(S*)} - \dfrac{\dot{q}}{J_F}\right)} \tag{3.3–18}$$

Die aus der Bilanzebene S austretende Wärmestromdichte $\dot{q}_S$ tritt an die Feuchte auf der Gutsoberfläche heran und wird für das Bilanzgebiet SL positiv:

$$(\dot{q}_{(S)} - \dot{q}_{(L)}) = \dot{J}_F{}'''(h_{(S)} - h_{(L)}) \tag{3.3–19a}$$

und mit $\dot{J}_F{}'' = \dot{J}_F{}''' = \dot{J}_F$ gilt

$$\frac{\dot{q}_S}{\dot{J}_F} = \frac{\dot{q}_L}{\dot{J}_F} + [h_{(S)} - h_{(L)}] \tag{3.3–19b}$$

Im Rahmen der erweiterten REYNOLDS-Hypothese wird der REYNOLDS-Strom im GS-Bilanzraum als veränderlich betrachtet. Dazu muß zwischen zwei Schichten Y und Y' differentiell bilanziert werden. Die Integration vom S- zum G-Zustand liefert

$$\dot{J}_F{}''' \sum_S^G \frac{1}{\varkappa_{Re}} = \int\limits_S^G \frac{\mathrm{d}\gamma_{(y)}}{\dfrac{\gamma_{(y)} - \gamma_{(s*)}}{\gamma_{(y)} - \gamma_{(s)}}} \tag{3.3–20a}$$

Damit ist

$$\dot{J}_F{}''' = \varkappa_{Re} \cdot \ln\left[1 + \left(\frac{\gamma_{(S)} - \gamma_{(G)}}{\nu_{(s*)} - \gamma_{(s)}}\right)\right] \tag{3.3–20b}$$

$$\dot{J}_F{}''' = \varkappa_{Re} \cdot \ln\,[1 + \Theta] \tag{3.3–20c}$$

3.3.2.2. Trocknung von Gütern, die mit Einstoff-Feuchten beladen sind

Adiabate Trocknung

Mit den Bilanzgrößen Massenanteil ξ_F bzw. Beladung Y_F für die allgemeine Bilanzgröße γ in Gl. (3.3–20) gilt für die Massenstromdichte

$$\dot{J}_F{}''' = \varkappa_{Re} \cdot \ln\left[1 + \frac{\xi_{F(S)} - \xi_{F(G)}}{1 - \xi_{F(S)}}\right] \tag{3.3–21a}$$

bzw.

$$\dot{J}_F{}''' = \varkappa_{Re} \cdot \ln\left[1 + \frac{Y_{(S)} - Y_{(G)}}{1 + Y_{(G)}}\right] \tag{3.3–21b}$$

Im adiabaten Beharrungszustand der Trocknung tritt kein Wärmestrom in das Gut auf

$$\dot{q} = 0 \tag{3.3–20a}$$

$$\Delta h_v(\vartheta) = (h_{(s)} - h_{(S*)}) \tag{3.3–20b}$$

wodurch aus der Energiestrom-Bilanz die Stoffstromdichte

$$\dot{J}_F''' = \varkappa_{Re} \cdot \ln \left[1 + \frac{c_{p(G)}(\vartheta_{(G)} - \vartheta_{(S)})}{\Delta h_{v(S)}} \right] \tag{3.3-21}$$

folgt.

Berücksichtigt man die präzisierte REYNOLDS-Analogie nach Gl. (3.1–26c) bei turbulenter Gasströmung mit laminarer Unterschicht ($n = 1/3$), so folgt aus dieser Kombination

$$\ln \left[1 + \frac{Y_{(s)} - Y_{(G)}}{1 + Y_{(G)}} \right] = Le^{2/3} \cdot \ln \left[1 + \frac{c_{p(G)}(\vartheta_{(G)} - \vartheta_{(s)})}{\Delta h_{v(S)}} \right] \tag{3.3-22a}$$

bzw.

$$1 + Y_{(s)} = (1 + Y_G) \cdot \left[1 + \frac{c_{p(G)} \cdot (\vartheta_{(G)} - \vartheta_{(s)})}{\Delta h_{v;(s)}} \right]^{Le^{2/3}} \tag{3.3-22b}$$

Bei der Berechnung des Stoffüberganges wird thermodynamisches Gleichgewicht an der Phasengrenze im S-Zustand vorausgesetzt, so daß hier gilt

$$Y_{(S)}(\vartheta_s) = \frac{M_F}{M_G} \cdot \frac{p_F^*(\vartheta_s)}{p - p_F^*(\vartheta_s)} \tag{3.3-23}$$

Über die Gl. (3.3–22) und (–23) wird die Gleichgewichtstemperatur ϑ_s^* bestimmt, mit der die Stoffstromdichte aus (3.3–21) folgt:

$$\dot{J}_F''' = \varkappa_{Re} \cdot \ln \left[1 + \frac{c_{p(G)}(\vartheta_{(G)} - \vartheta_{(S)})}{\Delta h_v(\vartheta_s)} \right] \tag{3.3-24}$$

Bei kleinen Triebkräften ($0{,}95 < \Theta < 1{,}05$) gilt näherungsweise

$$\dot{J}_F''' = \frac{\varkappa_{Re}}{1 + Y_{(G)}} [Y_s(\vartheta_s) - Y_G] \tag{3.3-25}$$

Dabei gilt mit der Beziehung für den Verdunstungskoeffizienten σ, der den Stofftransport des reinen Gases in kg Gas /m^{-2} · s^{-1} ausdrückt,

$$\sigma = \frac{\varkappa_{Re}}{1 + Y_{(G)}} \tag{3.3-26}$$

das bekannte Verdunstungsgesetz bei kleinen Triebkräften:

$$\dot{J}_F''' = \sigma[Y_{(s)}(\vartheta_s) - Y_{(G)}] \tag{3.3-27}$$

Der Stoffübergangskoeffizient β ist in der einfachen REYNOLDS-Strom-Analogie durch (3.1–26b) und in der präzisierten Analogie durch (3.1–26c) gegeben. In der einfachen REYNOLDS-Analogie folgt somit

$$\dot{J}_F''' = \frac{\alpha}{c_{p(G)}} \cdot \ln\left[1 + \frac{c_{p(G)}(\vartheta_{(G)} - \vartheta_{(S)})}{\Delta h_v(\vartheta_{(S)})}\right] \tag{3.3–28}$$

Damit kann die Stoffstromdichte aus dem Wärmeübergangskoeffizienten berechnet werden. — Für kleine Triebkräfte geht die Stoffstromdichte über in die linearisierte Wärmestromdichte

$$\dot{q} = \dot{J}_F''' \cdot \Delta h_v(\vartheta_s) \tag{3.3–29a}$$

$$\dot{q} = \alpha(\vartheta_{(G)} - \vartheta_{(s)}) \tag{3.3–29b}$$

Nichtadiabate Trocknung

Bei der nichtadiabaten Trocknung ergibt sich durch die zur Konvektion zusätzliche Wärmestromzufuhr infolge von Leitung und Strahlung insgesamt eine höhere Wärmestromdichte

$$O = \dot{J}_Q + \dot{J}_{Q;\mathrm{Str}} + \dot{J}_{Q;\mathrm{Ltg}} \tag{3.3–30}$$

Mit den für niedrige Temperaturen linearisierten Beziehungen für den Energietransport

$$\dot{J}_F''' = \varkappa_{Re;h} \frac{c_{p;G}(\vartheta_G - \vartheta_S)}{\Delta h_v - \dfrac{\dot{J}_{Q;\mathrm{Str}}}{\dot{J}_F'''} - \dfrac{\dot{J}_{Q;\mathrm{Ltg}}}{\dot{J}_F'''}} \tag{3.3–31a}$$

und den Stofftransport

$$\dot{J}_F''' = \varkappa_{Re;Y} \frac{Y_s(\vartheta_s) - Y_G}{1 + Y_G} \tag{3.3–31b}$$

folgen aus der Kombination auch höhere Beharrungstemperaturen nach

$$Le^{0,67} \frac{c_{p;G}(\vartheta_G - \vartheta_s)}{\Delta h_v - \dfrac{\dot{J}_{Q;\mathrm{Str}}}{\dot{J}_F'''} - \dfrac{\dot{J}_{Q;\mathrm{Ltg}}}{\dot{J}_F'''}} = \frac{Y_s(\vartheta_S) - Y_G}{1 + Y_G} \tag{3.3–32}$$

Aus der Energiestrombilanz (3.3–31a) erhält man durch Umstellung die Stoffstromdichte

$$\dot{J}_F''' = \varkappa_{Re;h} \frac{c_{p;G}(\vartheta_G - \vartheta_s) + \dfrac{\dot{J}_{Q;\mathrm{Str}} + \dot{J}_{Q;\mathrm{Ltg}}}{\varkappa_{Re;h}}}{\Delta h_v} \tag{3.3–33}$$

Mit den bekannten Beziehungen der einfachen REYNOLDS-Analogie (3.1–26a) und den Wärme-Transportgleichungen für Strahlung (3.0–3c) und für Wärmeleitung (3.0–3d) erhält man die Beziehung zwischen Energie- und Stoffstromdichte:

$$Le^{0,67} \cdot c_{p;G} \frac{(\vartheta_G - \vartheta_S) + \frac{k}{\alpha}(\vartheta_H - \vartheta_S) + \frac{\alpha_{\text{Str}}}{\alpha}(\vartheta_{\text{Str}} - \vartheta_S)}{\Delta h_v(\vartheta_s)} = \frac{Y_s(\vartheta_s) - Y_G}{1 + Y_G} \tag{3.3–34}$$

Damit kann iterativ die Beharrungstemperatur bestimmt werden.

Beispiel:

Es ist die Verdampfungsleistung bei der Trocknung eines wasserfeuchten Farbstoffes in einem Kammer-Konvektions-Trockner im Bereich des 1. Trocknungsabschnittes für die Bedingungen der adiabaten Konvektions-Trocknung sowie der zusätzlichen Strahlungs- und Wärmeleitungs-Energiezufuhr zu berechnen. Das Prinzip des Kammertrockners ist in Abb. 3–35a dargestellt. Er besteht aus 50 Kammerplatten von je 0,80 m · 1,25 m = 1 m².

Bei der Trocknung gelten die in Tab. 3–8 angegebenen Stoffwerte und Bedingungen.

Adiabate Konvektions-Trocknung nach präzisierter LEWIS-Analogie

Die LEWIS-Zahl ist nach Gl. (3.1–27) bei 60 °C

$$Le = \frac{\lambda}{\varrho c_p \cdot D} = \frac{0,0285}{1,06 \cdot 1010 \cdot 31,8 \cdot 10^{-6}} = 0,837$$

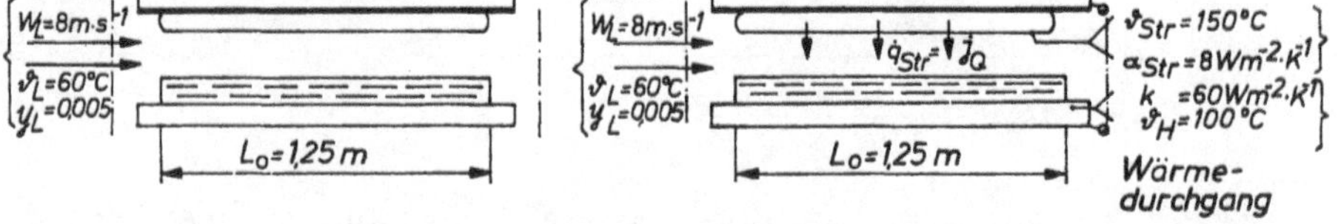

Abb. 3–35: Prinzip des Aufbaus eines Kammertrockners mit 50 Kammerplatten von 0,80 · 1,25 m²/Platten und den zugehörigen Wärmestromdichten bei

a) adiabater Konvektions-Trocknung sowie
b) Konvektions-Trocknung mit Strahlungs- und Wärmeleitungs-Zusatzheizung.

Tabelle 3–8: Parameter eines Konvektions-Kammer-Trockners für wasserfeuchten Farbstoff im 1. Trocknungsabschnitt für adiabaten Betrieb und mit Zusatzbeheizung

Betriebs- und Beheizweise	Parameter	Dimension	Zustands- und Betriebswerte		
Adiabat	ϑ_G	°C	42	51	60
Luft = G	Y_G	kg/kg	0,005	0,005	0,005
	ϱ_G	$kg \cdot m^{-3}$	1,078	1,072	1,060
	c_p	$J \cdot kg^{-1} \cdot K^{-1}$	1020	1016	1010
	λ_G	$W \cdot m^{-1} K^{-1}$	0,0235	0,0277	0,0285
	ν_G	$10^{-6}\ m^2 \cdot s^{-1}$	16,97	18,07	19,2
	Le	—	0,823	0,830	0,837
	Pr	—		0,709	
	D_{FG}	$10^{-6}\ m^2 \cdot s^{-1}$	28,8	30,3	31,8
	w_G	$m \cdot s^{-1}$	8,0	8,0	8,0
Wärmeleitung	ϑ_H	°C		100	
Heizdampf	k_H	$W \cdot m^{-2} K^{-1}$		60	
Strahlungsheizung	ϑ_{Str}	°C		150	
	α_{Str}	$W \cdot m^2 K^{-1}$		8	

In Verbindung von der für kleine Triebkräfte linearisierten Beziehung (3.3–21b) und der Gleichgewichtsbedingung bei vollständiger Sättigung an der S-Schicht nach Gl. (3.3–23) für Wasserdampf in Luft folgten die Bedingungen

$$Y^*_{(s*)} = Y_{(G)} + c_p \cdot Le^{1-n}(1 + Y_{(G)}) \frac{\vartheta_{(G)} - \vartheta_{(S)}}{\Delta h_v}$$

$$Y^*_{)s*)} = 0{,}005 + 1010 \cdot 0\,837^{0,67} \cdot 1{,}005 \frac{60 - \vartheta_{(s)}}{\Delta h_v}$$

$$Y^*_{(s*)} = 0{,}005 + 900{,}98 \frac{60 - \vartheta_{(s)}}{\Delta h_v(\vartheta_{(s)})}$$

und

$$Y_s{}^* = 0{,}622 \frac{p^*(\vartheta_{(s)})}{p - p^*(\vartheta_{(s)})}$$

Mit beiden Beziehungen wird die Beharrungstemperatur im 1. Trocknungsabschnitt iterativ bestimmt, wie Tab. 3–9 zeigt. Die adiabate Beharrungstemperatur beträgt $\vartheta_{(S)} = 23{,}6\,°C$. Der mittlere Zustand der Luft (für die

Tabelle 3-9: Ergebnisse der Iteration der Beharrungstemperatur ϑ_s bei ausschließlicher Konvektion

Annahme			Berechnet
ϑ_s (°C)	Y_s^* (kg · kg^{-1})	$p_F^*(\vartheta_s)$ (Pa)	ϑ_s (°C)
25	0,01793	2802,3	23,0
23	0,01866	2912,9	23,6

Stoffwerte der Wärmeübertragung) beträgt

$$\vartheta_m = \frac{\vartheta_{(G)} + \vartheta_{(S)}}{2} = \frac{60 + 23{,}6}{2} \approx 42\,°\mathrm{C}$$

Für die REYNOLDS-Zahl mit der Plattenlänge L

$$Re = \frac{w \cdot L}{\nu} = \frac{8 \cdot 1{,}25}{16{,}97 \cdot 10^{-6}} = 589\,275$$

folgt aus Gl. (3.1–30)

$$Nu = 0{,}055 \cdot 589\,275^{0{,}80} = 2\,273$$

und daraus

$$\alpha = Nu \frac{\lambda}{L_{\mathrm{Läq}}} = 2\,273 \frac{0{,}0235}{1{,}25} = 42{,}7 \frac{\mathrm{W}}{\mathrm{m^2\,K}}$$

Damit ergibt sich der Stoffübergangskoeffizient nach (3.1–26c) zu

$$\beta = \frac{\alpha}{\varrho_G \cdot c_{pG} \cdot Le^{(1-n)}} = \frac{42{,}7}{1{,}078 \cdot 1010 \cdot 0{,}837^{0{,}67}} = 0{,}0442 \frac{\mathrm{m^2}}{\mathrm{s}}$$

Die Dampfstromdichte ist mit der linearisierten Beziehung gegeben

$$\dot{J}_F''' = \varrho'''\beta \frac{Y_{(s)} - Y_{(G)}}{1 + Y_{(G)}} = 1{,}078 \cdot 44{,}2 \cdot 10^{-3} \frac{0{,}01866 - 0{,}00500}{1{,}005}$$

$$\dot{J}_F''' = 647{,}6 \cdot 10^{-6} \frac{\mathrm{kg}}{\mathrm{m^2 \cdot s}}$$

Die Verdampfungsleistung des Kammertrockners beträgt bei $A_0 = 50\ \mathrm{m}^2$ und Luftanströmung mit Luft von 60 °C

$$\dot{m}'''_{F;1} = \dot{j}_F''' \cdot A_0 = 647{,}6 \cdot 10^{-6} \cdot 50 = 32{,}38 \cdot 10^{-3}\ \frac{\mathrm{kg}}{\mathrm{s}}$$

$$\dot{m}'''_{F;1} \triangleq 116{,}6\ \frac{\mathrm{kg}}{\mathrm{h}}$$

Nicht-adiabate Trocknung mit Zusatzheizung durch Wärmeleitung und -strahlung

Mit den in Tab. 3–10 angegebenen Parametern des mit Zusatzheizung betriebenen Konvektions-Kammertrockners gilt nach Gl. (3.3–34) und Abb. 3–35

$$0{,}837^{0{,}67} \cdot 1{,}078\ \frac{(60 - \vartheta_{(s)}) + \frac{60}{42{,}7}(100 - \vartheta_{(s)}) + \frac{8}{42{,}7}(150 - \vartheta_{(s)})}{\Delta h_v(\vartheta_{(s)})}$$

$$= \frac{Y_{(s)}(\vartheta_{(s)}) - 0{,}005}{1{,}005}$$

Tabelle 3–10: Ergebnisse der Iteration der Beharrungstemperatur ϑ_s bei kombinierte Konvektion, Wärmeleitung und -strahlung nach Gl. (3.3–34)

Annahme:			Berechnet:
ϑ_s (°C)	Y_s^* (kg · kg⁻¹)	$p_F^*(\vartheta_s)$ (Pa)	ϑ_s (°C)
40	0,0569	8375,7	42,4
42,4	0,0544	8040,1	41,6
41,6	0,0552	8149,0	41,9
41,9	0,0549	8113,3	41,8

In Tab. 3–10 sind die 4 Iterationsschritte zur Bestimmung der Beharrungstemperatur angegeben. Damit ergibt sich die mittlere Beharrungstemperatur an der Oberfläche zu $\vartheta_{(s)} \approx 42$ °C und die mittlere Gastemperatur (Lufttemperatur) für den Stoff- und Wärmeübergang zu

$$\bar{\vartheta}_G = \frac{60 + 42}{2} \approx 51\ ^\circ\mathrm{C}$$

und eine Reynolds-Zahl von

$$Re = \frac{8 \cdot 1{,}25}{18{,}07 \; 10^{-6}} = 553403$$

Es folgen analog zu den o. a. Berechnungen

$$Nu = 0{,}055 \cdot Re^{0{,}80} = 0{,}055 \cdot 553403^{0{,}80} = 2161{,}7$$

und damit ein Wärmeübergangskoeffizient

$$\alpha = Nu \frac{\lambda}{L_0} = 2161{,}7 \frac{0{,}0277}{1{,}25} = 47{,}9 \frac{\mathrm{W}}{\mathrm{m^2\,K}}$$

und ein Stoffübergangskoeffizient

$$\beta = \frac{\alpha}{\varrho_G \cdot c_{pG} \cdot Le^{0{,}67}} = \frac{47{,}9}{1{,}072 \cdot 1016 \cdot 0{,}830^{0{,}67}} = 0{,}0498 \frac{\mathrm{m^2}}{\mathrm{s}}$$

Die Dampfstromdichte ist gegeben durch Gl. (3.3–33)

$$\dot{J}'''_{F;2} = \varkappa_{Re;h} \frac{c_{pG}(\vartheta_G - \vartheta_s) + \dfrac{\dot{J}_{Q;\mathrm{Str}} + \dot{J}_{Q;\mathrm{Ltg}}}{\varkappa_{Re;h}}}{\Delta h_v}$$

$$\dot{J}'''_{F;2} = 47{,}1 \cdot 10^{-3} \cdot \frac{1016\,(60 - 41{,}8) + \dfrac{8(150 - 41{,}8) + 60(100 - 41{,}8)}{47{,}1 \cdot 10^{-3}}}{2{,}4 \cdot 10^6}$$

$$\dot{J}'''_{F;2} = 218 \cdot 10^{-3}\,\mathrm{kg/m^2 \cdot s}$$

Damit ergibt sich für den nichtadiabaten Kammertrockner bei Luftanströmung und zusätzlicher Beheizung durch Wärmeleitung und -strahlung eine Verdampfungsleistung von

$$\dot{m}'''_{F;2} = \dot{J}'''_{F;2} \cdot A_0 = 2{,}18 \;\; 10^{-3} \cdot 50 = 109 \cdot 10^{-3} \frac{\mathrm{kg}}{\mathrm{s}}$$

$$\dot{m}'''_{F;2} \triangleq 392{,}4 \frac{\mathrm{kg}}{\mathrm{h}}$$

Im Vergleich zum adiabaten Kammertrockner steigt damit die Verdampfungsleistung auf

$$\frac{\dot{m}'''_{F;2}}{\dot{m}'''_{F;1}} \cdot 100\% = \frac{109 \cdot 10^{-3}}{32{,}38 \cdot 10^{-3}} \cdot 100\% = 336{,}5\%$$

3.3.2.3. Bestimmung von Feuchteprofilen bei der Trocknung im 1. Trocknungsabschnitt

Die Ermittlung der Feuchteprofile im Gut ist bei der Trocknung von zunehmendem Interesse. Einerseits ist deren Kenntnis bei formhaltigen Gütern zur Qualitätssicherung, insbesondere der Vermeidung von Rißbildungen erforderlich, andererseits sind sie bei der Berechnung von Trocknungsverlaufskurven disperser Güter Voraussetzung für die Korrelationen von Knickpunktfeuchten, und drittens gehen die Beladungsgradienten der Feuchte im Gut in den exergetischen Gesamtaufwand der Trocknung mit ein.

Für den geometrisch einfachsten Fall der einseitig getrockneten planparallelen Platte erhält man auf der Grundlage der im Abschn. 3.3.1. abgeleiteten vereinfachten Feuchtebilanzgleichung (3.3–13)

$$\frac{\partial X}{\partial t} = k_F \frac{\partial^2 X}{\partial L^2} \tag{3.3–35}$$

mit der Anfangsbedingung

$$t = 0; \qquad X = X_\alpha \tag{3.3–36a}$$

und den Randbedingungen

$$L = 0: \frac{\partial X}{\partial L} = \frac{\dot{J}'''_{F;\alpha}}{\varrho_s \cdot k_F} \tag{3.3–36b}$$

$$L = L_0: \frac{\partial X}{\partial L} = 0 \tag{3.3–36c}$$

Die analytische Lösung von Gl. (3.3–35) liefert mit der dimensionslosen Schreibweise unter Benutzung

— der bezogenen Ortskoordinate

$$l = \frac{L}{L_0} \tag{3.3–37a}$$

— der bezogenen Trocknungszeit

$$\tau = \frac{k_F \cdot t}{L_0^2} \tag{3.3–37b}$$

— der auf den inneren Stofftransport bezogenen Stoffübergangsstromdichte

$$i = \frac{\dot{J}'''_{F;\alpha} \cdot L_0}{\varrho_s \cdot k_F \cdot X} \tag{3.3–37c}$$

das zeit- und ortsabhängige Feuchteprofil

$$\frac{\overline{X}}{\overline{X}_\alpha} = 1 - i \left\{\frac{1}{2}(1-l)^2 + \tau - \frac{1}{6} - 2\sum_{n=1}^{\infty} \frac{(-1)^n}{n^2 \cdot \pi^2} \cdot \exp(-n^2\pi\tau) \times \cos[n\pi(1-l)]\right\} \tag{3.3–38}$$

Die Gesamtmassenstrombilanz liefert für den Knickpunkt Kn die Bedingung

$$\frac{\overline{X}_{Kn}}{\overline{X}_\alpha} = 1 - i\,\frac{k_F \cdot X_\alpha}{L_0} = 1 - \frac{\dot{J}'''_{F;\alpha} \cdot t_{Kn}}{\varrho_S \cdot L_0} \tag{3.3–39}$$

wobei an der Oberfläche $L = 0$ die maximale hygroskopische Feuchte X^{**} vorliegen muß

$$\frac{X^{**}}{X_\alpha} = 1 - i\left\{\frac{1}{3} + \tau_{Kn} - 2\sum_{n=1}^{\infty}\left[(-1)^n\,\frac{\exp(-n^2 \cdot \pi \cdot \tau_{Kn})}{n^2 \cdot \pi^2}\right]\right\} \tag{3.3–40}$$

Dieser exakte Ansatz kann auf zwei Fälle modifiziert werden:

- Schonende, langsame Trocknung ($i < 2$)

Von Suzuki, Keey und Maeda [3–79] wurde gezeigt, daß der Exponentialterm in Gl. (3.3–38) für $i < 2$ vernachlässigbar klein ist. Das bedeutet, daß es in diesem Bereich zulässig ist, das Feuchteprofil durch eine Parabel zu approximieren. Man erhält

$$\frac{\overline{X}_{Kn} - X^{**}}{X_\alpha} = \frac{1}{3}\,i \tag{3.3–41}$$

Damit ist belegt, daß die mittlere Knickpunktfeuchte von der Trocknungskinetik des Prozesses abhängt. Für den Bereich der schonenden Trocknung folgt das Feuchteprofil näherungsweise ausreichend aus

$$\frac{X}{X_\alpha} = 1 - i\left\{\frac{1}{2}(1-l)^2 + \tau - \frac{1}{6}\right\} \tag{3.3–42}$$

Es ist in Abb. 3–36a in einem Beispiel dargestellt.

- Intensive Trocknung ($i > 2$)

Bei der intensiven Trocknung darf das Feuchteprofil durch die Beziehung für ein semi-infinites Medium approximiert werden

$$\frac{X}{X_\alpha} = 1 - \frac{2\dot{J}_F'''}{\varrho_S X_\alpha k_F}\sqrt{t \cdot k_F}\left\{\frac{1}{\sqrt{\pi}} \cdot \exp\left[-\frac{L^2}{4tk_F}\right] - \frac{L}{2\sqrt{t \cdot k_F}} \cdot \operatorname{erfc}\left[\frac{L}{2\sqrt{t \cdot k_F}}\right]\right\} \tag{3.3–43}$$

In diesem Falle liefert die Knickpunkt-Bedingung

$$\frac{\overline{X}_{Kn}}{X_\alpha} = 1 - \frac{\pi}{4} \cdot \frac{1}{i} \left[\frac{X_\alpha - X^{**}}{X_\alpha} \right]^2 \tag{3.3-44}$$

Abbildung 3–36 b zeigt ein charakteristisches Beispiel von Feuchteprofilen bei intensiver Trocknung. Es ist dadurch gekennzeichnet, daß nach kurzer Zeit die Knickpunktfeuchte erreicht wird, während im Zentrum (bzw. an der Wand) noch die Anfangsfeuchte-Beladung voll ansteht.

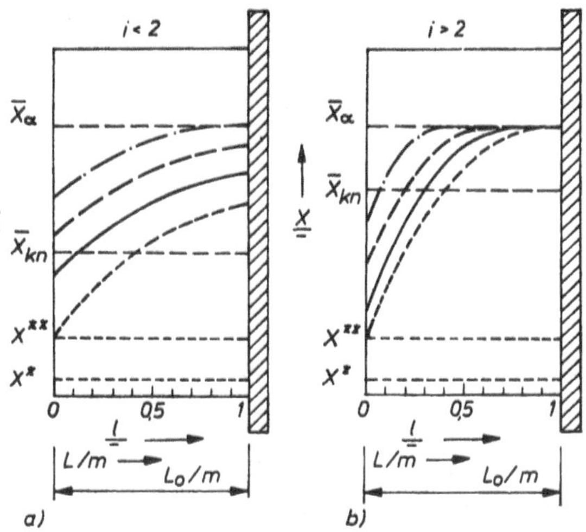

Abb. 3–36: Darstellung des Verlaufes von Feuchteprofilen im Gut während des 1. Trocknungsabschnittes

a) bei schonender, langsamer Trocknung mit der Trocknungsintensität $i < 2$

b) bei intensiver Trocknung mit $i > 2$.

Von SUZUKI, KEEY und MAEDA [3–81; 3–82] sind für diese Bedingungen Gleichungen für variable, feuchteabhängige Feuchteleitkoeffizienten angegeben, die in Tab. 3–11 für die modifizierte Knickpunktbedingung zusammengefaßt sind.

In der praktischen Durchführung der Trocknung ist man in richtiger Schlußfolgerung aus der exergetischen Analyse und in Übereinstimmung mit praktischen Ergebnissen bestrebt, bei geringen Feuchtegradienten im Gut zu trocknen und den 1. Trocknungsabschnitt zu verlängern, um die Hauptmenge

Tabelle 3-11: Knickpunktbedingungen für variable, feuchteabhängige Feuchteleitkoeffizienten nach [3-81]

k_F-Funktion	Gültigkeitsbereich $i < 2$	$i > 2$
$k_F = \left[\frac{1}{AX + B}\right]^2$ (3.3–45)	–	$\frac{\bar{X}_{kn}}{X_\alpha} = 1 - \frac{\pi}{4} \frac{1}{i} \left[\frac{X_\alpha - X^{**}}{X_\alpha}\right]^2$ (3.3–46a) mit $i = \frac{\dot{j}_F''' \cdot L_0}{\varrho_S \cdot X_\alpha \sqrt{k_F(X_\alpha) \cdot k_F(X^{**})}}$ (3.3–46b)
$k = A \cdot \exp BX$ (3.3–47)	$\frac{X_{kn} - X^{**}}{X_\alpha} = \frac{i_\alpha}{3}$ (3.3–48a) mit $i_\alpha = \frac{\dot{j}_F''' \cdot L_0}{\varrho_S' \cdot X_\alpha \cdot k_F(X^{**})}$ (3.3–48b)	$\frac{\bar{X}_{kn}}{X_\alpha} = 1 - \frac{\pi}{4} \frac{1}{i} \left[\frac{X_\alpha - X^{**}}{X_\alpha}\right]^2$ (3.3–49a) mit $i = \frac{\dot{j}_F''' \cdot L_0}{\varrho_S' \cdot X_\alpha \frac{k_F(X_\alpha) - k_F(X^{**})}{\ln \frac{k_F(X_\alpha)}{k_F(X^{**})}}}$ (3.3–49b)

der Feuchte unter diesen Bedingungen zu entfernen und weitgehend bereits in den Kern hinein zu trocknen. Dazu sind Trocknungsgeschwindigkeit $\dot{j}_F'''$ und Gutsschichtdicke L_0 so aufeinander abzustimmen, daß im Bereich kleiner Trocknungsintensitäten nach Gl. (3.3–37c) bei $i < 2$ gearbeitet werden kann. Darüber hinaus ist zu berücksichtigen, daß der Feuchteleitkoeffizient eine ausgeprägte Temperaturabhängigkeit besitzt:

$$k_{F;X^{**}}(T) = k_{F;0} \left(\frac{T}{T_0}\right)^n \tag{3.3–50}$$

In diesem Sinne sind bei der Trocknung disperser Güter Maßnahmen zur Verringerung der Gutsschichtdicke L_0 zu koppeln mit Maßnahmen zur Erhöhung der Beharrungstemperatur, wie z. B. zusätzliche Beheizung u. a. Die Verringerung des äußeren Stoffübergangs $\dot{j}_F'''$ kann ebenfalls in verschiedener Weise bewirkt werden, wie beispielsweise durch die sog. Impulstrocknung. Dabei schließt sich an eine Phase intensiver Trocknung mit Beheizung eine Trocknungspause an, die so bemessen sein sollte, daß sich starke Feuchtegradienten im Gut weitgehend ausgleichen können. Voraussetzung für die Modellierung von Impulstrocknungsprozessen ist die Kenntnis der Feuchte- und Temperaturabhängigkeit des Feuchteleitkoeffizienten, wie sie aus Untersuchungen u. a. von DRESSEL [3–83] durchgeführt wurden. Bei der Modellformulierung ist zu berücksichtigen, daß der stationäre Zustand an der Gutsoberfläche im Rahmen eines Zyklus möglicherweise nicht erreicht werden kann bzw. daß die Zyklusdauer vergleichbar ist mit der Periode des Einstellens des Beharrungszustandes. Definiert man analog zu Gl. (3.2–18) eine auf die maximale hygroskopische Feuchte X^{**} bezogene dimensionslose freie Feuchte

$$\tilde{\chi} = \frac{X - X^{**}}{X_a - X^{**}} \tag{3.3–51}$$

so läßt sich der Feuchteleitkoeffizient durch den Ansatz modellieren

$$k_F = k_F(X^{**}) \cdot \exp(B \cdot \tilde{\chi}) \tag{3.3–52}$$

Für die einseitige Trocknung einer Schicht folgen somit die Feuchtebilanzgleichung

$$\frac{\partial \tilde{\chi}}{\partial Fo} = Ly_F^{**} \cdot \frac{\partial}{\partial l}\left[\frac{\partial \tilde{\chi}}{\partial l} \cdot \exp(B \cdot \tilde{\chi})\right] \tag{3.3–53}$$

mit

$$Ly_F^{**} = \frac{k_F(X^{**})}{a} \tag{3.3–54}$$

und die Energiebilanzgleichung

$$\frac{\partial \vartheta_r}{\partial Fo} = \frac{\partial^2 \vartheta_r}{\partial l^2} \tag{3.3–55}$$

mit den Randbedingungen für den Trocknungszyklus:

Bei $l = \frac{L}{Lo} = 0$ gilt:

$$\frac{\partial \tilde{\chi}}{\partial l} = \frac{\varrho_G''' \cdot \beta \cdot L_0[Y(\vartheta_r) - Y_G]}{\varrho_S' \cdot k_F(X^{**}) \cdot [X_a - X^{**}]} \cdot \exp(-B\tilde{\chi}) \tag{3.3–56}$$

$$\frac{\partial \vartheta_r}{\partial l} = -Bi_Q(1 - \vartheta_r) + Ko \cdot Ly_F^{**} \frac{\partial \tilde{\chi}}{\partial l} \cdot \exp(B\tilde{\chi}) \tag{3.3–57}$$

$$Y(\vartheta_r) = \frac{M_F}{M_G} \frac{p_F^*(\vartheta_r)}{p - p_F^*(\vartheta_r)} \tag{3.3–58}$$

Für $l = 1$ folgt bei reiner Konvektionstrocknung:

$$\frac{\partial \bar{\chi}}{\partial l} = \frac{\partial \vartheta_r}{\partial l} = 0 \tag{3.3-59}$$

Hat man bei der Nachrechnung des Systems mit Impulstrocknung gefunden, daß die Zeit zur Einstellung des Beharrungszustandes sehr viel geringer ist als die Dauer des Trocknungszyklus, so kann man den Beharrungszustand über Gl. (3.3–22b) ermitteln und berücksichtigt im weiteren Lösungsgang nur die Feuchtebilanzgleichung.

3.3.3. Trocknung im Bereich fallender Trocknungsgeschwindigkeit

Bei der Behandlung von Trocknungsproblemen im Bereich fallender Trocknungsgeschwindigkeit ist die Struktur des Gutes zu berücksichtigen, auf die schon im Abschn. 3.2.1. hingewiesen wurde. Zumindest in erster Hinsicht ist zwischen nichtporigen und kapillarporösen Materialien zu unterscheiden. Die Struktur der Feststoffe beeinflußt den Feuchtetransport und damit auch dessen Modellierung entscheidend.

Nichtporige Stoffe

Bei nichtporigen Stoffen muß die Feuchte durch Diffusion im Feststoff an die Oberfläche transportiert werden. Beispiele für das Problem sind u. a. Hochpolymere, wie Polyamid und Polyethylen, die vor dem Verarbeitungsvorgang des Spritzformens durch Trocknen von Spuren der Wasserfeuchte sorgfältig getrennt werden müssen. Auch bei diesen Materialstrukturen endet der 1. Trocknungsabschnitt, wenn die Oberfläche die maximale hygroskopische Feuchte erreicht hat.

Für den Fall des konstanten Feuchte-Diffusionskoeffizienten gilt das 2. Ficksche Gesetz

$$\frac{\partial X}{\partial t} = D_F \frac{\partial^2 X}{\partial L^2} \tag{3.3-60}$$

mit den Randbedingungen

$L = 0$:

$$\varrho_s \cdot D_F \frac{\partial X}{\partial L} = \varrho_G \beta \cdot [Y_S(X; \vartheta_s) - Y_G] \tag{3.3-61}$$

$L = L_0$:

$$\frac{\partial X}{\partial L} = 0 \tag{3.3–62}$$

Bei diesem Vorgang ändert sich ebenfalls die Oberflächentemperatur ϑ_S. Dieser Einfluß wird durch die Energiebilanzgleichung an der Oberfläche erfaßt werden, wie beispielsweise für den Fall der adiabaten Trocknung im Beharrungszustand

$$\alpha(\vartheta_{(G)} - \vartheta_{(S)}) = \Delta h_v \cdot \varrho''' \cdot \beta \cdot [Y(X; \vartheta_S) - Y_G] \tag{3.3–63}$$

Die Lösung kann iterativ analog zum SCHMIDTschen Differenzenverfahren erfolgen [3–84], das von BOESLER und BUDRUSS [3–85] von der planparallelen Platte auf Hohlzylinder und Hohlkugel erweitert wurde, oder über die Methode der finiten Elemente.

Kapillarporöse Stoffe

Die Modellierung des 2. Trocknungsabschnittes mit fallenden Trocknungsgeschwindigkeiten gestaltet sich bei den kapillarporösen Materialien komplizierter. Hierfür lassen sich analytische Lösungen nur unter wesentlichen Vereinfachungen angeben. Diese Vereinfachungen bestehen im wesentlichen darin, daß die Vorgänge der auf die äußerste hygroskopische Feuchtebeladung X ausgetrockneten Gutsschicht in der Dicke L''' gegenüber denen an der in das Gutsinnere zurückweichenden Trocknungsfront, die mehr oder weniger deutlich ausgeprägt sein kann, vernachlässigt werden.

Nimmt man an, daß der Dampf stationär von der Trocknungsfront an die Gutsoberfläche strömt, wobei die Wärme durch Konvektion und Leitung an die Trocknungsfront gebracht wird, so gilt mit der Wärme-BIOT-Zahl

$$Bi_Q = \frac{\alpha \cdot L_0}{\lambda_S} \tag{3.3–63}$$

der Wärmedurchgangskoeffizient ($k = k_Q$)

$$k_Q = \frac{\alpha}{1 + Bi_Q \cdot l} \tag{3.3–64}$$

Für den Stofftransport des Dampfes in das umgebende Gas folgt analog mit der Stoff- (oder Material-) BIOT-Zahl

$$Bi_M = \frac{\beta \cdot L_0}{D} = \frac{L_0}{\dfrac{D'''_{FG}}{\mu_F'''}} \tag{3.3–65}$$

der Stoff- oder Materialdurchgangskoeffizient

$$k_M = \frac{\varrho'''}{\frac{1}{\beta} + \frac{L'''}{D}} = \frac{\varrho''' \cdot \beta}{1 + Bi_M \cdot l'''} \tag{3.3-66}$$

Bezeichnet man den Zustand an der Trocknungsfront, auch Trocknungsspiegel genannt, mit dem Index λ und normiert mit Bezugnahme auf die Trocknungsgeschwindigkeit im 1. Trocknungsabschnitt, analog zu Gl. (3.2–21), so folgt für die adiabate Trocknung nach den Abb. 3–23, 3–26 und 3–27

$$\dot{\chi} = \frac{\dot{J}_F'''}{J_{F;\alpha}'''} = \frac{1}{1 + Bi_M l'''} \cdot \frac{Y_{(\ )} - Y_{(G)}}{Y_{(S)} - Y_{(G)}} \tag{3.3-67a}$$

$$\dot{\chi} = \frac{1}{1 + Bi_Q l'''} \frac{\vartheta_{(G)} - \vartheta_{(\lambda)}}{\vartheta_{(G)} - \vartheta_{(s)}} \tag{3.3-67b}$$

Durch Umformung der Gl. (3.3–67) erhielt Keey [3–86] mit

$$a_0 = \frac{c_{p;G}}{\Delta h_v} \left[\frac{\Delta Y}{\Delta \vartheta}\right]_S^{-1} \cdot Le^{0,67} \tag{3.3-68}$$

$$\gamma = \frac{\left(\frac{Bi_Q}{Bi_M}\right) + a_0}{1 + a_0} \tag{3.3-69}$$

die normierte Trocknungsgeschwindigkeit

$$\dot{\chi} = \frac{1}{1 + \gamma Bi_M \cdot l'''} \tag{3.3-70}$$

Diese Darstellung verknüpft Energie- und Stofftransport in einer Beziehung. Für $l = 0$ wird $\dot{\chi} = 1$, d. h. bei der Oberflächen-Trocknung wird die maximale Trocknungsgeschwindigkeit erreicht.

Mit weiter fortschreitender Trocknung dringt die Trocknungsfront L''' immer tiefer in das Gut zurück. In dimensionsloser Schreibweise kann die Trocknungsfronttiefe l''' aus der Massenstromdichte-Bilanz an der Trocknungsfront berechnet werden. Bei Vernachlässigung der Feuchte-Nachförderung ($\dot{J}_F'' \approx 0$) aus dem Teil oberhalb der Trocknungsfront, was infolge der geringen Größe der Feuchteleitwerte k_F bei $X = X^{**}$ voll gerechtfertigt ist, gilt

$$\frac{dL'''}{dt} \varrho_S'(\overline{X}_{Kn} - X^{**}) = \dot{J}_{F;\alpha}''' \dot{\chi} \tag{3.3-71}$$

in dimensionsloser Schreibweise mit

$$\tau = \frac{t}{t_{Kn}} \tag{3.3-72}$$

$$\chi_a = \frac{\overline{X}_a - \overline{X}_{Kn}}{\overline{X}_{Kn} - X^{**}} \tag{3.3-73}$$

lautet die Geschwindigkeit der Eindringtiefe der Trocknungsfront

$$\frac{\mathrm{d}l'''}{\mathrm{d}\tau} = \frac{\chi_a}{1 + \gamma Bi_M \cdot l'''} \tag{3.3-74}$$

Sie liefert die Lösungen in dimensionsloser Form für

— die normierte Trocknungsfronttiefe

$$l''' = -\frac{1}{\gamma Bi_M} + \frac{1}{\gamma Bi_M}\sqrt{1 + 2\chi_a \gamma Bi_M(\tau - 1)} \tag{3.3-75}$$

— die normierte Trocknungsgeschwindigkeit

$$\dot{\chi} = \frac{1}{\sqrt{1 + 2\chi_a \gamma Bi_M(\tau - 1)}} \tag{3.3-76}$$

— die normierte freie Feuchte

$$\bar{\bar{\chi}} = \frac{\overline{X}_{Kn} - \overline{X}}{\overline{X}_a - X_{Kn}} = \frac{1}{\chi_a \cdot \gamma \cdot Bi_M}\left[\sqrt{[1 + 2\chi_a \gamma Bi_M(\tau - 1)} - 1\right] \tag{3.3-77}$$

Ein erläuterndes Anwendungsbeispiel für die Modellierung des 2. Trocknungsabschnittes ist am Ende des Abschn. 3.3.4. mit der Modellierung einer Trocknungsverlaufskurve dargestellt.

Schwieriger gestaltet sich die Beschreibung von Vorgängen unter Einbeziehung der Feuchteleitfähigkeit. So hat man bei kapillarporösen Stoffen nach Beendigung der Phase der Oberflächentrocknung mit einem leichten Abfall der Trocknungsgeschwindigkeit $\dot{\chi}$ zu rechnen, sofern die äußere Trocknungsgeschwindigkeit größer ist als das kapillare Feuchteleitvermögen und die mittlere Gutsfeuchte $\overline{X}$ kleiner als die kapillare Sättigungsfeuchte $\overline{X}_P{}^*$ nach Gl. (3.2–2). Für diesen Fall lassen sich die angeführten Gleichungen erweitern, wenn man das Feuchteprofil hinter der Trocknungsfront als nahezu homogen betrachtet. Mit Einbeziehung der mittleren Frontfeuchte $\overline{X}_F \leqq \overline{X}_{Kn}$ und der Bilanz für die feuchte Gutszone erhält man ein System von zwei gewöhnlichen Differentialgleichungen. In diesem Fall verlaufen die Grundvorgänge der Ausbildung eines Feuchteprofils und des Hineinwanderns einer Trocknungsfront in das Gut kombiniert. An der Trocknungsfront selbst tritt dabei eine endliche Flüssigkeitsstromdichte auf. Diese Erscheinung wurde z. B. bei der Trocknung von Ziegelsteinen beobachtet, bei der bereits im ersten Trocknungsabschnitt ein leichter Abfall der Trocknungsgeschwindigkeit mit der mittleren Gutsfeuchte zu verzeichnen ist.

Auch im 2. Trocknungsabschnitt darf bei einer Reihe von Trocknungsgütern die Flüssigkeitsleitung nicht vernachlässigt werden. Für diesen Fall lassen sich jedoch die angeführten Gleichungen erweitern, wenn eine zusätzliche Bilanz für die feuchte Gutszone berücksichtigt wird. Diese liefert eine mittlere Frontfeuchte $\overline{X}_F \leqq \overline{X}_{Kn}$ in Abhängigkeit von der Fronttiefe L''' und der Flüssigkeitsstromdichte $\dot{J}_F''$. Betrachtet man die Feuchteverteilung innerhalb der feuchten Gutsschicht als nahezu homogen, was auf die Annahme einer guten Flüssigkeitsleitung innerhalb derselben hinausläuft, so lautet die Trocknungsfrontgleichung:

$$\frac{\mathrm{d}L'''}{\mathrm{d}t}\,\varrho_S(\overline{X}_F - X^{**}) = \dot{J}'''_{F;\alpha}\left[\dot{\chi} - \frac{\dot{J}_F''}{J'''_{F;\alpha}}\right] \tag{3.3–78}$$

Da einerseits die Permeabilität und andererseits der Kapillardruckgradient feuchteabhängig ist, läßt sich für die Flüssigkeitsstromdichte an der Front ein Potenzansatz formulieren

$$\frac{\dot{J}_F''}{J'''_{F;\alpha}} = a_2 \cdot \chi_F{}^n \tag{3.3–79}$$

mit der normierten Feuchte der feuchten Gutsschicht

$$\chi_F = \frac{\overline{X}_F - X^{**}}{\overline{X}_{Kn} - X^{**}} \tag{3.3–80}$$

Der Trocknungsverlauf unter diesen Bedingungen ist bestimmt durch

— die dimensionslose Trocknungsfrontgleichung

$$\frac{\mathrm{d}l'''}{\mathrm{d}\tau} = \frac{\chi_\alpha}{\chi_F(\tau, l''')}\left[\frac{1}{1 + \gamma Bi_M l'''} - a_2\chi_F{}^n\right] \tag{3.3–81}$$

und

— die dimensionslose Feuchtebilanz der feuchten Gutsschicht:

$$\frac{\mathrm{d}\chi_F}{\mathrm{d}\tau} = -\chi_\alpha\,\frac{a_2\chi_F{}^n}{1 - l'''} \tag{3.3–82}$$

Die Anfangsbedingung für die Beschreibung des Trocknungsverlaufes in normierten Koordinaten ist gegeben mit

$$\chi_F = 1; \qquad \tau = 1; \qquad l''' = 0 \tag{3.3–83}$$

Der Verlauf der mittleren Gutsfeuchte in diesem Trocknungsabschnitt folgt aus der Lösung des angeführten Systems zu

$$\frac{\overline{X} - X^{**}}{\overline{X}_{Kn} - X^{**}} = \chi_F(\tau)\,[1 + l'''(\tau)] \tag{3.3–84}$$

Eine andere Beschreibung des Gutsfeuchteverlaufes im zweiten Trocknungsabschnitt geht auf SUZUKI, KEEY und MAEDA [3–79] zurück. Die Autoren gehen dabei von einer direkten Analogie der Feuchteleitung und Diffusion aus und setzen an der Front den einheitlichen Feuchteleitkoeffizienten $k_F(X^{**})$ an. Dann gilt mit:

$$\frac{\partial\chi}{\partial Fo} = Ly_F^* \cdot \frac{\partial}{\partial l}\left[\frac{\partial\chi}{\partial l} \cdot \exp(B\chi)\right] \tag{3.3–85}$$

und den stationären Randbedingungen für $l = l'''$ an der Trocknungsfront mit

$$\frac{\partial\chi}{\partial l} = \frac{\dot{J}'''_{F;\alpha} \cdot L_0}{\varrho_S' \cdot k_F(X^{**}) \cdot (X_\alpha - X^{**})} \cdot \frac{1}{1 + \gamma Bi_M \cdot l'''} \tag{3.3–86}$$

und $l = 1$ im Zentrum bzw. an der Unterseite des Gutes mit

$$\frac{\partial\chi}{\partial l} = 0 \tag{3.3–87}$$

SUZUKI, KEEY und MAEDA [3–79] geben hierfür Näherungslösungen für quasistationäre Feuchteprofile an, die in der Form

$$\chi = \chi(\dot{\chi}) \tag{3.3–88}$$

darstellbar sind. Die Überlegungen basieren auf der Grundlage, daß der Feuchtestrom $\dot{J}_F''$ im Bereich kleiner Trocknungsintensität $i < 2$ als lineare Funktion der Ortskoordinaten L bzw. l formulierbar ist. Somit gilt für $l = l'''$:

$$\dot{J}_F'' = \varrho_S' k_F(X^{**})\,\frac{(\overline{X}_\alpha - X^{**})}{L} \cdot \frac{\mathrm{d}\chi}{\mathrm{d}l} \cdot \exp(B\chi) \tag{3.3–89a}$$

bzw.

$$\frac{\mathrm{d}\chi}{\mathrm{d}l} \cdot \exp(B\chi) = i_\alpha\,\frac{\overline{X}_\alpha}{\overline{X}_\alpha - \overline{X}^{**}} \cdot \dot{\chi} \cdot \frac{1 - l}{1 - l'''} \tag{3.3–89b}$$

mit den Randbedingungen bei $l = l'''$:

$$\dot{J}_{F}'' = \dot{J}_{F;\alpha} \cdot \dot{\chi} \tag{3.3–90a}$$

$$X = X^{**} \tag{3.3–90b}$$

bei $l = 0$

$$\dot{J}_{F}'' = 0 \tag{3.3–91}$$

Die Integration von Gl. (3.3–89) mit den angegebenen Randbedingungen liefert

$$\frac{1}{B}\,[\exp(B\chi) - 1] = i_\alpha \frac{\overline{X}_\alpha}{(\overline{X}_\alpha - X^{**})} \frac{\dot{\chi}}{(1 - l''')} \left[l - \frac{1^2}{2} - l''' + \frac{l'''^2}{2}\right] \tag{3.3–92a}$$

bzw.

$$\chi(l) = \frac{1}{B} \cdot \ln \left\{B \cdot i_\alpha \frac{\overline{X}_\alpha}{(\overline{X}_\alpha - X^{**})} \cdot \frac{\dot{\chi}}{(1 - l''')} \left[(1 - l''') + \frac{1}{2}(l'''^2 - 1^2)\right] + 1\right\} \tag{3.3–92b}$$

und

$$\bar{\chi} = \int_{l'''}^{l=1} \chi(l)\,\mathrm{d}l \tag{3.3–93a}$$

$$\bar{\chi} = \frac{1}{B} \int_{l'''}^{l=1} \ln \left\{B \cdot i_\alpha \frac{\overline{X}_\alpha}{(\overline{X}_\alpha - X^{**})} \frac{\dot{\chi}}{(1 - l''')} \left[(1 - l''') + \frac{1}{2}(l'''^2 - 1^2)\right] + 1\right\} \mathrm{d}l \tag{3.3–93b}$$

Stellt man l''' gemäß Gl. (3.3–93b) als Funktion der Trocknungsgeschwindigkeit $\dot{\chi}$ dar, so beschreibt die Gl. (3.3–93) die normierte Trocknungsverlaufskurve — analog zu Gl. (3.2–21a) — aber ausdrücklich für den Bereich

$$\overline{X}_{Kn} > \overline{X} > X^{**}$$

$$\bar{\chi}_{Kn} > \bar{\chi} > \chi^{**}$$

Man erkennt, daß in dieser Beziehung sowohl die dimensionslose Ortskoordinate l als auch eine Abhängigkeit von der Trocknungsintensität i_α und der Stoff- oder Material-Biot-Zahl Bi_M vorhanden ist. Genaugenommen existiert daher keine einheitliche, nur von den Ortskoordinaten abhängige Trocknungsverlaufsfunktion für den 2. Trocknungsabschnitt.

Der 3. Trocknungsabschnitt beginnt bei kapillarporösen Stoffen, nachdem die Trocknungsfront die Gutsunterseite bei einseitig trocknender Platte bzw. das Zentrum bei beidseitig trocknender Platte erreicht hat. Für diesen Trocknungsabschnitt folgt aus Gl. (3.3–37b) mit

$$\tilde{\tau} = \frac{(t - t^{**})\, \varrho_G''' D\varkappa_x}{L_0^2 \cdot \varrho_S'} \tag{3.3–94}$$

die Trocknungsverlaufskurvenbedingung

$$\frac{\partial \chi}{\partial \tilde{\tau}} = \frac{\partial^2 \chi}{\partial l^2} \tag{3.3–95}$$

mit der Anfangsbedingung bei $\tilde{\tau} = 0$:

$$\chi = \chi^{**} = \frac{X^{**} - X^*}{X_\alpha - X^*} \tag{3.3–96}$$

sowie den Randbedingungen

$$l = 0{:}\ \chi = 0 \tag{3.3–97}$$

$$l = 1{:}\ \frac{\partial \chi}{\partial l} = 0 \tag{3.3–98}$$

Dieses Problem hat die analytische Lösung:

$$\chi = \chi^{**} \sum_{i=0}^{\infty} \left\{ \frac{8}{(2i+1)^2 \pi^2} \cdot \exp\left[-\frac{(2i+1)^2 \pi^2}{4} \tilde{\tau} \right] \right\} \tag{3.3–99}$$

Beim Aufsuchen von Näherungslösungen hat man zwei unterschiedliche Bereiche zu unterscheiden — die Wanderung des Feuchteprofils zur Gutsunterseite und die Entwicklung des Feuchteprofils mit Beeinflussung durch die Gutsunterseite.

- Wanderung des Feuchteprofils zur Gutsunterseite

Der Bereich der Wanderung des Feuchteprofils zur Unterseite ist durch die bezogene dimensionslose Feuchte

$$\frac{2}{3} \leq \frac{\bar{\chi}}{\chi^{**}} \leq 1 \tag{3.3–100}$$

bzw. die dimensionslose Eindringtiefe

$$0 \leq \delta \leq 1 \tag{3.3–101}$$

charakterisiert. Für diesen Abschnitt gewinnt man die Näherungslösung durch Ansetzen eines parabolischen Feuchteprofils zwischen Gutsoberfläche und Eindringtiefe δ. Man erhält damit

$$\bar{\chi} = \chi^{**}\left[1 - \frac{\delta}{3}\right] \tag{3.3–102}$$

$$\delta = \sqrt{12\bar{\tau}} \tag{3.3–103}$$

Beide Gleichungen führen zu Ergebnissen, die mit der exakten Lösung nach Gl. (3.3–99) gut übereinstimmen. Der mittlere Fehler liegt unterhalb von 1%.

- Entwicklung des Feuchteprofils mit Beeinflussung durch die Gutsunterseite

Dieser Bereich ist für die bezogene dimensionslose Feuchte

$$0 \leqq \frac{\bar{\chi}}{\chi^{**}} \leqq \frac{2}{3} \tag{3.3–104}$$

gegeben. In diesem Fall reduziert sich die Näherungslösung im wesentlichen auf den Hauptterm in Gl. (3.3–99) mit

$$\bar{\chi} = 0{,}815 \cdot \chi^{**} \cdot \exp\left(-2{,}475 \cdot \bar{\tau}\right) \tag{3.3–105}$$

Für kleine Werte von $\bar{\tau}$ darf Gl. (3.3–105) in Form einer TAYLOR-Reihe linearisiert werden:

$$\bar{\chi} = 0{,}815 \cdot \chi^{**}(1 - 2{,}475 \cdot \bar{\tau}) \tag{3.3–106}$$

Gleichung (3.3–106) begründet die oftmals getroffene Feststellung einer konstanten Endtrocknungsgeschwindigkeit im 3. Trocknungsabschnitt.

Es ist jedoch zu beachten, daß bei rein formaler Interpretation des 3. Trocknungsabschnittes mit konstanter Endtrocknungsgeschwindigkeit der erste Bereich ignoriert und zum 2. Trocknungsabschnitt gerechnet wird. Das führt zwangsläufig zu großen Abweichungen der aus Trocknungsverlaufskurven ermittelten Diffusionswiderstandsfaktoren gegenüber den an den jeweiligen porösen Stoffen gefundenen Meßwerten.

Im 3. Trocknungsabschnitt beeinflussen also lediglich die Temperatur, der Feuchtepartialdruck des Konvektionsgases und die Stoffdaten ϱ_G''', $\varkappa_x$; $\bar{\chi}^{**}$ und D den Verlauf. In diesem Feuchtebereich kann man daher mit den unterstellteu Voraussetzungen eine einheitliche, normierte Trocknungsverlaufskurve erwarten.

3.3.4. Analyse von Trocknungsverlaufskurven

Das im Abschn. 3.2.1. entwickelte Konzept der normierten Trocknungsverlaufskurve, in den Gln. (3.2–6) bis (3.2–12) zusammenfassend dargestellt, wird häufig für die Auslegung von Trocknern herangezogen. Es unterstellt für ein

Gut oder eine Gruppe ähnlicher Güter die Existenz einer in der normierten Form einheitlichen Trocknungsverlaufskurve für den 2. und 3. Trocknungsabschnitt. Die Aussagen der Modellierung in den Gln. (3.3–89) bis (–93) schränken jedoch die Allgemeingültigkeit der normierten Trocknungsverlaufskurve, zumindest für den 2. Trocknungsabschnitt, in gewisser Weise ein. Das soll nicht hindern, normierte Trocknungsverlaufskurven zur überschläglichen Auslegung zu verwenden, ganz besonders, wenn der 2. Trocknungsabschnitt nicht dominierend ist.

Die Bedeutung der Trocknungsverlaufskurven wird dadurch in keiner Weise gemindert, denn es ist mit relativ einfachen Mitteln möglich, aus dem Verlauf einer Trocknungskurve Transportkoeffizienten zu ermitteln und somit eine sichere Auslegung von Trocknern von Gütern mit ausgesprochenem 2. Trocknungsabschnitt zu erreichen und für diese Produkte eine größere Übertragungsbreite und -sicherheit zu erreichen. Die Auswertungsmethodik wird dabei durch den Aufbau und die Gestaltung der Thermowaage beeinflußt, mit der die Trocknungsverlaufskurven experimentell ermittelt wurden: Das zu trocknende Gut befindet sich nach Abb. 3–22 in einer Probeschale und wird vom Konvektionsgas in einem definierten Zustand $(Y_G; \vartheta_G)$ überströmt. Der Wärmestrom wird dabei sowohl konvektiv über die Stoffaustauschfläche als auch durch Wärmedurchgang über die Wand der Probeschale und durch das Feuchtgut zugeführt. Bei wärmedichter Probeschale könnte die Trocknung adiabat verlaufen, real tritt jedoch immer ein konvektiver Wärmestrom auf. Zur Bestimmung der Wärme- und Stoffübergangskoeffizienten sind Kalibrierversuche mit reinem Wasser vorzunehmen, weil damit die Beharrungstemperatur ϑ_S gemessen werden kann. Daraus kann der Stoffübergangskoeffizient berechnet werden

$$\beta = \frac{1}{\varrho_G} \cdot \frac{\dot{m}_F'''}{A} \cdot \frac{(1 + Y_G)}{[Y_S(\vartheta_S) - Y_G]} \tag{3.3–107}$$

und der Wärmeübergangskoeffizient

$$\alpha = \beta \cdot \varrho_G''' \cdot c_{pG} \cdot Le^{0,67} \tag{3.3–108}$$

Aus Gl. (3.3–34) kann unter Vernachlässigung des Strahlungseinflusses nach

$$Le^{0,67} \cdot c_{pG} \frac{\left[1 + \frac{k}{\alpha}\right] \cdot (\vartheta_G - \vartheta_S)}{\Delta h_v(\vartheta_S)} = \frac{Y_s(\vartheta_S) - Y_G}{1 + Y_G} \tag{3.3–109}$$

der Wärmedurchgangskoeffizient k der Probeschale und des Materials berechnet werden.

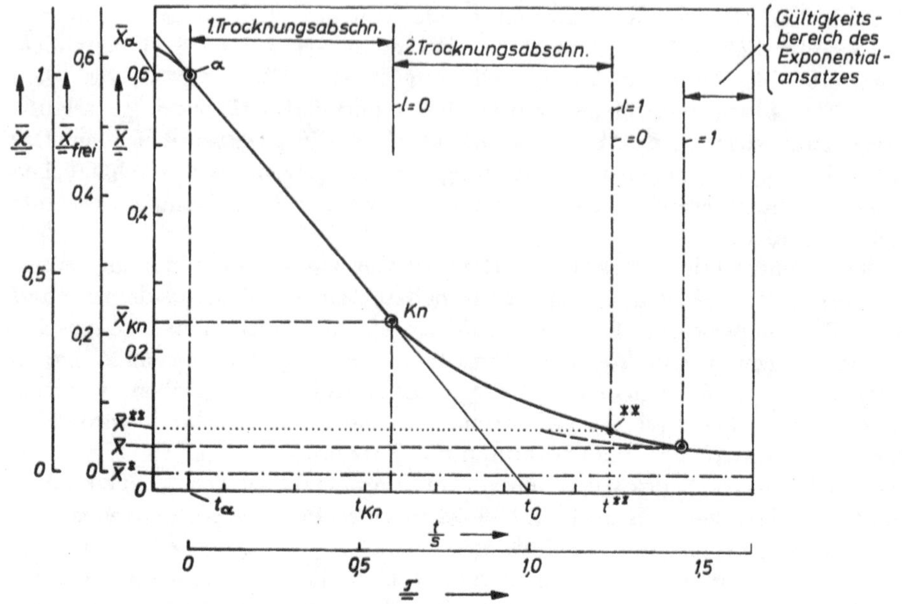

Abb. 3–37: Prinzipieller Verlauf, charakteristische Werte und Bereiche der Trocknungsverlaufskurven kapillarporöser Materialien.

Der prinzipielle Ansatz für die Modellierung einer Trocknungsverlaufskurve wird aus den charakteristischen Angaben in Abb. 3–37 abgeleitet.

Mit einer Regressionsanalyse kann man aus der Trocknungsverlaufskurve im Beharrungszustand sowohl die Trocknungsgeschwindigkeit $\dot{\overline{X}}_\alpha = \left(\frac{\mathrm{d}\overline{X}}{\mathrm{d}t}\right)_\alpha$ als auch die Lage des Knickpunktes $(\overline{X}_{Kn}; t_{Kn})$ bestimmen. Um den Knickpunkt möglichst exakt zu ermitteln, sollten gezielte Trocknungsverlaufskurven mit gezielter Unterbindung von zusätzlichen Kapillareffekten durch die Einhaltung von $\overline{X}_\alpha < \overline{X}_P{}^*$ nach Gl. (3.3–44) ermittelt werden.

Über den Stoffübergangskoeffizienten nach Gl. (3.3–107) von reinem Wasser kann durch Umstellung der Zustand an der Oberfläche des Feuchtgutes

$$Y_S = -\left(\frac{\mathrm{d}\overline{X}}{\mathrm{d}t}\right)_\alpha \cdot \frac{m_S(1 + Y_G)}{\beta \cdot \varrho_G \cdot A} \qquad (3.3\text{–}110)$$

berechnet werden. Aus Y_s folgt mit (3.3–22) die Beharrungstemperatur ϑ_s, deren Wert über Gl. (3.3–109) den Wärmedurchgangskoeffizienten k bzw. das Verhältnis $\frac{k}{\alpha}$ liefert.

Aus der Lage des Knickpunktes kann der Feuchteleitkoeffizient $k_F(X^{**})$ für kleine Trocknungsintensitäten $i_\alpha < 2$, die bei der Trocknung dünner Schichten im allgemeinen immer erfüllt ist, berechnet werden als

$$k_F(\overline{X}^{**}) = -\left(\frac{\mathrm{d}\overline{X}}{\mathrm{d}t}\right)_\alpha \cdot \frac{m_s \cdot L_0}{3 \cdot \varrho_S' \cdot A(\overline{X}_{Kn} - \overline{X}^{**})} \tag{3.3–111}$$

Bei höheren Trocknungsgeschwindigkeiten ist der logarithmische Mittelwert von k_F im Feuchtebereich von $\overline{X}_\alpha$ bis $\overline{X}^{**}$ aus Gl. (3.3–49b) in Tab. 3–11 zu ermitteln.

Anhand des Auslaufes der Trocknungsverlaufskurve, der der Beziehung (3.3–106) genügt, können über eine nichtlineare Regressionsanalyse $\overline{X}^{**}$ bzw. $\overline{\chi}^{**}$; t^{**} sowie $\varkappa_x \cdot D$ bestimmt werden. Damit hat man Beginn und Ende des 2. Trocknungsabschnittes mit den Modellgrößen fixiert.

Für die modellmäßige Beschreibung stehen für Probleme mit verschwindend kleinen Größen der Feuchteleitung die Gl. (3.3–77) und für Probleme mit berücksichtigter Feuchteleitung die Gl. (3.3–93) zur Verfügung. Dabei ist es zweckmäßig, zunächst immer erst die Anwendbarkeit der Gl. (3.3–77) zu testen. Aus Gl. (3.3–75) folgt für die Gutsunterseite ($L = L_0$; $l = 1$) bei $t = t^{**}$ die Beziehung

$$(\gamma \cdot Bi_M + 1)^2 = 1 + 2\chi_\alpha \cdot \gamma \cdot Bi_M(\tau^{**} - 1) \tag{3.3–112}$$

Daraus folgt mit

$$Bi_{M;\alpha} = \frac{\beta \cdot L_0}{D_{FG}'''} \tag{3.3–113}$$

und unter Berücksichtigung der nichtadiabaten Trocknung

$$a_0 = c_{P;G}\left(1 + \frac{k}{\alpha}\right) \cdot \left[\frac{\Delta Y}{\Delta\vartheta_{(S)}}\right]^{-1} \cdot Le^{0,67} \tag{3.3–114}$$

die Bestimmungsgleichung für den Diffusionswiderstandsfaktor

$$\mu_D = a_0 \cdot Bi_{M;\alpha}\left\{2(1 + a_0)\left[\frac{\left(-\frac{\mathrm{d}\overline{X}}{\mathrm{d}t}\right)_\alpha \cdot (t^{**} - t_{Kn})}{\overline{X}_\alpha - \overline{X}^{**} - \left(\frac{\mathrm{d}\overline{X}}{\mathrm{d}t}\right)_\alpha \cdot t_{Kn}} - 1\right] - Bi_Q\right\} \tag{3.3–115}$$

Die Untersuchungen zeigten, daß die über Gl. (3.3–115) aus Trocknungsverlaufskurven bestimmten Diffusionswiderstandsfaktoren in guter Übereinstimmung mit den direkt in Diffusionsversuchen gemessenen Werten liegen.

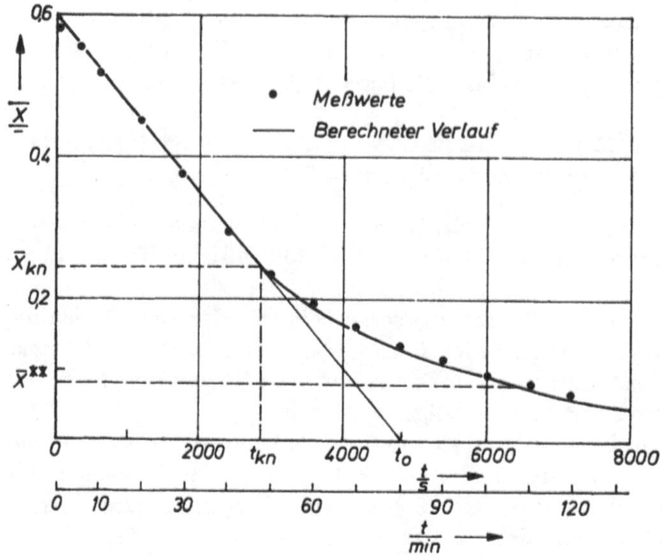

Abb. 3-38: Vergleich zwischen den Meßwerten und dem berechneten Verlauf einer Trocknungsverlaufskurve von Silikagel bei $\vartheta_G = 80\,°C$ und $Y_G = 0{,}008$ kg W/kg Luft.
Modellierungswerte des 2. Trocknungsabschnittes: $Bi_M = 3{,}49$; $X^{**} = 0{,}081$; $k_F = 6{,}38 \cdot 10^{-9}\,m^2 \cdot s^{-1}$; $\hat{\varkappa} = 2{,}166$.

Aus Abb. 3–38 ist die Genauigkeit der Modellierung der Trocknungsverlaufskurve in drei Abschnitten erkennbar. Mit den Anpassungsbedingungen der Meßwerte nach Gln. (3.3–107) bis (–115) können die Transportkoeffizienten zur Charakterisierung des Gutes berechnet werden, die auch zur Berechnung der Feuchteverteilungen erforderlich sind.

Literatur- und Quellenverzeichnis

[3–1] Spalding, D. B.: „*Konvektiver Stoffübergang*". VEB Verlag Technik, Berlin 1969

[3–2] Zehner, P.; Schlünder, E. U.: „Wärmeleitfähigkeit von Schüttungen bei mäßigen Temperaturen". Chemie–Ing.–Techn. **42** (1970) 14, S. 933

[3-3] Kostaropoulos, A. E.: „Die Wärme- und Temperaturleitfähigkeit getrockneter Lebensmittel", Dissertation, Karlsruhe, 1971

[3–4] Krischer, O.; Kast, W.: „*Die wissenschaftlichen Grundlagen der Trocknungstechnik*" (3. Aufl.). Springer-Verlag, Berlin, Heidelberg, New York 1978

[3–5] Schlünder, E. U.: „Wärme- und Stoffübertragung zwischen durchströmten

Schüttungen und darin eingebetteten Einzelkörpern". Chemie—Ing.—Techn. **38** (1966) 9, S. 967

[3-6] MAXWELL, J. C.: "*A Areatise on electricity and magnetism*" (3rd Ed.), Vol. I. Clarendon Press, Oxford 1892

[3-7] KNEULE, F.: „Das Trocknen", Verlag Sauerländer, Aarau, Frankfurt/M. 1975

[3-8] POHLHAUSEN, E.: Z. angew. Math. Mech. **1** (1921), S. 252 (Nach dem Zitat in [3-1])

[3-9] JÜRGES, W.: Beiheft Gesundheitsingen., Reihe 1, Nr. 19 (1924) (Nach dem Zitat in [3-1])

[3-10] TREYBAL, R. E.: "*Mass Transfer Operations*". Mac Graw Hill, New York 1968

[3-11] FRIEDMAN, S. J.; MUELLER, A. C.: "Heat transfer to flat surfaces"; I. Mech. E., General discussion on Heat Transfer (1951), S. 138

[3-12] KERSCHER, E.; BÖHNER, G.; SCHEIDER, A.: „Beitrag zur Wärmeübertragung bei der Furniertrocknung mit Düsenbelüftung". Holz als Roh- und Werkstoff **26** (1968), S. 19—28

[3-13] MASTERS, K.: "*Spray Drying*", London 1972

[3-14] CHILTON, J. H.; COLBURN, A. P.: "Destillation and Absorption in packed columns". Ind. Eng. Chem. **27** (1951), S. 255

[3-15] SHERWOOD, T. K.; PIGFORD, R. L.; WILKE, C. R.: "*Mass transfer*". Mac Graw Hill, New York 1975

[3-16] KACHOLDT, W.: „Prozeßmodell für Gleichstromzerstäubungstrockner mit realen Partikelverteilungen". Dissertation Ingenieurhochschule Köthen, 1985

[3-17] HOLLAND-MERTEN, E. L.: „Die Vakuumtrocknung in den verschiedenen Druckbereichen". Chem. Techn. **15** (1963) 1, S. 15—24

[3-18] HAAS, H.: „Anwendung von Vakuum in der Trocknungstechnik". Chem. Ing. Techn. **27** (1955) 6, S. 357—363

[3-19] KNEULE, F.: „Vakuumtrocknung". Vakuumtechnik **11** (1962) 4, S. 115—121

[3-20] SCHNELLE, W.: „Untersuchungen zum Stoff- und Wärmetransport bei der Vakuumtrocknung kapillarporöser Güter unter Anwesenheit nichtkondensierbarer Gase", Dissertation TH Karl-Marx-Stadt, 1972

[3-21] HARTMANN, J.: „Untersuchungen zum Stoff- und Wärmetransport bei der Vakuumkontakttrocknung kapillarporöser Güter", Dissertation A, IH Köthen, 1987

[3-22] SCHLÜNDER, E. U.: „Wärmeübergang von beheizten Flächen an bewegte Schüttungen bei Normaldruck und im Vakuum". Chem.—Ing.—Techn. **43** (1971) 11, S. 651—654

[3-23] WUNSCHMANN, J.: „Wärmeübergang von beheizten Flächen an bewegte Schüttungen bei Normaldruck und im Vakuum", Dissertation Universität Karlsruhe, 1974

[3-24] WUNSCHMANN, J.; SCHLÜNDER, E. U.: „Wärmeübergang von beheizten Flächen an Kugelschüttungen". vt **9** (1975) 10, S. 501—505

[3-25] MUCHOWSKI, E.; MÄNNCHEN, E.: „Der Wärmeübergang vibrierter Gefäße an gerührte Kugelschüttungen bei Atmosphärendruck und im Vakuum". vt **12** (1978) 9, S. 574—577

[3-26] MUCHOWSKI, E.: „Wärmeübergang vom Boden vibrierter Gefäße an Kugel-

schüttungen bei Atmosphärendruck und im Vakuum". vt **12** (1978) 4, S. 217 bis 223

[3-27] GÜNES, S.: „Kontakttrocknung von grobkörnigen, mechanisch durchmischten Schüttungen im Vakuum", Dissertation Universität Karlsruhe, 1979

[3-28] DE GROOT, S. R.: „*Thermodynamik irreversibler Prozesse*". Bibliographisches Institut, Mannheim 1960

[3-29] BUCKINGHAM, E.: "Studies on the Movement of Soil Moisture". US. Dept. Agric. Bur. Soils Bull. **38** (1907), S. 8–61

[3-30] SCHUBERT, H.: „*Kapillarität in porösen Feststoffsystemen*". Springer-Verlag, Berlin, Heidelberg, New York 1982

[3-31] NEISS, J.; WINTER, E. R. F.: „Neue Methoden zur Berechnung der kapillaren Flüssigkeitsleitfähigkeit in porösen Körpern", Wärme- und Stoffübertragung **16** (1982), S. 175–190

[3-32] SOMMER, E.: „Beitrag zur Frage der kapillaren Flüssigkeitsbewegung in porigen Stoffen bei Be- und Entfeuchtungsvorgängen", Dissertation TH Darmstadt, 1971

[3-33] VAN BRAKEL, J.: "Pore Space Models for Transparent Phenomena in Porous Media". Powder Technology **11** (1975), S. 205–236

[3-34] JOKISCH, F.: „Über den Stofftransport im hygroskopischen Feuchtebereich kapillarporöser Stoffe am Beispiel des Wasserdampftransports in technischen Adsorbentien", Dissertation TH Darmstadt, 1975

[3-35] RIEDEL, L.: „Die Messung der Wärmeleitfähigkeit von Flüssigkeiten I, Plattenverfahren", Archiv für Technisches Messen V 9223-1, 1954; „Die Messung der Wärmeleitfähigkeit von Flüssigkeiten II, Zylinder-, Kugel- und Hitzdrahtverfahren", Archiv für Technisches Messen V 9223-1, 1955

[3-36] HERKLE, M.: „Ein konvektionsfreies Verfahren zur Messung der Wärmeleitfähigkeit von Flüssigkeiten", Dissertation Universität Karlsruhe, 1968

[3-37] STÅLHANE, B.; PYK, S.: „Ny Method för Bestämming av Värmledungskoefficienter", Teknick Tidskrift **28** (1931), S. 389

[3-38] HAARMAN, J. W.: "A contribution to the theory of the transient Hot-Wire method". Physica **52** (1971), S. 605

[3-39] MCLAUGHLIN, E.; PITTMAN, J. F. T.: "Determination of the thermal conductivity of toluene". I: "Theorie of the technique". Phil. Trans. R. Svc. London ALW (1971), 557

[3-40] GRASSMANN, P.: „Elektrisches Verfahren zur Messung von Wärme- und Stoffaustausch". Chem.–Ing. -Techn. **35** (1963), S. 155

[3-41] WARNKE, Kl.: „Anwendung des Heißdrahtverfahrens zur Messung der Wärmeleitfähigkeit und Temperaturleitfähigkeit an festen Stoffen, Schüttungen und Flüssigkeiten", Dissertation TH Aachen, 1976

[3-42] LIE, K. H.: „Messungen der Wärmeleitfähigkeit von organischen Flüssigkeiten mit der instationären Hitzdrahtmethode bis 300 °C und 3 kbar", Dissertation Universität Karlsruhe, 1975

[3-43] WAGNER, H.: „Nichtstationäre Methode zur Bestimmung der Wärmeleitfähigkeit, Temperaturleitfähigkeit und der spezifischen Wärmekapazität nichtmetallischer Baustoffe", Dissertation TU Berlin, 1977

[3-44] DOHM, Kl.-D.: „Wärmeleitfähigkeitsmessungen mit dem Heißdrahtverfahren an feuerfesten Baustoffen unter Berücksichtigung des Einflusses von Gasatmosphäre und Unterdruck auf die Wärmeleitfähigkeit", Dissertation TH Aachen, 1968

[3-45] ZAUSSINGER, H.: „Entwicklung einer Apparatur zur Bestimmung der Wärmeleitfähigkeit mit einer instationären Hitzdrahtmethode". Verfahrenstechnik 8 (1974), S. 150

[3-46] KRISCHER, O.; MAHLER, K.: „Über die Bestimmung des Diffusionswiderstandes und der kapillaren Flüssigkeitsleitzahl aus stationären und instationären Vorgängen". VDI Forschungsheft 473, Ausgabe B, Bd. 25, 1959

[3-47] LÜCK, W.: „*Feuchtigkeit – Grundlagen, Messen, Regeln*". R. Oldenbourg Verlag, München, Wien 1964

[3-48] ROTH, H.; GRAHN, E.; SCHNELLE, W.; HOMANN, K.-H.: „Grundprinzipien der Meßmethodik zur Trocknungskinetik", Vortrag zur INTERCHIM-Tagung Halle/Bitterfeld 11. 4. 84

[3-49] LYKOW, A. W.: „*Experimentelle und theoretische Grundlagen der Trocknung*". VEB Verlag Technik, Berlin 1955

[3-50] KRISCHER, O.; MAHLER, K.: „Vollautomatische Aufzeichnung der Austauschgeschwindigkeit über der Konzentration beim Trocknen". Chem.—Ing.—Techn. **31** (1959), S. 88—93

[3-51] BÜHLMANN, S.; PILHOFER, T.; HEISS, J.: „Automatisierte Aufnahme und Erstellung von Trocknungsverlaufskurven". Verfahrenstechnik **6** (1972), S. 196 bis 202

[3-52] ASHWORTH, J. C.; CARTER, J. W.: „Untersuchung des Trocknungsverhaltens von Silicagel-Granulaten durch kontinuierliches Wiegen im Luftstrom" Drying 80, Vol. 1, Dev. in Drying, Hrsg. A. S. Mujundas, Washington u. a.; Hemisphere Publ. Corp., 1980; S. 151—159

[3-53] LÖSER, E.: „Experimentelle Ermittlung von Trocknungskurven und Probleme der Übertragbarkeit auf andere Bedingungen (für flächenförmige Güter)". Vortrag zur 7. Wärmetechnischen Tagung an der TH Karl-Marx-Stadt 1979, Tagungsberichte 1980 Karl-Marx-Stadt

[3-54] SCHICKETANZ, W.: „Vergleich des Trocknungsverhaltens von Schüttungen kapillarporöser Materialien". Chem.—Ing.—Techn. **43** (1971), S. 245—251

[3-55] „Thermische Analyse". Firmenschrift der NETZSCH-Gerätebau GmbH, Selb/Oberfr.

[3-56] PAULIK, J.; PAULIK, F.; ARNOLD, M.: „Derivatograph — C". Hungarian Scientific Instruments 1985; 59 Budapest, S. 57—62

[3-57] HOMANN, K.-H.; ROTH, H.; SCHNELLE, W.: „Untersuchungen zum Trocknungsverhalten von Farbstoffsyspensionen und Hochpolymeren im Labormaßstab". Vortrag zur 7. Wärmetechnischen Tagung an der TH Karl-Marx-Stadt 1979, Tagungsberichte 1980 Karl-Marx-Stadt

[3-58] WP G 01 G/271 564 5: „Vorrichtung zur kontinuierlichen Konvektionsgasführung über Probegüter in Waagen"; 27. 12. 84

[3-59] WIRTH, I.: „Zur thermodynamischen Analyse und Bewertung des Konvektionstrocknungsprozesses", Dissertation Ingenieurhochschule Köthen, 1987

[3-60] MILITZER, K.-E.; STRAUSS, R.; BRINK, E.: „Die Kinetik der Trocknung und

anderer Fest-Fluid-Stoffaustauschprozesse". Wiss. Z. Techn. Universität Dresden 25 (1976), S. 862–865

[3-61] KRASNIKOW, W. W.: „*Konduktwnaja Suschka*". *Energija*, Moskau 1973

[3-62] GINSBURG, A. S.: „Zu einigen Fragen der Trocknungstechnik", Vortrag an der Sektion 15 der TU Dresden am 3. 3. 1975, zitiert in [3-50]

[3-63] WEISS, S.; ADOLPHI, H.-V.; MILITZER, K.-E.: „*Thermische Verfahrenstechnik I*". „*Verfahrenstechnische Berechnungsmethoden*" (Bd. 2). VEB Deutscher Verlag für Grundstoffindustrie, Leipzig 1978

[3-64] HEIDE, K.: „*Dynamische thermische Analysenmethoden*" (2. Aufl.). VEB Deutscher Verlag für Grundstoffindustrie, Leipzig 1982

[3-65] SCHULZE, D.: „*Differentialthermoanalyse*". VEB Deutscher Verlag der Wissenschaften, Berlin 1969

[3-66] HEMMINGER, W.; HÖHNE, G.: „*Grundlagen der Kalorimetrie*". Akademie-Verlag, Berlin 1980

[3-67] BERLINER, M. A.: „Feuchtemessung". VEB Verlag Technik, Berlin 1980

[3-68] HENGSTENBERG, J.; STURM, B.; WINKLER, O.: „*Messen, Steuern und Regeln in der chemischen Technik*" (3. Aufl., Bd. II). Springer-Verlag, Berlin, Heidelberg, New York 1980

[3-69] PROFOS, P.: „*Handbuch der industriellen Meßtechnik*" (3. Aufl.). Vulkan-Verlag, Essen 1984

[3-70] GÖTTE, Kl.; HART, H.; JESCHKE, G.: „*Taschenbuch Betriebsmeßtechnik*" (2. Aufl.). VEB Verlag Technik, Berlin 1974

[3-71] HEINZE, D.: „Theoretische Grundlagen und Meßverfahren der Gasfeuchtemeßtechnik", TH Ilmenau, 1980

[3-72] "Commission for Instruments and Methods of Observation", World Meteorological Organisation; CWMO-II/Doc. 6; 6. VI. 1957

[3-73] SONNTAG, D.: „Die gegenwärtig genauesten Zahlenwerte von physikalischen Konstanten und thermodynamischen Größen". Z. f. Meteorologie **29** (1981) 1, S. 8–15

[3-74] HEINZE, D.: „Beitrag der Feuchtemeßtechnik zur rationellen Energieanwendung und Qualitätssicherung". Energieanwendung **33** (1984), S. 172

[3-75] SONNTAG, D.: „*Hygrometrie – Ein Handbuch der Feuchtigkeitsmessung in Luft und anderen Gasen*". Akademie-Verlag, Berlin 1968

[3-76] SCHÄDLICH, R.; SONNTAG, D.: „Ein elektrisches Aspirationspsychrometer nach einem WMO-Vorschlag". Zentralinstitut für Meteorologie, **25** (1975) 4, S. 236 bis 247

[3-77] HEINZE, D.: „Kontinuierliche Feuchtemessung in keramischen Rohmassen unter Betriebsbedingungen". Wiss. Berichte, TH Leipzig, Heft 25, 1978

[3-78] „Bedienungsanleitung für den HF-Digital-Granulatfeuchtemesser (DGF)". IH Wismar, 1985

[3-79] WEBER, M.; PRAXMARER, W.: „Neue Wege zur Wassergehaltsbestimmung von Roh- und Trockenbraunkohle im Produktionsprozeß von Brikettfabriken". Freiberger Forschungshefte, H. 727 (1985), S. 66

[3-80] PRAXMARER, W.: „Zur Feuchtemessung von pulverförmigen Hochpolymeren mittels Mikrowellen". Plaste und Kautschuk **27** (1980), S. 252

[3-81] SUZUKI, M.; KEEY, R. B.; MAEDA, S.: "On the Characteristic Drying Curve", AI ChE Symposium Series 73 (1977), No. 163, S. 47–56

[3-82] BERGER, D.; PEI, D. C. T.: "Drying of hygroscopic capillary porous solids", Int. J. Heat Mass Transfer, Pergamon Press, Vol. 16 (1973)

[3-83] SUZUKI, M.; MAEDA, S.: Japan Heat Transfer Symposium III, 166 (1966) (zitiert in [3-79])

[3-84] KEEY, R. B.; SUZUKI, M.: Int. J. Heat Mass Transfer **17** (1974), S. 1455 (zitiert in [3-79])

[3-85] DRESSEL, B.; MILITZER, K.-E.; SCHUBERT, B.: „Nutzung der Modellierung des Trocknungsprozesses mittels effektiver Transportkoeffizienten für die Auslegung von Impulstrocknern", Freiberger Forschungshefte A 727 „Trocknung mineralischer Roh- und Werkstoffe", VEB Deutscher Verlag für Grundstoffindustrie, Leipzig 1984

[3-86] SCHMIDT, E.: *„Einführung in die Technische Thermodynamik"* (5. Aufl.). Springer-Verlag, Berlin/Göttingen/Heidelberg 1953

[3-87] BOESLER, J.; BUDRUSS, R.: „Die zeitlich veränderliche Wärmeströmung – Das Näherungsverfahren von E. SCHMIDT ausgedehnt auf Hohlzylinder und Hohlkugel". Wissenschaftliche Zeitschrift der Techn. Hochschule Dresden, **4** (1954/55) 5, S. 815–819

[3-88] KEEY, R. B.: *"Introduction to Industrial Drying Operations"*. Pergamon Press, Oxford, New York, Toronto, Sidney, Paris, Frankfurt 1983

4. Gestalt- und Größeneinflüsse der Güter auf den Trocknungsprozeß

Trocknungsdauer und -verlauf werden außer den Transportkoeffizienten der Güter und den Triebkraftbedingungen des Prozesses auch wesentlich durch Gestalt und Größe der Güter beeinflußt [4–1]. Gestalt- und Größeneinfluß sind daher bereits bei der Entscheidung über die Wahl des Trocknungsverfahrens zu beachten.

Die Unterteilung des Kapitels der Gestalt- und Größeneinflüsse in

— formhaltige Güter definierter Gestalt,
— relativ formhaltige Güter und
— zufällig verteilte disperse Güter

ist eine für Modellbildungen zweckmäßige Untergliederung.

Zur Abschätzung der Größenordnung der Trocknungszeiten kann, bei aller Differenziertheit der Porengrößenverteilung, Abb. 4–1 dienen. Für kugelförmige Partikel ist für einen Feststoff mit $\varrho_s = 1500\ \mathrm{kg \cdot m^{-3}}$ und $X = 1{,}00$ kg Wasser/kg S bei der Diffusion von Wasserdampf in Luft die bei $T_G = 423$ K $\triangleq \vartheta_G = 50\,°\mathrm{C}$ erforderliche Trocknungszeit in Abhängigkeit von geforderter Endfeuchte χ bzw. X mit den Parametern Partikelvolumen V_P bzw. Partikel-Durchmesser d_p dargestellt. Es ist klar erkennbar, wie erheblich die Trocknungszeiten mit zunehmender Partikelgröße ansteigen und wie rasch man in Bereiche kommt, die technisch-ökonomisch nicht mehr beherrschbar sind. Gleichzeitig wird damit verdeutlicht, wie sich die Größe, bei gleicher geometrischer Form, auf die Konzentrationsverteilung und damit den Exergieaufwand bei der Trocknung auswirkt. Kleine Längenabmessungen der Partikel reduzieren die Konzentrationsgradienten im Feuchtgut und damit sowohl den Exergieaufwand als auch die Trocknungszeit. Trocknungsverfahren und deren ökonomischer Aufwand werden durch die Größe der zu trocknenden Teile entscheidend mitbestimmt.

4.1. Formhaltige Güter definierter Gestalt

Formhaltige Güter definierter Gestalt erfordern schonende Trocknungsverfahren und -parameter. Bei geringen Anfangs-Trocknungsgeschwindigkeiten kann die Feuchtigkeit im Inneren des Gutes nachdiffundieren. Feuchteunterschiede im Gut bleiben gering. Die Rißgefahr durch Spannungen infolge großer Feuchteunterschiede wird minimiert.

Den Einfluß der Geometrie definierter Feststoffteilchen in bezug auf die Kinetik untersuchten mehrere Arbeiten [4–2 bis 4–4]. Auf der Grundlage einer Reihe präzisierender Annahmen, wie

- der Wasserdampf-Verdunstung in Luft,
- der Anfangsbeladung gleich der Porensättigungsfeuchte X_P^*,
- der auf die Porensättigungsfeuchte-Trocknungsgeschwindigkeit normierten Trocknungsgeschwindigkeit $\dot{\chi}(t)$ bzw. der normierten Feuchte $\chi(t)$,
- dem arithmetischen Temperatur- und Beladungsmittel beim Trocknungsprozeß und
- der Dampf-Diffusion nach dem STEFAN-Gesetz in Gln. (3.1)—(3.9)

wurde der Geometrie-Einfluß untersucht. Mit den hier eingeführten Symbolen gilt nach [4–2]

$$\dot{m}_F(t) = K_0 \cdot \frac{A(t)}{L(t)} \tag{4.1–1}$$

unter Beachtung der Wasserdampf-Diffusion in der Luft mit

$$K_0 = \frac{T_G^{*1,81}}{R_F \cdot T_G \left(1 + \dfrac{\varrho_F}{\varrho_S X_a^*}\right)} \cdot \ln \frac{1 - \dfrac{Y_F}{\dfrac{R_G}{R_F} + Y_F}}{1 - \dfrac{Y_F^*}{\dfrac{R_G}{R_F} + Y_F^*}} \tag{4.1–2}$$

Der Geometrie-Einfluß wird durch den Ausdruck $\dfrac{A(t)}{M(t)}$ erfaßt. Für die geometrischen Grundformen, die Abb. 4–2 enthält (Würfel, flache quadratische Scheibe, flacher Zylinder, langer Zylinder und Kugel) gelten die in Tab. 4–1 zusammengefaßten Gln. (4.1–3a) bis (4.1–7b) zwischen den normierten Feststoffbeladungen $\chi(t)$ und der Trocknungszeit t.

Die Trocknungszeiten für Körper gleichen Volumens, aber unterschiedlicher Geometrie, sind in Abb. 4–3 dargestellt. Daraus ist deutlich der Einfluß von wachsendem Diffusionsweg und abnehmender Verdunstungsfläche auf die Verlängerung der Trocknungszeit zu erkennen.

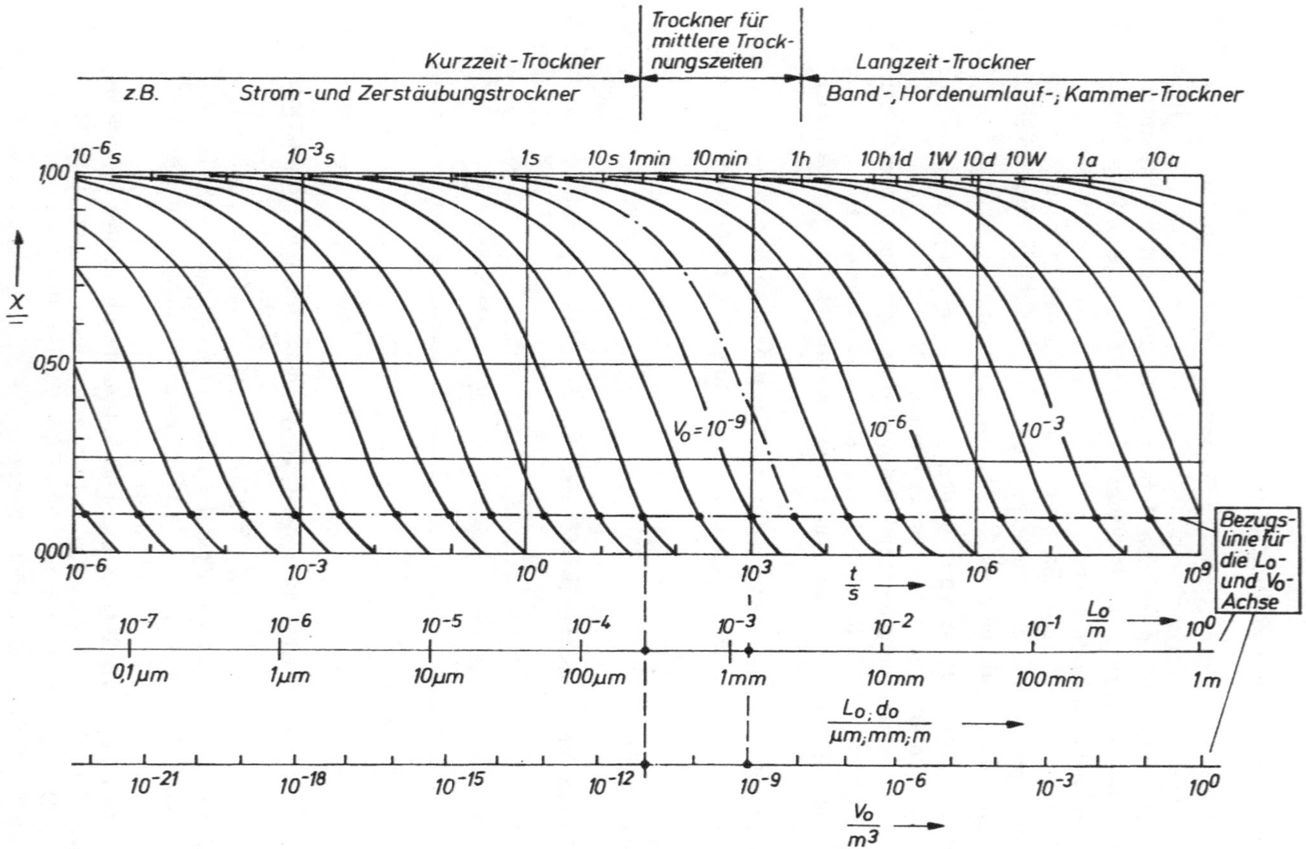

Abb. 4–1: **Darstellung der Trocknungsdauerabhängigkeit kugelförmiger Partikel mit $\varrho_S = 1500$ kg · m^{-3} und $X_\alpha = 1{,}00$ kgW/kg S bei der Diffusion von Wasserdampf in Luft bei $\vartheta_G = 50\,°C$ in Abhängigkeit von geforderter Endfeuchte χ_ω bzw. X_ω und der zeitorientierten Einteilung der Trockner.**

Tabelle 4–1: Funktionen zur Ermittlung der Konstanten K_1 bis K_5 und der Funktionen der Trocknungszeit t aus der normierten freien Feuchte $\chi(t)$ nach KRELL, KÜNNE, MÖRL, STRÜMKE [4–2]

Körper	Geometrische Größen	Konstanten		Trocknungszeit	
Würfel	L_0	$K_1 = \frac{1}{K_0} \frac{m_s \cdot X_0^* \cdot K_0}{12 \cdot L_0}$	(4.1–3a)	$t = K_1[1{,}5\chi^{2/3} - 3\chi^{1/3} + 1{,}5]$	(4.1–3b)
Flache quadratische Scheibe	L_0; Z_0 $L_0 \gg Z_0$	$K_2 = \frac{1}{K_0} \frac{Z_0 \cdot m_s \cdot X_0^* \cdot K_0}{4L_0^2}$	(4.1–4a)	$t = K_2 \cdot [0{,}5\chi^2 - \chi + 0{,}5]$	(4.1–4b)
Flacher Zylinder	L_0; Z_0 $L_0 \gg Z_0$	$K_3 = \frac{1}{K_0} \frac{Z_0 \cdot m_s \cdot X_0^* \cdot K_0}{\pi L_0^2}$	(4.1–5a)	$t = K_3 \cdot [0{,}5\chi^2 - \chi + 0{,}5]$	(4.1–5b)
Langer Zylinder	L_0; Z_0 $L_0 \ll Z_0$	$K_4 = \frac{1}{K_0} \frac{m_s \cdot X_0^* \cdot K_0}{2\pi \cdot Z_0}$	(4.1–6a)	$t = K_4[\chi^2 - 4\chi^{1/2} + 3]$	(4.1–6b)
Kugel	L_0	$K_5 = \frac{1}{K_0} \frac{m_s \cdot X_0^* \cdot K_0}{2\pi L_0}$	(4.1–7a)	$t = K_5[1{,}5\chi^{2/3} - 3\chi^{1/3} + 1{,}5]$	(4.1–7b)

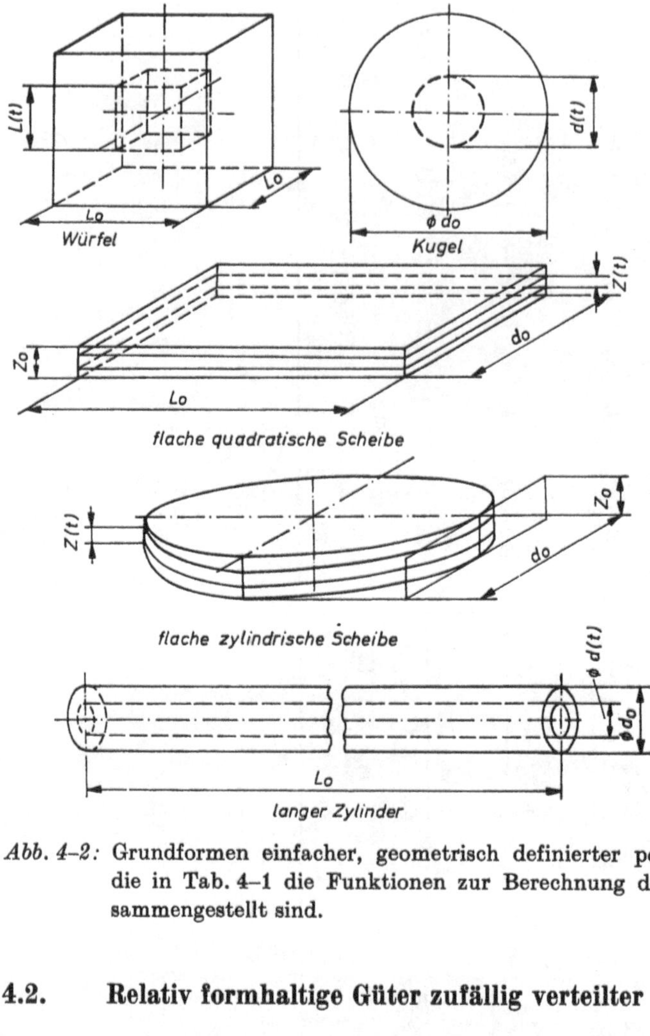

Abb. 4–2: Grundformen einfacher, geometrisch definierter poröser Feststoffteile, für die in Tab. 4–1 die Funktionen zur Berechnung der Trocknungszeiten zusammengestellt sind.

4.2. Relativ formhaltige Güter zufällig verteilter Form und Größe

Zu dieser Kategorie zählen vorzugsweise die in der Landwirtschaft gewachsenen Produkte, aber auch die in quasistationären Prozessen geformten Partikel gehören dazu, wie Beads oder würstelartig geformte Produkte beim Schneckeneintrag in Trockner. Diese haben meist analoge Formen und unterscheiden sich in den Größen nur innerhalb eines engen Streubereiches. Beispiele sind Getreidekörner, Maiskolben, Blätter von Pflanzen. Für diese Produkte muß eine Zerkleinerung oder auch andere Form- und Gestaltänderung wegen der Gebrauchswertanforderungen ausgeschlossen werden.

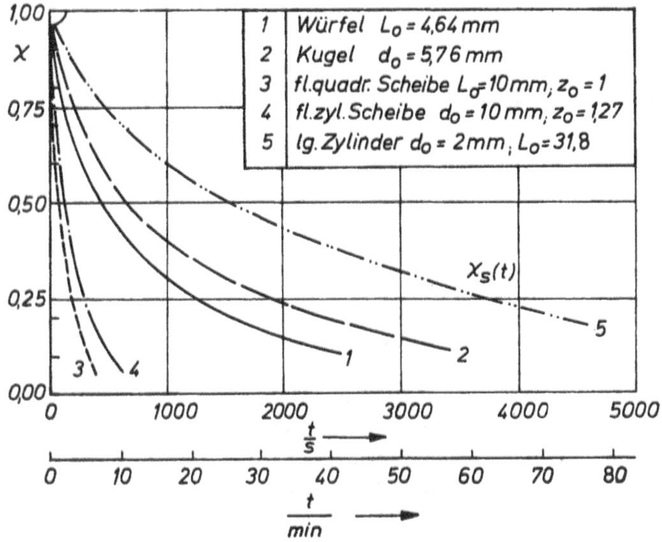

Abb. 4–3: Trocknungszeiten der fünf in Abb. 4–2 dargestellten geometrisch einfachen Grundkörper gleichen Volumens aber unterschiedlicher Abmessungen nach den Beziehungen (4.1–3a) bis (4.1–7b) in Tab. 4–1 als Trocknungsverlaufsfunktionen $\chi(t)$ nach [4–2].

Für ihre geometrisch spezifischen Formen lassen sich meist keine exakten Lösungen angeben. Ausreichend genau lassen sich diese Probleme aber auf analoge Prinziplösungen aus Abschn. 4.1. zurückführen:

— Blätter und andere relativ ebene Körper mit großer Oberfläche und geringer mittlerer Dicke $\bar{\delta}$ lassen sich auf die flache quadratische Scheibe bzw. den flachen Zylinder beziehen. Dabei gilt

$$\bar{\delta} = \frac{m}{A} \cdot \frac{1}{\varrho} \qquad (4.2\text{–}1)$$

in Analogie zur Höhe Z_0 in den Gln. (4.1–4) bzw. (4.1–5).

— Für andere Produkte sind analoge Grundformen zu wählen, die den bekannten Grundlösungen entsprechen:

- Kugelförmige Produkte, wie z. B. Erbsen, lassen sich auf die Kugel mit dem mittleren Kugeldurchmesser zurückführen.
- Würstelartig geformte Produkte, die durch Einführen von Pasten aus Filtern über Schneckenzuführung durch Lochscheiben entstehen, können als Zylinder mit den Größen L_0; Z_0 erfaßt und berechnet werden.

Damit lassen sich Partikel mit nahezu gleich großen Abmessungen auf die im Abschn. 4.1. angegebenen Grundgleichungen zurückführen.

Für komplizierter aufgebaute mehrschichtige Körper, wie beispielsweise Getreidekörner, sind bei der Modellierung die unterschiedlichen Stofftransporteigenschaften der Schichten in Abhängigkeit von Feuchte X und Temperatur T bzw. ϑ zu berücksichtigen. Daraus ergeben sich sehr komplizierte Modelle mit aufwendigen Iterationen.

4.3. Zufällig verteilte disperse Güter

4.3.1. Beispiele für zufällig verteilte disperse Güter

Zu dieser Gruppe von Gütern gehören vor allem die durch Zerteileinrichtungen stochastisch fein verteilten Produkte, wie sie bei Mahlprozessen oder in Ein- oder Zweistoff-Düsen bzw. Zerstäuberscheiben entstehen.

Die Einzelpartikel innerhalb einer Gruppe besitzen analoge Formen. Dazu gehören beispielsweise annähernd regelmäßig kugelförmig gestaltete kleine Sprühpartikel [4–5], eingestülpte Hohlkugeln, himbeerartig geformt, sog. Beads [4–5], regellose Mahlprodukte oder auch spanförmige Produkte aus Hobel- und anderen spanabhebenden Formungsprozessen [4–6].

Durch die stochastischen Schwankungen beim Formbildungsprozeß sind die Häufigkeiten der Partikel gleicher Größenbereiche jedoch unterschiedlich. Die Größenanteile der Partikel innerhalb einer bestimmten Größenklasse sind die Grundlage für die Beschreibung der Zusammensetzung. Eine Reduzierung dieser Beschreibung auf einen Mittelwert erfaßt die Komplexität der verschieden geformten Güter nur unvollständig. Besser kann die Zusammensetzung schon durch die Angabe der Häufigkeit innerhalb eines charakteristischen, formspezifischen Parameters (Länge, Fläche, Volumen, Masse) erfaßt und beschrieben werden.

Infolge des stochastischen Charakters der Einflußgrößen beim Formbildungsprozeß, wie z. B. Kräfte, Dicken, Geschwindigkeiten können die Größenverteilungen durch mathematische Zufalls-Verteilungen erfaßt und dargestellt werden.

4.3.2. Grundbegriffe und Methoden zur Darstellung von Verteilungen

Die Grundbegriffe und Methoden zur Darstellung von Verteilungen sind produktunabhängig gültig. Wenn im folgenden Abschnitt Grundbegriffe und Methoden zur Darstellung von Verteilungen am Beispiel von Sprühverteilungen gezeigt werden, dann darf daraus keine Einengung der Anwendungsmöglichkeit abgeleitet werden. Die Methode ist für alle stochastisch bedingten Partikel- und Produktverteilungen anwendbar.

Speziell der zufallsbedingte Charakter der Erzeugung technischer Sprühnebel erfordert deren Beschreibung mit Hilfe statistischer Verteilungsfunktionen.

Wesentliche Grundbegriffe der Sprühprodukte sind:

— Es werden Tropfen und Partikel unterschieden, wobei die Tropfen unmittelbar nach dem Sprühvorgang im feuchten Zustand gebildet werden und sich beim Trocknungsprozeß laufend verändern, während die getrockneten Produkte aus den Partikeln bestehen. Zur Vereinheitlichung werden beide durch den Index P gekennzeichnet, zumal die Übergänge fließend sind.

— Agglomerate sind aus zwei oder mehr Partikeln zusammengesetzt. Agglomeratbildung während und nach dem Trocknungsprozeß kann erwünscht oder unerwünscht sein.

— Die Größe von Partikeln oder Agglomeraten wird durch eine oder mehrere charakteristische Größen ausgedrückt. Sie bedarf daher stets einer Präzisierung durch eine Zusatzangabe: Für kugelförmige Partikel kann es der Durchmesser sein, für nichtkugelförmige Partikel ein charakteristischer Längenparameter. Es sind aber auch die Oberfläche A, das Volumen V oder die Masse m zur Charakterisierung der Partikel-Größe üblich.

— Die Gestalt von Partikeln/Agglomeraten ist infolge des komplexen Charakters des Formungsprozesses sehr unterschiedlich. Die Gestalt von Partikeln variiert über weite Bereiche, wie die mikroskopischen Aufnahmen in Abb. 4–4 verdeutlichen. Zur Charakterisierung der Gestalt durch einen Parameter wird häufig das Oberflächenverhältnis zur volumen- oder massegleichen Kugelform benutzt.

Auch die im Abschn. 4.2. angegebenen Gestaltparameter werden zur Gestaltcharakterisierung verwendet.

— Größenverteilung von Sprühprodukten treten auf, weil die Partikel von uneinheitlicher Größe sind. Die Größenverteilung erfordert eine meist aufwendige Ermittlung auf experimentellem Wege. Das Ergebnis sind statistisch bedingte Angaben über die Häufigkeit bestimmter Partikel in einem festgelegten Größenbereich, bezogen auf die Gesamtheit aller Partikel.

Die Anzahl der möglichen Größenverteilungen entspricht der Anzahl der Varianten zur Beschreibung der Größe von Partikeln (Durchmesser, Oberfläche, Volumen, Masse). Auf die Methoden zur experimentellen Bestimmung wird im Abschn. 4.3.3. eingegangen.

Mathematisch ist die Größenverteilung durch die Verteilungsdichte — und die Verteilungsfunktion beschreibbar. — Die Verteilungsdichtefunktion ist durch die Angabe der statistischen Wahrscheinlichkeit oder deren relative

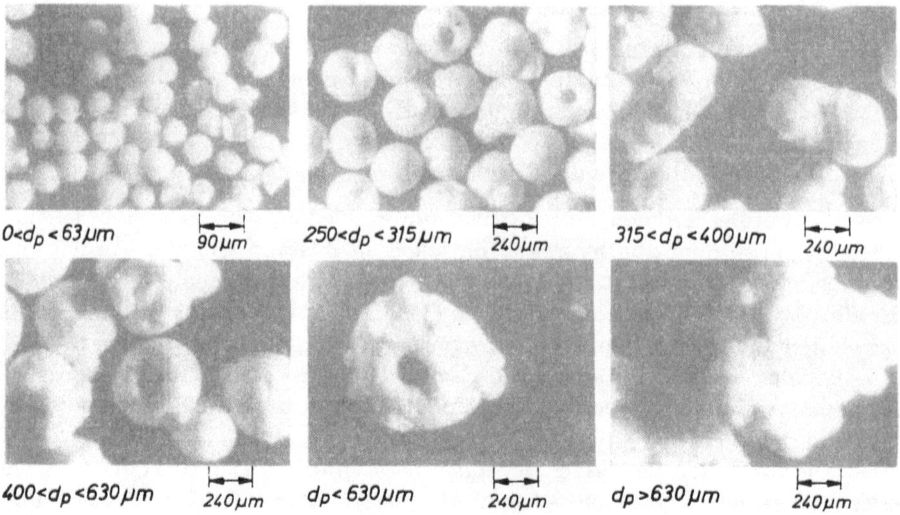

Abb. 4–4: Gestalt von Partikeln des in sieben Fraktionen klassierten Porzellanschlickergranulates mit Darstellung von Partikeln aus fünf Fraktionen [4–5].

Wahrscheinlichkeit gegeben. Nach E. WEBER [4–7] wird die stetige Zufallsvariable X ($\triangleq$ Anzahl; d_P; A; V; m) folgendermaßen definiert: X ist eine stetige Zufallsvariable, wenn eine nicht negative Funktion $\gamma(X)$ existiert, die für jedes reelle X der Beziehung für die Wahrscheinlichkeit

$$P(X \leqq x) = \Gamma(X) \tag{4.3–1}$$

$$\Gamma(X) = \int_{-\infty}^{X} \gamma(X) \cdot \mathrm{d}X \tag{4.3–2}$$

genügt. Dabei wird $\gamma(X)$ als Verteilungsdichtefunktion und $\Gamma(X)$ als Verteilungsfunktion bezeichnet, die durch

$$\mathrm{d}\Gamma(X) = \gamma(X) \cdot \mathrm{d}X \tag{4.3–3}$$

miteinander verknüpft sind. — Als untere Grenze bei Partikelverteilungen wird anstelle von $-\infty$ in der Regel 0 oder ein positiver Wert $X > 0$ einzusetzen sein, der sich aus der Wahl der Funktion oder einer speziellen Festlegung ergibt.

In der Tropfengrößen- bzw. Partikelgrößen-Verteilung sind viele unterschiedliche Tropfen bzw. Partikel enthalten.

— Die mittlere Größe von Partikelverteilungen wird durch einen einzelnen Wert beschrieben, der in der Lage ist, für den gewünschten Zweck die Verteilung am besten zu charakterisieren. Kein Mittelwert ist jedoch in der Lage, alle Anforderungen von Verteilungen zu erfüllen; daher gibt es mittlere Größen der Häufigkeit, der Länge, der Fläche, des Volumens usw.

Bei den Methoden zur Darstellung von Sprühverteilungen gibt es drei wesentliche Grundformen, die tabellarische Darstellung, die graphische Darstellung und die mathematisch-analytische Darstellung, die im folgenden dargestellt sind:

— Tabellarische Darstellung: Sie ist die präziseste und allgemeinste Form der Erfassung und Darstellung von Meßergebnissen. Allerdings sind sie infolge der großen Zahl von Werten auch wiederum relativ schwer zu übersehen und zu interpretieren.

Tabelle 4–2 zeigt ein typisches Beispiel für eine unter dem Mikroskop ausgezählte Partikel-Anzahl-Häufigkeit j; in den Partikel-Bereichen (Klassen) zwischen $d_{P;\min}$ und $d_{P;\max}$, die durch die Klassenbreite Δd_P und die Klassenmitte $d_{P;i}$ charakterisiert sind. Dabei gilt für die Klassen die Häufigkeitsdichte

$$\gamma_i(d_P)\Big|_{d_{P;\min;i}}^{d_{P;\max;i}} = \frac{j_i(d_P)}{\sum j_i(d_P)} \tag{4.3–4}$$

und

$$\Gamma_i(d_P)\Big|_{d_{P;\min}}^{d_{P;\max;i}} = \frac{\sum\limits^{d_{P;\max;i}} j_i(d_P)}{\sum\limits^{d_{P;\max}} j_i(d_P)} \tag{4.3–5}$$

für die Häufigkeit bzw. die Verteilung.

Der Volumenanteil V_i ergibt sich aus der Beziehung für kugelförmige Partikel zu

$$V_i(d_{P;i}) = j_i \cdot \frac{\pi}{6} \cdot \bar{d}_{P;i}^{3} \tag{4.3–6}$$

Aus ihm ergeben sich analog die Volumen- und bei konstanter Dichte auch die Massen-Verteilungsdichte

$$\gamma_V(d_P)\Big|_{d_{P;\max;i}}^{d_{P;\max;i}} = \frac{V_i(\bar{d}_{P;i})}{\sum\limits_{d_{P;\min}}^{d_{P;\max}} V_i(\bar{d}_{P;i})} \tag{4.3–7}$$

Tabelle 4–2: Tabellarische Zusammenstellung der Anzahl- und Volumen-Verteilungsdichte und deren Verteilungs-Funktionen aus einer mikroskopischen Auszählung

Klasse i	Partikel-Bereich $d_{P;\min}$ (µm)	$d_{P;\max}$ (µm)	Klassen-breite d_P (µm)	Klassen-mitte $\bar{d}_{P;i}$ (µm)	Partikel-Anzahl N_i	Häufigkeit γ_i (%)	Summenhäufigkeit Γ_i (Σ %)	Volumenbezogene Größen $r = 3$: Volumen V_i (10^{-12} m³)	Volumen-(Massen-)Anteil γ_{v_i} (%)	Durchgangssumme $\Gamma_{v_i;D}$ (Σ %)	Rückstandssumme $\Gamma_{v_i;R}$ (Σ %)
1	0/	50	50	25	3906	48,37	48,37	31,96	0,37	0,37	99,63
2	50/	100	50	75	1980	24,52	72,89	437,37	5,02	5,39	94,61
3	100/	150	50	125	960	11,89	84,78	981,75	11,27	16,66	83,34
4	150/	200	50	175	630	7,80	92,58	1767,89	20,31	36,97	63,03
5	200/	250	50	225	378	4,68	97,26	2254,44	25,89	62,86	37,14
6	250/	300	50	275	150	1,86	99,12	1633,39	18,75	81,61	18,39
7	300/	350	50	325	48	0,59	99,71	862,76	9,91	91,52	8,48
8	350/	400	50	375	18	0,22	99,93	497,01	5,71	97,23	2,77
9	400/	450	50	425	6	0,07	100,00	241,17	2,77	100,00	0,00
					8076	100,00		8707,74			

und

$$\Gamma_V(d_P)\Big|_{d_{P;\min;i}}^{d_{P;\max;i}} = \frac{\sum\limits_{d_{P;\min;i}}^{d_{P;\max;i}} V_i(\bar{d}_{P;i})}{\sum\limits_{d_{P;\min}}^{d_{P;\max}} V_i(\bar{d}_{P;i})} \tag{4.3–8}$$

als Häufigkeit bzw. Verteilung.

Die Beziehung zwischen Durchgangs- und Rückstandssumme ist durch

$$\Gamma_D(d_P) + \Gamma_R(d_P) = 1 \quad (\text{bzw. } 100\%) \tag{4.3–9}$$

gegeben.

— Grafische Darstellungen

haben zahlreiche Vorteile trotz der unzweifelhaft geringeren Genauigkeit als Tabellen. Sie bieten die Ergebnisse in großer Übersichtlichkeit und Anschaulichkeit mit einer gewissen Abrundung der Einzelwerte. Grafische Darstellungen sind besser handhabbar und lassen auch den Typ der mathematischen Funktion bereits erkennen. — Es sind zwei wesentliche Formen üblich:

- Histogramme, auch als Flächendiagramme bezeichnet,

stellen die relative Häufigkeit in den Einzelklassen zwischen den Klassengrenzwerten dar. Zur Sicherung der Anschaulichkeit muß die Abszissenachse als Null-Linie stets eingezeichnet werden. Bei einer reduzierten Darstellung sind die Einzelflächen durch Wellenlinien zu unterbrechen. Abbildung 4–5 stellt die Histogramme der Anzahl- und Volumen-Verteilungsdichten der Partikelverteilung aus Tab. 4–2 dar.

- Liniendiagramme oder Häufigkeitspolygone

entstehen durch Auftragung der absoluten oder relativen Klassenhäufigkeit in der Mitte ihrer jeweiligen Klassenbereiche und der linearen Verbindung der einzelnen Meßwerte untereinander. Die Polygonzüge beginnen und enden auf der Abszissenachse bei den Grenzen des Variationsbereiches $d_{P;\min}$ und $d_{P;\max}$. — Es gelten sonst die gleichen Anforderungen wie an Histogramme. — In Abb. 4–4 sind zusätzlich die Liniendiagramme bzw. Häufigkeitspolygone für Anzahl- und Volumenanteile der Sprühverteilung aus Tab. 4–2 mit eingezeichnet

- Häufigkeitskurven und Summenhäufigkeitskurven

sind empfehlenswert bei einer großen Zahl von Einzel-Meßwerten. — Die Häufigkeitskurven folgen dabei aus einer ausgeglichenen, nichtlinearen Darstellung mit den Häufigkeiten über klassenmittleren Partikelgrößen. Abbildung 4–6 zeigt die auf der linken Ordinate aufgetragenen Klassenhäufigkeiten der Anzahl-Verteilungsdichte-Funktion $\gamma_i(d_P)$ und der Volumen-Verteilungsdichte-Funktion $\gamma_V(d_P)$.

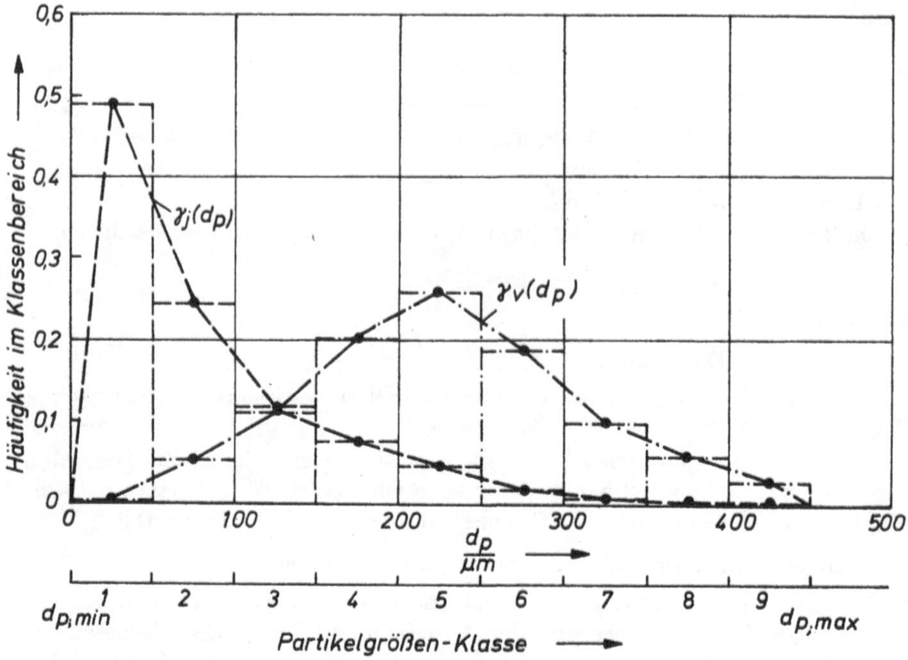

Abb. 4–5: **Histogramme der Anzahl- und der Volumen-Abhängigkeiten $\gamma_j(d_P)$ und $\gamma_V(d_P)$ nach den Angaben der Meßwerte aus Tab. 4–2.**

- Summenhäufigkeits- oder Verteilungsfunktionen

sind Integral-Werte. Bei ihrer Darstellung $\Gamma(d_P)$ ist darauf zu achten, daß gemäß den Definitionsgleichungen (4.3–5) und (4.3–8) die Integralwerte jeweils an der rechten Klassengrenze, am oberen Wert des unabhängigen Größenparameters, aufgetragen werden. Der Verlauf der Summenhäufigkeitskurven ist bei linearen Ordinaten durch S-förmige Gestalt gekennzeichnet. – In Abb. 4–6 ist der Verlauf der Anzahl-Summenverteilung $\Gamma_j(d_P)$ und der Volumen-Summenverteilung $\Gamma_V(d_P)$ bei linearen Ordinaten dargestellt. Die Schwankungen, die in der Verteilungsdichtefunktion $\gamma_V(d_P)$ noch signifikant erkennbar waren, werden bei der Integralfunktion $\Gamma_V(d_P)$ weitgehend ausgeglichen. – Eine Linearisierung der Summenhäufigkeit ist durch Darstellung mit Wahrscheinlichkeits-Ordinaten über logarithmischen, Wurzel- oder anderen Funktionswerten der Partikelgröße möglich. Es gibt dazu eine gewisse Zahl geeigneter Funktionspapiere. Sie beruhen auf den im folgenden dargestellten mathematischen Funktionen zur Beschreibung von Verteilungen.

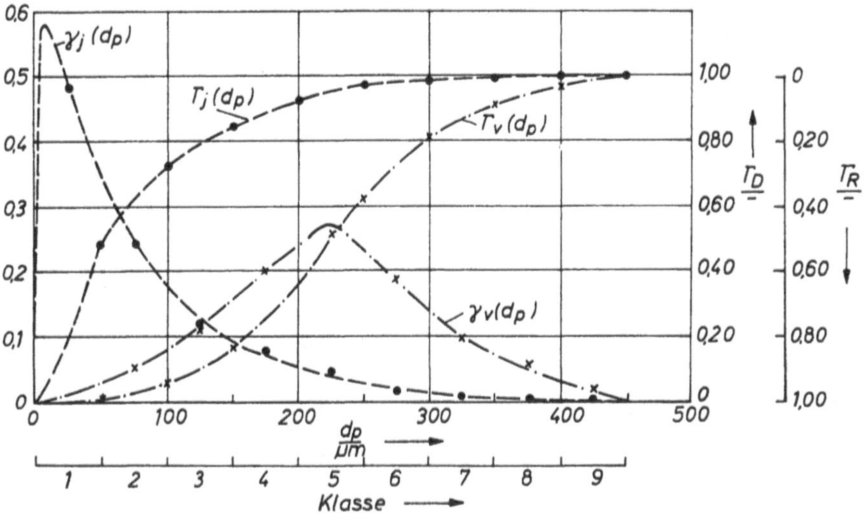

Abb. 4–6: Verteilungsdichte- und Verteilungs-Funktionen der Anzahl- und Volumen-Funktionen $\gamma_j(d_P)$, $\gamma_V(d_P)$, $\Gamma_j(d_P)$ sowie $\Gamma_V(d_P)$ nach den ausgeglichenen Werten einer Sprühverteilung aus Tab. 4–2.

— Mathematische Darstellungen durch Funktionen:

Sprühverteilungen sind als Häufigkeitsverteilungen über einem kontinuierlich veränderlichen Größen-Parameter aufzufassen. Sie werden daher durch statistische Grundgesetze, Wahrscheinlichkeitsbetrachtungen und -verteilungen repräsentiert, die bei Weber [4–7], Storm [4–8] und Linder [4–9] ausführlich dargestellt sind. Bei vertieftem Eindringen sollte auf diese Arbeiten zurückgegriffen werden. Für praktische ingenieur-technische Probleme empfiehlt sich nach wie vor die anwendungsorientierte Darstellung von Daeves, Beckel [4–10].

Mathematische Darstellungen von Sprühverteilungen haben das Ziel, die Vielzahl der Meßwerte in Tabellen und grafischen Darstellungen auf wenige charakteristische Parameter zu reduzieren, die aber trotzdem die jeweilige Verteilung als Ganzes charakterisierten.

Vor der mathematisch-analytischen Aufbereitung des statistischen Materials ist mit den grafischen Methoden zu prüfen, ob es sich um eine homogene Grundgesamt- — charakterisiert durch eine eingipflige Verteilungsdichtefunktion bzw. eine lineare Verteilungsfunktion im Wahrscheinlichkeitsnetz — oder eine inhomogene Grundgesamt- — d. h. eine mehrgipflige Verteilungsdichte — handelt. Die folgenden Gesetze und deren Aussagen gelten nur für homogene Sprühverteilungen.

Tabelle 4–3: Siebanalysen — Verteilung eines sprühgetrockneten Farbpulvers

Klasse i	Sieb- öffnung d_P (μm)	Massen- durchgang m_i (g)	Massen- durchgangs- summe $\Sigma\, m_i$ (g)	Massen- verteilung $\Gamma_3\Gamma_{3;i}$ (Σ %)
1	63	0,513	0,513	3,05
2	80	1,033	1,546	9,21
3	90	1,709	3,255	19,38
4	100	2,574	5,829	34,71
5	125	3,386	9,215	54,87
6	160	2,423	11,638	69,30
7	200	2,812	14,450	86,05
8	250	1,352	15,802	94,10
9	315	0,7831	16,5851	98,76
10	400	0,1097	16,6948	99,41
11	500	0,0985	16,7933	100,00

Bei der Auswertung von granulometrischen Verteilungen ist zu beachten, daß in Abhängigkeit von der Meßmethode und dem Trennverfahren, wie sie in den Tab. 4–2 und 4–3 angegeben sind, unterschiedliche Verteilungsfunktionen, wie beispielsweise die Anzahl- oder die Volumen-Verteilungsfunktion, entstehen.

Zur allgemeingültigen Kennzeichnung der granulometrischen Zustandsfunktion wird der Exponent r benutzt. Allgemein wird eine Verteilungsdichte- oder Verteilungsfunktion mit dem Exponenten r als Index gekennzeichnet, der beim Längenparameter d_P berücksichtigt wird:

$$\gamma_{r;i*} = \frac{j_i \cdot d^r_{P;i}\,\Big|_{d_{P;\min;i^*}}^{d_{P;\max;i^*}}}{\sum\limits_{i*}^{i_{\max}} j_i \cdot d^r_{P;i}} \tag{4.3–10a}$$

$$\Gamma_{r;i=0}\Big|^{i*} = \frac{\sum\limits_{i=0}^{i*} j_i \cdot d^r_{P;i}}{\sum\limits_{i=0}^{i_0} j_i \cdot d^r_{P;i}} \tag{4.3–10b}$$

$$\Gamma_{r;i=0}\Big|^{i*} = \frac{\int\limits_0^{d_P} \gamma_j \cdot d_P{}^r \cdot dd_P}{\int\limits_0^{d_{P;\max}} \gamma_j \cdot d_P{}^r \cdot dd_P} \tag{4.3–10c}$$

Damit entspricht der Exponent r als Index der Verteilung mit $r = 0$ der Anzahlverteilung $\Gamma_0 = \Gamma_j$, $r = 1$ der Durchmesser- oder Längenverteilung $\Gamma_1 = \Gamma_{d_P}$, $r = 2$ der Flächenverteilung $\Gamma_2 = \Gamma_A$; mit dem Problem der Bestimmung der Oberfläche oder der Projektionsfläche und $r = 3$ der Volumen- oder Massenverteilung $\Gamma_3 = \Gamma_V = \Gamma_m$.

Im konkreten Fall wird damit die Anzahlhäufigkeit der Klasse i^* als Anzahlverteilungsdichte bestimmt mit

$$\gamma_{r=0;i^*} = \frac{j_{i^*} \Big|_{d_{P;\min;i^*}}^{d_{P;\max;i^*}}}{\sum_{i=0}^{i_{\max}} j_i} \tag{4.3–11a}$$

Analog wird die Volumen- bzw. Massenverteilungsdichte berechnet als

$$\gamma_{r=3;i^*} = \frac{j_{i^*} \cdot d_{P;i}^{+3} \Big|_{d_{P;\min;i}}^{d_{P;\max;i}}}{\sum_{i=0}^{i_0} j_i \cdot d_{P;i}^{+3}} \tag{4.3–11b}$$

$$\gamma_{r=3;i^*} = \frac{m_{i^*} \Big|_{d_{P;\min;i^*}}^{d_{P;\max;i^*}}}{m_{\text{ges}}} = \frac{V_{i^*} \Big|_{d_{P;\min;i^*}}^{d_{P;\max;i^*}}}{V_{\text{ges}}} \tag{4.3–11c}$$

Anzahl-Verteilungsdichte einerseits und Volumen- bzw. Massen-Verteilungsdichte andererseits geben nach Abb. 4–6 deutlich unterschiedliche Funktionen.

Aus den Verteilungsdichte-Funktionen des Grades $r = 0$ bzw. $r = 3$ können die Anzahl-Verteilung $\Gamma_{r=0}$ bzw. die Volumen- oder Massen-Verteilung $\Gamma_{r=3}$ berechnet werden als

$$\Gamma_{r=0}(d_{P;i}) = \frac{\sum_{i=1}^{i^*} j_i}{\sum_{i=1}^{i_0} j_i} \tag{4.3–12a}$$

$$\Gamma_{r=0}(d_{P;i^*}) = \int_{d_{P;\min}}^{d_{P;i^*}} \gamma_{r=0}(d_P) \cdot \mathrm{d}d_P \tag{4.3–12b}$$

bzw.

$$\Gamma_{r=3}(d_{P;i^*}) = \frac{\sum_{i=1}^{i^*} m_i}{\sum_{i=1}^{i_0} m_i} \tag{4.3–13a}$$

$$\Gamma_{r=3}(d_{P;i*}) = \int_{d_{P;\min}}^{d_{P;i}} \gamma_{r=3}(d_P) \cdot \mathrm{d}d_P \tag{4.3–13b}$$

$$\Gamma_{r=3}(d_{P;i*}) = \int_{d_{P;\min}}^{d_{P;i}} \gamma_{r=0}(d_P) \cdot d_P^3 \cdot \mathrm{d}d_P \tag{4.3–13c}$$

Unabhängig von der Dimension r gilt infolge der Normierung für alle Verteilungen

$$\Gamma_r(d_{P;\min}) = 0 \tag{4.3–14}$$

und

$$\Gamma_r(d_{P;\max}) = 1 \tag{4.3–15}$$

Eine weitere Möglichkeit zur Kennzeichnung des granulometrischen Zustandes ist die mit statistischen Momenten [4–7]. Sie ist besonders geeignet zur Darstellung und Ermittlung ausgewählter Größenangaben, die den Dispersitätsgrad und die prozeßtechnischen Eigenschaften eines dispersen Gutes beschreiben. Zur Beurteilung des gesamten Partikelspektrums werden die vollständigen Anfangsmomente benötigt, die für

$$-3 = k = +3$$

mit

$$M_{k;r} = \int_{d_{P;\min}}^{d_{P;\max}} \gamma_r(d_P) \cdot d_P^k \cdot \mathrm{d}d_P \tag{4.3–16a}$$

sinnvoll definiert sind. Die Berechnung der Momente kann, je nach Problem, unterschiedlich erfolgen. Stets ist über eine Diskretisierung entsprechend den Partikel-Klassen der granulometrischen Analyse oder eine numerische Integration der Gl. (4.3–16a) eine Lösung möglich; nur in Ausnahmefällen ist eine direkte Berechnung aus den Verteilungsdichteangaben in geschlossener Form erreichbar.

Das $k = 0$-Moment jeder Verteilungsart r ist wegen Gl. (4.3–15) gleich eins.

Vollständige Anfangsmomente verschiedener Verteilungsarten können nach Gl. (4.3–17) ineinander umgerechnet werden:

$$M_{k;r} = \frac{M_{k;r-r_0}}{M_{r-r_0;r_0}} \tag{4.3–17}$$

Ausgewählte Teilchendurchmesser, wie z. B. der SAUTER-Durchmesser, der als oberflächenmittlerer Durchmesser durch $M_{2;3}$ beschrieben wird, oder der mittlere massenbezogene Durchmesser, können durch die statistischen Momente besonders einfach bestimmt werden.

Unvollständige Momente einer Verteilung werden benötigt, um bestimmte charakteristische Größen einzelner Partikelklassen der Gesamtverteilung bestimmen zu können. Diese Momente werden wie vollständige Anfangsmomente berechnet; die Integration aber wird nur im Partikel-Klassenbereich vorgenommen.

$$M_{k;r;d_{P1}/d_{P2}} = \int_{d_{P11}}^{d_{P12}} \gamma_r(d_P) \cdot d_P{}^k \cdot \mathrm{d}d_P \tag{4.3–18}$$

Die Berechnung unvollständiger Anfangsmomente muß in der Regel durch numerische Integration erfolgen. Bei der Berechnung unvollständiger 0-ter Momente treten bei bestimmten Partikelklassen Werte kleiner als 1 auf.

Eine weitere wesentliche Anwendung statistischer Momente besteht im Vergleich der durch die verschiedenen Meßmethoden und Trennverfahren gewonnenen Meßwerte. Die Umrechnung von Verteilungsdichtefunktionen einer Art r_0 in eine andere Mengenart r kann durch

$$\gamma_r(d_P) = \frac{d_P{}^{r-r_0} \cdot \gamma_0(d_P)}{M_{r-r_0;r_0}} \tag{4.3–19}$$

erfolgen. Ergibt sich nach dem Einsetzen der entsprechenden Verteilungsdichtefunktion keine geschlossene Lösung, so muß die Umrechnung in eine andere Mengenart anhand der Urliste der granulometrischen Analyse vorgenommen werden.

• Mittelwerte charakterisieren die Stichproben von Verteilungsfunktionen mit einem einzigen Wert. Es gibt verschiedene Mittelwerte, die unterschiedliche Sachverhalte zum Ausdruck bringen. Nach R. A. Fisher soll allgemein aus verschiedenen Mittelwerten derjenige ausgewählt werden, dessen Verteilung in einer Reihe gleich großer Stichproben die kleinste Streuung aufweist, der mit wachsendem Umfang der Stichprobe gegen den entsprechenden Mittelwert der Grundgesamtheit strebt und der den besten Aufschluß über die Stichprobe vermittelt.

Tabelle 4–4 gibt eine Übersicht über die verschiedenen Definitionen von Mittelwerten, wie sie aus den Anzahl-Häufigkeiten γ_j der verschiedenen Partikelgrößen d_P folgen. Weber interpretiert Wertung und Aussagekraft der verschiedenen Mittelwerte ausführlich [4–7].

Verteilungs- und Verteilungsdichte-Funktionen

Zur Beschreibung von Sprühverteilungen werden sowohl allgemeine, auf den Wahrscheinlichkeitsbetrachtungen basierende Funktionen als auch spezielle, ausschließlich für Sprühverteilungen entwickelte Verteilungs- und Verteilungs-

Tabelle 4–4: Übersicht über Mittelwerte von Verteilungen

Nr.	Art des Mittelwertes	Funktionen für Berechnung der Mittelwerte	
1	Zentralwert Median-Durchmesser	$\bar{d}_{P;z} = d_P\ (\Gamma = 0{,}50)$	(4.3–20)
2	Häufigster Durchmesser; Dichtemittel	$\bar{d}_{P;h} = d_P\ (\gamma_{j;\max})$	(4.3–21)
3	Arithmetisch mittlerer Durchmesser	$\bar{d}_{P;a} = \dfrac{\sum_{j=1}^{j_0} d_{P;j}}{j_0} = \dfrac{\sum_{j=1}^{j_0} d_{P;j} \cdot \bar{\gamma}_j(d_{P;j}) \cdot \Delta d_{P;j}}{\sum_{j=1}^{j_0} \bar{\gamma}_j(d_{P;j}) \cdot \Delta d_{P;j}}$	(4.3–22)
4	Geometrisch mittlerer Durchmesser	$\bar{d}_{P;g} = \sqrt[j_0]{d_{P;1} \cdot d_{P;2} \ldots d_{P;j_0}} = \sqrt[j_0]{\dfrac{\gamma_1 \cdot \gamma_2 \cdot \ldots \gamma_{j_0}}{d_{P;1} \cdot d_{P;2} \ldots d_{P;j_0}}}$	(4.3–23)
5	Harmonischer mittlerer Durchmesser	$\bar{d}_{P;\text{har}} = \dfrac{1}{\sum_{j=1}^{j_0} \dfrac{1}{d_{P;j}}} = \dfrac{1}{\sum_{j=1}^{j_0} \dfrac{\gamma_j}{d_{P;j}}}$	(4.3–24)

dichte-Funktionen genutzt. Durch zwei oder maximal drei charakteristische Parameter gelingt eine weitgehende Angleichung der mathematischen Funktionen an die experimentell ermittelten Sprühverteilungen:

- Der Lageparameter $d_{P;l}$ charakterisiert über einen je nach Funktion unterschiedlich definierten mittleren Durchmesser $\bar{d}_P$ die Lage der Funktion.
- Ein zweiter Parameter beschreibt die Verteilung der Werte relativ zum Lageparameter über die Größen Streuung, Halbwertsbreite, Steilheit u. a.

In Tab. 4–5 sind die wichtigsten mathematischen Funktionen zur Beschreibung von Sprühverteilungen zusammengefaßt. Die Tabelle enthält Angaben zur Bezeichnung der mathematischen Funktion, ihrem Definitionsbereich, den charakteristischen Parametern sowie einigen ergänzenden Funktionsbeziehungen.

Die Gauss-Normalverteilungsdichte ist die Standard-Verteilungsdichte, die aber für Partikelverteilungen wegen ihres Definitionsbereiches und der Symmetrie nur bedingt geeignet ist. Funktionspapiere sind handelsüblich.

Die logarithmische Gauss-Normalverteilungsdichte korrigiert die Nachteile der genannten Funktion durch die logarithmische Funktion des Größenparameters. Der Streuungsparameter ist durch

$$\sigma_{lg} = 0{,}5 \cdot \lg \frac{d_P\,(\Gamma = 0{,}843)}{d_P\,(\Gamma = 0{,}159)} \tag{4.3–26b}$$

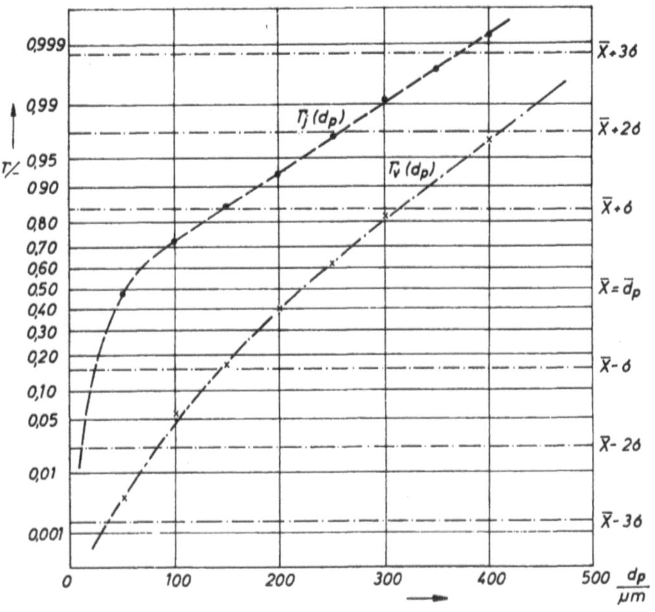

Abb. 4–7: Anzahl- und Volumen-Sprühverteilung im GAUSS-Normalverteilungsnetz.

gegeben. Der Lageparameter $\bar{d}_{P;r}$ kann mit

$$\bar{d}_{P;r} = \bar{d}_{P;r_0} \cdot \exp\,[(r - r_0) \cdot \sigma_{lg}^2] \tag{4.3–26c}$$

direkt aus einer Mengenart r_0 in die andere Mengenart r umgerechnet werden. Ein weiterer Vorteil besteht in der direkten Berechnungsmöglichkeit der vollständigen Anfangsmomente.

$$M_{k;r} = \bar{d}_P \cdot \exp\,[0{,}5 \cdot k^2 \cdot \sigma_{lg}^2] \tag{4.3–26d}$$

Die Wurzel-Normalverteilungsdichte von KUO-HUI-WANG und CHI-TIEN [4–11] genügt nicht der Normierungsbedingung. In der Tabelle ist die korri-

Tabelle 4–5: Übersicht über mathematische Verteilungsdichte- und Verteilungsfunktio-

Nr.	Bezeichnung der Funktion	Verteilungsdichte $\gamma(d_P)$	
1	GAUSS-Normal-verteilungsdichte (Glockenkurve)	$\gamma(d_P) = \frac{1}{\sigma\sqrt{2\pi}} \cdot \exp - \frac{(d_P - \bar{d}_P)^2}{2\sigma^2}$	(43.–25)
2	Logarithmische GAUSS-Normal-verteilungsdichte	$\gamma(d_P) = \frac{1}{d_P\sigma_{lg}\sqrt{2\pi}} \exp - \left[\frac{(\lg d_P - \lg \bar{d}_P)^2}{2\sigma_{lg}}\right]$	(4.3–26 a)
3	Normal-Quadrat-wurzel-Verteilungs-dichte	$\gamma(d_P) = \frac{1}{2\sqrt{\bar{d}_P \cdot \sigma_w}\sqrt{2\pi}} \exp - \frac{(\sqrt{d_P} - \sqrt{\bar{d}_P})^2}{2\sigma_w}$	(4.3–27 a)
4	Obergrenzen-Normal-Verteilungsdichte	$(d_P) = \frac{1}{d_P\sigma_0\sqrt{2\pi}} \cdot \exp - \left[\frac{\lg\left\{\left(\frac{d_{P;\max}}{\bar{d}_P}\right) - \left(\frac{d_P}{\bar{d}_P}\right)\right\}}{2\sigma_0}\right]$	(4.3–28 a)
5	ROSIN-RAMMLER-SPERLING-BENNET-(RRSB)-Verteilungsdichte	$\gamma(d_P) = \frac{n}{d_P}\left(\frac{d_P}{d_P'}\right)^{n-1} \cdot \exp - \left(\frac{d_P}{d_P'}\right)^n$	(4.3–29 a)
6	WEIBULL-Verteilungsdichte	$\gamma(d_P) = \alpha \cdot \lambda d_P^{\alpha-1} \exp - (\lambda d_P^{\alpha})$	(4.3–30)
7	RINKES-Verteilungsdichte	$\gamma(d_P) = \frac{\tilde{\beta} \cdot d_{P;\max}}{d_P^2 \cdot \exp(-\tilde{\beta})} \cdot \exp - \left[\frac{\tilde{\beta} \cdot d_{P;\max}}{d_P}\right]$	(4.3–31 a)

[1]) NORMAL EQUIVALENT DEVIATION

gierte Beziehung angegeben. Der Streuungsparameter ist durch

$$\sigma_W = 0{,}5\left[\sqrt{d_P(\Gamma = 0{,}843)} - \sqrt{d_P(\Gamma = 0{,}159)}\right] \quad (4.3\text{–}27\,\text{b})$$

bestimmt. Es ist Normalverteilungs-Funktionspapier zu verwenden, dessen Abszisse mit einer Wurzelteilung zu versehen ist.

nen für Sprühverteilungen

Definitions-Bereich für d_P	Charakteristischer Parameter $\bar{d}_P$	σ	$d_{P;\max}$	Linear-Transform. für $\Gamma(d_P)$ Ordinatenwert	Abszisse
$-\infty < d_P < \infty$	$\bar{d}_P = d_{P;z} = d_{P;h} = d_{P;A}$	σ	—	$\Gamma(d_P) = \int \gamma(d_P) \cdot \mathrm{d}d_P$ NED[1])	d_P
$0 < d_P < \infty$	$\bar{d}_P = d_{P;z} = d_{P;h}$	σ_{lg}	—	NED[1])	$\lg d_P$
$0 < d_P < \infty$	$\bar{d}_P = d_{P;z} = d_{P;h}$	σ_w	—	NED[1])	$\sqrt{d_P}$
$0 < d_P < d_{P;\max}$	$\bar{d}_P = d_{P;z}$	σ_0	$d_{P;\max}$	NED[1])	
$0 < d_P < \infty$	$d_P' = d_P(\Gamma_D = 0{,}632)$	n	—	$\Gamma = 1 - \exp\left(\frac{d_P}{d_P'}\right)^n$ (4.3–29 b)	$\lg d_P$
$0 < d_P < \infty$	$\bar{d}_P = \frac{\Gamma\left(1 + \frac{1}{\alpha}\right)}{\lambda^{1/\alpha}}$				
$0 < d_P < d_{P;\max}$		$\bar{\beta}$	$d_{P;\max}$	$\ln \Gamma = \bar{\beta} - \frac{\bar{\beta} \cdot d_{P;\max}}{d_P}$ (4.3–31 b)	

Die Obergrenzen-Normal-Verteilungsdichte wird durch eine dreiparametrige Anpassung bei logarithmischer Stufung des Größenparameters d_P angepaßt. Eine linearisierte Darstellung ist in doppelt-logarithmischen Koordinaten mit

$$\Gamma(d_{P;\max}) = 1 \tag{4.3–28b}$$

gegeben. Der Streuungsparameter ist definiert durch

$$\sigma_0 = \frac{1}{2} \tag{4.3–28c}$$

Sehr günstig für die Darstellung von Sprühverteilungen ist die *RRSB*-Verteilung. Sie folgt in der grafischen Darstellung verschiedener Spezialpapiere als lineare Funktion, wobei der Streuungsparameter n identisch mit dem Anstieg $\tan \alpha$ ist. $n = 0$ repräsentiert die Gleich-Verteilung; $n = \infty$ den anderen Grenzfall der mono-dispersen Verteilung. Der Lageparameter $d_{P;l}$ kann bei einer Durchgangssumme von $\Gamma_D = 0{,}632$ abgelesen werden, wie sie Abb. 3–4 zeigt.

Seltener wird die WEIBULL-Verteilung, die auch durch zwei Parameter gekennzeichnet wird, für Sprühverteilungen genutzt.

RINKES [4–12] und FAHRNI entwickelten die sog. RINKES-Verteilung. Sie wird vorwiegend zur Kennzeichnung des granulometrischen Zustandes von Partikelkollektiven, die beim Zerstäuben in pneumatischen Zweistoffdüsen

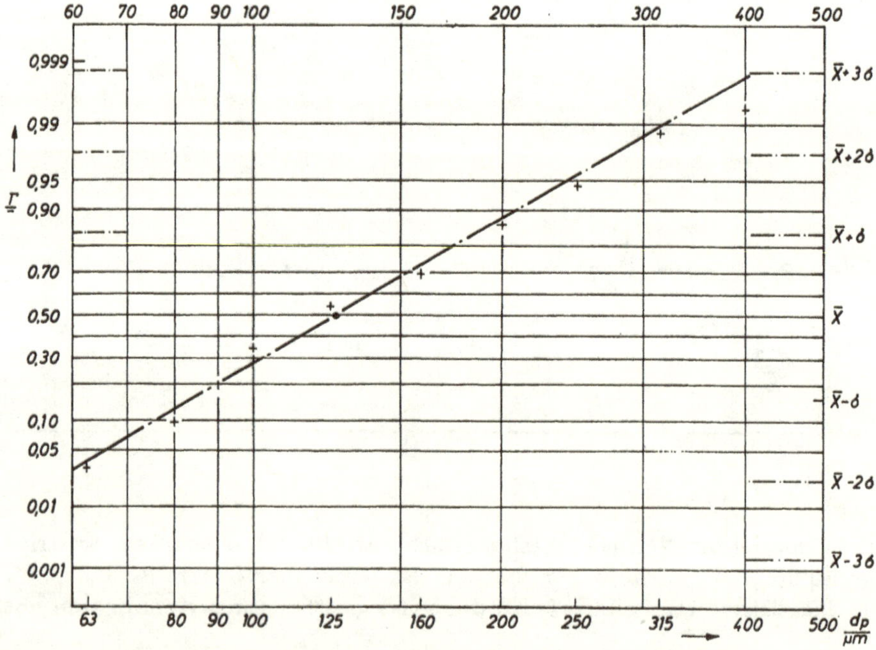

Abb. 4–8: Sprühverteilung in einer logarithmischen Normalverteilungsfunktion.

entstehen, verwendet

$$\Gamma(d_P) = \frac{\exp\left(-\frac{\bar{\beta} d_{P;\max}}{d_P}\right)}{\exp(-\bar{\beta})} \tag{4.3–31c}$$

Die Darstellung mit linearisierter Verteilungsfunktion ist durch

$$\ln \Gamma(d_P) = \bar{\beta}\left(1 - \frac{d_{P;\max}}{d_P}\right) \tag{4.3–31d}$$

in einfach logarithmisch geteiltem Papier bei bekanntem Lageparameter $d_{P;\max}$ gegeben. Der Streuungsparameter folgt aus dem Anstieg

$$\bar{\beta} = \frac{\mathrm{d} \ln \Gamma(d_P)}{\mathrm{d}\left(1 - \frac{d_{P;\max}}{d_P}\right)} \tag{4.3–31e}$$

In den Abb. 4–7 bis 4–10 sind gemessene granulometrische Verteilungen in geeigneten Funktionspapieren dargestellt.

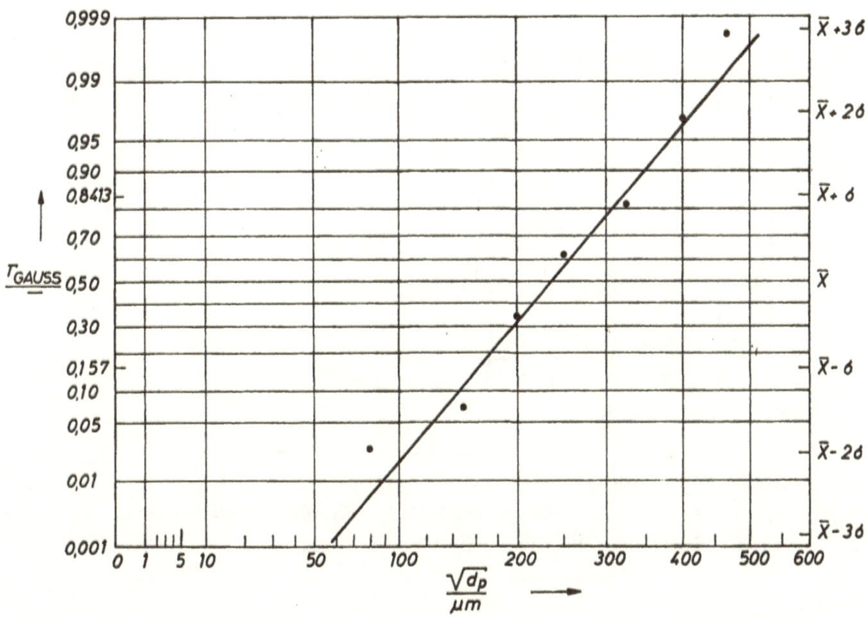

Abb. 4–9: Darstellung einer Sprühverteilung als Wurzel-Normalverteilung.

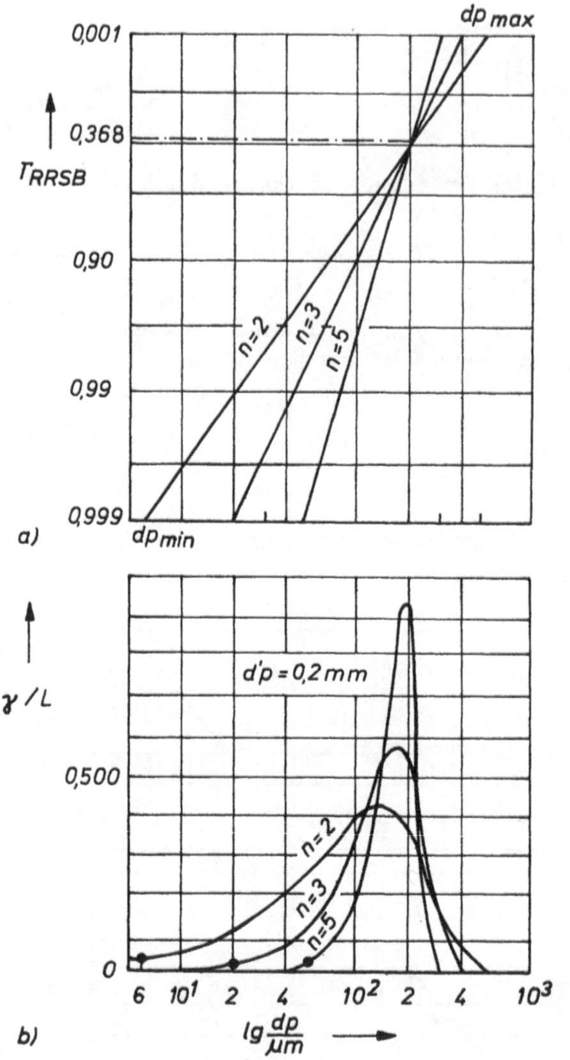

Abb. 4–10: Darstellung von 3 Sprühverteilungen mit dem gleichen Lageparameter $d_P' = 200\ \mu m$ und unterschiedlichen Verteilungsparametern $n = 2$; 3 und 5 im linearisierten RRSB-Verteilungsnetz Γ_{RRSB} und als Verteilungsdichtefunktion $\gamma_{RRSB}(\lg d_P)$.

4.3.3. *Experimentelle Methoden zur Ermittlung von Verteilungen*

Eine Übersicht und Auswahl der Methoden zur Ermittlung der Teilchengrößen von Verteilungen bietet Tab. 4–6 unter den Aspekten der Trennverfahren, Meßmethoden, Probenahme- und Behandlungsmethoden, der Anwendbarkeit für Tropfen und/oder Partikel sowie der Ergebnisse der Teilchengrößen-Bestimmung, vorwiegend orientiert auf Sprühverteilungen.

Trotz der modernen hochauflösenden Analysen-Verfahren mit Laser-Holografie und Funkenblitz-Fotografie mit ihrer hohen Effektivität behalten nach wie vor die konventionellen mikroskopischen Verfahren, an speziell aufgefangenen Tropfen- oder Partikel-Verteilungen, wie auch die manuellen und Prüfsiebtrennungen, ihre Bedeutung. Der apparative Aufwand ist relativ gering. Er gestattet trotzdem die umfassende Beschreibung der Teilchengrößen-Verteilungen [4–13 bis 4–15].

Die indirekten Meßmethoden gestatten dagegen meist nur die Ermittlung mittlerer Teilchengrößen, die aber allein keine Beschreibung der Verteilungsfunktion erlauben.

Bei mikroskopischen Analysen besteht die Möglichkeit, Partikel im Bereich

$0{,}01\ \mu m < d_P < 5\ \mu m$ elektronenmikroskopisch

$1\ \mu m < d_P < 500\ \mu m$ lichtmikroskopisch

durch Auszählen oder Coulter-Counter-Verfahren zu ermitteln [4–16]. Die auszuzählende Stichprobe soll etwa 300···500 Partikel betragen. In Übereinstimmung mit anderen Erfahrungen zeigt Tab. 4–1, daß optimale Partikelzahlen bei etwa 3000 liegen sollten. Eine weitere Erhöhung der Partikelzahl steigert die Genauigkeit nur noch unwesentlich. – Bei Augenbeobachtung erfolgt die Längenmessung durch ein Okularmikrometer, mit dem eine Strich- oder Netzskala in das Präparat projeziert wird. Damit ist eine relativ genaue Längenmessung möglich. Eine Umrechnung aus den Projektionsflächen auf den Durchmesser

$$d_{P;A} = \sqrt{\frac{4}{\pi} A_P} \qquad (4.3\text{–}32)$$

ist nur bei kugelförmiger Gestalt exakt gültig, bei der auch gilt

$$d_{P;V} = \sqrt[3]{\frac{6}{\pi} V_P} \qquad (4.3\text{–}33)$$

Bei nicht kugelförmiger Partikelgestalt fallen beide Größen auseinander und dies um so mehr, als die Partikel von der Kugelgestalt abweichen.

Tabelle 4–6: **Übersichten und Auswahl experimenteller Methoden zur Bestimmung der Teilchengrößen und -Verteilungen von Sprühnebeln**

Trenn-verfahren	Meßmethode					Probenahme und Proben-Behandlungs-methode	Anwendbarkeit		Meß-Ergebnis				Lite-ratur
	direkt		indirekt										
	Anzahl n	Volumen V (Masse m)	Licht-Ab-sorption	Elektr. Ladung	Dyna-mischer Druck		Tropfen	Partikel	$\bar{d}$	d_{min}	d_{max}	Ver-teilung	
Optisch (Mikroskop)	+	(+)				Laser-Holografie (Teilchengrößen-bestimmung während Flug-phase)	+	+	+	+	+	+	[4–13]
	+	(+)				Fotografische Aufnahme von Sprühstrahlen m. Funkenblitz	+	+	+	+	+	+	[4–13; 4–14]
	+					Auffangen in einer Flüssigkeit	+		+	+	+	+	[4–14; 4–17]
	+					Auffangen auf einer benetzten Platte	+		+	+	+	+	[4–17]
	+					Auffangen im		+	+	+	+	+	[4–17]

Sieben (Prüfsieben u. manuelles Sieben)	+				flüssigen N_2		+	+	+	+	+	[4–17]
	+				Direkte Probenahme		+	+	+	+	+	[4–14]
Ohne Trennverfahren		+			Messung der Lichtabsorption des Sprühstrahls	+	+	+				[4–13]
			+		Ladungsmessung	+	+	+				[4–13]
				+	Messung des dynamischen Druckes	+	+	+				[4–13; 4–14]

Für die Hand- und Prüfsiebung gibt es exakte Vorgaben über die Vorbereitung und Durchführung, die genau einzuhalten sind, um vergleichbare Ergebnisse zu sichern [4–17].

Literatur- und Quellenverzeichnis

[4–1] Masters, K.: "*Spray Drying*". London 1972

[4–2] Krell, L.; Künne, H.-J.; Mörl, L.; Strümke, M.: „Modellierung der Trocknungskinetik der Geometrie von fluidisierten Feststoffteilchen". Wiss. Z. der TH Magdeburg **29** (1985) 6, S. 27—30

[4–3] Haertling, M.: „Vorausberechnung von Trocknungsverlaufskurven". vt **13** (1979) 12, S. 923—927

[4–4] Keey, R. B.: „Vereinfachte Analyse der Trocknung kugelförmiger Güter". vt **13** (1979) 12, S. 932—938

[4–5] Kacholdt, W.: „Prozeßmodell für Gleichstromzerstäubungstrockner mit realen Partikelverteilungen", Dissertation IH Köthen, 1985

[4–6] Wetzel, J.; Brink, E.: „Modellierung von Röhrenbündeltrocknern", Vortrag 7. Diskussionstagung „Verfahrenstechnik", Köthen, 13. 9. 1985

[4–7] Weber, E.: „*Grundriß der biologischen Statistik*" (7. Aufl.). VEB Gustav Fischer Verlag, Jena 1972

[4–8] Storm, R.: „Wahrscheinlichkeitsrechnung, Mathematische Statistik, Statistische Qualitätskontrolle", Leipzig 1965 (zitiert in [4–7])

[4–9] Linder, A.: „Statistische Methoden", 3. Auflage (zitiert in [4–7]) Basel, 1960

[4–10] Daeves, K.; Beckel, L,: *Großzahlforschung und Häufigkeitsanalyse*". Verlag Chemie, Weinheim/Bergstr. 1932

[4–11] Kuo-Hui-Wang, Chi-Tien: "Atomization and Drop Size of Polymer-Solution". Ind. Eng. Chem. Process Des. Develop., Vol. 11, No. 2, 1972, pp. 169—178

[4–12] Rinkes, H.: „Tropfengrößenverteilungen beim Zerstäuben von Flüssigkeiten", Dissertation, ETH Zürich, 1967

[4–13] Batel, W.: „*Einführung in die Korngrößenmeßtechnik*". Springer-Verlag, Berlin 1971

[4–14] Bürkholz, A.: „Meßmethoden zur Tropfengrößenbestimmung". Chem.—Ing.—Techn. **45** (1973) 1, S. 1—7

[4–15] Göll, G.; Helfricht, R.: „Zum Problem der Probenahme bei Korngrößenanalysen". Freiberger Forschungshefte A 531 (1975), S. 239—255

[4–16] Heidenreich, E.: „Auswertung granulometrischer Analysenergebnisse mit EDV-Anlagen". Die Lebensmittelindustrie **20** (1973) 7, S. 301—304

[4–17] Roth, H. u. Mitarb.: „Methoden der Bewertung und Auslegung von Trocknern" (Trocknung disperser Stoffe). Bericht 1978—84, Köthen

5. Bewertung von Trocknungsverfahren und -anlagen

5.1. Bewertungsaspekte und deren Systematisierung

Eine vergleichende und vergleichbare Einschätzung der wesentlichen Eigenschaften eines Verfahrens und einer Anlage sind das Ziel einer jeden Bewertung. Die Bewertung ist Grundlage und Voraussetzung der Optimierung.

Die Bewertungsaspekte im allgemeinen und von Trocknern speziell sind differenziert. Sie umfassen ein breites Spektrum von Eigenschaften, die sich in einer größeren Zahl unterschiedlicher Bewertungskriterien und Bewertungsmethoden ausdrücken. Eine von speziellen Verfahren unabhängige Übersicht über Bewertungsmethoden und -kriterien mit einer einprägsamen Systematisierung geben die Bewertungs-Kapitel in [5–1 bis 5–3].

Drei wesentliche Gruppen der Eigenschaften von Trocknungsverfahren und -anlagen sind bei der Bewertung zu berücksichtigen:

— Thermodynamische Aspekte der Güte der Stofftrennung und -ausnutzung sowie der Energiewandlung werden aus den Massen-Bilanzen sowie den Bilanzen des 1. und 2. Hauptsatzes erkannt und bewertet.

— Ökonomische Aspekte der Gestaltung und des Betreibens von Trocknungsverfahren und -anlagen werden durch ökonomische Kriterien erfaßt und bewertet. Dabei schließen bei richtiger Preis- und Kostengestaltung diese Kriterien auch die Bewertungs-Ergebnisse und -Aussagen der thermodynamischen und apparativen Gestaltung von Trocknungsanlagen mit ein.

— Imponderabile Aspekte, das sind solche mit Gewicht für die Gestaltung von Verfahren und Anlagen, die aber aus nicht objektiv meßbaren Kriterien und Anforderungen bestimmt werden müssen, gibt es in großer Zahl. Dazu gehören Aspekte wie u. a. An- und Abfahrverhalten, Reparaturfähigkeit, Einpassung in die Gesamt-Technologie, Bedienbarkeit, Flexibilität, Regelbarkeit u. a. m.

Diese drei wesentlichen Gruppen der Bewertungsaspekte bilden die Grundgliederung des Kap. 5.

Eine Übersicht über wichtige Bilanz- und Bilanzstromgrößen zeigt Tab. 5–1

Tabelle 5–1: Systematisierende Übersicht über wichtige extensive Bilanz- und Bilanzstromgrößen nach [5–2]

Gruppe	Kategorie der Bewertungsgröße — k Bezeichnung	Spezielle Parameter	Bilanzgröße Γ	Bilanzstromgröße $\dot{\Gamma}$
0 Zeit	1 Zeit	Betriebszeit	t_B (s)	
		Ausfallzeit	t_{Ausf} (s)	
		normierte Nutzungszeit	t_{NNZ} (s)	
		Rückflußzeit	t_{RFZ} (s)	
1 Thermodynamische Werte	2 Masse	Totalmasse	m (kg)	$\dot{m}$ (kg · s^{-1})
		Komponentenmasse	m_k (kg)	$\dot{m}_k$ (kg · s^{-1})
	3 Energie	Arbeit	W (J)	P (W)
		Wärme	Q (J)	$\dot{Q}$ (W)
		Enthalpie	H (J)	$\dot{H}$ (W)
	4 Entropie		S (J · K^{-1})	$\dot{S}$ (W · K^{-1})
	5 Exergie		E (J)	$\dot{E}$ (W)
2 Ökonomische Werte	6 Wert Geld	Aufwand		
		Investaufwand	I (M)	
		Aufwandsgrößen		
		• Selbstkosten		K_S (M · a^{-1})
		• Abschreibungen		K_{Ab} (M · a^{-1})
		• Reparaturkosten		K_R (M · a^{-1})
		• Materialkosten		K_M (M · a^{-1})
		• Energiekosten		K_{En} (M · a^{-1})
		Ergebnisgrößen		
		• Ergebnis; Gewinn		E_G (M · a^{-1})
		• Bruttoproduktion		E_{BP} (M · a^{-1})
		• Nettoproduktion		E_{NP} (M · a^{-1})
		• Warenproduktion		E_{WP} (M · a^{-1})
	7 Arbeitskräfte	Arbeitskräftezahl	N_{AK} (VbE)	

mit $k_0 = 7$ Kategorien der wichtigsten Bewertungskriterien, die die Grundlage für eine systematisierende Behandlung der Bewertungsgrößen bildet.

Bewertungsgrößen werden im allgemeinen als Quotienten $\gamma_{k;l}$ aus extensiven Bilanzgrößen Γ_k und Γ_l gemäß

$$\gamma_{k;l} = \frac{\Gamma_k}{\Gamma_l} = \frac{\dot{\Gamma}_k}{\dot{\Gamma}_l} \tag{5.1-1}$$

gebildet. — Für eine quadratische Matrix der $k_0 = 7$ Bewertungskategorien von Tab. 5-1 entstehen damit $(7; 7) = 49$ Kategorien von Bewertungsgrößen $\gamma_{k;l}$. Diese lassen sich in zwei bzw. drei Hauptgruppen von Bewertungsgrößen unterteilen:

— Für die Diagonale der quadratischen Bewertungsmatrix mit den Feldern $k = l$ sind die Bewertungsgrößen dimensionslose Simplexe:

- Für die Bedingung des normierten Wertebereiches

$$0 \leqq \gamma_{k;k} \leqq 1 \tag{5.1-2}$$

werden die Bewertungsgrößen als Wirkungs- oder Gütegrade bezeichnet. Sie sind bevorzugte thermodynamische Bewertungsgrößen hohen Abstraktionsgrades.

- Für die Bedingung des zulässigen Wertebereiches

$$0 \leqq \gamma_{k;k} \tag{5.1-3}$$

stellen die Bewertungsgrößen Relationswerte vom Typ der Leistungszahlen dar.

— Für alle anderen Felder $k \neq l$ der quadratischen Bewertungsmatrix entstehen dimensionsbehaftete Bewertungsgrößen $\gamma_{k;l}$, die meist für ökonomische Probleme genutzt werden, doch können sie auch für thermodynamische Bewertungsprobleme angewendet werden.

5.2. Thermodynamische Bewertung

5.2.1. Bilanzübereinkunft

Grundlage der thermodynamischen Bewertung bildet die Bilanzierung des entsprechend definierten Trocknersystems. Nach Kröll [5-4] fehlt bisher eine allgemeine Bilanzübereinkunft zur Bewertung von Trocknungsverfahren und -anlagen. Wirth [5-5] unterbreitete einen Vorschlag, der die exergetischen

Aspekte der Trocknung berücksichtigt: Ausgehend von den Darlegungen im Abschn. 1. und 2.2.3. sind Trocknungsprozesse als Stofftrennprozesse im thermodynamischen Sinne erzwungene Prozesse. Die erforderlichen Triebkräfte für diese Prozesse werden meist durch Wärmeübertragungsprozesse von dem Trocknungsprozeß aufgebaut, ehe mit dieser vorbereiteten Potentialdifferenz der Trocknungsprozeß im eigentlichen Trockner scheinbar freiwillig abläuft. Es ist für die thermodynamische Bewertung zweckmäßig, zwei unterschiedliche Bilanzhüllen zu definieren:

— Bilanzhülle für das Verfahren, auch als innere Bilanzhülle bezeichnet: Sie umschließt alle direkt zum Verfahren gehörenden Stoffströme, einschließlich solcher verfahrenscharakteristischer Stoffströme wie beispielsweise das Konvektionsgas bei Konvektions-Trocknungsverfahren, und alle zum Verfahren gehörenden Apparate und Maschinen, bzw. Teile der Apparate und Maschinen, um die Stoffströme auf die verfahrensbedingten Zustandsparameter (p_i; ϑ_i; ξ_i ...) zu bringen.

— Bilanzhülle für die (Gesamt-)Anlage, teilweise auch als äußere Bilanzhülle bezeichnet: Sie umschließt zusätzlich zur Bilanzhülle für das Verfahren alle Maschinen und Apparate, einschließlich aller Hilfsstoff- und Energieströme, die für das Erreichen der verfahrensbedingten Zustandsparameter erforderlich sind. Sie umfaßt damit zusätzlich zur Verfahrens-Bilanzhülle vor allem die Heiz- und Kühlmittelströme, alle Arten der Antriebsenergien, wie z. B. Elektroenergie für Motoren oder Dampf bzw. Druckluft für Turbinen.

Diese Bilanzhüllen-Definition ist vor allem für exergetische Bewertungen zweckmäßig. Bei konventionellen thermodynamischen Bewertungen reicht meist die Definition der Bilanzhülle der (Gesamt-)Anlage aus.

Die Untergliederung der Anlage in zweckmäßige Teilgebiete der Trocknungsanlage bleibt von dieser Definition unberührt.

5.2.2. *Konventionelle thermodynamische Bewertungsgrößen*

Die auf den extensiven Bilanzgrößen der Thermodynamik beruhenden Bewertungsgrößen sind als Übersicht in Tab. 5–2 zusammengefaßt. Jede der in Tab. 5–2 aufgeführten Bewertungsgröße repräsentiert eine ganze Gruppe von analogen Bewertungsgrößen:

— Die Gln. (5.2–1a) bis (5.2–2b) beschreiben die stoffliche Ausnutzung im Trocknungsprozeß. Sie charakterisieren die Nutz- und Verlustanteile vom Standpunkt der Materialökonomie und geben Hinweise zur möglichen oder erforderlichen Verbesserung des Rückgewinnungsgrades des Produktes [5–1; 5–2].

Tabelle 5–2: Übersicht über konventionelle thermodynamische Bewertungsgrößen [5–5]

k	Bezeichnung	Definitionsgleichung	Gleichungs-Nr.
(1)	(2)	(3)	(4)
2	Massen-Ausbeute; -Wirkungsgrad	$\eta_m = \frac{\sum m_{\text{Nutz}}}{\sum m_{\text{zu}}} = 1 - \nu_m$	(5.2–1 a)
	Komponenten-Massen-Ausbeute; -Wirkungsgrad	$\eta_{m;k} = \frac{\sum m_{\text{Nutz};k}}{\sum m_{\text{zu};k}} = 1 - \nu_{m;k}$	(5.2–1 b)
	Massen-Verlustgrad	$\nu_m = \frac{\sum m_{\text{Verl}}}{\sum m_{\text{zu}}} = 1 - \eta_m$	(5.2–2 a)
	Komponenten-Massen-Verlustgrad	$\nu_{m;k} = \frac{\sum m_{\text{Verl};k}}{\sum m_{\text{zu};k}} = 1 - \eta_{m;k}$	(5.2–2 b)
	Trockner-Betriebscharakteristik nach KEEY [5–6]	$\Phi_Y = \frac{\sum \dot{m}_{L;\text{min}}}{\sum \dot{m}_L}$	(5.2–3 a)
		$\Phi_{Y;\text{Geg}} = \frac{Y_\omega - Y_\alpha}{Y^*(X_\alpha) - Y_\alpha}$	(5.2–3 b)
		$\Phi_{Y;\text{Gleich}} = \frac{Y_\omega - Y_\alpha}{Y^*(X)_\omega - Y_\alpha}$	(5.2–3 c)
	Verdampfungsziffer; -zahl	$d = \frac{\sum \dot{m}_{HD}}{\sum \dot{m}_F}$	(5.2–4)
	Spezifischer Luft- bzw. Konvektionsgas-Bedarf	$l = \frac{\sum \dot{m}_L}{\sum \dot{m}_F}$	(5.2–5)
3	Energetischer Wirkungsgrad	$\eta_{En} = \frac{\sum (\Delta \dot{m}_F \, \Delta h_F)}{\sum (\dot{Q}_H + P)}$	(5.2–6)
	Energetischer Verlustgrad	$\nu_{En} = 1 - \eta_{En}$	(5.2–7)
	Wärmewirkungsgrad eines Konvektions-Trockners	$\eta_Q = \frac{q_{\text{min}}}{q} = \Phi_Y$	(5.2–8)

Tabelle 5–2: (Fortsetzung)

k	Bezeichnung	Definitionsgleichung	Gleichungs-Nr.
(1)	(2)	(3)	(4)
4	Entropischer Wirkungsgrad	$\eta_S = \dfrac{\Sigma\,(\Delta \dot{S}_{\text{zu}})}{\Sigma\,(\Delta \dot{S}_{\text{ab}})} = 1 - \nu_S$	(5.2–9 a)
	Entropischer Verlustgrad	$\nu_S = \dfrac{\Sigma\,(\Delta \dot{S}_{\text{Verl}})}{\Sigma\,(\Delta S_{\text{ab}})} = 1 - \eta_S$	(5.2–9 b)
5	Exergetischer Wirkungsgrad	$\eta_{Ex} = \dfrac{\Sigma\,\dot{E}_N}{\Sigma\,\dot{E}_A} = 1 - \nu_{ex}$	(5.2–10 a)
	Exergetischer Verlustgrad	$\nu_{Ex} = \dfrac{\Sigma\,\dot{E}_{\text{Verl}}}{\Sigma\,\dot{E}_A} = 1 - \eta_{ex}$	(5.2–10 b)
	Exergetischer Gütegrad	$\eta_{Ex;G} = \dfrac{\Sigma\,(\Delta \dot{E})_\omega}{\Sigma\,(\Delta \dot{E})_\alpha}$	(5.2–11)
3/2	Spezifischer Wärmebedarf	$q_F = \dfrac{\Sigma\,\dot{Q}_H}{\Sigma\,(\Delta \dot{m}_F)}$	(5.2–12)
	Spezifischer Energiebedarf	$h_F = \dfrac{\Sigma\,\dot{H}_\omega - \Sigma\,\dot{H}_\alpha}{\Sigma\,(\Delta \dot{m}_F)}$	(5.2–13)
	Spezifischer Arbeitsaufwand	$w_F = \dfrac{\Sigma\,P}{\Sigma\,(\Delta \dot{m}_F)}$	(5.2–14)
4/2	Spezifischer Entropiezuwachs	$\Delta s = \dfrac{\Sigma\,(\Delta \dot{S}_{\text{irr}})}{\Sigma\,(\Delta \dot{m}_F)}$	(5.2–15)
5/2	Spezifischer Exergiebedarf	$\Delta e = \dfrac{\Sigma\,(\Delta \dot{E}_{\text{Aufw}})}{\Sigma\,(\Delta \dot{m}_F)}$	(5.2–16)

— Die Trockner-Betriebscharakteristik Φ nach KEEY [5–6] in Gln. (5.2–3a) bis (–3c) ist vor allem zur Bewertung verschiedener Betriebszustände von Konvektions-Trocknern geeignet. Infolge der Bezugnahme auf die Gleichgewichtswerte des Konvektionsgases repräsentiert sie nach Gl. (5.2–8) auch den Wert des Wärmewirkungsgrades [5–7]. Die Betriebscharakteristik stellt eine sehr umfassende Bewertungsgröße dar.

— Relationswerte auf der Grundlage von Massen- und Massenstrom-Bilanzen sind beispielsweise die Verdampfungsziffer d nach Gl. (5.2–4) für den Vergleich dampfbeheizter Trockner [5–8] sowie des spezifischen Luft- oder Konvektionsgas-Bedarfes l nach Gl. (5.2–5) zur Bewertung des Lüftungsaufwandes bei Konvektionstrocknern.

— Die Beziehungen des energetischen Wirkungs- und Verlustgrades nach (5.2–6) bis (–8) werden vielfach zitiert [5–9 bis 5–12], obwohl die Enthalpieänderung der entfernten Feuchte nicht als thermodynamischer Nutzen angesehen werden kann; unter Umständen können sogar die Definitionsbedingungen verletzt werden [5–13].

— Der entropische Wirkungs- und Verlustgrad nach Gl. (5.2–9) drückt die Verluste nach dem 2. Hauptsatz aus, wobei zu unterstreichen ist, daß dabei auch nur ein Teilaspekt der Energiewandlung erfaßt und bewertet wird.

— Am umfassendsten wird die thermodynamische Bewertung durch den exergetischen Wirkungs- oder Gütegrad der Gln. (5.2–10a) bis (–11) ausgedrückt. Bis auf wenige Anwendungsbeispiele [5–14 bis 5–16] liegt für Trocknungsprozesse keine durchgängige Darstellung vor. Das hat seine Ursachen u. a. vor allem in den bisher häufig fehlenden Kenntnissen über einen sinnvoll definierten thermodynamischen Nutzen oder wegen fehlender Kenntnisse über die Gutsexergie [5–5]. Wegen der hohen Bedeutung der exergetischen Bewertung wird ihr der folgende Abschn. 5.2.3. gewidmet.

— Als Beispiele der dimensionsbehafteten thermodynamischen Bewertungsgrößen stehen Gln. (5.2–12) bis (–16):

- Der spezifische Wärme- oder Energiebedarf, q bzw. $\Delta h_F'$ stellt eine leicht bestimmbare und häufig gebrauchte Bewertungsgröße dar [5–9; 5–13; 5–16; 5–17].
- Der spezifische Arbeitsbedarf w_t nach Gl. (5.2–14) ist besonders für Konvektionstrockner mit hohem Bedarf an Antriebsleistung für Lüfter, für mechanische Antriebe oder für Kompressoren geeignet [5–8; 5–17].
- Der spezifische Entropiezuwachs Δs nach Gl. (5.2–15) wird von BOŠNJAKOVIĆ [5–18] vorzugsweise bei Konvektionstrocknern zur Analyse der einzelnen luftseitigen Irreversibilitäten verwendet.
- Der spezifische Exergieaufwand Δe_F nach Gl. (5.2–16) wird von MALTRY

[5–13] und Szargut [5–19] zur Bewertung von Konvektions-Trocknungsprozessen vorgeschlagen.

Diese spezifischen Aufwandskenngrößen liefern eine Relativbewertung, jedoch keine Aussagen und Relationswerte zu den jeweiligen thermodynamischen Grenzwerten und inwieweit eine Annäherung an diese Grenzwerte erreicht wird. Sie sind als Relativbewertung zu anderen Verfahren im Rahmen von Weltstands- und anderen Vergleichen sehr gut geeignet, aber als Information über noch bestehende Reserven bei der thermodynamischen Optimierung sind sie ungeeignet. Zu dieser Information ist die in Abschn. 5.2.3. vorgestellte Bewertungs-Methode mit den daraus abgeleiteten Bewertungskriterien heranzuziehen.

5.2.3. Exergetische Bewertung mit abgeleiteten Grenzwerten

Eine von Roth und Mitarb. [5–14; 5–15] vorgeschlagene exergetische Bewertung mit abgeleiteten Grenzwerten soll die Nachteile der o. a. Relativbewertung zu anderen, derzeit bekannten Verfahren ausschließen, da sich diese Werte der Relativbewertung ständig ändern und verbessern. Objektive thermodynamische Bezugsgröße der Bewertung ist die minimale Trennarbeit für das Feuchtgut von der Anfangsbeladung X_α auf die Endbeladung X_ω beim Trocknungsprozeß. Sie stellt den optimal erreichbaren thermodynamischen Grenzwert bei der Verfahrens- und Anlagengestaltung dar.

Diese Bewertungsmethode soll gleichzeitig die derzeit leider immer noch eindeutig vorhandene klare Abgrenzung zwischen der Verfahrensfestlegung in der Verfahrensdokumentation [5–20] und dem Apparate- und Anlagen-Projekt verdeutlichen: Mit der Wahl des Trocknungsverfahrens werden bereits entscheidende Festlegungen für den Energie- und Exergiebedarf der Trocknungsanlage fixiert. Im weiteren Bearbeitungsablauf — mit der Auslegung der Maschinen und Apparate — können die Energie- und Exergieanforderungen nur noch weiter erhöht werden. Wenn auch in der weiteren Entwicklung, bei Nutzung der rechnergestützten Auslegung und Projektierung, durch Rückkopplung eine enger werdende Beziehung zwischen den beiden Bearbeitungsschritten zu erwarten ist, so werden doch mit der Verfahrensfestlegung gewisse Fixpunkte gesetzt, die den thermodynamischen und ökonomischen Aufwand betreffen, der bei der weiteren Bearbeitung nicht unterboten werden kann.

Zielstellung der Trocknung ist die Trennung des Feuchtgutes in Trockengut und Feuchte. In diesem Sinne ist der Prozeß unter Beachtung der Gebrauchswertanforderungen an das Gut sowie der Rand- und Nebenbedingungen, wie z. B. Eingliederung in den Gesamtprozeß, Sicherheitsbedingungen, Gesundheits-, Arbeits- und Brandschutz, mit dem minimalen Aufwand an Exergie zu verwirklichen. Von diesem Aspekt ausgehend ist der Trocknungsprozeß thermodynamisch zu bewerten.

5.2.3.1. Minimale Trennarbeit als thermodynamischer Nutzen der Trocknung und Gesamtwirkungsgrad

Auf der Grundlage der exergetischen Zusammenhänge für das Feuchtgut im Abschn. 2.3. und für die Bilanzen des Trocknungsprozesses ist das exergieoptimale Verfahren zu bestimmen.

Der thermodynamische Nutzen N ergibt sich bei bekanntem Aufwand A und bekannten Verlusten V zu

$$N = A - V \tag{5.2–17}$$

Er kann mit anderen Worten auch als der verlustfreie Aufwand

$$N = A_{V=0} \tag{5.2–18}$$

geschrieben werden.

Der abstrakte, direkte Weg führt zur Beschreibung des thermodynamischen Nutzens der Trocknung über das Exergiepotential

$$w_N = w_{\min} \tag{5.2–19a}$$

$$w_N = w_{\min}\Big|_{X_\alpha}^{X_\omega} \tag{5.2–19b}$$

nach Gl. (2.3–55) und (2.3–56). Er ist eindeutig aus dem chemischen Potential ableitbar: Nach den Bedingungen (2.2–31) bis (–33) gilt

$$w_{\min}\Big|_{X_\alpha}^{X_\omega} = \Delta[\mu_S + (X \cdot \mu_F)]\Big|_{\alpha}^{\omega} \tag{5.2–20}$$

Die thermodynamische minimale spezifische Trennarbeit ist ein verfahrens- und anlagen-unabhängiger Grenzwert. Er ist als Differenz des spezifischen Exergiepotentials im Grenzfall aus dem chemischen Potential zu berechnen.

Der zweite Weg der Bestimmung der minimalen Trennarbeit führt über die Berechnung der Prozeßgröße in einem zunächst noch nicht näher definierten Prozeß, an den nur die Bedingung der Reversibilität zu stellen ist:

$$E_{\min} = m_s[e_{1+X;\omega} - e_{1+X;\alpha}] \tag{5.2–21a}$$

$$e_{1+X;\min} = e_{1+X;\omega} - e_{1+X;\alpha} \tag{5.2–21b}$$

Tabelle 5–3: **Zusammenfassende Darstellung der Terme der Exergie-Bilanzgleichung (5.2–22) in spezifischer Form und Maßnahmen zum Ausschluß und zur Minimierung exergetischer Verluste**

Bezeichnung des Energieterms	Exergie-Bilanz-Gleichung (5.2–22)	Reversibilitäts- Bedingung	Reversibilitäts- Ergebnis	Heuristische Formulierung der Optimalbedingungen
(1)	(2)	(3)	(4)	(5)
Exergie	$e_{1+x}\Big\vert_{\alpha}^{\omega}$			Optimale Gesamtexergie:
= Arbeit	$= w_{t;1+X;}\Big\vert_{\alpha}^{\omega}$	$w_t = 0$	0	Vermeide unnötige Arbeit!
+ Wärme	$+ \Sigma\, q_{1+x;\alpha;\omega}$	$q = 0$	0	Vermeide unnötigen Wärmetransport!
+ potentielle Energie	$+ \Sigma\, g \cdot \Delta[(1 + X)\, Z]_{\omega}^{\alpha}$	$Z_\alpha = Z_\omega = Z_U$	0	Vermeide unnötige Höhendifferenzen!
+ kinetische Energie	$+ \Sigma\, \frac{1}{2} \cdot \Delta[(1 + X)\, w^2]_{\alpha}^{\omega}$	$W_\alpha = W_\omega = W_U$	0	Vermeide unnötige Geschwindigkeitsänderungen!
+ fühlbare Enthalpie	$+ \Sigma\, [(c_{p;s} + X \cdot c_{pF})\, T]_{\alpha}^{\omega}$	$T_\alpha = T_\omega = T_U$	0	Vermeide unnötige Temperaturänderungen!
+ latente Enthalpie	$+ \Sigma\, [(\Delta h_s + X \cdot \Delta h_F)]_{\alpha}^{\omega}$	$h_s = h_F = 0$	0	Vermeide unnötige Aggregatzustandsänderungen!
	$- T_U \times \ldots$			
Wärme – Entropie	$\times \left\{ \frac{q_{1+X;\alpha;\omega}}{T} \right.$	$(q = 0)$	0	Vermeide unnötigen Wärmetransport!

+ Entropie der fühlbaren Entropie	$+ \sum (c_{ps} + X \cdot Cc_{p;s}) \cdot \ln T \Big\|_{\alpha}^{\omega}$	$(T_\alpha = T_\omega = T_U)$	0	Vermeide unnötige Temperaturänderungen!
+ Entropie der latenten Enthalpie	$+ \left(\frac{\Delta h_s + X\, \Delta h_F}{T}\right)\Big\|_{\alpha}^{\omega}$	$(\Delta h_s = \Delta h_F = 0)$	0	Vermeide unnötige Aggregatzustands-änderungen!
Entropie des Druckes	$- R \cdot \ln_p \Big\|_{\alpha}^{\omega} \Big\}$	$p_\alpha = p_\omega = p_U$	0	Vermeide unnötige Druckänderungen!
+ Chemisches Potential	$+ [\mu_S + X\mu_F] \Big\|_{X_\alpha}^{X}$	$X_\omega < X_\alpha$		Vermeide unnötige Produkt-Mischungs-vorgänge!
		$w_{1+x;\min}$		

In Tab. 5–3 ist in Spalte (2) eine sehr umfassende Exergiebilanzgleichung (5.2–22) angegeben. Die Reversibilitätsbedingungen in Spalte (3) führen in Spalte (4) in 10 von 11 Werten zum Ergebnis $\Delta e = 0$; ausgenommen den Term des chemischen Potentials, der identisch mit dem Ergebnis von Gl. (5.2–21b) ist.

Anschauliche Varianten des reversiblen Trocknungsprozesses sind in Abschn. 2.3.2.5. beschrieben.

Jeder reale Trocknungsprozeß führt infolge der unvermeidlichen Irreversibilitäten zu Exergiemehraufwendungen gegenüber dem minimalen Exergieaufwand [5–14]:

$$\dot{E}_{ges} = \sum \dot{E}_{min} + \sum \Delta\dot{E}_{mehr} \tag{5.2–23}$$

Damit ist der thermodynamische exergetische Wirkungsgrad durch

$$\eta_{ex;ges} = \frac{\sum \dot{E}_{min}}{\sum \dot{E}_{ges}} \tag{5.2–24}$$

gegeben. — Aus der Exergiebilanzgleichung (5.2–22) folgen die Exergiemehraufwendungen.

In Spalte (5) von Tab. 5–3 sind 8 heuristische Formulierungen zur Erreichung optimaler Prozeßparameter genannt, die bei der Prozeß- und Verfahrensgestaltung zu beachten sind.

Da die minimalen Exergieaufwendungen nicht zu unterbieten sind, reicht es bei der Prozeßgestaltung völlig aus, nur die Exergiemehraufwendungen zu betrachten. Sie können, wie in den beiden folgenden Abschnitten entwickelt wird, reduziert und bei zweckmäßiger Unterteilung gezielt zur Aufwertung der Güte der Prozeßgestaltung genutzt werden:

$$\sum \Delta\dot{E}_{mehr} = \sum \Delta\dot{E}_{Verf} + \sum \Delta\dot{E}_{Anl.} \tag{5.2–25}$$

5.2.3.2. Verfahrensaufwand und Verfahrenswirkungsgrad

Mit der Bilanzhülle für das Verfahren, die innere Bilanzhülle, wird als abgeleitete Bewertungsgröße der Verfahrensaufwand ermittelt:

$$\sum \dot{E}_{Verf} = \sum \Delta\dot{E}_{min} + \sum \Delta\dot{E}_{Verf} \tag{5.2–26}$$

Der Verfahrensaufwand setzt sich aus der minimalen Trennarbeit und den verfahrensbedingten Mehraufwendungen zusammen. Der Verfahrensmehraufwand umfaßt Mehraufwendungen, die folgende Ursachen haben [5–14; 5–15]:

— Wahl der physikalischen Wirkprinzipien bei der Trocknung, wie mechanische Entfeuchtung, Verdampfungs- bzw. konvektive Trocknung,

— Wahl der Verfahrens-Prozeßparameter, die den unmittelbar beim Verfahren beteiligten Stoffströmen zugeordnet werden müssen (T_i; p_i; ξ_i),

— Wahl des verfahrenstechnischen Systems, gegeben durch die Apparate als Systemelemente und deren Schaltung,

— Wahl der Stromführung in den wesentlichen Elementen.

Mit Festlegung des Verfahrensaufwandes kann der exergetische Verfahrenswirkungsgrad als Verhältnis von minimaler Trennarbeit zum Verfahrensaufwand nach Gl. (5.3–26) als

$$\eta_{\mathrm{ex;Verf}} = \frac{\sum \Delta \dot{E}_{\mathrm{min}}}{\sum \Delta \dot{E}_{\mathrm{Verf}}} \qquad (5.2\text{–}27)$$

definiert werden. Er bezeichnet den Gütegrad der Verfahrensannäherung an die idealen Bedingungen des minimalen Trennaufwandes. Eine gewisse Subjektivität bei der Festlegung der Bilanzhülle und damit des Verfahrensaufwandes ist nicht immer auszuschließen. Die Abgrenzung erlaubt jedoch festzustellen, welcher exergetische Mehraufwand bereits durch die Festlegung des Verfahrens fixiert wird.

5.2.3.3. Anlagenaufwand und Anlagenwirkungsgrad

Mit der Bilanzhülle für die (Gesamt)-Anlage, auch als äußere Bilanzhülle bezeichnet, wird der exergetische Gesamtaufwand ermittelt. Er wird auch als Anlagenaufwand bezeichnet [5–14]

$$\dot{E}_{\mathrm{ges}} = \dot{E}_{\mathrm{Anl}} \qquad (5.2\text{–}28)$$

und unterscheidet sich vom Verfahrensaufwand um den apparate- und anlagenbedingten Mehraufwand

$$\sum \dot{E}_{\mathrm{Anl}} = \sum \dot{E}_{\mathrm{Verf}} + \sum \Delta \dot{E}_{\mathrm{Anl}} \qquad (5.2\text{–}29)$$

Der apparativ und anlagenbedingte Gesamtaufwand ist eindeutig definiert und exakt bestimmbar. — Der apparate- und anlagenbedingte Exergie- bzw. Exergiestrom-Mehraufwand resultiert primär aus folgenden Konstruktions- oder Projektentscheiden bei der Gestaltung der Anlage:

— Wahl der Hilfsmedien im äußeren anlagen- und standortbedingten Bilanzbereich hinsichtlich der Heiz- und Kühlmedien (Elektroenergie; Gasheizung; Dampf mit Angabe der Druckstufung sowie Kühlwasser; Luftkühlung; Links-Kreisprozesse zur Kühlung bei niedrigen Temperaturen).

— Wahl der Triebkräfte im Prozeß mit ΔT bei den Wärmeübertragungsprozessen, Δp bei den Stofftransportprozessen und $\Delta \xi$ bzw. $\Delta \psi$ bei den Stoffaustauschvorgängen.

Mit dem exergetischen Anlagen- bzw. Gesamtaufwand kann der exergetische Anlagen- bzw. Apparatewirkungsgrad als Verhältnis von Verfahren zum Gesamtaufwand als

$$\eta_{ex;Anl} = \frac{\sum \dot{E}_{Verf}}{\sum \dot{E}_{Anl}} \tag{5.2–30}$$

ermittelt werden.

Der in Gl. (5.2–24) definierte Gesamtwirkungsgrad ergibt sich nach

$$\eta_{ex;ges} = \left[\frac{\sum \dot{E}_{min}}{\sum \dot{E}_{Verf}}\right] \cdot \left[\frac{\sum \dot{E}_{Verf}}{\sum \dot{E}_{Anl}}\right] \tag{5.2–31 a}$$

als Produkt der Einzelwirkungsgrade

$$\eta_{ex;ges} = \eta_{ex;Verf} \cdot \eta_{ex;Anl} \tag{5.2–31 b}$$

Mit diesen exergetischen Wirkungsgraden kann die thermodynamische Güte der Trocknungsprozesse in der Einheit von 1. und 2. Hauptsatz bewertet werden, immer am theoretischen Grenzwert der minimalen Trennarbeit gemessen.

5.2.4. *Probleme und Beispiele der thermodynamischen Bewertung*

Der ideale, thermodynamisch verlustfreie Trockner wird durch relativ wenige Kennwerte eindeutig bewertet.

Die Komplexität realer Trocknungsprozesse erhöht die notwendige Vielfalt der Bewertungsgrößen und Bewertungsaspekte. Die Probleme der Bewertung sollen daher an ausgewählten Beispielen behandelt werden.

5.2.4.1. *Bewertungsprobleme eines dampfbeheizten Gleichstrom-Zerstäubungs-Trockners*

In Abb. 5–1 ist das technologische Fließschema einer Gleichstrom-Zerstäubungs-Trockner-Anlage mit Dampfbeheizung dargestellt. Die wesentlichen Parameter zweier unterschiedlicher Fahrweisen sind in Tab. 5–4 zusammengefaßt. Entscheidend für die Effektivität der Zerstäubungstrockner-Anlage ist die Qualität der Zerstäubungsdüse: Aus dem Trockner wird das nichtstaubende, qualitätsentsprechende Partikelspektrum $d_P > 100\ \mu m$ ausgetragen, während die Feinkorn-Fraktion $d_P < 100\ \mu m$ im Filtersystem abgeschieden

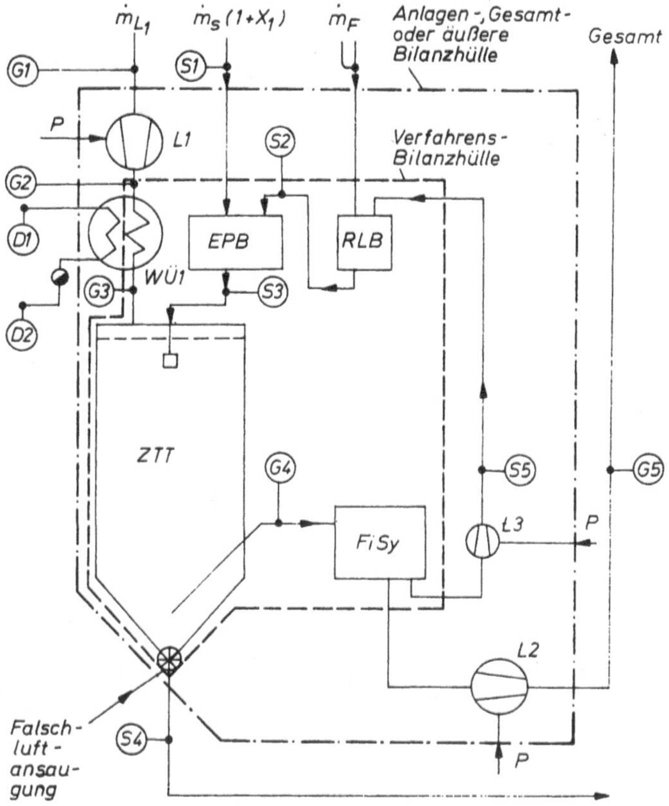

Abb. 5–1: Technologisches Schema einer Gleichstrom-Zerstäubungs-Trockner-Anlage mit der Anlagen- und der Verfahrens-Bilanzhülle (Lüfter *L 1*; *L 2*; *L 3*; Wärmeübertrager *WÜ*; Zerstäubungs-Trockner-Turm *ZTT*, Filter-System *FiSy*; Rücklösebehälter *RLB* und Einsatzproduktbehälter *EPB*; Luftzustände *C 1* bis *C 5*; Gutszustände *S 1* bis *S 4*; Dampfzustände *D 1*; *D 2*).

und von da über die Rücklösestation im Kreislauf zum Speiseprodukt des Trockners zurückgeführt wird. Die Angaben der Bewertungsparameter in Tab. 5–5 sind in vier Spalten zusammengefaßt:

— Die beiden auf den Trockengut-Durchsatzstrom des Trockners bezogenen spezifischen Koeffizienten in Spalten (3) und (5) geben niedrige Werte an. Sie täuschen damit eine hohe thermische Effektivität vor, die durch den Kreislaufstrom des Feingutes aus dem Filter-System reduziert werden.

Tabelle 5–4: Betriebsparameter einer Herbizid-Zerstäubungs-Trocknung mit 2 unterschiedlichen Typen von Zerstäubungs-Düsen

Ort i	ϑ_i (°C)	p_i (MPa)	X_i; Y_i —	$\dot{m}_s$ (kg · s⁻¹)	$\dot{m}_w$ (kg · s⁻¹)	$\dot{m}_L$ (kg · s⁻¹)	$\dot{m}_f$ (kg · s⁻¹)	h_{1+X}; h_{1+Y} (kJ · kg⁻¹)	$\dot{H}/\Delta\dot{H}$ (kW)
Fahrweise mit Düse 1 (40,1% < 100 µm)									
S 1	35		4,22	+0,0133	+0,0561	—	+0,0694	146,65/83,8	10,2/5,8
S 2	35		4,22	+0,0089	+0,0375	—	+0,0464	146,65/83,8	6,8/3,9
S 3	35		4,22	±0,0222	±0,0936	—	±0,1158	146,65/83,8	17,0/9,7
S 4	35		0,042	−0,0132	−0,00055	—	−0,01375	146,65/83,8	2,0/1,2
S 5	80		0,042	±0,0089	±0,00037	—	±0,00927	335,2/272,3	3,1/2,5
L 1	15	0,10	0,0102	—	0,054	5,266	5,320	42,0	221/0
L 3	165	0,10	0,0102	—	0,054	5,266	5,320	197,0	1037/816
L 4	100	0,10	0,0242	(±0,0090)	0,160	6,620	6,780	166,0	1125/820
L 5	100	0,10		−0,0001	0,160	6,620	6,780	166,0	1125/820
D 1/2	212	2,0	—	—	(0,4299)	—	0,4299	1898,0	816
$\dot{m}_F$	40		—	—	+0,0338	—	0,0338	167,6/104,8	5,7/3,5
L 4	120	0,10	0,0278		0,0376	(1,354)	1,3916	197,0/	
P_{12}	15		0,0102		0,054	5,266	5,320		17/17
P_5	100		0,0242		0,160	6,620	6,780		16/16
Fahrweise mit Düse 5 (4,9% < 100 µm)									
S 1	35		4,22	+0,0211	+0,0890	—	+0,1101	146,65/83,8	16,1/9,2
S 2	35		4,22	±0,0011	0,00464	—	+0,0575	146,65/83,8	8,4/4,8
S 3	35		4,22	±0,0222	±0,09364	—	±0,11584	146,65/83,8	17,0/9,7
S 4	35		0,042	−0,0211	−0,00088	—	−0,02198	146,65/83,8	3,2/1,8
S 5	185		0,042	±0,0011	±0,00005	—	±0,00115	440/377	0,5/0,4
L 1	15	0,10	0,0102	—	0,054	5,267	5,321	42,0/0	223,5/—
L 3	165	0,10	0,0102	—	0,054	5,267	5,321	197,0/155	1048/824
L 4	115	0,10	0,0270	(0,0011)	0,149	5,518	5,667	190,0/148	1076/839
L 5	115	0,10	0,0270	—	0,149	5,518	5,667	190,0/148	1076/839
D 1/2	212	2,0			(0,434)	—	0,434	1898,0	824
$\dot{m}_F$	40		—	—	+0,00459	—	0,00459	167,6/104,8	0,8/0,5
L 4	120	0,10	0,0278		0,0070	(0,251)	0,258		
P_{12}	15		0,0102		0,054	5,267	5,321		17/17
P_5	120		0,0270		0,149	5,518	5,667		13/13

— In den Spalten (4) und (6) angegebene Werte beziehen sich auf den Nutzproduktstrom bzw. auf den Nutzverdunstungsstrom des Trockners mit zwei unterschiedlichen Düsen I und II. Aus den Bewertungskriterien dieser Spalten ist deutlich die größere Effektivität des Trockners zu erkennen, wenn mit der optimierten Düse II gearbeitet wird. Die Fahrweise mit Düse I enthält noch weitere Effektivitätsreserven.

Bei der Festlegung von Bewertungskriterien zur Abnahme von Trocknern ist auf die exakte Definition der Bezugsgrößen zu achten, bevor sie in Verträgen fixiert werden. Es kommt nicht auf den Durchsatzstrom eines Trockners, sondern auf das Nettoprodukt an. Bei schlechtem Filterabscheidegrad kann auch die Senkung der Filterverluste bei der Trocknung mit optimierter Düse II Ausbeute und Effektivität steigern. Sie senkt in gleichem Maße die Umweltbelastung.

In Abb. 5–1 ist der Unterschied zwischen Verfahrensaufwand — gemessen durch Bilanz um die innere Verfahrens-Bilanzhülle — und dem Anlagen- oder Gesamtaufwand — gemessen durch Bilanz um die äußere, Anlagen- oder Gesamt-Bilanzhülle — an einem Beispiel der Konvektions-Trocknung dargestellt.

Der Verfahrensaufwand ist durch das Konvektionstrocknungsverfahren für die Herbizid-Suspension in Wasser mit der Zumischung von Luft als Konvektionsgas mit seinen Verfahrensparametern $\vartheta_L; Y_L$ und den dazugehörigen Exergieströmen bzw. den Exergien gegeben. Die Bilanzhülle trennt dabei im Wärmeübertrager nur das Verfahrens- vom Anlagen-System: Im Verfahrensaufwand ist nur die Lufterwärmung, nicht aber das Heizmedium erfaßt.

Der Gesamt-Aufwand schließt neben dem bereits genannten Verfahrensaufwand die Antriebsleistungen $\sum P$ die Exergie des Heizdampfes, einschließlich des Aufwandes für den Wärmeverlust, mit ein.

In Abb. 5–2 sind das $\vartheta; \Delta\dot{H}$- und das $\eta_C; \Delta\dot{H}$-Diagramm beider Konvektions-Trocknungs-Prozesse dargestellt. Die Abbildung der Energieanteile auf der Abszisse berücksichtigt die verschiedenen Nutzanteile, die sich aus den unterschiedlichen Bezugsgrößen des Gesamtdurchsatzes bzw. des Nutzproduktes bei Düse I und II ergeben. Damit folgen die in Tab. 5–5 ausgewiesenen, exergetischen Wirkungsgrade des Konvektionstrockners. Die verschiedenen Wirkungsgrade sind analog zu den spezifischen Kennwerten der Tab. 5–5 zu interpretieren: Eine höhere stoffliche Ausbeute sichert auch über einen höheren Nutz-Exergieanteil einen höheren exergetischen Wirkungsgrad.

Die Größenordnungen des exergetischen Verfahrenswirkungsgrades zwischen 0,16% und 0,27% weisen klar die exergetischen Schwächen des Gleichstrom-Zerstäubungs-Trocknungsverfahrens aus, die durch die energetischen Wirkungsgrade vertuscht werden. — Der exergetische Apparate- und Anlagenwirkungsgrad ist bei der untersuchten Anlage mit knapp über 38% bei allen

Tabelle 5–5: Bewertungsparameter für zwei Fahrweisen einer Herbizid-Zerstäubungs-Trockner-Anlage mit unterschiedlichen Zerstäuberdüsen

Bewertungsparameter		Fahrweise mit Düse I		Fahrweise mit Düse II	
Bezeichnung	Gleich.-Nr.	Gesamtdurchsatz	Nettoprodukt	Gesamtdurchsatz	Nettoprodukt
(1)	(2)	(3)	(4)	(5)	(6)
Massen-Ausbeute	(5.2–1 a)	$\eta_m = \frac{0{,}0132}{0{,}0222} = 0{,}5946$	$= \frac{0{,}0132}{0{,}0133} = 0{,}9925$	$= \frac{0{,}0211}{0{,}0222} = 0{,}9505$	$= \frac{0{,}0211}{0{,}0211} = 1{,}0000$
Massen-Verlustgrad	(5.2–2 a)	$\nu_m = 0{,}4054$	$= 0{,}0075$	$= 0{,}0495$	$= 0{,}0000$
Trockner-Betriebs-Charakteristik	(5.2–3 c)	$\Phi_{Y;\text{Gleich.}} = \frac{0{,}0242 - 0{,}0102}{0{,}038 - 0{,}0102} = 0{,}5036$	$= \frac{0{,}0242 - 0{,}0102}{0{,}038 - 0{,}0102} = 0{,}5036$	$= \frac{0{,}020 - 0{,}0102}{0{,}053 - 0{,}0102} = 0{,}3925$	$= \frac{0{,}0270 - 0{,}0102}{0{,}053 - 0{,}0102} = 0{,}3925$
Verdampfungsziffer	(5.2–4)	$d = \frac{0{,}4299}{0{,}09268} = 4{,}639$	$= \frac{0{,}4299}{0{,}0552} = 7{,}795$	$= \frac{0{,}434}{0{,}0927} = 4{,}682$	$= \frac{0{,}434}{0{,}0882} = 4{,}923$
Spezifischer Luftbedarf	(5.2–5)	$l = \frac{6{,}620}{0{,}09268} = 71{,}43$	$= \frac{6{,}620}{0{,}0552} = 119{,}93$	$= \frac{5{,}518}{0{,}0927} = 59{,}52$	$= \frac{5{,}518}{0{,}0882} = 62{,}56$

Energetischer Wirkungs- und Verlustgrad	(5.2–6)	$\eta_{En} = \frac{231,70}{873} = 0,265$	$= \frac{138,00}{873} = 0,158$	$= \frac{231,75}{873} = 0,265$	$= \frac{220,50}{873} = 0,253$
	(5.2–7)	$\nu_{en} = 0,735$	$= 0,842$	$= 0,735$	$= 0,747$
Exergetischer Verfahrens-	(5.2–27)	$\eta_{ex;\,\text{Verf.}} = \frac{0,0222 \cdot 17,4}{0,17 \cdot 840} = 0,0027$	$= \frac{0,0132 \cdot 17,4}{0,17 \cdot 840} = 0,0016$	$= \frac{0,0222 \cdot 17,4}{0,17 \cdot 840} = 0,0027$	$= \frac{0,0211 \cdot 17,4}{0,17 \cdot 840} = 0,0026$
		$\nu_{ex;\,\text{V}} = 0,9973$	$= 0,9984$	$= 0,9973$	$= 0,9974$
… Apparate-	(5.2–30)	$\eta_{ex;\text{Anl.}} = \frac{0,17 \cdot 840}{33 + 0,406 \cdot 840} = 0,3818$	$= \frac{0,17 \cdot 840}{33 + 0,406 \cdot 840} = 0,3818$	$= \frac{0,17 \cdot 840}{30 + 0,406 \cdot 840} = 0,3849$	$= \frac{0,17 \cdot 840}{30 + 0,406 \cdot 840} = 0,3849$
		$\nu_{ex;A} = 0,6182$	$= 0,6182$	$= 0,6151$	$= 0,6151$
… Gesamt-wirkungsgrad	(5.2–10a) (5.2–31a) (5.2–31b)	$\eta_{ex;\text{ges}} = \frac{0,0222 \cdot 17,4}{33 + 0,406 \cdot 840} = 0,00105$	$= \frac{0,0132 \cdot 17,4}{33 + 0,406 \cdot 840} = 0,00062$	$= \frac{0,0222 \cdot 17,4}{30 + 0,406 \cdot 840} = 0,00105$	$= \frac{0,0211 \cdot 17,4}{30 + 0,406 \cdot 840} = 00,00099$
		$\nu_{ex} = 0,99895$	$= 0,99938$	$= 0,99885$	$= 0,99901$
Exergetischer Verlustgrad	(5.2–10b)	$\nu_{ex} = 0,99895$	$= 0,99938$	$= 0,99885$	$= 0,99901$

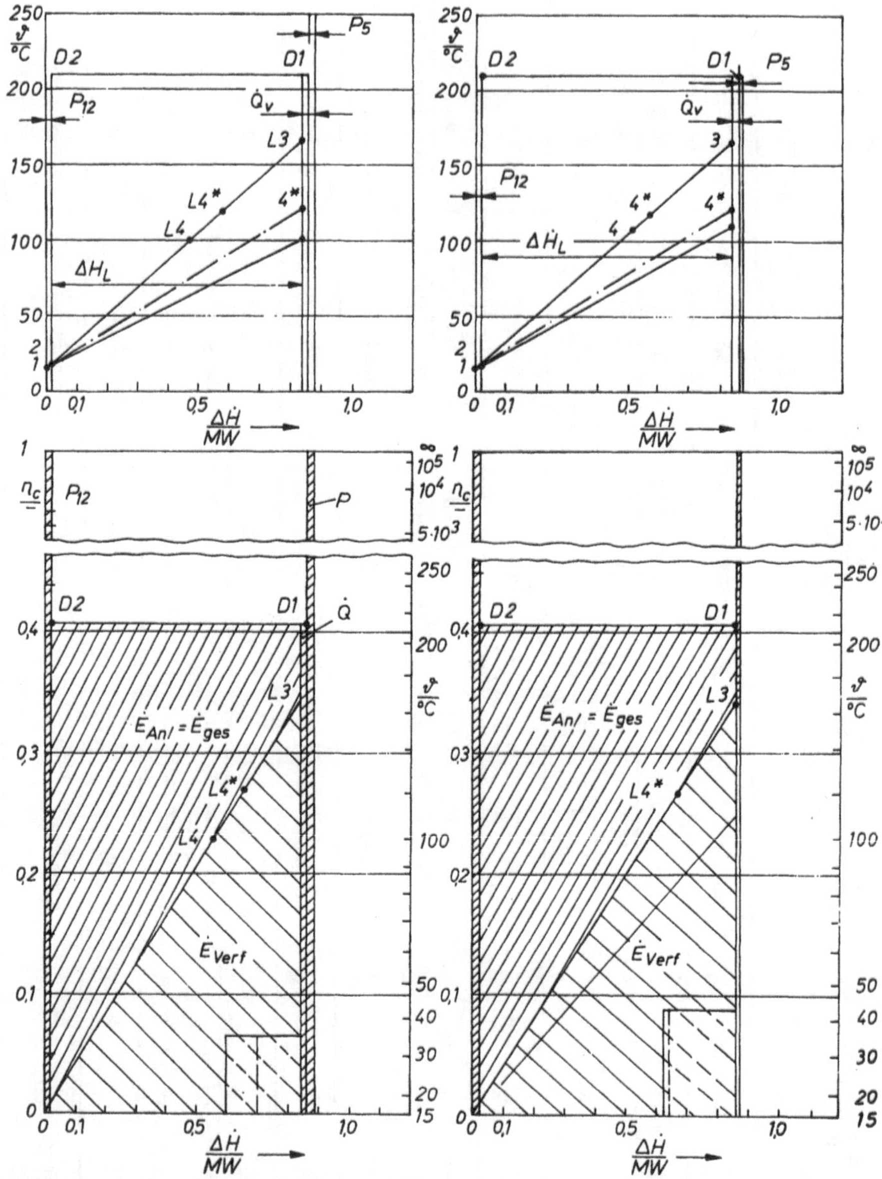

Abb. 5–2: $\vartheta;\Delta\dot{H}$ und $\eta_C;\Delta\dot{H}$-Diagramm der Gleichstrom-Zerstäubungs-Trockner-Anlage nach Abb. 5–1 für Betriebsparameter mit 2 unterschiedlichen Düsen und den Betriebsparametern der Tab. 5–4.

Varianten als gute Anlagendimensionierung zu werten. — Reserven des Verfahrens und der Anlagengestaltung liegen in der Nutzung der Abluftenthalpieströme, auf die im Abschn. 5.3.3. hingewiesen wird.

5.2.4.2. Bewertungsprobleme von Vakuum-Gefrier-Trockneranlagen

Vakuum-Gefrier-Trockner zeichnen sich sowohl durch eine thermisch schonende und als auch eine praktisch vollständige Substanzausbeute aus. Schwerpunkt ist daher hier ausschließlich die thermodynamisch-exergetische Bewertung. Ihren Einflüssen ist bei den Vakuum-Gefrier-Trocknungsanlagen volle Aufmerksamkeit zu schenken; insbesondere auch, weil Differenzierungen der Fahrweisen infolge unterschiedlicher Produktausbeuten praktisch nicht auftreten.

Das Bewertungsproblem wird anhand der Gefrier-Trocknung eines Serums in wäßriger Lösung von $X_\alpha = 49$ kg W/kg S auf $X_\omega = 0{,}0020$ kg W/kg S bei einem Temperatur-Verhältnis von $\vartheta_{4;10}/\vartheta_{13;14} = -20\,°C/-30\,°C$ dargestellt.

Abbildung 5–3 zeigt das technologische Prinzipschema einer Vakuum-

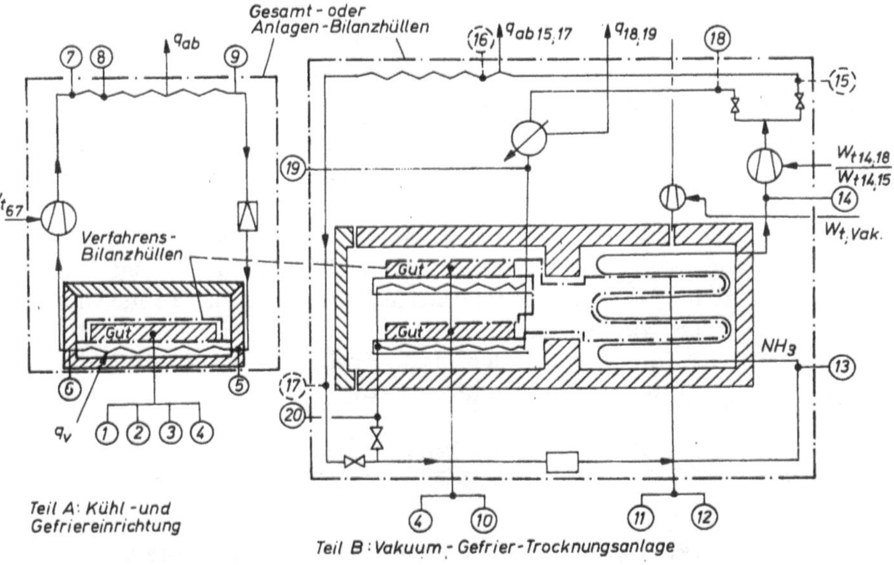

Abb. 5–3: Technologische Schemata I und II von Vakuum-Gefrier-Trockner-Anlagen mit den Anlagen- und den Verfahrens-Bilanzhüllen für Teil *A* Kühl- und Gefriereinrichtung sowie Teil *B*, der eigentlichen Vakuum-Gefrier-Trocknungsanlage.

Gefrier-Trockneranlage [5–21] in zwei verschiedenen Anlagenvarianten. Wie die meisten Anlagen dieses Typs besteht sie aus zwei getrennten Apparaten, der Kühl- und Gefriereinrichtung sowie der eigentlichen Vakuum-Gefrier-Trocknungsanlage. Im technologischen Schema sind für beide Apparate die Verfahrens- und die Gesamt- oder Anlagen-Bilanzhüllen eingezeichnet.

Der Unterschied der beiden Anlagen-Varianten konzentriert sich auf die Wärmeabführung im NH_3-Kondensator der Kälteanlage in Verbindung mit der Beheizanlage für die Sublimation:

Bei der Variante I kondensiert das NH_3 längs der Prozeß-Linie *15, 16, 17* und führt die Abwärme an die Umgebung ab; die Sublimationsenergie wird durch Elektro-Energie zugeführt. — Bei Variante II kondensiert das NH_3 längs der Prozeßlinie *18, 19, 20.* Dabei wird die Überhitzungsenthalpie in einem sog. Temperaturwechsler abgeführt. Die eigentliche Kondensation erfolgt auf der Prozeß-Linie *19, 20* im Sublimationsblock und liefert die Sublimationsenergie für das Eis im Gut bei der Temperatur $\vartheta_{19} = \vartheta_{20} = -10\,°C$.

Der Verfahrensaufwand und der Verfahrenswirkungsgrad sind unabhängig von der Anlagen-Variante. Der Verfahrensaufwand setzt sich aus dem Kühl- und Gefrieraufwand im Teil *A* längs der Prozeßlinie *1, 2, 3, 4* und dem Sublimations-Desublimations-Aufwand für das Eis (*4, 10, 11, 12*) zusammen. Aus Abb. 5–4a und 5–4b sind die Funktionen in zwei $\vartheta; \Delta h_F$-Diagrammen dargestellt. Die Vorbereitung erfordert den Kühl-, Gefrier- und Unterkühlaufwand auf die Sublimations-Temperatur von $-20\,°C$. Der Energieaufwand für die Sublimation und Desublimation erfordert den gleichen Aufwand, wie er für Erwärmen, Schmelzen, Erwärmen sowie das Verdampfen des Wassers erforderlich wäre. Die Energiebeträge sind mit $\Delta h_{F;4;10} = 2{,}881 \cdot 10^6$ J/kg Wasser beträchtlich.

Aus Abb. 5–5a und –5b ist der Verfahrensaufwand als Exergiebedarf im $\eta_C; \Delta h_F$-Diagramm zu erkennen. Die Angaben über die Größen der Exergien sind Tab. 5–6 zu entnehmen; alle schwachen Exergie-Verlust-Terme sind dem Kompressionsverlust zugeschlagen.

Der Verfahrenswirkungsgrad folgt als Quotient der Exergiewerte 1. und 2. in Spalte 7 der Tab. 5–6 nach Gl. (5.2–27) zu

$$\eta_{ex;Verf;I} = \frac{\Delta e_{F;min}}{\Delta e_{F;Verf}} = \frac{+0{,}02904}{+0{,}07522} = 0{,}3861 \triangleq 38{,}61\%$$

Der Anlagenwirkungsgrad kann als Quotient der Exergiewerte 2. und 3. in Spalte 7 der Tab. 5–6 nach Gl. (5.2–30) berechnet werden.

$$\eta_{ex;Anl;I} = \frac{\Delta e_{F;Verf}}{\Delta e_{F;ges}} = \frac{+0{,}07522}{+4{,}20360} = 0{,}0179 \triangleq 1{,}79\%$$

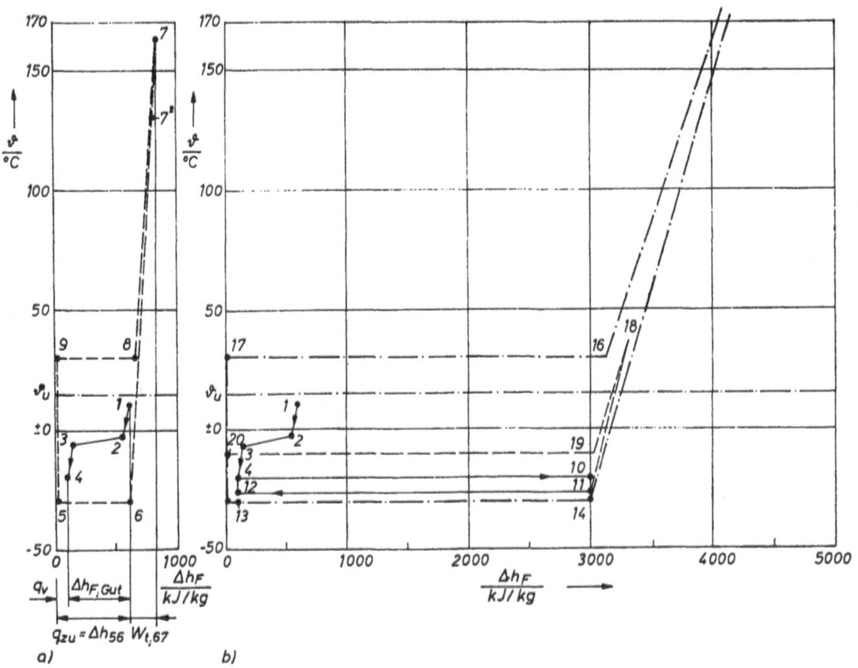

Abb. 5–4: $\vartheta;\Delta h_F$-Diagramme der Vakuum-Gefrier-Trockneranlagen I und II für Kühl- und Gefriereinrichtung sowie die eigentliche Vakuum-Gefrier-Trocknungsanlage.

Der Anlagenwirkungsgrad ist außerordentlich niedrig. Das ist vor allem auf zwei Hauptverlustanteile zurückzuführen: Die elektrische Beheizung ist mit einem Verlustanteil von $\nu_{4;10} = 78\%$ der exergetisch ungünstigste Apparateteil. Der zweitgrößte Verlustanteil ist durch die Kompressions-Irreversibilität bei der Verdampferkühlung mit $\nu_{5.3} = 9{,}3\%$ gegeben. Er ist bedingt durch die Wärmetransformation von $\vartheta = -30\,°C$ auf $\vartheta = +30\,°C$, zur Abführung an die Umgebung. Prozeßoptimierungs-Überlegungen müssen daher an dieser Stelle ansetzen.

Der Gesamtwirkungsgrad folgt nach Gl. (5.2–31) zu

$$\eta_{ex;ges;I} = 0{,}3861 \cdot 0{,}0179 = 0{,}0069 \triangleq 0{,}69\%$$

Die exergetische Analyse der optimierten Technologie-Variante II ist in Abb. 5–5a, als unveränderte Kühl- und Gefriertechnologie, sowie Abb. 5–6 dargestellt. Die exergetischen Hauptverlustquellen der Variante I wurden da-

Tabelle 5–6: Zusammenfassende Erläuterung und Wertung der Exergieanteile der Vakuum-Gefrier-Trocknung eines Serums von $X_\alpha = 49$ kg W/kg S auf $X_\omega = 0{,}0020$ kg W/kg S nach der konventionellen Technologie I (mit elektrischer Beheizung) im $\eta_c;\Delta h_F$-Diagramm der Abb. 5–5a und 5–5b

Nr.	Spezifische Exergieanteile	Symbol	Eckpunkte der Flächen	Δh_F (MJ · kg^{-1}F)	η_c —	Δe_F (MJ · kg^{-1}F)	η_i/ν_i (%)
(1)	(2)	(3)	(4)	(5)	(6)	(7)	(8)
1.	Minimale Trennexergie	$\Delta e_{F;\min}$	—	—	—	0,02904	
2.	Verfahrensaufwand						
2.1.	Verfahrensaufwand; Teil *A*	$\Delta e_{F;\mathrm{Verf};A}$	*AB* 1234 *A*	−0,501	0,07136	−0,03575	0,85
2.2.	Verfahrensaufwand; Teil *B*	$\Delta e_{F;\mathrm{Verf};B}$	4; 10; 11; 12; 4	−2,881	0,01370	−0,03947	0,94
	Verfahrensaufwand gesamt:	$\Delta e_{F;\mathrm{Verf}}$	—	—	—	−0,07522	1,79
3.	Gesamtaufwand						
3.1.	Kälteanlagen-Leistung; Teil *A*	$w_{t;6;7}$	*B*; *C*; *H*; *I*; *B*	+0,2216	1,00000	+0,22160	5,3
3.2.	Kälteanlagen-Leistung; Teil *B*	$w_{t;14;15}$	*D*; *E*; *F*; *G*; *D*	+1,1010	1,00000	+1,10100	26,2
3.3.	Elektrische Heiz-Leistung *B*	$w_{t;\mathrm{Heiz}}$	*A*; *D*; *G*; *J*; *A*	+2,8810	1,00000	+2,88100	68,5
	Aufwand:	$w_{t;\mathrm{ges}}$				4,20360	100,0
4.	Verlust im Teil *A*						
4.1.	Wärmeverlust	$\Delta e_{V;qv}$	*A*; 0; 5; 13; *A*	0,0994	0,1852	−0,01841	0,44
4.2.	Temperaturgradient-Verdampfer	$\Delta e_{V;\Delta T_A}$	1; 2; 3; 4; 13; 6; 1	0,5010	0,11384	−0,05703	1,36
4.3.	Kompressions-Irreversibilität	$\Delta e_{V;\mathrm{Komp};A}$	*B*; K; 7; M; I; *B*	0,2216	0,27114	−0,06084	1,44
4.4.	Überhitzungs-Enthalpie	$\Delta e_{V;h_U}$	8; *K*; 6; 7; 8	−0,0553	0,21096	−0,01167	0,28
4.5.	Kondensations-Enthalpie	$\Delta e_{V;h_K}$	8; 9; 0; *B*; 8	−0,7657	0,0495	−0,03790	0,90
	Verluste im Teil *A*:	$\Delta e_{V;\mathrm{ges};A}$				−0,18585	4,42

5.	Verluste im Teil B						
5.1.	Wärmeverluste	$\Delta e_{V;qv}$	A; 0; 5; 13; A	0,0994	0,1852	−0,01841	0,44
5.2.	Temperaturgradient-Verdampfer	$\Delta e_{V;\Delta T_B}$	11; 12; 13; 14; 11	2,8810	0,0332	−0,09565	2,28
5.3.	Kompressions-Irreversibilität	$\Delta e_{V;\mathrm{Komp};B}$	14; 15; F; G; 14	1,1010	0,34709	−0,38215	9,09
5.4.	Überhitzungs-Enthalpie	$\Delta e_{V;h_U}$	E; 15; 16; L; E	0,2555	0,03937	−0,01060	2,52
5.5.	Kondensations-Enthalpie	$\Delta e_{V;l_K}$	16; 17; 0; L; 16	3,1594	0,04950	−0,15639	3,72
5.6.	Heizungs-Irreversibilität	$\Delta e_{V;\mathrm{Heiz}}$	G; J; 4; 10; G	2,8810	1,1383[1]	−3,27944	78,01
	Verluste im Teil B:	$\Delta e_{V;\mathrm{ges};B}$				−3,94264	93,79

[1] $\Delta\eta_C = 1{,}1383$ ist ein formaler Wert, da im Sinne der elektrischen Beheizung ($\eta_C = 1{,}00$) bei $\theta = -20\,°C$ ($\triangleq \eta_C = -0{,}1383$) eine Entwertung in mehrfacher Hinsicht stattfindet. Die elektrische Beheizung wird teilweise in Anlagen eingesetzt, um eine definierte, geregelte Sublimation zu erreichen.

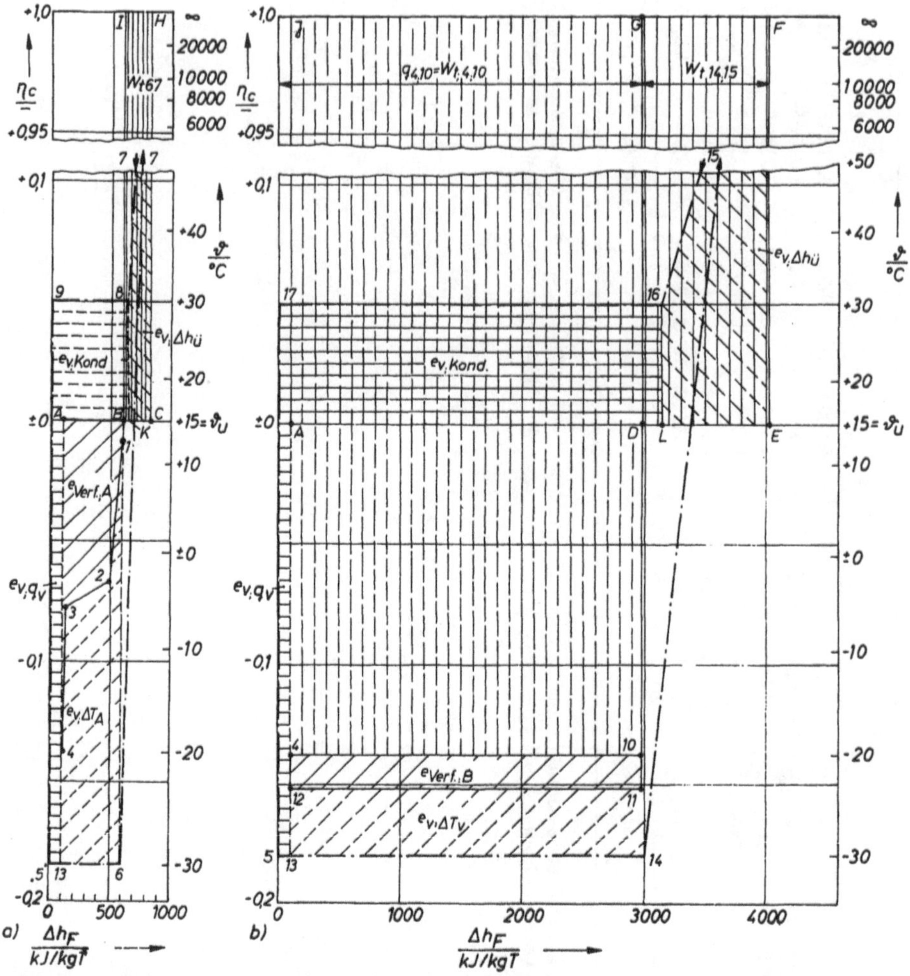

Abb. 5–5: $\eta_C;\Delta h_F$-Diagramme der Vakuum-Gefrier-Trockneranlage I für beide Teile. Darstellung der Exergie-Zuführungen und der Exergie-Verlustanteile nach Tab. 5–6.

durch beseitigt, daß zur Sublimations-Heizung anstelle der elektrischen Beheizung die Beheizung durch kondensierendes Ammoniak verwendet wird. Diese Schaltungsvariante wirkt in zweifacher Hinsicht exergiesparend. Bei gleichem Verfahrens-Wirkungsgrad

$$\eta_{ex;Verf;II} = \eta_{Vex;erf;I} = 0{,}3861 \triangleq 38{,}61\%$$

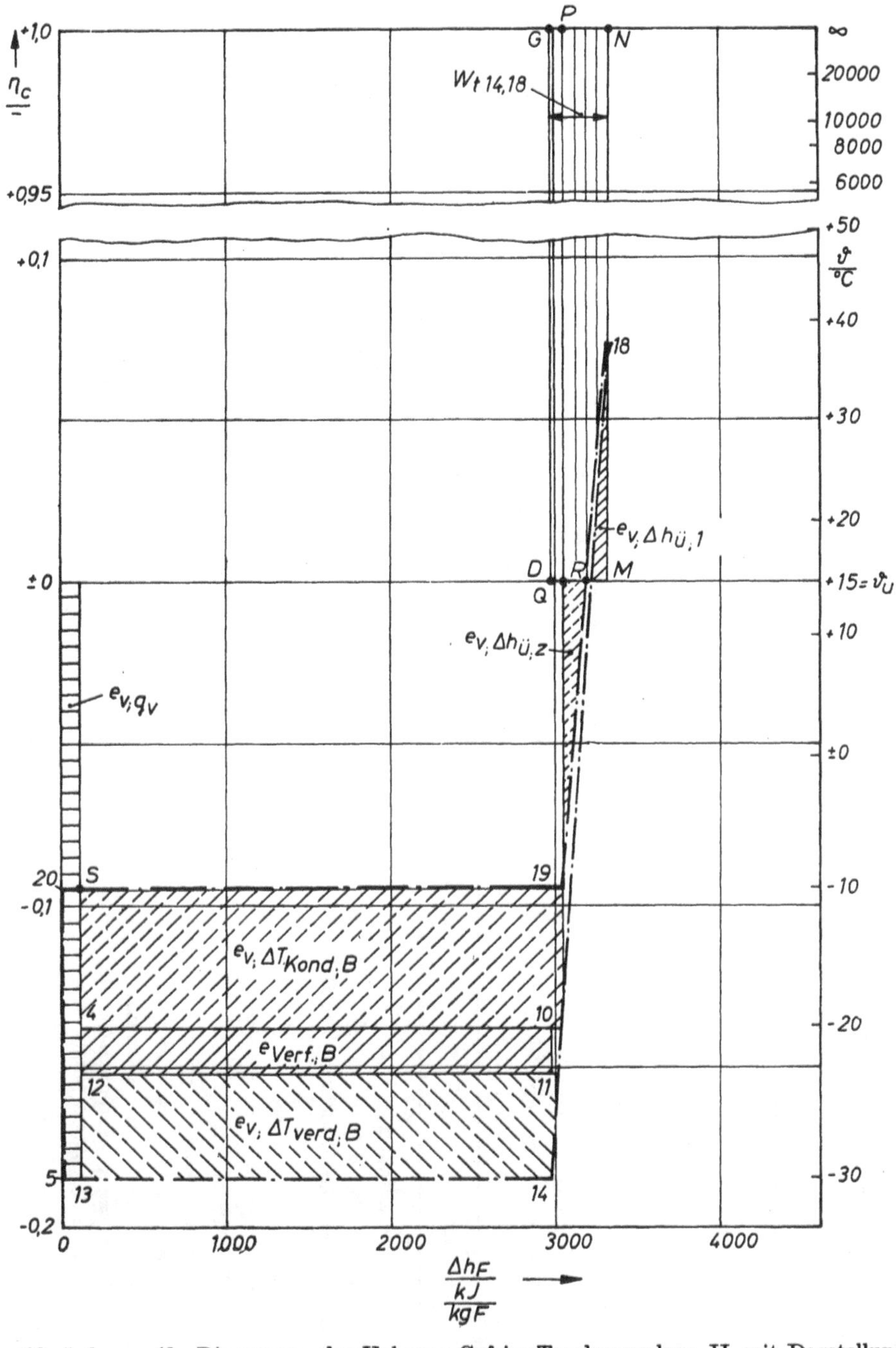

Abb. 5–6: $\eta_C;\Delta h_F$-**Diagramm der Vakuum-Gefrier-Trockneranlage II mit Darstellung der Exergie-Zuführungen und -Verlustanteile nach Tab. 5–7, in der alle Zuführungen und Verlustanteile zusammengefaßt sind.**

Tabelle 5–7: **Zusammenfassende Erläuterung und Wertung der Exergieanteile der Vakuum-Gefrier-Trocknung eines Serums von $X_\alpha = 49$ kg W/kg S auf $X_\omega = 0{,}0020$ kg W/kg S nach der optimierten Technologie II im $\eta_c;\Delta h_F$-Diagramm der Abb. 5–5a und 5–6**

Nr.	Spezifische Exergieanteile	Symbol	Eckpunkte der Flächen	Δh_F (MJ · kg⁻¹ F)	η_c —	Δe_F (MJ · kg⁻¹ F)	η_i/ν_i (%)
(1)	(2)	(3)	(4)	(5)	(6)	(7)	(8)
1.	Minimale Trennexergie	$\Delta e_{F;\min}$	—	—	—	0,02904	
2.	Verfahrensaufwand						
2.1.	Verfahrensaufwand; Teil *A*	$\Delta e_{F;\mathrm{Verf};A}$	*A B*1234 *A*	−0,501	0,07136	−0,03575	6,6
2.2.	Verfahrensaufwand; Teil *B*	$\Delta e_{F;\mathrm{Verf};B}$	4; 10; 11; 12; 4	−2,881	0,01370	−0,03947	7,3
	gesamt	$\Delta e_{F;\mathrm{Verf}}$				−0,07522	13,9
3.	Gesamtaufwand						
3.1.	Kälteanlagen-Leistung; Teil *A*	$w_{t;6;7}$	*B*; *C*; *H*; *I*; *B*	−0,2216	1,00000	+0,22160	40,9
3.2.	Kälteanlagen-Leistung; Teil *B*	$w_{t;14}$	*D*; *M*; *N*; *G*; *D*	+0,3199	1,00000	+0,31990	59,1
		$w_{t;\mathrm{ges}}$				+0,54150	100,0
4.	Verluste im Teil *A*						
4.1.	Wärmeverluste	$\Delta e_{V;qv}$	*A*; 0; 5; 13	0,0994	−0,1852	−0,01841	3,4
4.2.	Temperaturgradient-Verdampfer	$\Delta e_{V;\Delta T_A}$	1; 2; 3; 4; 13; 6; 1	0,5010	−0,11384	−0,05703	10,5
4.3.	Kompressions-Irreversibilität	$\Delta e_{V;\mathrm{Komp.}}$	*B*; *K*; 7; *M*; *I*; *B*	0,2216	0,27114	−0,06084	11,2
4.4.	Überhitzungs-Enthalpie	$\Delta e_{V;h_U}$	8; *K*; 6; 7; 8	−0,0553	+0,21096	−0,01167	2,2
4.5.	Kondensations-Enthalpie	$\Delta e_{V;h_K}$	8; 9; 0; *B*; 8	−0,7657	+0,0495	−0,03790	7,0
	Verluste *A*	$\Delta e_{V\ A}$				−0,18585	34,3

5.	Verlust im Teil *B*						
5.1.	Wärmeverlust	$\Delta e_{V;qv}$	A; 0; 5; 13	0,0994	−0,1852	−0,01841	3,4
5.2.	Temperaturgradient-Verdampfer	$\Delta e_{V;\Delta T_B}$	11; 12; 13; 14	2,8810	−0,0332	−0,09565	1,8
5.3.	Kompressions-Irreversibilität	$\Delta e_{V;\text{Komp}}$	18; N; P; Q; R; 18	0,3199	0,07480	−0,02393	4,4
5.4.	Überhitzungs-Enthalpie $\vartheta > \vartheta_U$	$\Delta e_{V;h_U}$	R; M; 18; R R; Q; 19; R	0,2555	−0,04157	−0,01060	2,0
5.5.	Temperaturgrad. d. NH_3-Kond.	$\Delta e_{V;T_{\text{Kond}}}$	4; 10; 19; S; 4	3,0448	−0,0433	−0,13184	24,2
	Verluste *B*	$\Delta e_{V;B}$				−0,28043	51,8

ergibt sich nach Tab. 5–7 ein deutlich verbesserter Anlagen-Wirkungsgrad

$$\eta_{ex;Anl;II} = \frac{+0{,}07522}{+0{,}54150} = 0{,}1389 \triangleq 13{,}89\%$$

Damit folgt ein Gesamt-Wirkungsgrad von

$$\eta_{ex;ges;II} = 0{,}3861 \cdot 0{,}1389 = 0{,}0536 \triangleq 5{,}36\%$$

Die Effektivitätskennzahl der Wirkungsgrad-Verbesserung resultiert aus der Veränderung der Heizung und ist mit

$$\varepsilon_{II;I} = \frac{\eta_{ex;II}}{\eta_{ex;I}} = \frac{0{,}0536}{0{,}0069} = 7{,}77$$

sehr beeindruckend. — Die Auswirkung auf die volkswirtschaftlichen Bilanzen ist zwar bei dieser Trocknungstechnologie verschwindend gering, doch kann die Reduzierung des Elektroenergiebedarfs um $\Delta w_{t;I;II} = 3{,}662\ \mathrm{MJ \cdot kg^{-1}\ F}$ in der Spitzenzeit eine wesentliche Verbesserung des ökonomischen Ergebnisses erbringen.

5.3. Ökonomische Bewertung

Auch bei Trocknungsverfahren und -anlagen hat die ökonomische Bewertung das Ziel, die verschiedenen Aufwendungen auf einem Niveau und in einer Größe miteinander zu vergleichen. In der Phase der Produktionsvorbereitung, der Forschung und Projektierung kommt es bereits darauf an, Varianten der Verfahrens- und Anlagengestaltung bewertend miteinander zu vergleichen, um Optimalvarianten auszuwählen oder zu gestalten [5–22]. Ohne eine exakte ökonomische Bewertung kann keine Trocknungsanlage optimal gestaltet werden.

Die Methoden der ökonomischen Bewertung von Verfahrens- und Anlagenvarianten beruhen auf thermo-ökonomischen Kalkulationsmethoden. Diese basieren zwar auf den ökonomischen Abrechnungs- oder Preisbildungsmethoden, sind aber mit diesen keinesfalls identisch. Eine Übersicht über die Prinzipien der Bewertung und Standard-Bewertungs-Methoden bieten einige Monografien und Lehrbücher [5–1 bis 5–3; 5–23]. Eine interessante Variante der dimensionslosen ökonomischen Bewertung entwickelte Militzer [5–24], wobei er auf eine konsequent dimensionslose Darstellung orientiert.

5.3.1. Ökonomische Bilanzmodelle als Bewertungsgrundlage

Entscheidungsgröße ist in vielen Fällen der minimale volkswirtschaftliche Gesamtaufwand zur Erfüllung der Zielstellung. Er wird durch die Kosten in den meisten Fällen substituiert, so daß die Gesamtkosten die Bewertungsgrundlage bilden. Die Gesamtkosten werden als Summe der fixen oder festen und der variablen oder laufenden Kosten gebildet:

$$K_{\text{ges}} = K_f + K_v \tag{5.3–1a}$$

$$\Delta K_{\text{ges}} = \Delta K_f + \Delta K_v \tag{5.3–1b}$$

Dabei sind K_f die durch einmaligen Aufwand in Form von Investitionen, Forschung u. ä. entstandenen Kosten. Sie sind vom Betrieb der Anlage oder des technischen Systems unabhängig. — Die durch die Betriebsaufwendungen verursachten Kosten K_v sind abhängig von der Betriebsdauer und der Betriebsintensität, sie werden als die variablen oder laufenden Kosten bezeichnet.

Die Anwendung der Kostenbilanzen auf eine Anlage oder ein System ist gegeben durch die Bilanz mit der Kostentransformation

$$\sum_{i=1}^{i_0} K_{v;i} + \sum_{n=1}^{n_0} K_{f;n} = \sum_{j=1}^{j_0} K_{v;j} \tag{5.3–2}$$

Die variablen Kosten $K_{v;i}$ und $K_{v;j}$ sind den Stoff- oder Energieströmen zuzuordnen. — Auf den Grundlagen der Massen-, Energie-, Entropie- und Exergie-Strom-Modelle lassen sich Kostenstrukturen ermitteln und darstellen. Dabei läßt sich eine große Zahl unterschiedlicher Modelle bilden.

Die verschiedenen Modelle können nach zwei unterschiedlichen Aspekten systematisiert werden, dem Kontinuitätsgrad der Festkosten und der Art der Abschreibung.

Beide Aspekte können jeweils zwei Hauptgruppen zugeordnet werden.

Kontinuierliche Modelle beruhen auf der Annahme, daß die die Investkosten bestimmenden Hauptparameter von Apparaten, wie Fläche A, Volumen V, Durchmesser d, Länge L, sich kontinuierlich an den Apparaten und Ausrüstungen verändern lassen, obwohl diese Voraussetzung durch die Verwendung standardisierter Apparate und Elemente nicht erfüllt ist. Man setzt Regressionsfunktionen für die Investaufwendungen in der Form an:

$$I = \varkappa_A \cdot A \tag{5.3–3a}$$

$$I = \varkappa_L \cdot L \tag{5.3–3b}$$

$$I = \varkappa_V \cdot V^D \tag{5.3–3c}$$

Modelle mit diskreten Parametern vom Typ

$$(I_1; A_1); (I_2; A_2); \dots (I_i; A_i) \tag{5.3-4a}$$

$$\left(\frac{I_1}{L}; d_1\right); \left(\frac{I_2}{L}; d_2\right); \dots \left(\frac{I_i}{L}; d_i\right) \tag{5.3-4b}$$

$$(I_1; V_1); (I_2; V_2); \dots (I_i; V_i) \tag{5.3-4c}$$

die auf den realen, standardisierten Apparategrößen des Lieferprogramms mit den zugehörigen Kosten- bzw. Preisangaben beruhen, gewinnen bei der CAD-/CAM-Bearbeitung zunehmend an Bedeutung, wie u. a. auch KÖLLNER [5–22] zeigt.

Statische Modelle mit linearen Abschreibungen

Gesetzlich vorgeschrieben sind noch Modelle mit linearen Abschreibungssätzen nach dem Festkostensatz

$$z_i = \frac{1}{t_i} \tag{5.3-5}$$

Sie werden repräsentiert durch den Gleichungstyp

$$K_{\text{ges}} = \sum_{n=1}^{n_0} I_n \cdot z_n + \sum_{i=1}^{i_0} [\varkappa_w \cdot P_i + \varkappa_Q \dot{Q}_i + \varkappa_{m_i} \cdot \dot{m}_i]\, t_b \tag{5.3-6}$$

Dabei wird die normierte Benutzungsdauer t_b beschrieben durch

$$t_b = \frac{\int \dot{m}(t) \cdot \mathrm{d}t}{\dot{m}_{\max}} \tag{5.3-7}$$

Dynamische Modelle mit Akkumulations-Betrachtung der Fonds

Das Gesetz der Ökonomie der Zeit erfordert die Berücksichtigung der Kapital- oder Investaufwandsbindung über die Gesamtzeit ebenso wie die Bindung der Umlaufmittel und der laufenden Kosten.

Dabei ist zu berücksichtigen, daß die Grundmittel n_i Jahre vor der Inbetriebnahme investiert werden müssen und danach noch weitere n Jahre in Betrieb sind. HILDEBRAND [5–23] geht bei seinen Ableitungen davon aus, daß

- bei vorschüssiger Betrachtung der Investaufwendungen,

- bei Betrachtung der Umlaufmittel K_u am Ende der Nutzungsdauer und
- bei nachschüssiger Betrachtung der laufenden variablen Kosten die Gesamtaufwendungen über n Jahre Betriebsdauer bei einem Akkumulations-Faktor

$$q = (1 + p) \tag{5.3-8}$$

berechnet werden mit

$$I_{\text{ges}} = \sum_{i=1}^{i_0} I_i \cdot q^{(n_i + n)} + I_u(q^n - 1)$$
$$+ \cdots + \sum_{i;j=1}^{i_0;j_0} [\varkappa_w P_i + \varkappa_Q \cdot \dot{Q}_i + \varkappa_{m_j} \cdot \dot{m}_j + \varkappa_L \cdot n_{AK}] t_b \cdot \frac{q^n - 1}{q - 1} \tag{5.3-9}$$

— Teilkosten

Für Rekonstruktionen und Rationalisierungsmaßnahmen werden häufig nicht die Gesamtkosten der Anlage, sondern die Teilkosten

$$\Delta K_{\text{ges}} = K_{\text{ges;neu}} - K_{\text{ges;alt}} \tag{5.3-10a}$$

$$\Delta K_{\text{ges}} = \Delta K_f + \Delta K_v \tag{5.3-10b}$$

betrachtet, wobei aus Rationalisierungsmaßnahmen bei steigenden Festkosten sinkende variable und damit auch sinkende Gesamtkosten resultieren.

5.3.2. Ökonomische Bewertungsgrößen und Optimaldimensionierungen

Als ökonomische Bewertungsgrößen werden sowohl extensive, wie auch dimensionsbehaftete spezifische als auch — seltener — dimensionslose ökonomische Größen verwendet.

Extensive Größen, mit denen der ökonomische Effekt von Anlagen gemessen oder bewertet wird, können alle in Tab. 5–1 angegebenen extensiven Aufwands- und Ergebnisgrößen sein.

Eine Auswahl von bezogenen ökonomischen Kennziffern ist in Tab. 5–8 zusammengefaßt. Die Rückflußdauer, die in verschiedenen Varianten angeführt ist, nimmt eine dominierende Stellung bei der Bewertung ein. Zur Vertiefung der Bewertung schlägt KÖLLNER eine differentielle Rückflußdauer vor [5–22]. — Eine Anlage wird immer nur durch einen Komplex von ökonomischen Bewertungsgrößen in seiner Vielfalt erfaßt und repräsentiert.

Die Optimal-Dimensionierung von Apparaten und anderen Anlagenelementen erfolgt auf der Grundlage von thermoökonomischen Bilanzgleichungen mit minimalem Gesamtaufwand oder maximaler Ersparnis.

Tabelle 5–8: Übersicht über ökonomische Bewertungsgrößen aus statischen Modellen

k	Bezeichnung	Dimension	Definitionsgleichung	Gleichungs-Nr.
6	Kostenbezogene Rentabilität	—	$r_K = \frac{\Sigma E_G}{\Sigma I_P}$	(5.3–11)
	Rückflußdauer der Investitions-Aufwendungen	a	$t_{RF;I} = \frac{\sum^{i_0} I_i}{E_G}$	(5.3–12)
	Rückflußdauer der Selbstkosten	a	$t_{RF;K} = \frac{\int K_s(t)\,\mathrm{d}t}{E_G}$	(5.3–13)
	Rückflußdauer des Aufwandes	a	$t_{RF;\mathrm{ges}} = \frac{\Sigma I_i + \int K_s(t)\,\mathrm{d}t}{E_G}$	(5.3–14)
	Effektivität einer Investition Nutzkoeffizient	a^{-1}	$n = \frac{1}{t_{RF;\mathrm{ges}}}$	(5.3–15)
	– Fondsquote			
	• auf Basis Warenproduktion	a^{-1}	$q_F = \frac{\Sigma E_{WP}}{\Sigma I_{i;P}}$	(5.3–16)
	• auf Basis Nettoproduktion	a^{-1}	$q_F = \frac{\Sigma E_{NP}}{\Sigma I_{i;P}}$	(5.3–17)
	– Fondsrentabilität	a^{-1}	$r_F = \frac{\Sigma E_G}{\Sigma I_{i;P}}$	(5.3–18)
6/7	– Arbeitsproduktivität			
	• auf Basis Warenproduktion	$\frac{\text{Mio M}}{\text{a} \cdot \text{VbE}}$	$q_{AP} = \frac{\Sigma E_{WP}}{\Sigma N_{AK}}$	(5.3–19)
	• auf Basis Nettoproduktion	$\frac{\text{Mio M}}{\text{a} \cdot \text{VbE}}$	$q_{AP} = \frac{\Sigma E_{NP}}{\Sigma N_{AK}}$	(5.3–20)
	Arbeitsrentabilität	$\frac{\text{Mio M}}{\text{a} \cdot \text{VbE}}$	$r_{AK} = \frac{\Sigma E_G}{\Sigma N_{AK}}$	(5.3–21)

Allgemein lassen sich bei der thermoökonomischen Optimalgestaltung zwei wesentliche Typen der Gestaltung von Anlagen und Apparaten unterscheiden:

- Für fest vorgegebene Typen von Anlagen oder Apparaten ist die Optimal-Variante durch Variantenvergleich zu ermitteln.
- Für variabel zu gestaltende Apparate oder Anlagen ist die Optimal-Variante durch Kostenminimierung zu bestimmen.

Variantenvergleich

Beim Vergleich von zwei Varianten I und II verdient die Variante den Vorzug, die bei gleichem technischem Ergebnis das Ergebnis mit geringeren Kosten $K \Rightarrow$ Min. realisiert.

Bei der einzig sinnvollen Annahme, bei der die Kosten durch $K_{f;\mathrm{I}} < K_{f;\mathrm{II}}$ und $k_{v;\mathrm{I}} > k_{v;\mathrm{II}}$ mit

$$K_{\mathrm{I}} = K_{f;\mathrm{I}} + k_{v;\mathrm{I}} \cdot t_b \tag{5.3–22a}$$

$$K_{\mathrm{II}} = K_{f;\mathrm{II}} + k_{v;\mathrm{II}} \cdot t_b \tag{5.3–22b}$$

gegeben sind, läßt sich aus der Kostengleichheit beider Varianten

$$K_{\mathrm{I}} = K_{\mathrm{II}} \tag{5.3–23}$$

eine Grenznutzungsdauer t_b^* berechnen

$$t_b^* = \frac{K_{f;\mathrm{II}} - K_{f;\mathrm{I}}}{k_{v;\mathrm{I}} - k_{v;\mathrm{II}}} \tag{5.3–24}$$

Für die tatsächliche normierte Benutzungsdauer

$$t_b < t_b^* \tag{5.3–25a}$$

ist der Variante I der Vorzug zu geben, da sie in diesem Bereich $K_{\mathrm{I}} < K_{\mathrm{II}}$ gilt.

Bei längerer Benutzungsdauer

$$t_b > t_b^* \tag{5.3–25b}$$

d. h. rechts vom Schnittpunkt der Kostenfunktionen, ist der Variante II der Vorzug zu geben, da in diesem Bereich $K_{\mathrm{II}} < K_{\mathrm{I}}$ gilt.

Optimalgestaltung

Für variabel zu gestaltende Anlagen und Apparate ist das Optimum aus dem Kostenminimum

$$\frac{\partial K}{\partial X} = 0 \tag{5.3–26}$$

abzuleiten. Die Variable X steht dabei für die technisch beeinflußbaren Größen der Fläche A, des Durchmessers d oder der Dicke δ im konkreten Einzelfall.

Bekannte Ergebnisse der Optimaldimensionierung, die für Trocknungsanlagen von Bedeutung sind, stellen die drei folgenden Grundbeziehungen dar:

— Optimaler Wärmeübertrager bei der Nutzung von Abgasströmen zur Vorheizung von Eingangsströmen nach Bošnjaković [5–25] mit grafischer Lösung im Φ; $\frac{kA}{C_1}$ -Diagramm mit maximaler Ersparnisfunktion

$$\omega_{\max} = \Phi_{\text{Wü}} - \left[\frac{\varkappa_A \cdot z_{\text{Wü}} + \varkappa_b \cdot t_b}{\varkappa_Q \cdot k(T_1' - T_2') \cdot t_b}\right] \cdot \left(\frac{k \cdot A}{\dot{C}_1}\right) \tag{5.3–27}$$

Darin bedeuten ω die dimensionslose Kostenersparnis; $\Phi_{\text{Wü}}$ die Betriebscharakteristik des Wärmeübertragers; $\varkappa_A$, $\varkappa_b$ und $\varkappa_Q$ die Flächen-, Betriebs- und Wärmekosten und $\dot{C}_1$ die Enthalpiestromkapazität $\dot{m}_1 \cdot c_p$.

— Optimaler Rohrleitungsdurchmesser bei kompressiblen Medien [5–26] wird iterativ ermittelt aus

$$\frac{\left[\left(\frac{p_\alpha}{p_\omega}\right)^2_{\text{opt}} - 1\right]^{1,20}}{\left(\frac{p_\alpha}{p_\omega}\right)^2_{\text{opt}}} = \frac{2}{5}\, C_1^{0,20} \cdot C_2 \tag{5.3–28a}$$

mit den Konstanten

$$C_1 = \frac{\dot{m}^2 \cdot L \cdot T_m}{\varrho_\omega \cdot p_\omega \cdot T_\omega} \tag{5.3–28b}$$

$$C_2 = \frac{\varkappa_A \cdot L_{\text{äq}} \cdot z \cdot \varkappa}{\dot{m} \cdot \varkappa_Q \cdot t_b \cdot T_\alpha \cdot c_p(\varkappa - 1)} \tag{5.3–28c}$$

— Optimale Isolierschichtdicke δ_{opt} bei ebenen Wänden [5–26]

$$\left(\delta_{\text{opt}} \frac{k_0}{\lambda} - 1\right) = k_0 \sqrt{\frac{\varkappa_Q \sum (t_i\, \Delta T_i) + \varkappa_{\dot{Q}} \cdot z_H \cdot \Delta T_{\max}}{\varkappa_{\text{Isol}} \cdot z_{\text{Isol}} \cdot \lambda}} \tag{5.3–29}$$

5.3.3. *Beispiele des thermoökonomischen Variantenvergleichs und der thermoökonomischen Optimierung*

Die im Abschn. 5.2.4.1. analysierte Gleichstrom-Zerstäubungs-Trockneranlage weist einen hohen Heizdampfbedarf und damit hohe Energiekosten als Bestandteil der variablen Kosten auf. Das technologische Schema der ursprünglichen Anlage ist in Abb. 5–1 dargestellt. Von den zwei in Tab. 5–4 genannten Fahrweisen mit unterschiedlichen Sprühverteilungen wird die Fahrweise mit Düse *2* als Bezugsvariante genutzt.

Die Verringerung der Energiekosten des durch Heizdampf zugeführten Energiestromanteils kann durch einen regenerativen oder rekuperativen zweiten Wärmeübertrager erreicht werden. Die Anwendung dieses seit langem bekannten Prinzips führt zu einer Erweiterung der Anlage, die in Abb. 5–7 als Technologisches Schema dargestellt ist. Dabei wird die Eingangsluft vom Zustand (*L2*) auf den Zustand (*L2a*) vorgewärmt. Der dafür erforderliche Energiestrom stammt aus der Abkühlung der vorher sorgfältig entstaubten Abluft vom Zustand (*L5*) auf (*L5a*), wobei der entsprechende Energiestrom an Heizdampf eingespart werden kann. — Das Verfahren der Konvektionstrocknung bleibt praktisch unverändert, aber der Anlagen- und Gesamtaufwand wird damit wesentlich gesenkt.

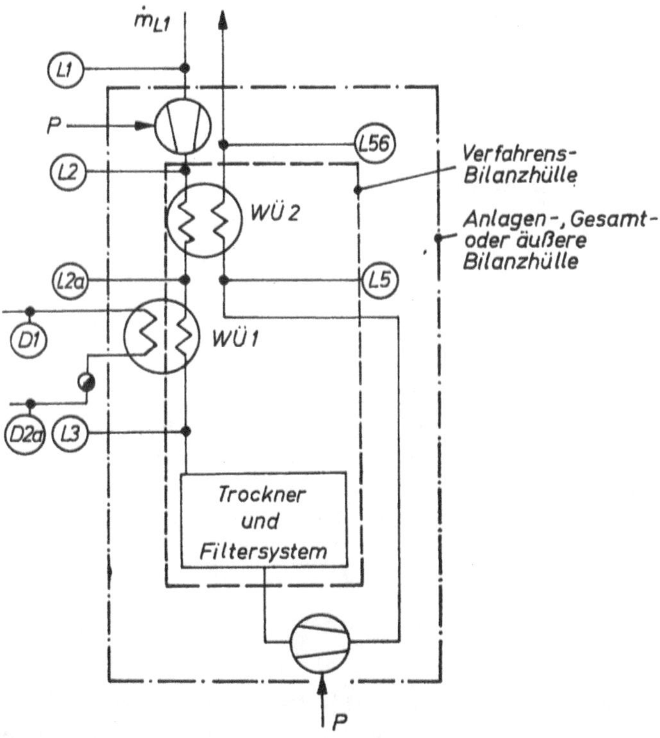

Abb. 5–7: Schematisches Technologisches Schema des durch den Abluft-Wärmeübertrager *WÜ 2* von ϑ_2 auf ϑ_{2a} vorgewärmten Konvektionsgases.

Es werden zwei Grundvarianten der thermoökonomischen Verbesserung der Energiekosten dargestellt.

Variantenvergleich zwischen Regenerativ-Wärmeübertragern

Es ist ein Luft-Volumen-Strom

$$\dot{V}_L = \dot{m}_L(1 + Y)\, v_L$$

$$\dot{V}_L = 5{,}266(1{,}0102) \cdot 0{,}84 \tag{5.3-30}$$

$$\dot{V}_L = 4{,}468 \, \frac{\text{m}^3}{\text{s}} \left(\triangleq 16085 \, \frac{\text{m}^3}{\text{h}}\right)$$

zu erwärmen. In der Bezugsvariante, ohne Nutzung der Abluftenthalpie, ist dazu ein Wärmestrom

$$\dot{Q}_0 = m_L \cdot c_{p;1+y} \cdot \Delta\vartheta$$

$$\dot{Q}_0 = 5{,}266 \cdot 1{,}023 \cdot 10^3 \cdot (165 - 15) \tag{5.3-31}$$

$$\dot{Q}_0 = 808 \text{ kW}$$

erforderlich, der variable Kosten von

$$K_{v;H;0} = \varkappa_Q \cdot Q_0 \cdot t_b$$

$$K_{v;H;0} = 45 \cdot 10^{-9} \cdot 808 \cdot 10^3 \cdot (6000 \cdot 3600) \tag{5.3-32}$$

$$K_{v;H;0} = 785376 \text{ M/a} \triangleq 785 \text{ TM/a}$$

für den Heizdampfbedarf zur Folge hat.

Als mögliche Regenerativ-Wärmeübertrager kommen dazu die Typen 2000 und 2500 infrage. Aus den Werkskatalogen wurden die in Tab. 5–9 angegebenen Übertragungsgrade Φ_Q und Druckverluste ermittelt. Die in Tab. 5–7 zusammengefaßten Ergebnisse der Kostenveränderung ergeben sich für Gl. (5.3–1b) aus Gl. (5.3–6) mit

$$\dot{Q} = \dot{m}_L \cdot c_{p;1+y} \cdot \Delta\vartheta_{\max} \cdot \Phi_Q \tag{5.3-33}$$

$$P = \dot{V} \cdot \Delta p \tag{5.3-34}$$

In Abb. 5–8 sind die Ergebnisse im $\Delta K_{\text{ges}}(t_b)$-Diagramm dargestellt. Die Ergebnisse der Kostensenkung sind überzeugend, sie sprechen für den Einbau von Regenerativ-Wärmeübertragern und hierbei wieder eindeutig für den RW 2500.

Tabelle 5–9: Variantenvergleich der thermoökonomischen Varianten zwischen den Trocknungsvarianten ohne Nutzung der Abluft-Enthalpie (0) und mit Einbau der RW 2000 und RW 2500

$$\left((\Delta\vartheta_{max} = 100\ \text{K};\ \dot{m}_L = 5{,}266\ \frac{\text{kg}}{\text{s}};\ t_b = 6000\ \frac{\text{h}}{\text{a}}\right)$$

		Grund-variante 0	Mit Wärmeübertrager	
			RW 2000	RW 2500
Übertragungsgrad Φ_Q	(—)	—	0,73	0,80
ϑ	(°C)	15	88	95
$\dot{Q}$ (5.3–33)	(kW)	0	474	512
$\Delta\dot{Q}_{\text{erforderl}}$	(kW)	808	334	296
$\Delta p_{wü}$	(Pa)	0	210	130
Δp_{Fi}	(Pa)	0	155	155
$\Delta p_{\text{ges.}}$	(Pa)	0	365	285
ΔP	(kW)	0	1,63	1,27
ΔI	(TM)	0	+35	+45
ΔK_f	$(\text{TM} \cdot \text{a}^{-1})$	0	+3,5	+4,5
$\Delta K_{v;\,\text{Lüfter}}$	$(\text{TM} \cdot \text{a}^{-1})$	0	+1,956	+1,524
$\Delta K_{v;\,Q}$	$(\text{TM} \cdot \text{a}^{-1})$	+785,376	324,648	+287,712
$\Delta K_{\text{ges.}}$	$(\text{TM} \cdot \text{a}^{-1})$	+785,4	330,1	+293,7
$\Delta K_{\text{Einsp.}}$	$(\text{TM} \cdot \text{a}^{-1})$	0,0	+455,3	+491,7

Die Grenznutzungsdauer nach Gl. (5.3–24) ist sehr gering, sie liegt zwischen

$$t_b^* = 42{,}7 \cdots (59{,}3) \cdots 164{,}8\ \frac{\text{h}}{\text{a}}$$

und bestätigt die ökonomischen Vorteile dieser Ausrüstungsvariante mit den Regenerativ-Wärmeübertragern relativ geringer Abmessungen und Investaufwendungen.

Thermoökonomisch optimaler Rohrbündel-Wärmeübertrager

Die Anwendung der Bestimmungsmethode des thermoökonomisch optimalen Rohrbündelwärmeübertragers zeigt Vorteile gegenüber der Fahrweise ohne Abwärmenutzung. Es zeigt sich aber aus dem Beispiel, daß der betrachtete

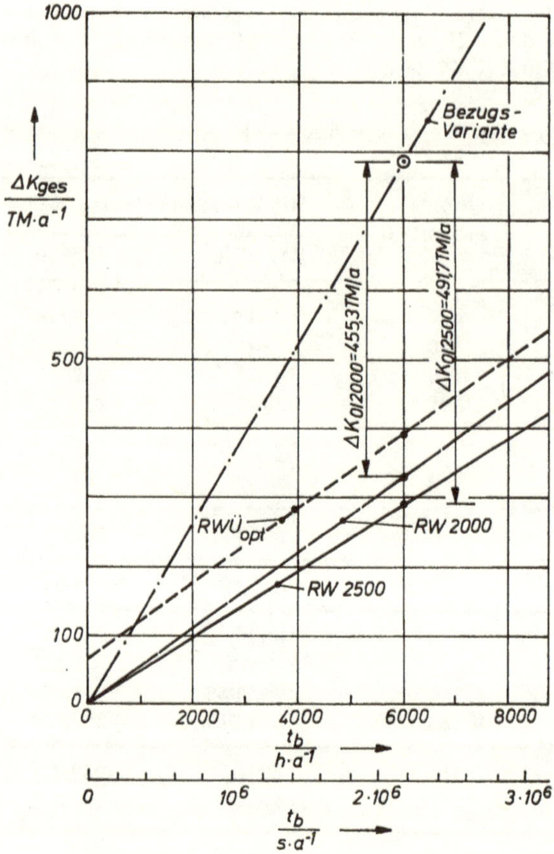

Abb. 5–8: Kostendiagramm $\Delta K_{ges}(t_b)$ einer Gleichstrom-Zerstäubungs-Trockneranlage mit unterschiedlichen Wärmeübertragern.

Wärmeübertragertyp für das System Gas—Gas entscheidende Nachteile in den Wärmeübergangskoeffizienten und damit auch in der Höhe der Investaufwendungen aufweist.

Der thermoökonomisch optimale Wärmeübertrager folgt aus der Gl. (5.3–21). Für einen Gegenstrom-Wärmeübertrager mit

$$\frac{C_1}{C_2} = \frac{\dot{m}_{L1} \cdot c_{p;1+y_1}}{\dot{m}_{L2} \cdot c_{p;1+y_2}} = \frac{5388}{5582} = 0{,}969 \qquad (5.3\text{–}35)$$

folgt bei einer dimensionslosen Kostenkennzahl von BOŚNJAKOVIĆ [5–25]

$$\zeta = \frac{\varkappa_A \cdot z_{W\ddot{u}} + \varkappa_b \cdot t_b}{\varkappa_Q \cdot t_b \cdot k \cdot \Delta T_{max}} \qquad (5.3\text{–}36)$$

$$\zeta = \frac{800\ \mathrm{M \cdot m^{-2} \cdot 0{,}10 \cdot a^{-1}} + 6{,}16 \cdot 10^{-3}\ \mathrm{M \cdot h^{-1} \cdot m^{-2} \cdot 6000\ h \cdot a^{-1}}}{45 \cdot 10^{-9}\ \mathrm{M \cdot J^{-1} \cdot 6000\ h \cdot a^{-1} \cdot 3600\ s \cdot h^{-1} \cdot 20\ W \cdot m^{-2}\ K^{-1} \cdot 100\ K}}$$

$$\zeta = 0{,}060$$

die in Abb. 5–9 dargestellte Kostenersparnisfunktion $\omega(k \cdot A/\dot{C}_1)$. Sie führt auf das Optimum bei

$$\Phi_{opt} = 0{,}75; \left(\frac{kA_0}{\dot{C}_1}\right) = 2{,}90$$

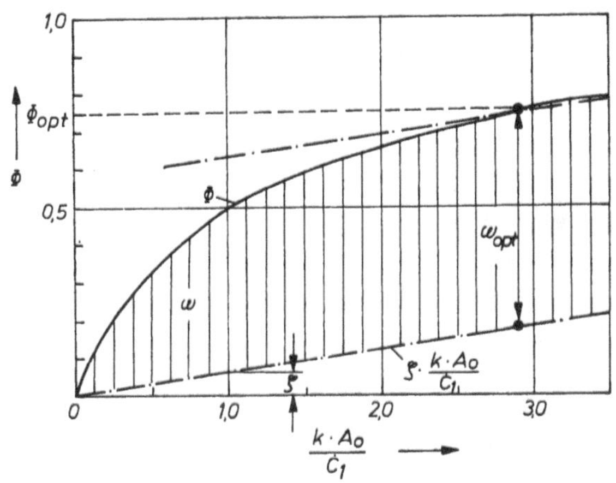

Abb. 5–9: Darstellung der optimalen Größe des Wärmeübertragers $W\ddot{U}$ 2 nach Abb. 5–7 im $\Phi_{\dot{C}_1/\dot{C}_2}\left(\frac{kA}{\dot{C}_1}\right)$-Diagramm.

Daraus folgt ein Wärmeübertrager mit der Fläche

$$A_0 = \left(\frac{k \cdot A_0}{\dot{C}}\right) \cdot \frac{\dot{C}_1}{k} = 2{,}90 \cdot \frac{5388}{20} \qquad (5.3\text{–}37)$$

$$A_0 = 780\ \mathrm{m^2}$$

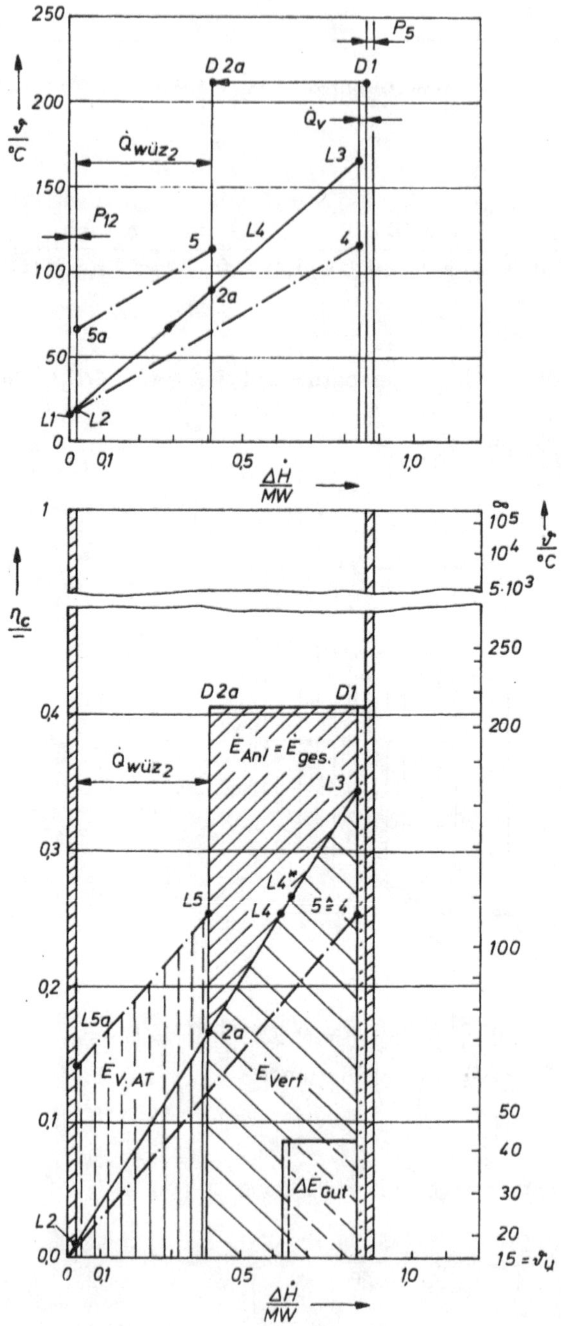
250
200
150
100
50
0
ϑ/°C
D 2a
D1
P5
Q̇v
Q̇wüz2
L3
P12
5
L4
4
2a
5a
L1
L2
0
0,1
0,5
1,0
ΔḢ/MW
1
ηc
0,4
0,3
0,2
0,1
0,0
∞
10^5
10^4
5·10^3
250
200
100
50
40
30
20
15 = ϑu
Ė Anl = Ė ges.
L5
L4*
5 ≙ 4
L5a
Ė V, AT
Ė Verf
ΔĖ Gut

Abb. 5.10

Dem übertragenen Wärmestrom von

$$\dot{Q} = \dot{C}_1 \cdot \Phi_{W\ddot{u}} \cdot \Delta T_{\max}$$
$$\dot{Q} = 5388 \cdot 0{,}75 \cdot 100 = 404100 \text{ W} \tag{5.3–38}$$

entspricht eine jährliche Kostensenkung von

$$\Delta K_{v;D} = -\varkappa_Q \cdot \dot{Q} \cdot t_b$$
$$\Delta K_{v;D} = -45 \cdot 10^{-9} \text{ M} \cdot \text{J}^{-1} \cdot 404100 \text{ W} \cdot 21{,}6 \cdot 10^6 \cdot \text{s} \cdot \text{a}^{-1} \tag{5.3–39}$$
$$\Delta K_{v;D} = -392775 \text{ M/a}$$

infolge der Heizdampfeinsparung. Der Mehraufwand für den Betrieb des Wärmeübertragers beläuft sich auf

$$\Delta K_{v;b} = \varkappa_b \cdot A \cdot t_b$$
$$\Delta K_{v;b} = 6{,}16 \cdot 10^{-3} \cdot 780 \cdot 6000 \tag{5.3–40}$$
$$\Delta K_{v;b} = +28829 \text{ M/a}$$

Bei einem einmaligen Investaufwand für den Wärmeübertrager von

$$I = \varkappa_A \cdot A = 800 \cdot 780 = 624000 \text{ M} \tag{5.3–41}$$

ergeben sich Festkosten für die Abschreibung in Höhe von

$$\Delta K_f = I_{W\ddot{u}} \cdot z_{W\ddot{u}} = 624000 \cdot 0{,}10 = +62400 \text{ M/a} \tag{5.3–42}$$

Die resultierende Kostenbeeinflussung ergibt sich als Summe der drei Anteile.

$$\Delta K = \Delta K_{v;D} + \Delta K_{v;b} + \Delta K_f$$
$$\Delta K = -392{,}8 + 28{,}8 + 62{,}4 \tag{5.3–43}$$
$$\Delta K = -301{,}6 \text{ TM} \cdot \text{a}^{-1}$$

Die Kostenfunktion ist ebenfalls im $K(t_b)$-Diagramm der Abb. 5–8 mit dargestellt.

Abb. 5–10: $\vartheta;\Delta\dot{H}$ und $\eta_C;\Delta\dot{H}$-Diagramm der thermo-ökonomisch optimierten Gleichstrom-Zerstäubungs-Trockner-Anlage mit Ausnutzung der Abluft-Enthalpie zur Vorwärmung der Eingangsluft auf $\vartheta_{2a} = 88\,°\text{C}$.

Die Auswirkungen auf den energetischen und exergetischen Wirkungsgrad dieser optimierten Schaltung sind erheblich. In Abb. 5–10 sind das $\vartheta;\Delta\dot{H}$- und das $\eta_C;\Delta\dot{H}$- der optimierten Anlage mit Nutzung der Abluftenthalpie dargestellt. Es ist mit den analogen Darstellungen des Grundverfahrens mit Düse in Abb. 5–2 zu vergleichen. Das wird im Relationswert der Wirkungsgrade deutlich, wobei das konventionelle Verfahren in Abb. 5–2 mit dem Index 2 und das optimierte Verfahren nach Abb. 5–9 und 5–10 durch den Index 9 gekennzeichnet sind:

$$\varepsilon_{\text{Verf}} = \frac{\eta_{\text{ex;Verf;9}}}{\eta_{\text{ex;Verf;2}}} + \frac{0{,}00347}{0{,}00260} = 1{,}333 \quad (5.3\text{–}44\text{a})$$

$$\varepsilon_{\text{Anl}} = \frac{\eta_{\text{ex;Anl;9}}}{\eta_{\text{ex;Anl;2}}} = \frac{0{,}7031}{0{,}6151} = 1{,}1431 \quad (5.3\text{–}44\text{b})$$

$$\varepsilon_{\text{ges}} = \varepsilon_{\text{Verf}} \cdot \varepsilon_{\text{Anl}} = 1{,}333 \cdot 1{,}1431 = 1{,}524 \quad (5.3\text{–}44\text{c})$$

Der Zusammenhang zwischen exergetischer und thermoökonomischer Optimalgestaltung und -dimensionierung ist offensichtlich. Unbenommen ist dabei die Tatsache, daß die Regenerativ-Wärmeübertrager, insbesondere der RW2500, im vorliegenden Fall zu noch besseren thermoökonomischen und thermodynamischen Ergebnissen führen.

5.4. Bewertung imponderabiler Aspekte

Viele Probleme der Auswahl und Optimierung von Trocknungs-Verfahren und -Anlagen sind an Aspekte gebunden, die weder einer thermodynamischen noch einer ökonomischen Bewertung zugänglich sind. Charakteristische Beispiele solcher Aspekte sind u. a. Fragen der Umweltfreundlichkeit, Reparaturfähigkeit der Anlage, Flexibilität, Einordnungsmöglichkeit der Anlagen und Apparate in den Gesamtprozeß u. v. a. m.

Diese auf Einzelwertangaben und auch z. T. auf subjektiven Erfahrungen der Bewerter beruhenden Probleme erfordern spezielle Methoden. Es kann hier nur auf die Methodenübersicht in [5–1], die diesen Anforderungen genügt, verwiesen werden.

Literatur- und Quellenverzeichnis

[5–1] AUTORENKOLLEKTIV: „*Verfahrenstechnische Berechnungsmethoden*“ — Teil 6, „*Verfahren und Anlagen*“. VEB Deutscher Verlag für Grundstoffindustrie, Leipzig 1984

[5-2] BERGER, D.; SCHULZE, R. u. Mitarb.: „*Investitionsprozeß — Vorbereitung und Durchführung von Anlageninvestitionen*". VEB Deutscher Verlag für Grundstoffindustrie, Leipzig 1986

[5-3] AUTORENKOLLEKTIV: „*Energiewirtschaft für Verfahrenstechniker*" (Lehrwerk: „*Verfahrenstechnik*") (2. Aufl.). VEB Deutscher Verlag für Grundstoffindustrie, Leipzig 1982

[5-4] KRÖLL, K.: „*Trockner und Trocknungsverfahren*". Springer-Verlag, Berlin, Heidelberg, New York 1970

[5-5] WIRTH, I.: „Zur thermodynamischen Analyse und Bewertung des Konvektionstrocknungsprozesses", Diss. A, IH Köthen, 1986

[5-6] KEEY, R. B.: „Betriebscharakteristiken von Trocknern". Verfahrenstechnik **13** (1979) 5, S. 341—373

[5-7] HEBECKER, D.: „Exergetische Analyse der Vinylchlorid-Trocknung". Chem. Techn. **38** (1986) 3, S. 96—99

[5-8] MÜLLER; SITZLER; SCHEUERPFLUG: „Methoden zur energetischen und betriebswirtschaftlichen Beurteilung von Trocknern". Praktische Energiekunde **11** (1963) 3/4, S. 53—84

[5-9] KESSLER, H. G.: „Gasführung in Gleichstromzerstäubungstrocknern". Chem.—Ing.—Techn. **36** (1964) 5, S. 479—484

[5-10] LEBEDEW, W. J.; BARULIN, E. P.; KISELNIKOW, W. N.; ROMANOW, W. S.: „Zur Berechnung des Trocknungsprozesses von streufähigen Materialien und der Bewertung der Effektivität der Arbeit von Trocknungsanlagen" (russ.). Chimija: chim. technol. **22** (1979) 5, S. 635—638

[5-11] GRUNDMANN, O.: „Eindampfung und Trocknung in der Milchindustrie unter Berücksichtigung von Energierückgewinnung bzw. -einsparung". VDI-Bericht Nr. 345, Düsseldorf: VDI-Verlag, 1979

[5-12] PIDOR, W. D.: „Trocknen von Kohle in der Wirbelschicht". Chemie—Ing.—Techn. **40** (1968) 21/22, S. 1106—1107

[5-13] MALTRY, W.: „Beitrag zur Thermostatik, Thermodynamik und Regelungstechnik von Trocknungsprozessen insbesondere des landwirtschaftlichen Heißlufttrocknungsprozesses", mit einem Anhang: Tafeln der Zustandsgrößen und Zustandsdiagramme feuchter Luft im Bereich 0 bis 700 °C und 0 bis 500 g/kg Wassergehalt". Diss. B., TU Dresden, 1971

[5-14] ROTH, H.; WIRTH, I.; KALZ, G.: „Exergetische Bewertung verfahrenstechnischer Varianten der Trocknung". Energieanwendung **32** (1983) 5, S. 177—180

[5-15] ROTH, H.; WIRTH, I.; KALZ, G.: „Rationelle Energieanwendung bei Trocknungsprozessen speziell bei Konvektionstrocknungsprozessen", Internationale Konferenz für Industrielle Energieanwendung (IKIE), Berlin, 17.—21. 9. 84

[5-16] SIENIUTYCZ, S.: "A Development of the Relation between Drying Energy Savings and Thermodynamic Irreversibility". Chemical Engineering Science, Pergamon Press Ltd. (1984) Vol. 39, No. 12, pp. 1647—1659

[5-17] FRIEDRICH, I.; LÖSER, E.: „Zum gegenwärtigen Stand der Abgrenzung der Einsatzgebiete der „Prallstrahl- und Durchlüftungstrocknung". Wiss. Zeitschr. der TH Karl-Marx-Stadt **20** (1978) 3, S. 293—306

[5-18] BOŠNJAKOVIĆ, F.: „*Technische Thermodynamik*“ (II. Teil). Verlag Theodor Steinkopff, Dresden 1971

[5-19] SZARGUT, I.; STYRYLSKA, T.: „Die exergetische Analyse von Prozessen der feuchten Luft“. Heizlüftung — Haustechnik **20** (1969) 5, S. 173—178

[5-20] ERC 4207: „Musterdokumentation Verfahrenstechnik“. VEB Chemieanlagenbaukombinat Leipzig—Grimma, Leitstelle für Anlagenbaurichtlinien, 1982

[5-21] ZWETKOW, Z. D.: „Vakuum-Gefriertrocknung“. Fachbuchverlag, Leipzig 1985

[5-22] KÖLLNER, H.: „Zur Vektoroptimierung im Entwurfsprozeß verfahrenstechnischer Systeme“, Diss. B, IH Köthen, 1986

[5-23] HILDEBRAND, H.-J.: „*Wirtschaftliche Energieversorgung*“ (Bd. 1, 3. Aufl.). VEB Deutscher Verlag für Grundstoffindustrie, Leipzig 1975

[5-24] MILITZER, K.-E.: „Thermoökonomische Modellierung und Optimierung von Konvektionstrocknern“. Teil I: „Das Kostenmodell“; Chem. Techn. **33** (1981) 10, S. 506—507

[5-25] BOŠNJAKOVIĆ, F.: „*Technische Thermodynamik*“ (Teil I, 5. Aufl.). Verlag Theodor Steinkopff, Dresden 1967

[5-26] PAUER, W.: „Energiewirtschaft“ — Lehrbriefe für das Fernstudium“, 1. Lehrbrief, VEB Verlag Technik, Berlin 1955

6. Systematik der Trocknungsverfahren und Trockner

6.1. Zum Stand der Systematisierung von Trocknern

Keine Grundoperation hat eine derartige Vielfalt von Verfahren und Apparaten hervorgebracht wie die Trocknung. Die Ursachen liegen in der Mannigfaltigkeit der Form, der Gestalt, der Struktur, der Konsistenz, der Zusammensetzung der Feuchtgüter wie auch den Eigenschaften der Trockengüter und Feuchten und den unterschiedlichen Konstruktionen der Trockner.

Um nicht jeden Einzelfall der Gestaltung von Verfahren und Trocknern immer neu lösen zu müssen, sondern auf gleiche oder zumindest analoge Varianten zurückgreifen zu können, ist eine Systematik der Trocknungsverfahren erforderlich.

Der derzeitige Kenntnisstand ist dadurch charakterisiert, daß es Systematiken mit sehr unterschiedlichen Gliederungsaspekten gibt, die in starkem Maße durch die Arbeitsrichtungen und persönlichen Erfahrungen der Autoren geprägt sind.

Einige der Systematiken haben eine statische Struktur, mit denen bekannte Trockner richtig eingeordnet und aufgesucht werden können. Dazu gehören u. a. die inzwischen überarbeiteten Standards TGL-Entwurf 147-251, Blatt 28 [6–1] und die „Trockner-Klassifizierung", TGL 20340 [6–2], die bekannte Trocknertypen in Form eines logisch gegliederten Apparatestammbaumes darstellen. Eine analoge Struktur weisen auch die ACHEMA-Systematik [6–3] und allgemein die Messe-Systematiken aus. Ebenso legt DIN 30600 [6–4] genormte Bildzeichen für Trockner fest, die für eine Reihe bekannter Trockner eine Einordnung gestattet. Aber darin können weder alle bekannten Trockner erfaßt werden, noch ergibt sich daraus die Zuordnung neuer Produkte zu den Trocknern oder eine prinzipielle Erweiterungsmöglichkeit für Trockner neuer Bauart. Eine statische Systematik ist daher nur bedingt geeignet, den Anforderungen einer Hilfe bei der Weiterentwicklung der Trocknungsverfahren und -apparate zu entsprechen.

Kessler hebt in seinen „*Überlegungen zur Auswahl trenntechnischer Verfahren und Apparate*" [6–5] die notwendige Kombination von mechanischen

Entfeuchtungs- und thermischen Trocknungsverfahren und -apparaten hervor. Diese Überlegungen unterstützen eine durchgängige exergetische Prozeßanalyse und fördern auch deren Anwendung in den Apparaten. Damit ergeben sich wesentliche Verbesserungen im Vergleich zu den vorher genannten Systematiken mit statischer Struktur. Die Ganzheitsbetrachtung der Apparate hat den Vorteil, daß in den Lieferungsprogrammen des Apparatebaues vorhandene Standard-Typen eindeutig ausgewiesen werden; zweckmäßige Kombinationen einzelner Standard-Apparate-Elemente sind aber aus dieser Darstellung nicht ableitbar.

Aspekte einer dynamischen Systematisierung werden bereits in einigen Arbeiten gefordert, doch überwiegen dabei zunächst verbale Darstellungen.

Schon 1959 unterstreicht KRÖLL, daß *„jede neu gestellte Trocknungsaufgabe individuell angefaßt werden muß“* und daß zur Entscheidung bei der Trocknerauswahl die entsprechende Erfahrung vorliegen muß. Er nennt auch bekannte Zuordnungen von Trocknern zu bestimmten Trocknungsgütern und -aufgaben [6–6]. Aus dieser Darstellung von 1959 sind noch keine Ableitungen für die Wahl neuer Trocknungsverfahren oder die Gestaltung von Trocknern möglich.

STUHRMANN stellt dar, daß beim Einsatz und der Auswahl von Trocknungsanlagen sowohl verfahrenstechnische als auch wirtschaftliche Gesichtspunkte zu berücksichtigen sind [6–7]. Er systematisiert dabei als Einflüsse auf die Wahl des Trocknungsverfahrens die Konsistenz der Produkte, physikalische und chemische Einflüsse, Kosten, Energieaufwand, Staubauswurf und das Verweilzeitverhalten. Besonders deutlich sind seine Unterscheidungen nach geformten Produkten sowie Schütt- bzw. kristallinen Gütern. Er kommt zu dem Schluß, daß *„die Vielzahl der Probleme es nicht gestattet, diese in ihrer Gesamtheit zu erfassen und zu diskutieren“* [6–7].

Ebenfalls eine Klassifikation handelsüblicher Trockner, die auf den Produkteigenschaften sowie der Menge und Anfallart des Trocknungsgutes basiert, gibt PERRY an [6–8]. Dabei führt er zur Systematisierung eine zweidimensionale Matrix-Darstellung ein. Sie entspricht den Forderungen zu einer differenzierten Trocknerauswahl schon besser als die rein statischen Systematiken. Die Differenzierung der Parameter für eine gezielte Trockner-Strukturierung ist aber noch zu gering.

Einen algorithmierten Ablauf der Schritte zur Wahl und Auslegung von Trocknern geben 1969 BAUNACK und POERSCH an [6–9], doch reicht auch in diesem Bericht die Parameter-Differenzierung nicht aus.

Wesentliche Aspekte einer dem Anliegen der gleichzeitigen Systematisierung vorhandener Trockner wie der Entwicklung neuer Verfahren und Apparate angemessenen Systematik wurden erstmals von KRÖLL veröffentlicht [6–10] und weiterentwickelt [6–11]. Ein wesentlicher Grundsatz dieser Systematik ist, daß in ihr *„außer den heutigen Trocknern … auch alle schon verschwundenen* *und alle noch kommenden Trockner*" erfaßt werden können [6–10]. Aus einer analogen Betrachtungsweise stellt STEIN fest: „*Eine Einteilung der Trockner nach konstruktiven Gesichtspunkten wird schnell veralten, da immer wieder neue konstruktive Gesichtspunkte herangezogen werden ... Das gleiche gilt für die Bildzeichen, die sich nach den konstruktiven Gesichtspunkten bei den Trocknern richten*" [6–12]. KRÖLL schlug auf der Grundlage einer differenzierten Betrachtung des Trocknungsablaufes eine mehrdimensionale Matrix vor [6–10]. Das Prinzip ist sehr zweckmäßig und gestattet eine differenzierte Berücksichtigung der Apparateeigenschaften, doch sollte die Matrix erweitert und präzisiert werden, um die Einheit von Verfahren und Apparat zu erfassen.

6.2. Vorschlag zur Systematisierung von Trocknungsverfahren und Trocknern

Der Vorschlag beruht auf dem sehr tragfähigen Konzept von KRÖLL [6–10]. Für die Probleme der einheitlichen Systematisierung waren die Einteilungsprinzipien jedoch zu erweitern und teilweise stärker zu systematisieren. Die Konzeption wurde auf einer Tagung vorgestellt [6–13] und in Diskussionen zum Teil weiter präzisiert.

In Abb. 6–1 sind die differenzierten Vorgänge des komplexen Trocknungsverfahrens dargestellt, die durch differenzierte Parameter oder Elemente des Trockners realisiert werden. Jede der neun unterschiedlichen Eigenschaften (0)···(8) wird in den Abb. 6–3 bis 6–9 untergliedert und genauer beschrieben. Die Rückführungsschleife $i := i + 1$ soll andeuten, daß es für spezielle Probleme zweckmäßig ist, die Trocknung mit einem Mehrstufentrockner differenzierter Technologie in den Stufen zu realisieren.

Aus der neunstufigen Untergliederung des Trocknungsprozesses wird eine neundimensionale Matrix zur Charakterisierung von Trocknungsverfahren und Trocknern, einschließlich der zugehörigen Vorbereitungsstufe, formuliert. Der Grundaufbau der Trockner-Charakterisierungs-Matrix ist in Abb. 6–2 dargestellt. Dabei steht das Symbol 0 für die Zahlen (1) bis (9) und das Symbol X für die Buchstaben (A) bis (V). Ein Trocknungsverfahren oder -apparat kann danach durch die Angabe

000. X00. X00

charakterisiert und eingeordnet werden. Die Matrix-Charakterisierung durch einen kombinierten Zahlen- und Buchstaben-Code ist wegen des Umfanges der Varianten notwendig und bietet außerdem den Vorteil des leichteren Einprägens als der reine Zahlen-Code.

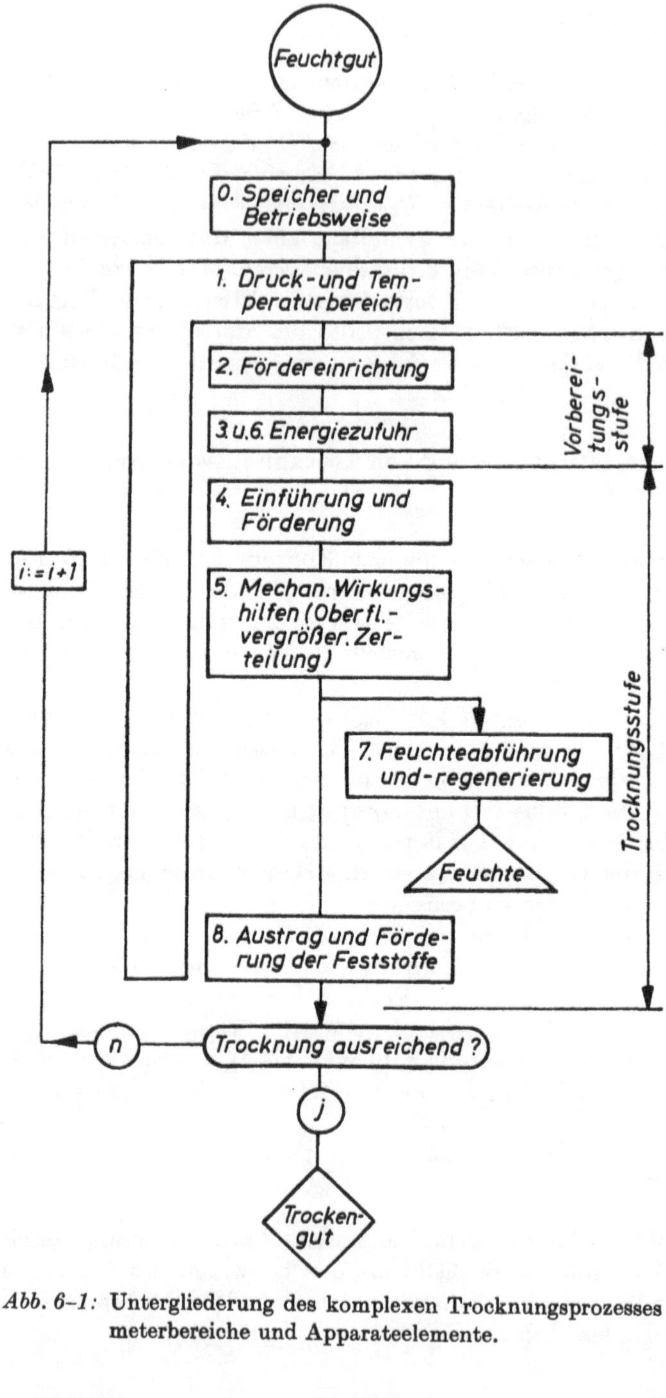

Abb. 6-1: **Untergliederung des komplexen Trocknungsprozesses in differenzierte Parameterbereiche und Apparateelemente.**

Nr.	Klassifizierungsgröße	Symbol[1]/Stelle								
		1	2	3	4	5	6	7	8	9
0	Betriebsweise	0								
1	Druck- und Temperaturbereich		0							
2	Fördereinrichtungen zum Trockner			0.						
3	Energiezufuhr vor dem Trockner				X					
4	Einführung und Förderung feuchten Gutes					0				
5	Mechanische Wirkungshilfen						0.			
6	Energiezufuhr im Trockner							X		
7	Lösungsmittelabführung und -regenerierung (Art der Dampf- und Gasbewegung)								0	
8	Austrag und Förderung der Feststoffe (Gutsträger-Beschaffenheit)									0
	Gesamt-Charakteristik	0	0	0.	X	0	0.	X	0	0

[1] 0 ≙ Symbol für Zahlen (1)... (9)
X ≙ Symbol für Buchstaben (A)... (Z)

Abb. 6-2: Struktur der neunstelligen Systematisierungs-Matrix (0) bis (8) für Trocknungsverfahren und Trockner.

Grundsätzlich zu unterscheiden sind neun verschiedene Betriebs- und Parameter-Bereiche, die an den Stellen (1), (5) und (8) auf den durch Umordnung oder Erweiterung präzisierten Vorschlägen von Kröll [6–10] beruhen. Dabei bedeuten für die einzelnen Stellen der Matrix die Code-Angaben:

- Stelle (*0*): Betriebsweise, codiert durch 1 — diskontinuierlich, 2 — kontinuierlich, stationär, 3 — quasikontinuierlich, 4 — kontinuierlich, schwingender Durchsatz.
- Stelle (*1*): Druck- und Temperaturbereiche der Trockner in Abb. 6–3, mit Zahlen 0 codiert.
- Stelle (*2*): Fördereinrichtung zum Trockner in Abb. 6–4, sämtlich mit Zahlen 0 codiert.
- Stelle (*3*) und (*6*): Energiezufuhr vor und im Trockner. Die Vielfalt der Varianten der Energiezufuhr und deren Kombinationen erfordert Buch-

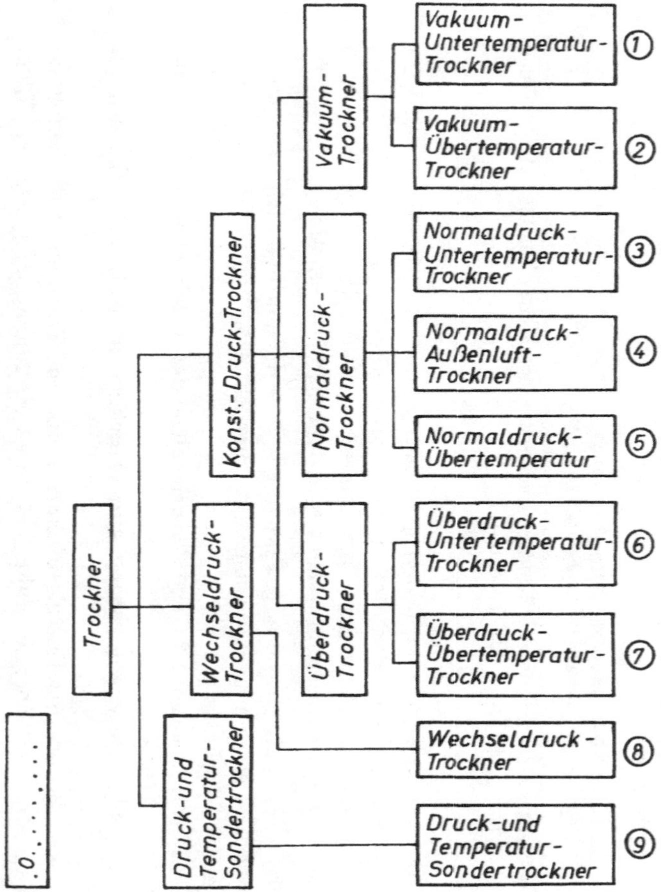

Abb. 6–3: Code der Stelle (1) für Druck- und Temperaturbereiche, basierend auf dem Vorschlag von Kröll [6–10].

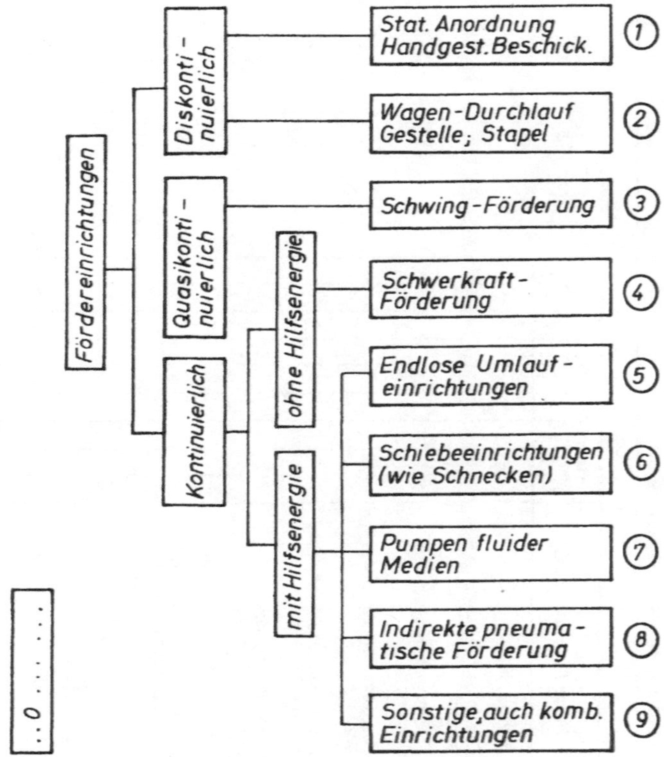

Abb. 6–4: Code der Stelle (2) für Fördereinrichtungen zum Trockner.

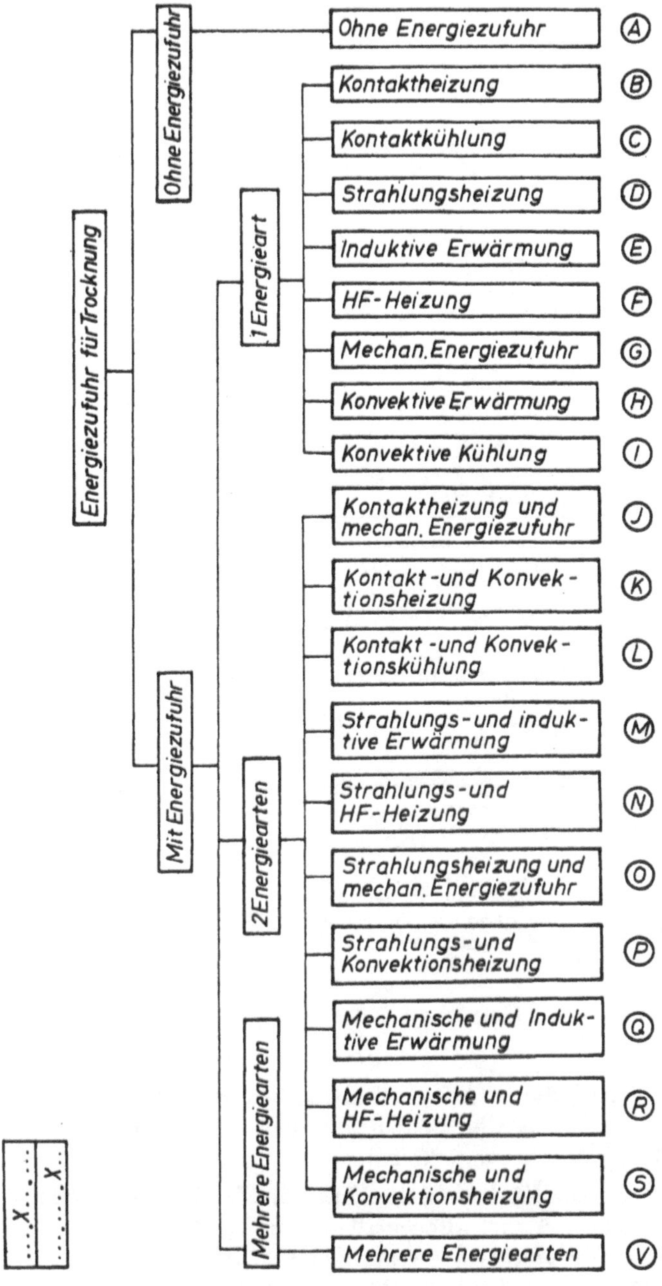

Abb. 6–5: Code der Stellen (3) für Energiezufuhr an das Gut vor dem Trockner und (6) für Energiezufuhr an das Gut im Trockner.

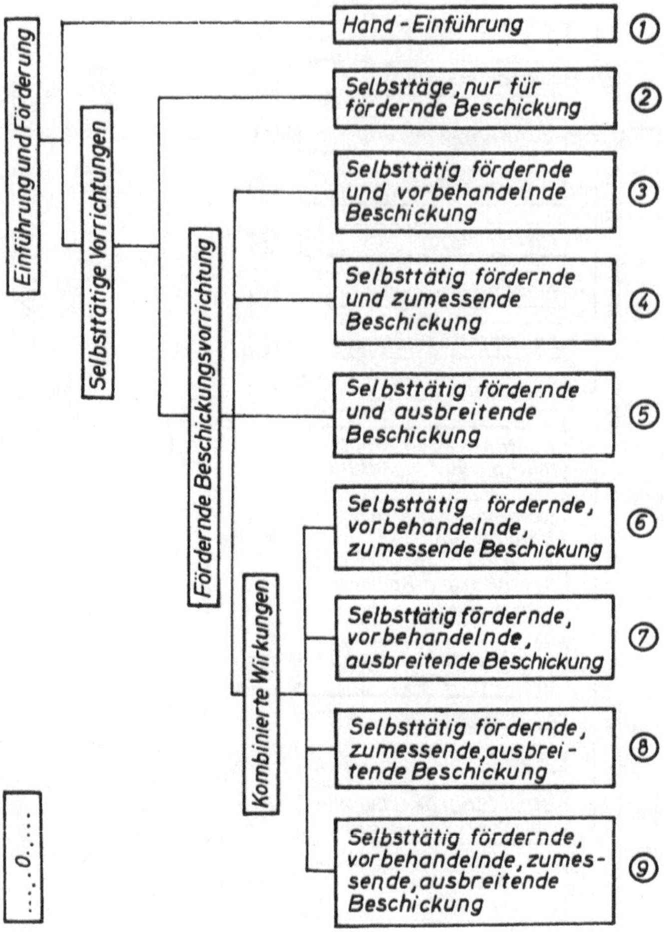

Abb. 6–6: Code der Stelle (4) für Einführung des Gutes in den Trockner und Förderung im Trockner.

staben *X* zur Codierung, die in Abb. 6–5 angegeben sind. Mit der Buchstaben-Codierung wird auch die Bedeutung dieser Charakterisierungselemente unterstrichen und hervorgehoben.

— Stelle (*4*): Einführung und Förderung des Gutes im Trockner in Abb. 6–6.
— Stelle (*5*): Mechanische Wirkungshilfen im Trockner in Abb. 6–7.
— Stelle (*7*): Art der Dampf- und Gasbewegung in Abb. 6–8.
— Stelle (*8*): Art der Gutsträger-Beschaffenheit in Abb. 6–9.

Die Codes der Abb. 6–6 bis 6–9 sind mit Zahlen 0 gegeben.

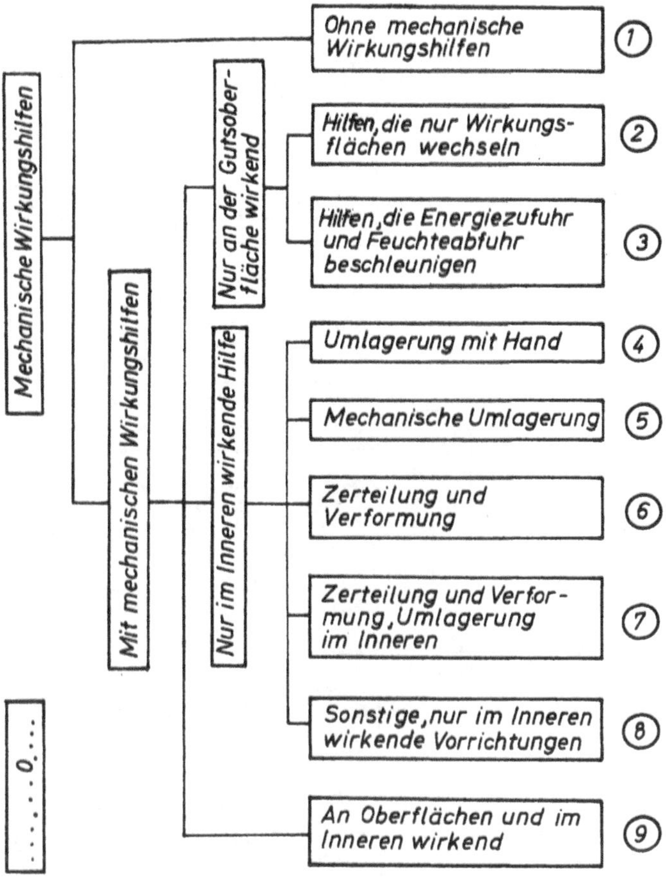

Abb. 6–7: Code der Stelle (5) für mechanische Wirkungshilfen im Trockner, basierend auf dem Vorschlag von KRÖLL [6–10].

In Abb. 6–10 ist die ausführliche Analyse eines Trocknungsverfahrens und Trockners am Beispiel eines Zerstäubungstrockners für Farbstoffsuspensionen, Porzellan- und Keramik-Massen dargestellt.

Weitere Beispiele der Systematisierung von Trocknungsverfahren und Trocknern sind:

— Wirbelschicht-Sprühtrockner	257.A81.H58
— Vakuum-Schaufel-Trockner	126.A17.B13
— Spin-Flash-Trockner	256.A47.H58

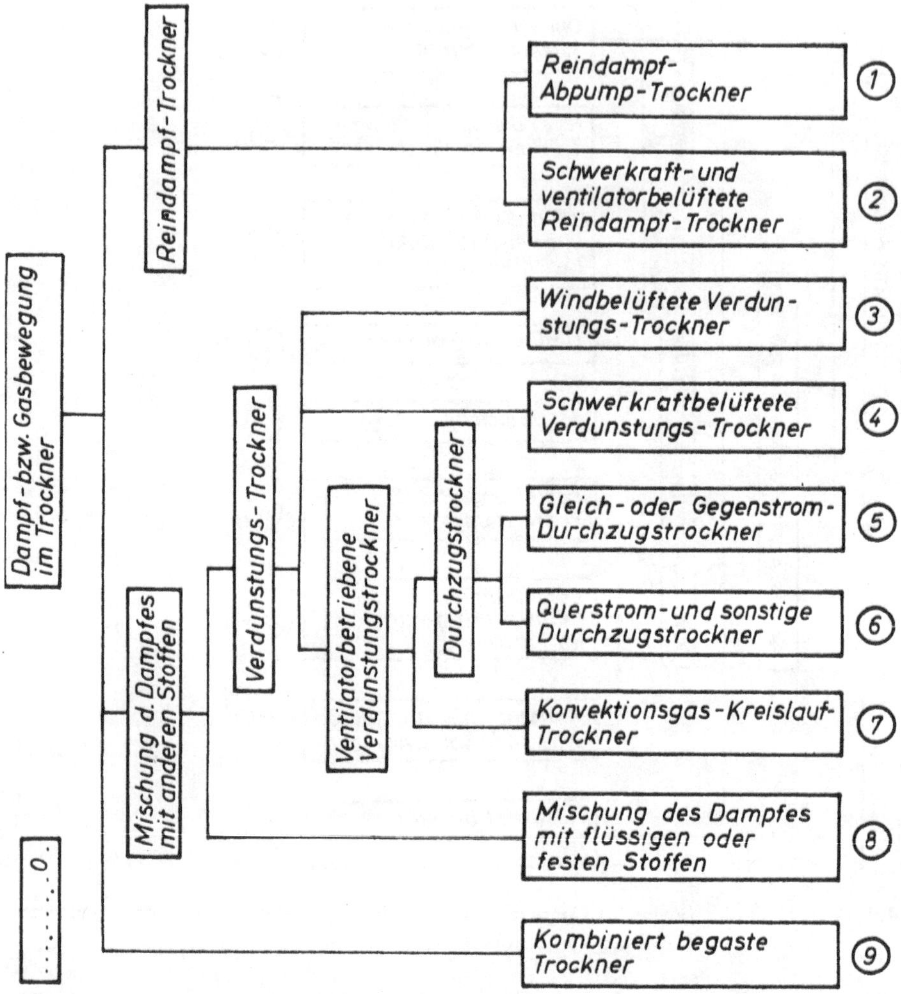

Abb. 6–8: Code der Stelle (7) für die Art der Dampf- bzw. Gasbewegung bei der Feuchteabführung und Regenerierung.

— Wäsche-Trocknung	
• an Luft	141.A11.H39
• an Luft und Sonne	141.A11.P39
— Band-Trockner	255.A55.H76
— Gefrier-Trockner	236.C81.H78

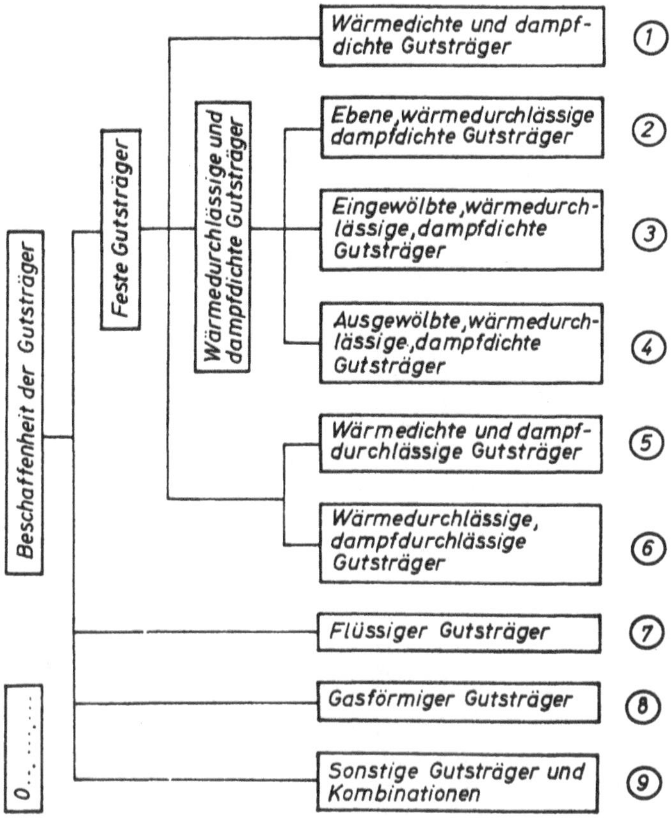

Abb. 6–9: Code der Stelle (8) für die Beschaffenheit der Gutsträger, basierend auf dem Vorschlag von KRÖLL [6–10].

Die Beispiele belegen, daß Trockner, die nach den gleichen verfahrenstechnischen Prinzipien arbeiten, aber bei den Parametern in unterschiedlichen Bereichen liegen oder mit unterschiedlichen Elementen ausgerüstet sind, unterschiedliche Stellen der Matrix belegen. Andererseits können auch konstruktiv unterschiedliche Trockner, wenn sie in analogen Parameterbereichen mit analogen Elementen arbeiten, an gleicher Stelle der Matrix stehen; es handelt sich dann um nach der Systematik analoge Trocknungsverfahren und Trockner.

Bei der Gesamtzahl von über $850 \cdot 10^6$ theoretischen Varianten ist klar, daß weitaus nicht alle möglichen Varianten auch technisch realisiert werden.

Die Systematisierung mit der neunstelligen Matrix eignet sich aber gerade

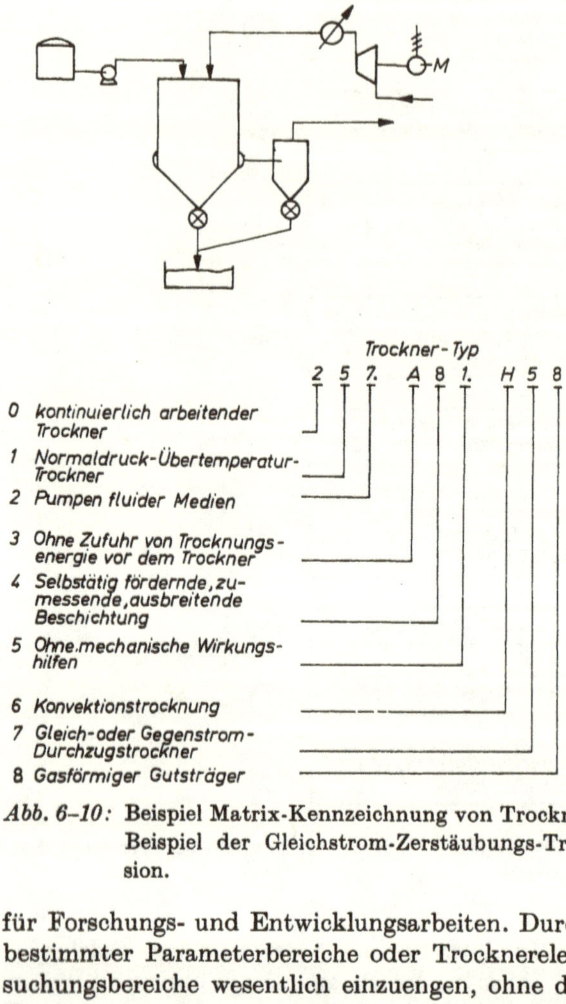

Abb. 6–10: Beispiel Matrix-Kennzeichnung von Trocknungsverfahren und Trockner am Beispiel der Gleichstrom-Zerstäubungs-Trocknung einer Farbstoffsuspension.

für Forschungs- und Entwicklungsarbeiten. Durch das Ausschließungsprinzip bestimmter Parameterbereiche oder Trocknerelemente gelingt es, die Untersuchungsbereiche wesentlich einzuengen, ohne dabei mögliche Varianten der Trocknungsverfahren und Trockner zu früh zu eliminieren.

6.3. Aspekte der Auswahl von Trocknungsverfahren und Trocknern

Zur Auswahl von Trocknungsverfahren und Trocknern sind, wie auch Lee [6–14] sowie Herron und Hummel [6–15] fordern, mindestens die Kenntnisse

— der Gutsform (geformte und formlose Güter mit weitgehender Differen-

Tabelle 6–1: Kriterien zur Auswahl von Trocknungsverfahren und Trocknern

1.	Gutsform	1.1. Geformte Güter	1.2. Formlose Güter
2.	Intensive Größe (Thermodyn. Angaben)		
2.1.	Lösungsmittel $p(t)$; c_p; h; ϱ; η; ...	•	•
2.2.	Trockengut c_p; λ; ϱ; η; ... Therm. Stabilität	•	•
2.3.	Feuchtes Gut c_p; h; λ; η; Gleichgewicht: Sorptionsisothermen Kinetik: Trocknungsverlaufskurven	•	•
2.4.	Bilanzangaben	•	•
2.5.	Schrumpfung: Schwindungsverhalten	•	
2.6.	Konsistenz: (flüssig, festflüssig, Haufwerke) (Lösung, Suspension, pastös, körnig, pulverig, granuliert) Viskosität, Klebrigkeit, Agglomerisationsneigung		•
2.7.	Temperaturempfindlichkeit	•	•
2.8.	Toxität	•	•
2.9.	Staubbildungsneigung; Abrieb		•
3.	Extensive Größen und Einbindung in den Gesamtprozeß		
3.1.	Kapazitätsangaben	•	•
3.2.	Vor- und nachgelagerte Produktionsstufen	•	•
3.3.	Technol. Schaltung (Kontinuität, Diskontinuität, Zuverlässigkeit)	•	•
3.4.	Standortbedingungen (Platz- und Energieverfügbarkeit)	•	•
3.5.	Betreibungsbedingungen (Arbeitskräfte, Reinigung, Wartung, Kontrolle, Automatisierungsgrad, Regelung)	•	•
3.6.	Umweltbedingungen (Lärm, Abprodukte: Staub, Dämpfe)	•	•
3.7.	Thermo-ökonomische Kriterien (Investkosten, feste und variable Kosten, Reparaturaufwand)	•	•

Tabelle 6–2: Wirkungseinfluß der Kriterien zur Auswahl von Trocknungsverfahren und Trocknern auf die neun Parameter der Systematisierungs-Matrix

	Kriterien zur Auswahl von Trocknungsverfahren und Trocknungsapparaten[1])	Betriebsweise (0)	Druck- u. Temperaturbereich (1)	Förderungseinrichtg. zum Trockner (2)	Energiezufuhr vor Trockner (3)	Vorbereitung und Förderung (4)	Mechanische Wirkungshilfen (5)	Energiezufuhr im Trockner (6)	Dampf- und Luftbewegung (7)	Gutsträger (8)
1.	Gutsform									
1.1.	Geformte Güter	●		●						●
1.2.	Formlose Güter	●		●	○	○	○			
2.	Intensive Größen									
2.1.	Lösungsmittel	●	●		●			●	●	
2.2.	Trockengut	○	●		●			●		●
2.3.	Feuchtes Gut	○	●	●	●	●	●	●		●
2.4.	Bilanzangaben	●			●			●	●	●
2.5.	Schrumpfung, Schwindung	○	○		●			●	○	○
2.6.	Konsistenz	○	○	●	○	●	●	●		●
2.7.	Thermische Stabilität	●	●	○	●		●	●	●	○
2.8.	Toxizität	●	●				○		●	○
2.9.	Staubbildung	●		○		●	●		●	●
3.	Extensive Größe									
3.1.	Kapazität	●	○	●	●	○	○	●		
3.2.	Vor- und nachgelagerte Prod.-Stufen	●	○	●		○		○		○
3.3.	Technologische Schaltung	○		●	●	●	○	●	○	○
3.4.	Standortbedingung	●		●	●			●		
3.5.	Betreibungsbedingungen	●	○	●		●				
3.6.	Umweltbedingungen	●	●		○		○	○	●	○
3.7.	Thermo-ökonomische Kriterien	●	●	○	●	○	○	●	●	○

[1]) ● Wesentlicher Einfluß; ○ Einfluß vorhanden; kein wesentlicher Einfluß

zierung vom festen über zahlreiche Zwischenstufen bis zur niedrigviskosen Flüssigkeit),
- der intensiven, gutsspezifischen thermodynamischen Parameter und Eigenschaften sowie
- der extensiven Größen der Trocknung und
- deren Einbindung in die Gesamttechnologie

erforderlich. Die in Tab. 6–1 zusammengefaßten Aussagen sind nahezu gleichberechtigt zur Auswahl des Verfahrens und des Trockners heranzuziehen, wenn auch nicht immer — vor allem für die Positionen 2.5 bis 2.9 — durchgängig genormte Meßverfahren sowie Skalierungswerte für die Auswahl zur Verfügung stehen. Die Positionen 3.1. bis 3.7. können weitgehend eindeutig mit Zahlenwerten belegt werden. Ihre Erfüllung hängt aber in stochastischer Weise vom Trockner und der Gleichmäßigkeit des Feuchtgutes ab.

Der aus Tab. 6–2 abzulesende Selektionsprozeß bei der Auswahl von Trocknungsverfahren und Trocknern zeigt den qualitativen Wirkungseinfluß der wesentlichen Auswahlkriterien auf die neun Parameter der Matrix. Er bestätigt die obige Aussage, wonach mit dieser Systematik unzweckmäßige Varianten ausgeschlossen werden können, aber nicht eine mit Sicherheit wirksame Variante, schon gar nicht die optimale Verfahrensvariante, gefunden wird.

Allein die Ausschließung der nicht in Frage kommenden Varianten zu Beginn der Forschungs- und Entwicklungsarbeiten reduzieren den Bearbeitungsaufwand wesentlich. Damit sind die Ansatzpunkte für eine zielstrebige Bearbeitung der Trocknungstechnologie unter Einbeziehung aller subjektiven Erfahrungswerte und der objektiven Untersuchungs- und Entscheidungsmethoden gegeben. Erst mit der Entscheidung für ein bestimmtes Trocknungsverfahren und einen definierten Trockner kann dessen spezielle Eignung umfassend getestet werden.

Literatur- und Quellenverzeichnis

[6–1] TGL 147-251, Bl. 28

[6–2] TGL 20340

[6–3] DECHEMA-Monographien Nr. 1193—1221, Bd. 66 — „Trocknen, Kristallisieren, Trennen, Mischen, Fördern", Deutsche Gesellschaft für chemisches Apparatewesen e.V.; Frankfurt/M., Verlag Chemie GmbH — Weinheim/Bergstraße

[6–4] DIN 30600 Bildzeichen für Trockner

[6–5] Kessler, H. G.: „Überlegungen zur Auswahl trenntechnischer Verfahren bzw. Apparate". Aufbereitungstechnik **10** (1969) 11, S. 629—634

[6–6] Kröll, K.: „*Trockner und Trocknungsverfahren*". Springer-Verlag, Berlin/Göttingen/Heidelberg 1959

[6–7] Stuhrmann, H.: „Auswahl und Einsatz von Trocknungsanlagen“. Technische Überwachung 7 (1967) 8, S. 270–274

[6–8] Perry, J. H.: "*Chemical Engineer's Handbook*". Mc Graw-Hill book comp., New York 1963

[6–9] Baunack, F.; Poersch, W.: „Trocknung von Nahrungsmitteln und Viehfutter; Auswahl von Trocknungseinrichtungen“. Lebensmitteltechnik 1 (1969) 9, S. 630–645; 10, S. 781–786

[6–10] Kröll, K.: „Trockner einteilen, ordnen, benennen, benummern“, Schilde Schriftenreihe, Bd. 6, Bad Hersfeld, 1965

[6–11] Kröll, K.: „*Trockner und Trocknungsverfahren*“ (2. Aufl.). Springer-Verlag, Berlin, Heidelberg, New York 1978

[6–12] Stein, W. A.: „Ein Einspruch – Bildzeichen und Systematik für Trockner“. cav (1976), S. 82–89

[6–13] Roth, H.; Jeglinski, H.; Schnelle, W.: „Vorschlag zur Systematisierung und Klassifizierung der Trocknungsverfahren und Trockner“. Vortrag und Arbeitsmaterial zur Verfahrenstechnischen Jahrestagung, Dresden 20.–22. 11. 78

[6–14] Lee, D. A.: "Classifying and Selecting Spray Dryers". CEP; March 1981; p. 34–38

[6–15] Herron, D.; Hummel, D.: "How to Select Polymer Drying Equipment". CEP; January 1981; p. 44–52

Anwendungen auf Technische Trockner

7. Vakuum-Schaufel-Trockner

Vakuum-Schaufel-Trockner gehören in die Kategorie der Vakuum-Kontakt-Trockner. Ihr Einsatzgebiet und ihre Vorteile lassen sich in fünf wesentlichen Aussagen zusammenfassen:

- Schonende Verarbeitung thermolabiler Produkte,
- brand- und explosionssichere Verarbeitung oxydations- und explosionsgefährdeter Produkte,
- keine Contamination der Umwelt infolge der geschlossenen Apparate,
- leichte Lösungsmittelrückgewinnung,
- hoher exergetischer Wirkungsgrad und Einsatzmöglichkeit von Heizmedien niederer Temperatur.

Nach der Systematik der Trocknungsverfahren und Trockner in Abschn. 6 ist dieser Typ durch die Bezeichnung 126.A17.B13 eindeutig charakterisiert.

Zur Produktpalette thermolabiler, brand- und explosionsgefährdeter Güter, die in Vakuum-Schaufeltrocknern effektiv getrocknet werden, gehören Produkte aus der pharmazeutischen und chemischen Industrie sowie der Lebensmittel-Verarbeitung, wie beispielsweise Antibiotika, Enzyme, Vitamine und Vitamin-Zwischenprodukte, Pharmaka aus organischen Synthesen, Pflanzen-Extrakte, organische Zwischenprodukte, Farbstoffe, Zwei-Komponenten-Lacke, Instant-Suppen, -Bouillons, -Getränke, Kaffee- und Tee-Extrakte, Malz- und Hopfenextrakte, diätetische Nährmittel, Fruchtsaft- und Gemüsekonzentrate, Baby-Nahrung, Halbfabrikate und Schokolade-Massen.

7.1. Technologisches Prinzipschema

Das Technologische Prinzipschema eines Vakuum-Schaufel-Trockners zeigt Abb. 7–1.

Das Einsatzprodukt wird diskontinuierlich über den beheizten Füllschacht in den mantelraum- und schaufelbeheizten Vakuum-Schaufel-Trockner (*VST*) eingeführt. Das meist zwei- oder vierarmige, in der Regel beheizte Schaufel-

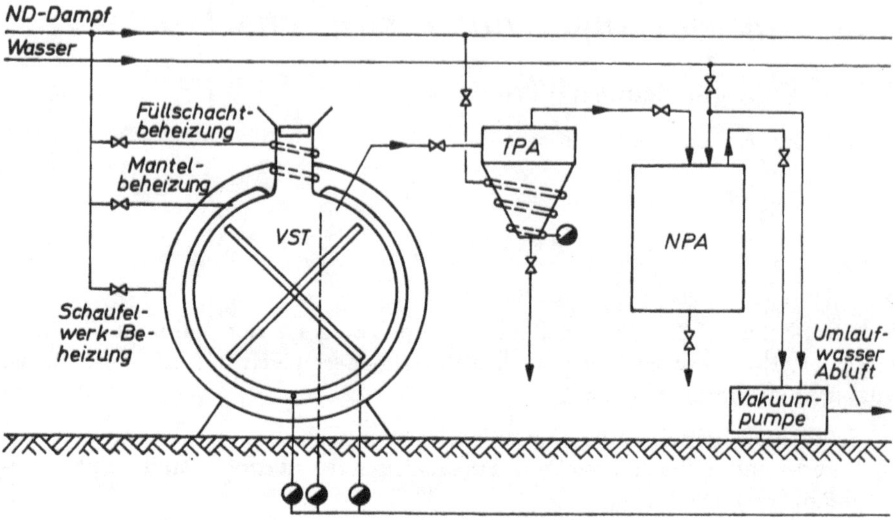

Abb. 7–1: Technologisches Prinzipschema der Vakuumschaufeltrocknung mit Vakuumschaufeltrockner (*VST*), Trockenproduktabscheider (*TPA*), Naßproduktabscheider (*NPA*) und den wichtigsten Rohrleitungen.

werk ist häufig einseitig fliegend gelagert. An den äußeren Beheizungsrohren sind axiale Hubschaufeln und pflugscharähnliche Förderschaufeln angebracht, deren Winkelstellung das Verhältnis von axialer und radialer Förderung beeinflußt.

Die Feuchte wird dampfförmig über den beheizten Trockenproduktabscheider (*TPA*) geführt, in dem mitgerissene Staubteilchen des Produktes trocken abgeschieden werden, ehe die Dämpfe in dem Naßproduktabscheider *NPA* (oder einem indirekten Kondensator) kondensiert werden. Die inerten Gase aus dem Produkt oder der Umgebung, die durch die Dichtflächen in den *VST* eindringen, werden von der Vakuumpumpe abgesaugt und in die Umgebung abgeführt.

Infolge der diskontinuierlichen Prozeßführung muß bei der Prozeßanalyse von Vakuum-Schaufel-Trocknern stets der zeitliche Verlauf ermittelt werden.

Der Vorteil der Trocknung im Vakuum-Schaufel-Trockner liegt vor allem darin, daß die verdampfende Feuchte als unverdünnter Dampf anfällt und daher leicht zurückgewonnen werden kann, woraus die eingangs genannten Vorteile dieses Prozesses im wesentlichen resultieren. Aber auch auf die Effektivität der Exergienutzung wirkt sich das Verfahrensprinzip des Vakuum-Schaufel-Trockners vorteilhaft aus.

7.2. Transportmechanismus von Wärme- und Stoffströmen bei der Vakuum-Kontakt-Trocknung

Die Berechnungsmöglichkeiten für die Wärme- und Stoffströme bei Vakuum-Kontakt-Trocknern stehen wegen der komplizierten Verhältnisse in der Schüttung am Anfang. Im Abschn. 3.1.12. sind Grundlagen für eine ingenieurtechnisch praktikable Ermittlung der Wärmeübergangskoeffizienten im 1. Trocknungsabschnitt entwickelt worden, die eine orientierende Vorausberechnung gestatten. Die Auslegung von Trocknungsanlagen unter Einbeziehung des 2. und 3. Trocknungsabschnittes beruht dagegen noch nicht auf durchgängig gesicherten Grundlagen. Experimentelle Ergebnisse sind noch erforderlich.

7.3. Thermodynamische Bewertung

Die Werte für die thermodynamische Bewertung eines Vakuum-Schaufel-Trockners stammen aus einem charakteristischen Versuch zur Trocknung einer Polymermatrix an dem von Hartmann [7–1] aufgebauten Versuchsstand.

7.3.1. Ermittlung der Produkt- und Prozeßparameter

Für die Trocknung wurde ein Vakuum-Schaufel-Trockner Typ 6.11 des VEB Vakuumtechnik Sangerhausen mit einem Füllvolumen von $V_{\text{Füll}} = 0{,}30\ \text{m}^3$ bei einem Trommelvolumen von $V_{\text{Trom}} = 0{,}70\ \text{m}^3$ benutzt.

Die Gleichgewichtswerte der Trockensubstanz, des porösen Ionenaustauscherharzes KS 10 bilden die Grundlage für die Ermittlung der minimalen Trennexergie bei der Trocknung von $X_\alpha = 0{,}51$ auf $X_\omega = 0{,}005$ kg F/kg S.

Der Trocknungsverlauf im Vakuum-Schaufel-Trockner ist, bedingt durch den Chargenbetrieb, instationär. Die in Abb. 7–2 zusammenfassend dargestellten Prozeßparameter beziehen sich auf den zeitlichen Verlauf nach Erreichen des konstant gehaltenen Systemdrucks von $p = 6{,}80$ kPa. Dort sind dargestellt

- der Heizdampf-Temperaturverlauf $\vartheta_{HD}(t)$,
- der Guts-Temperaturverlauf $\vartheta_S(t)$,
- der Kühlwasser-Temperaturverlauf $\vartheta_W(t)$,
- der Beladungsverlauf des Gutes $X(t)$ von $X_\alpha = 0{,}51$ kg F/kg S auf $X_\omega = 0{,}005$ kg F/kg S. Über einen größeren Zeitabschnitt kann die Regression

$$\hat{X} = 0{,}516 - 38{,}0 \cdot 10^{-6} \cdot t$$

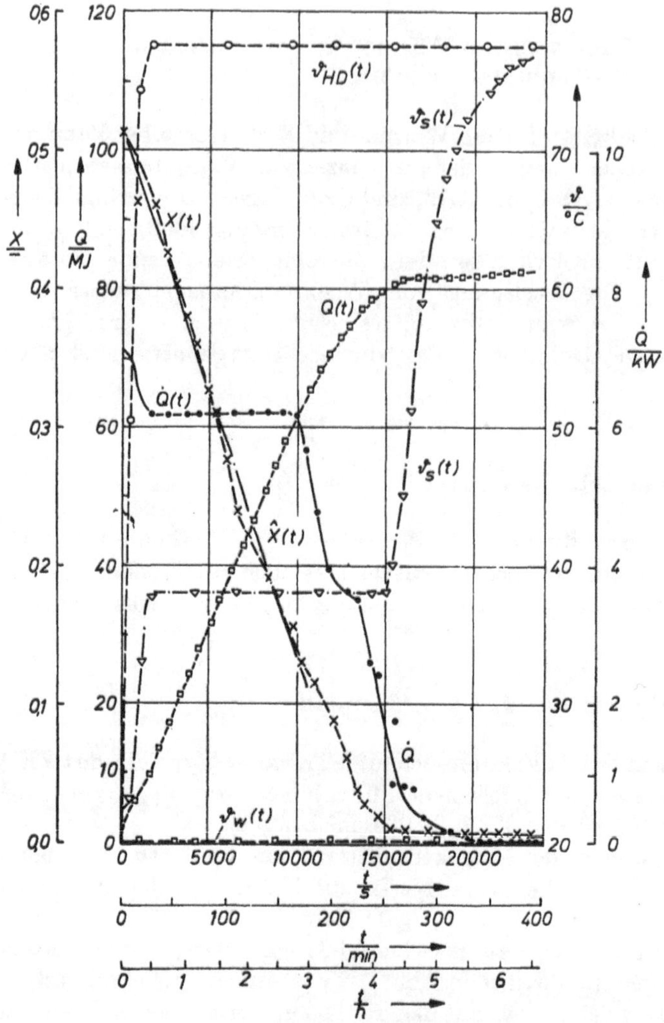

Abb. 7–2: **Zusammenfassende Darstellung der Zustands- und Prozeßparameter der Charge eines Vakuum-Schaufel-Trockners bei der Trocknung eines Ionenaustauscherharzes KS 10 [7–1].**

angenommen werden. Allerdings wird dabei der charakteristische Knick bei $t \approx 6600$ s in der Darstellung unterdrückt,

— der Verlauf des Heizwärmestromes $\dot{Q}(t)$ und
— der Verlauf der Heizwärme $Q(t)$.

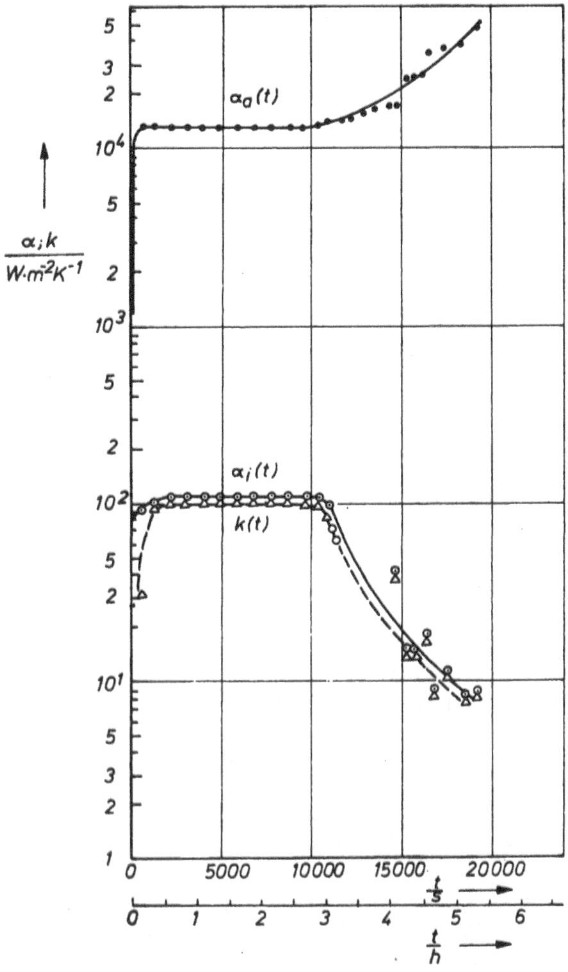

Abb. 7–3: Zeitlicher Verlauf der Wärmetransportkoeffizienten bei der Trocknung des Ionenaustauscherharzes KS 10 im Vakuum-Schaufel-Trockner:

● α_a äußerer Wärmeübergangskoeffizient von kondensierendem Wasserdampf
⊙ α_i innerer Wärmeübergangskoeffizient von trocknendem KS 10
△ k Wärmedurchgangskoeffizient [7–1].

Interessant ist die relativ lange Temperaturkonstanz des Gutes ϑ_S auch noch in einem Zeitraum deutlich kleiner werdenden Heizwärmestroms. Aus der Darstellung wird auch der hohe Zeitbedarf für die Resttrocknung von $X = 0{,}02$ kg F/kg S auf $X_\omega = 0{,}005$ kg F/kg S von $t = 10000$ s (oder 2 h

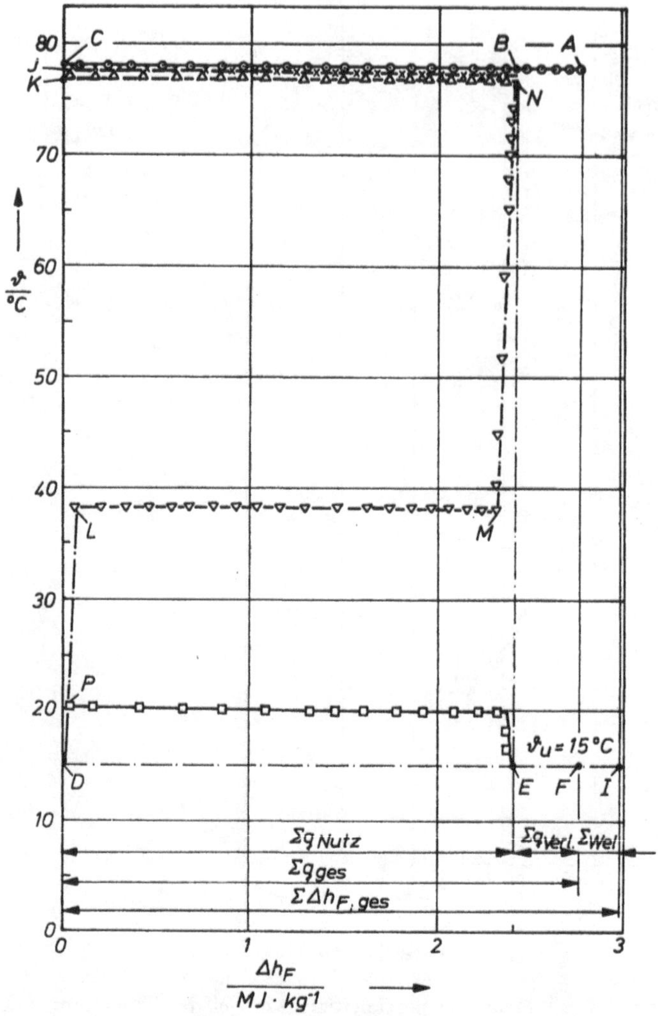

Abb. 7-4: $\vartheta;\Delta h_F$-Diagramm aus der Prozeßanalyse der Trocknung von KS 10 im Vakuum-Schaufel-Trockner.

47 min) deutlich, nachdem der vorherige Prozeß der Trocknung von $X_a = 0{,}51$ auf $X = 0{,}02$ kg F/kg S auch nur $t = 14000$ s (oder 3 h 53 min) gedauert hat. — Der Zeitraum der Gut-Aufheizung von 38 °C auf 79 °C umfaßt zwar 38% der Trockenzeit, aber nur 3% des Heizenergiebedarfes.

Abbildung 7-3 zeigt in einfach-logarithmischer Darstellung die aus den

Prozeßparametern der Trocknung berechneten Wärmeübergangskoeffizienten des Heizdampfes an die Außenwand $\alpha_a(t)$ und im Inneren von der Innenwand an das Gut $\alpha_i(t)$ sowie den resultierenden Wärmedurchgangskoeffizienten-Verlauf $k(t)$. Die Darstellung veranschaulicht auch die relativ hohe Genauigkeit der Bestimmung des Wärmeübergangs- und des Wärmedurchgangs-Koeffizienten im Bereich des ersten Trocknungsabschnittes, während im Bereich fallender Trocknungsgeschwindigkeit diese Werte relativ stark schwanken.

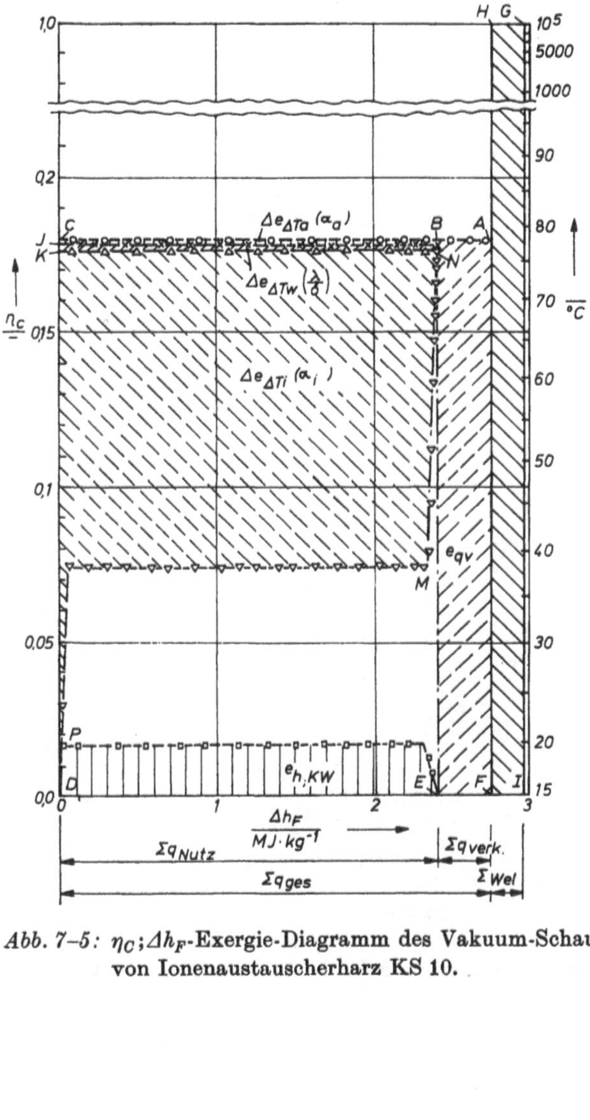

Abb. 7–5: $\eta_C;\Delta h_F$-Exergie-Diagramm des Vakuum-Schaufel-Trockner-Prozesses von Ionenaustauscherharz KS 10.

7.3.2. *Thermodynamische Bewertung der Prozeßführung*

Mit dem Zeitverlauf der Prozeßparameter aus Abb. 7–2 ist es möglich, die in den Abb. 7–4 und 7–5 dargestellten $\vartheta;\Delta h_F$- und $\eta_C;\Delta h_F$-Diagramme (bezogen auf 1 kg verdampftes Wasser) zu konstruieren.

Energetische Bewertung

Die alleinig energetische Bewertung des Vakuum-Schaufel-Trockners ist mit den auf der Abszisse aufgetragenen Δh_F-Werten möglich und liefert nach dem Energieflußbild in Abb. 7–6 mit

$$\eta_{en} = \frac{q_{\mathrm{Nutz}}}{q_{\mathrm{Nutz}} + q_{\mathrm{Verl}} + w_t}$$

$$\eta_{en} = \frac{2{,}41\ \mathrm{MJ/kg\ F}}{2{,}98\ \mathrm{MJ/kg\ F}} = 0{,}809 \mathrel{\hat{=}} 80{,}9\%$$

eine scheinbar sehr befriedigende Wertung des Prozesses, doch ist die energetische Wertung unzureichend und daher irreführend. Als Mehraufwand treten — bezogen auf die hier als Nutzen ausgewiesene hohe spezifische Ver-

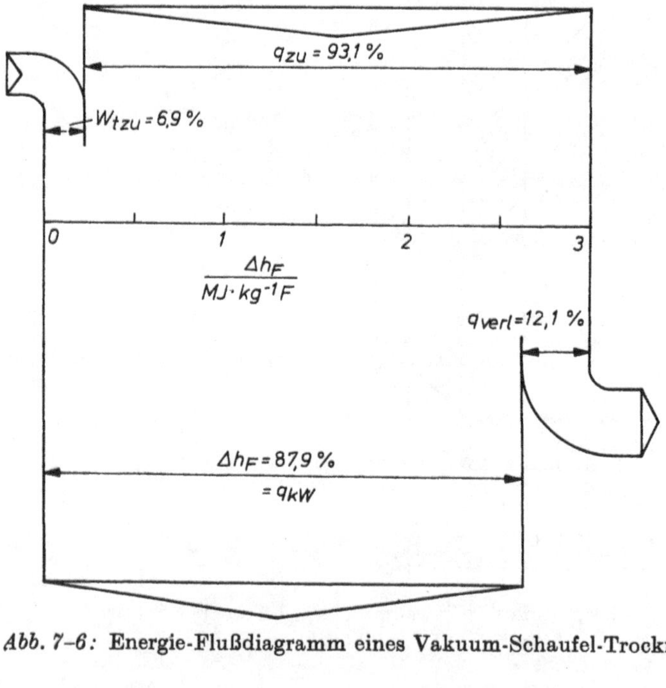

Abb. 7–6: Energie-Flußdiagramm eines Vakuum-Schaufel-Trockners mit KS 10.

dampfungsenthalpie — nur relativ kleine Werte q_{Verl} und w_t mit insgesamt 0,27 MJ/kg F in Erscheinung. Eine Reduzierung des Wärmeverlustes q_{Verl} ist thermodynamisch unproblematisch, doch ist aus ökonomischer Sicht keine Reduzierung dieses Verlustes erforderlich. Die elektrische Arbeit könnte reduziert werden, doch würde dies eindeutig zu Lasten des Wärmeüberganges im Inneren des Vakuum-Schaufel-Trockners gehen und damit zu einer Erhöhung der Trocknungszeit führen.

Exergetische Bewertung

Die umfassendere Wertung ist durch die exergetische Bewertung nach den Gln. (2.4–67) bis (2.4–94c), repräsentiert durch die Flächen unter den Prozeßlinien im $\eta_C;\Delta h_F$-Diagramm der Abb. 7–5 gegeben. Die große Zahl von Aufwandgrößen und Verlustanteilen ist in Tab. 7–1 erläuternd und wertend zusammengefaßt.

Die minimale Trennexergie $\Delta e_{F;\text{min}}$ folgt aus der Zustandsdifferenz der Gleichgewichte nach den Gln. (2.3–1) bis (2.3–64) als isothermer reversibler Trennprozeß ohne Änderung des Aggregatzustandes zu 0,027 MJ · kg^{-1} F.

Der verfahrensbezogene Trennaufwand ist durch die Zustandsänderung des Gutes — ohne jeden Hilfsstoffzusatz — festgelegt. Er ist einerseits durch den spezifischen Verdampfungs- und Erwärmungsaufwand längs der Guts-Prozeßlinie der Feuchteverdampfung *PLMNE* und andererseits durch den Kondensationsverlauf der Feuchte längs der Prozeßlinie *EP*, unter Vernachlässigung des Temperaturgradienten dieses Prozesses, mit $\Delta e_{F;\text{Verf}} = 0{,}1373$ MJ · kg^{-1} bestimmt.

Der exergetische Verfahrenswirkungsgrad ist damit durch den Wert

$$\eta_{\text{ex;Verf}} = \frac{\Delta e_{F;\text{min}}}{\Delta e_{F;\text{Verf}}} = \frac{0{,}027\ \text{MJ} \cdot \text{kg}^{-1}}{0{,}1373\ \text{MJ} \cdot \text{kg}^{-1}} = 0{,}197 \triangleq 19{,}7\%$$

gegeben.

Für den untersuchten Prozeß ergab sich die zugeführte Gesamt-Exergie aus der Summe von Gesamtwärme durch Dampfbeheizung und technischer Arbeit zu $\Delta e_{F;\text{ges}} = 0{,}7045$ MJ · kg^{-1} F; aus der der exergetische Gesamtwirkungsgrad zu

$$\eta_{\text{ex;Anl}} = \frac{\Delta e_{F;\text{Verf}}}{\Delta e_{F;\text{Ges}}} = \frac{0{,}1373\ \text{MJ} \cdot \text{kg}^{-1}}{0{,}7045\ \text{MJ} \cdot \text{kg}^{-1}} = 0{,}195 \triangleq 19{,}5\%$$

und der exergetische Gesamtwirkungsgrad zu

$$\eta_{\text{ex;ges}} = \frac{\Delta e_{F;\text{min}}}{\Delta e_{F;\text{ges}}} = \frac{0{,}027\ \text{MJ} \cdot \text{kg}^{-1}}{0{,}7045\ \text{MJ} \cdot \text{kg}^{-1}} = 0{,}38 \triangleq 3{,}8\%$$

folgt.

Tabelle 7–1: Zusammenfassende Erläuterung und Wertung der Energieflächen im $\eta_C;\Delta h_F$-Diagramm der Abb. 7–5 der Trocknung. Ionenaustauscherharz KS 10 in einem Vakuum-Schaufel-Trockner nach Meßwerten von HARTMANN [7–1]

Nr.	Spezifische Exergieanteile	Symbol	Eckpunkte der Flächen	Δh_F (MJ · kg⁻¹ F)	η_C	Δe_F (MJ · kg⁻¹ F)
1.	Minimale Trennexergie	$\Delta e_{F;\mathrm{min}}$	–	–	–	0,0...
2.	Verfahrensaufwand	$\Delta e_{F;\mathrm{Verf}}$	*BMLPEB*	2,413	0,0569	0,1373
3.	Gesamt-Exergieaufwand	$\Delta e_{F;\mathrm{ges}}$	*ACDIGHA*	2,980	(0,2364)	0,7044
4.	Heizwärme, gesamt	$\Delta e_{F;qH}$	*ACDFA*	2,773	0,1794	0,4974
5.	Verluste der Apparate und Anlage	$\Delta e_{F;\mathrm{Verl}}$	...	2,980	(0,1903)	0,5672
5.1.	Verlust der spez. techn. Arbeit	$\Delta e_{F;\mathrm{We}}$	*GHFIG*	0,207	1,0000	0,2070
5.2.	Verlustwärme an Umgebung	$\Delta e_{F;qv}$	*ABEFA*	0,360	0,1794	0,0646
5.3.	Verlust durch Temperaturgradient	$\Delta e_{\Delta T}$	*BCPLMB*	2,413	0,1055	0,2545
5.3.1.	Temperaturgradient im äußeren Wärmeübergang	$\Delta e_{\Delta T_a}(\alpha_a)$	*BCJB*	2,413	0,0008	0,0019
5.3.2.	Temperaturgradient in der Wand	$\Delta e_{\Delta T_W}\left(\frac{\lambda}{\delta}\right)_W$	*BJKB*	2,413	0,0030	0,0072
5.3.3.	Temperaturgradient im inneren Wärmeübergang	$\Delta e_{\Delta T_i}(\alpha_i)$	*BKPLMB*	2,413	0,1017	0,2454
5.4.	Verlust durch Kühlwasserexergie	$\Delta e_{h;KW}$	*DEPD*	2,413	0,0171	0,0410

Der Gesamtexergieverlust setzt sich aus mehreren Anteilen zusammen. Dabei sind zunächst die spezifische Gesamtarbeit $\sum w_t$, die die Aufwendungen für den Rührerantrieb und die Vakuumpumpen umfassen, wie auch der Verlustwärmeanteil $\sum q_{\text{Verl}}$, als Exergieverlust zu registrieren. Der Heizwärme-Exergie-Anteil wird im Prozeß stufenweise von der Heizdampf-Temperatur $\vartheta_{HD} = 78{,}0\,°\text{C}$ infolge des äußeren Wärmeübergangskoeffizienten $\alpha_a = 12000$ bis etwa $50000\ \text{Wm}^{-2}\,\text{K}^{-1}$ auf $\vartheta_{Wa} = 77{,}68\,°\text{C}$ reduziert, von dort weiter durch den Wärmeleitungsvorgang in der Wand $(\lambda/\delta)_W$ auf $\vartheta_{Wi} = 76{,}72\,°\text{C}$ abgesenkt, ehe er durch den komplizierten Wärmeleitvorgang im Gut, ausgedrückt durch den inneren Wärmeübergangskoeffizienten $\alpha_i = 102\ \text{W} \cdot \text{m}^{-2}\,\text{K}^{-1}$, auf die Gutstemperatur $\vartheta_S = 38\,°\text{C}$ im 1. Trocknungsabschnitt abgesenkt wird. Diese Gutstemperatur ist durch den Systemdruck des Wassers als Feuchte mit $p_F = 8{,}50\ \text{kPa}$ prozeß- und produktbedingt durch die Dampfdruckfunktion vorgegeben.

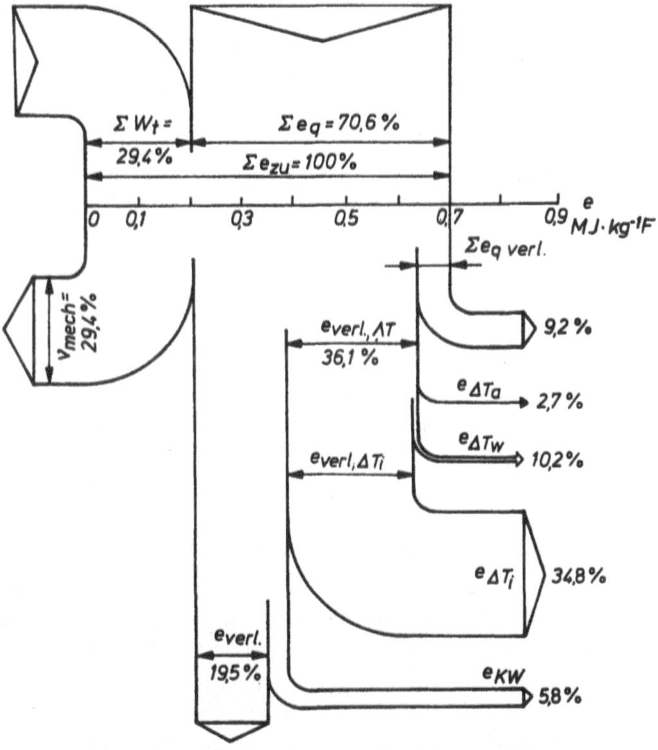

Abb. 7–7: Exergie-Flußdiagramm eines Vakuum-Schaufel-Trockners mit KS 10.

Die Kondensation des verdampften Wassers erfolgt gegen das sich von $\vartheta_W' = \vartheta_U = 15\,°C$ auf $\vartheta_W'' = 20\,°C$ erwärmende Kühlwasser. Die Darstellung des Temperaturgradienten-Einflusses auf den Exergieverlust ist an dieser Stelle des Prozesses vernachlässigt worden. Mit der außerhalb des Bilanzkreises durchgeführten Rückkühlung des Kühlwassers wird dessen Exergie, in Anergie gewandelt, an die Umgebung abgeführt.

Tabelle 7–2: Zusammenfassung der normierten Exergie-Zuführungs- und -Verlust-Anteile ν_i des Vakuum-Schaufel-Trocknungsprozesses

i	Exergie-Anteile		$\Sigma\, e_i$ (MJ·kg⁻¹ F)	ν_{ij}	ν_i	$\Sigma\, \nu_i$
1.	Zuführung α					
1.1.	Wärme	$\Sigma\, e_q$	0,4974		+0,7061	+0,7061
1.2.	Techn. Arbeit	$\Sigma\, w_t$	0,2070		+0,2939	+1,0000
1.0	Zuführung, ges.	$\Sigma\, e_{zu}$	0,7044		+1,0000	
2.	Abführung ω					
2.1.	Mechan. Verluste	$\Sigma\, w_t$	0,2070		−0,2939	−0,2939
2.2.	Verlustwärme	$\Sigma\, e_{q\mathrm{Verl}}$	0,0646		−0,0917	−0,3856
2.3.1.	Temp.-gradient, außen	$e_{\Delta T_a}$	0,0019	−0,0027		−0,3883
2.3.2.	Temp.-gradient, Wand	$e_{\Delta T_W}$	0,0072	−0,0102		−0,3985
2.3.3.	Temp.-gradient, innen	$e_{\Delta T_b}$	0,2454	−0,3484		−0,7469
2.3.	Temp.-gradient, ges.	$\Sigma\, e_{\Delta T}$	0,2545	−0,3613	−0,3613	−0,7469
2.4.	Kühlwasser-Anteil	$\Sigma\, e_{KW}$	0,0410		−,00582	−0,8051
2.5.	Verfahrensaufwand	$\Sigma\, e_{\mathrm{Verf}}$	0,1373		−0,1949	−1,0000
2.0	Abführung, ges.	$\Sigma\, e_{ab}$	0,7044		−1,0000	−1,0000

Eine normierte Zusammenfassung der Exergie-Zuführungen und -Verluste aus den Exergie-Bilanzen zeigen das Exergie-Flußbild in Abb. 7–7 und Tab. 7–2. Aus beiden Darstellungen wird die außerordentlich hohe Differenzierung der Exergieverluste deutlich. Sie zeigen, daß bei der exergetischen Wertung die Hauptverluste durch den Temperaturgradienten im Gut mit einem Verlustanteil $\nu_{\Delta T_i} = 0{,}3613$ und dem Dissipationsanteil der technischen Arbeit $\nu_{w_t} = 0{,}2939$, zusammen $\nu = 0{,}6552$, oder rund 66%, ausmachen. Praktisch gesehen reduziert aber die Arbeit der Vakuumpumpe die Trocknungstemperatur und sichert die thermisch schonende Trocknung. Die Dissipation der technischen Arbeit der Schaufeln sichert den relativ geringen inneren Temperaturgradienten im Feuchtgut.

7.3.3. Möglichkeiten zur Minimierung der thermodynamischen Verluste

Die exergetische Prozeßanalyse der Vakuum-Schaufel-Trocknungs-Anlage verdeutlicht, daß hierbei weder vom Apparat noch von der Prozeßführung her nennenswerte Reserven zur Reduzierung der thermodynamischen Verlustanteile bestehen. Die scheinbar beachtlichen thermodynamischen Verlustanteile in Tab. 7–2 für die Dissipation durch den inneren Temperaturgradienten für die Wärme und die technische Arbeit, die auf den ersten Blick als lohnende Objekte erscheinen, um den Aufwand zu verringern, sind bei tiefergehender Betrachtung praktisch nicht zu verwirklichen: Der Wärmeübergangswiderstand auf der Innenseite kann nur durch die Rühreffekte der Schaufeln auf den erreichten Wert gebracht werden.

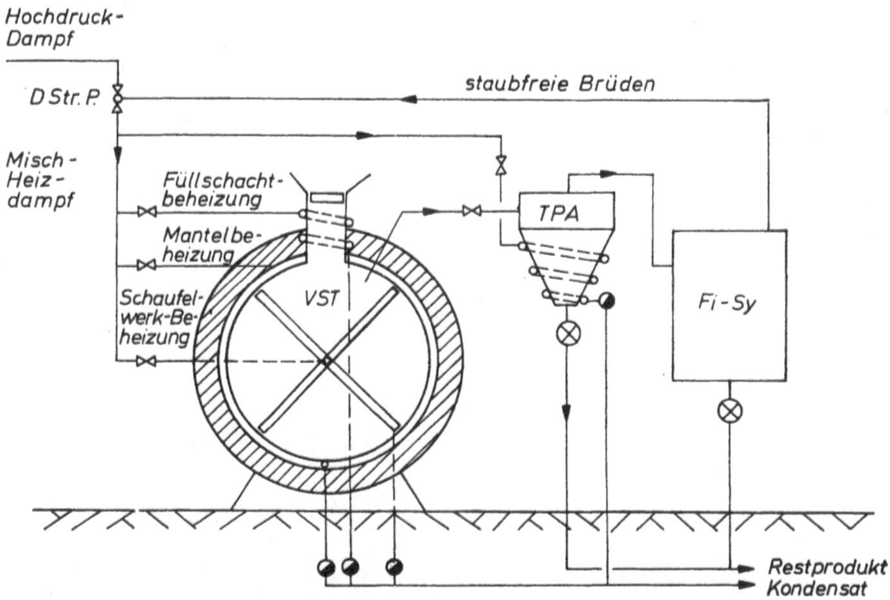

Abb. 7–8: Exergetisch optimiertes Technologisches Prinzipschema der Vakuumschaufeltrocknung, für nichtstaubende Güter, durch Brüdenkompression mit Dampfstrahlpumpe *D Str P*. Weiterentwicklung des Technologischen Prinzipschemas der Abb. 7–1 mit Vakuumschaufeltrockner (*VST*), Trockenproduktabscheider (*TPA*), Filter-System (*Fi-Sy*) und wichtigsten Rohrleitungen.

Eine Möglichkeit zur Verbesserung des exergetischen Wirkungsgrades besteht in der Veränderung der Beheizung des Vakuumschaufeltrockners bei der Trocknung nichtstaubender Güter. Anstelle der exergievernichtenden Entspannung des äußeren Heizdampfes von $p_0 = 0{,}35$ MPa auf den Heizdampfdruck von $p_{HD} = 0{,}045$ MPa, die im Technologischen Prinzipschema der Abb. 7–1 nicht mit dargestellt ist, kann eine Dampfstrahlpumpe (*D Str P*) eingesetzt werden: Abb. 7–8 zeigt das verbesserte Technologische Prinzipschema des Vakuum-Schaufel-Trockners, bei dem der verdampfte Brüden von $p = 0{,}006$ MPa mit dem dabei als Treibdampf wirkenden, wesentlich kleineren äußeren Dampfstrom auf den Heizdampfdruck verdichtet wird. Diese exergetisch günstige Fahrweise ist jedoch nur bei der Verarbeitung nichtstaubender Produkte anwendbar.

Literatur- und Quellenverzeichnis

[7–1] Hartmann, J.: „Untersuchungen zum Stoff- und Wärmetransport bei der Vakuumkontakttrocknung kapillarporöser Güter“. Dissertation A, IH Köthen, 1987

8. Gleichstrom-Sprüh- oder Zerstäubungstrocknung

Sprühtrocknung ist nach der Definition von MASTERS die Umwandlung des im flüssigen Zustand eingeführten Einsatzproduktes in eine getrocknete Form durch dessen Versprühen in ein heißes Trocknungsmedium [8–1]. Sie ermöglicht zahlreiche Verfahrensvarianten. Für die Trocknung thermolabiler Güter wird die Gleichstrom-Sprühtrocknung in breitem Maße angewandt.

Die Gleichstrom-Sprühtrocknung kombiniert gewissermaßen den Verfahrensprozeß Trocknung mit dem Verarbeitungsprozeß Stoff-Formung. Der Sprühvorgang kann zwar nur stochastisch erfaßt werden, durch ihn können aber spezielle Gebrauchswerteigenschaften der getrockneten Güter bei Einhaltung bestimmter Durchmesser- und Verfahrensparameter-Bereiche überhaupt erst erreicht werden. Zu diesen Gebrauchswerteigenschaften der getrockneten Güter gehören vor allem Staubfreiheit, ein ausgezeichnetes Rücklösevermögen, frei von Brückenbildung und eine gute Rieselfähigkeit.

Die Produktionspalette der sprühgetrockneten Güter ist breit. Bevorzugt gehören dazu Pharmaka, biotechnisch erzeugte Produkte, Erzeugnisse der Nahrungsgüterwirtschaft (Milch, Kindernahrung), ein breites Sortiment von organischen Zwischenprodukten, organischen Farbstoffen, Herbiziden, Fungiziden bis hin zu Düngemitteln und keramischen Rohstoffen — sowie Schamotte- oder Porzellanmassen.

Die thermisch schonende Trocknung wird durch die Gleichstromführung gewährleistet. Bei der Gleichstromführung kommt nur das Feuchtgut beim Eintritt in Kontakt mit dem heißen Trocknungsmedium. Dabei wird aber beim Feuchtgut kaum die Kühlgrenztemperatur überschritten. Erst gegen Ende des Prozesses kann das getrocknete Gut die Temperatur des dann aber bereits abgekühlten Konvektionsgases annehmen. Weiterhin wird durch die Gleichstromführung eine kurze Verweilzeit in einem engen Toleranzbereich mit seinen positiven Auswirkungen auf die Qualitätserhaltung gesichert.

8.1. Technologisches Prinzipschema

Das prinzipielle technologische Schema der konventionellen Gleichstromzerstäubungs-Trocknung zeigt Abb. 8–1.

Das flüssige Einsatzprodukt wird aus dem Vorratsbehälter *B 1* mit der Pumpe *P 1* in den Kopf des Zerstäubungstrockner-Turms *ZTT* eingetragen, wo es im Zustand (*1*), annähernd mit der Verdunstungstemperatur, durch geeignete Sprüheinrichtungen *SP* in fein verteilter Form dem Trocknungsprozeß zugeführt wird. Nach der Trocknung der Tropfen zu Partikeln, die im freien Fall im Zerstäubungstrockner-Turm erfolgt, wird der Haupt-Mengenstrom des Trockengutes am Fuß des Trocknungsturms über entsprechende Schleusen ausgetragen. Der unterschiedliche Feuchtegehalt zwischen dem aus der Schleuse *S 1* ausgetragenen Trocknerprodukte (*2.a*) und dem aus den Schleusen *S 2* des Nachabscheiders *NAS* ausgetragenen Nachabscheiderprodukt im Zustand (*2.b*) kann in der Grobanalyse zunächst vernachlässigt wer-

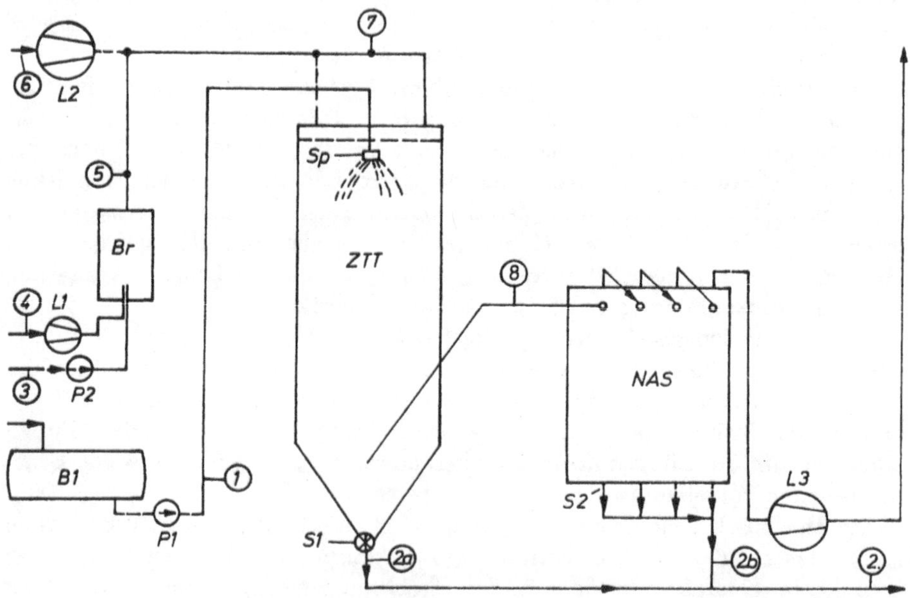

Abb. 8–1: Technologisches Prinzipschema einer konventionellen Gleichstromzerstäubungs-Trocknungsanlage mit Einsatzproduktbehälter *B 1*, Pumpe *P 1*; *Sp* Sprühdüse; *ZTT* Zerstäubungstrockner-Turm; Nachabscheidesystem *NAS*; *L 1*, *L 2* und *L 3* Lüfter; *Br* Brenner und charakteristischen Zustandspunkten 1 bis 8.

den. Das Trockengut wird damit einheitlich durch den mittleren Zustand (*2*) charakterisiert.

Als Trocknungsmedien werden in unterschiedlicher Weise hergestellte Heißgase verwendet:

— In offenen Systemen für nicht explosible Güter kann Luft durch kondensierenden Dampf oder Rauchgase indirekt erwärmt werden, oder, wie im Schema dargestellt, als Mischung aus Rauchgas und Luft direkt beheizt werden. Dabei wird dem Brenner *Br* mit der Pumpe *P 2* der Brennstoffstrom $\dot{m}_B$ (*3*) und der Verbrennungsluftstrom $\dot{m}_L$ (*4*) mit dem Lüfter *L 1* zugeführt. Das durch die Verbrennung erzeugte Rauchgas (*5*) wird beim Standard-Verfahren durch Zumischen von Zusatzluft (*6*) über den Lüfter *L 2* als Konvektionsgas (*7*) auf die für das Feuchtgut zulässige Trocknereintrittstemperatur t_7 abgesenkt, um Produktschäden auszuschließen.

— Bei der Trocknung explosibler Güter werden in der Regel geschlossene oder selbstinertisierende Systeme mit invest- und betriebskostenaufwendigen Entfeuchtungssystemen eingesetzt.

Das Konvektionsgas strömt im Zustand (*8*) mit den Restanteilen des getrockneten Produktes aus dem Hakenrohr im Zerstäubertrockner-Turm aus und wird im Nachabscheidesystem (*2b*) befreit. Mit dem Lüfter *L 3* wird das staubfreie Konvektionsabgas aus dem Nachabscheidesystem (*NAS*) über einen Kamin in die Umgebung abgeführt.

8.2. Sprühverteilungen

Sprühverteilungen von Tropfen und getrockneten Partikeln sind untrennbare Voraussetzungen für die Funktion von Sprüh- und Zerstäubungstrocknern.

8.2.1. Einrichtungen zur Erzeugung von Sprühverteilungen

Technische Einrichtungen zur Erzeugung von Sprühverteilungen erfordern eine sichere Auflösung in Tropfen des geforderten Größenbereiches, einen ausreichenden Massendurchsatzstrom $\dot{m}$ bzw. Volumenstrom $\dot{V}$ je Sprüheinheit und vor allem eine Funktionssicherheit für die Betriebsdauer. Daraus ergibt sich die bevorzugte Anwendung von vier Grundtypen der Zerstäuber, die in Abb. 8-2 mit dem durch sie erreichbaren Durchmesserbereich der Partikel dargestellt sind:

— Ultraschall-Zerstäuber

haben in den letzten Jahren zunehmendes Interesse für die Zerstäubung sonst schwer zerstäubbarer Flüssigkeiten gefunden, zu denen vor allem die Flüssig-

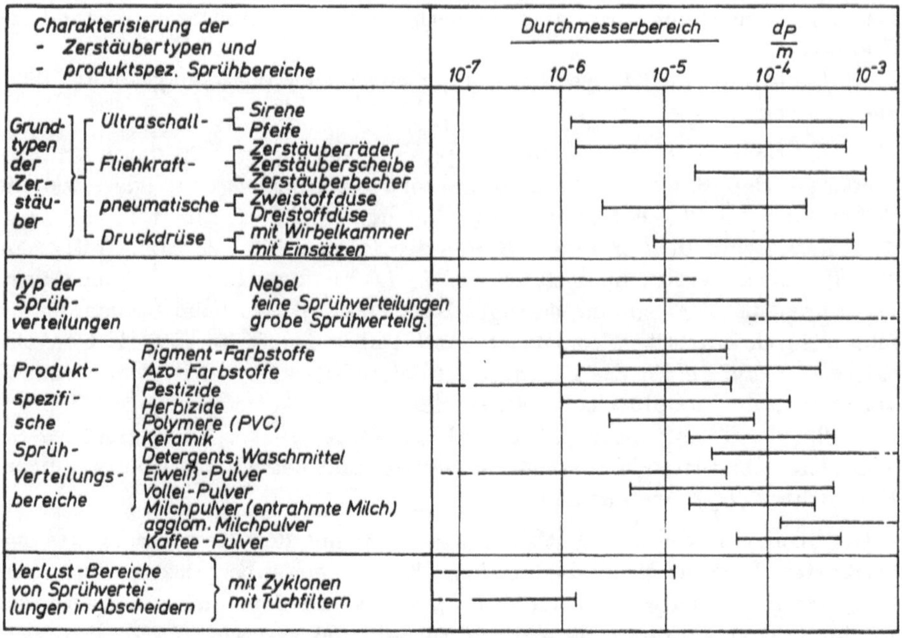

Abb. 8–2: **Übersicht über die Grundtypen der Zerstäuber, die bevorzugt erreichbaren Partikeldurchmesserbereiche, produktspezifische Verteilungsbereiche und Verlustbereiche in Abscheidern. Modifizierte Darstellung nach Masters [8–1], Kneule [8–2] und eigenen Ergebnissen.**

keiten hoher Viskositätsbereiche und solche mit nicht-Newtonschem Verhalten zu zählen sind. Dabei werden die mit geringen Geschwindigkeiten aus den Düsen austretenden Strahlen durch die Schallenergie in Tropfen zerteilt. Die sich erst zögernd durchsetzenden Typen haben ihr bevorzugtes Einsatzgebiet in der weiteren Entwicklung bei der Zerstäubung von korrosiven und abrasiven Flüssigkeiten.

— Fliehkraft-Zerstäuber

werden als Zerstäuberräder, -scheiben und -becher angewendet. Ihr Durchmesserbereich liegt zwischen $d_{Sch} = 50$ mm bis 400 mm, die Drehzahl zwischen $f = 65$ Hz bis 850 Hz. Sie sind besonders für Suspensionen geeignet, die Düsen verstopfen würden. Selbst dünne Pasten können durch Fliehkraftzerstäuber bei Aufgabe mit Druck-Dickstoffpumpen noch versprüht werden. Der Tropfenbildungsmechanismus ist stark von der Zulaufmenge abhängig. Optimale Bedingungen werden bei der durchgängigen Bildung von Sekundärtropfen aus den von den Zerstäubereinrichtungen abgeschleuderten Primärtropfen mit den nachgezogenen Flüssigkeitsfäden erreicht.

Es werden eine große Zahl unterschiedlicher, auf bestimmte Suspensions- bzw. Pastentypen abgestimmter Zerstäubertypen angeboten und genutzt. Ihr Durchsatz reicht bis zu $\dot{m} = 55$ kg/s ($\approx$ 200 t/h).

— Pneumatische Zerstäuber

zerstäuben die zugeführte Flüssigkeit durch Luft oder ein anderes Gas, das mit einer Geschwindigkeit von $w = 100$ bis 200 m/s zugeführt wird, in ein feines Aerosol. Die Drucksatzleistung ist relativ niedrig, ihre obere Grenze liegt bei ca. $30 \cdot 10^{-6}$ m^3/s (110 l/h). — Großanlagen erfordern eine hohe Zahl von pneumatischen Zerstäuberdüsen.

— Druckdüsen

gestatten nur geringe Drucksatzleistungen von $\dot{V} = 1{,}7 \cdot 10^{-3}$ m^3/s ($\approx$ 6 m^3/h) pro Einzeldüse. Sie zerstäuben die mit hohem Druck ($p = 1{,}5$ MPa bis 8,0 MPa) zugeführte Flüssigkeit. Ihr Zerstäubungsgrad ist abhängig von der Düsenmündung und läßt sich über die Gestaltung von Drallkammern oder genuteten Einsätzen beeinflussen.

Druckdüsen sind die billigsten Zerstäubereinrichtungen. Mit ihnen können relativ enge Partikelspektren erreicht werden. Ihr Nachteil ist der hohe Verschleiß infolge von Abrasion und Erosion, der die Herstellung der Mündungseinsätze aus Spezialwerkstoffen oder deren Beschichtung erfordert.

Die Gestaltung der Düsen ermöglicht charakteristische Strahlstrukturen: Vollkegelstrahlen sind besonders für Gegenstrom-Trockner, Hohlkegelstrahlen aus Druckdüsen dagegen bevorzugt für Gleichstrom-Trockner geeignet.

Eine Übersicht über verschiedene Bauarten und Ausführungsformen handelsüblicher Zerstäubereinrichtungen geben Kneule [8–2; 8–3] und auch Masters [8–1] an.

Allen genannten Zerstäubertypen ist eine Verteilung des Flüssigkeitsstromes in Partikel uneinheitlicher Größen eigen, da die Verteilung durch statistisch zufällig verteilte Kräfte erzwungen wird.

Für den Trocknungsprozeß und den Gebrauchswert der sprühgetrockneten Produkte würden sich wesentliche Vorteile beim Erreichen sehr enger Sprüh-Verteilungen bzw. sogar monodisperser Sprühstrahlen ergeben. Technisch einsetzbare, zuverlässige Einrichtungen dafür gibt es aber bisher nicht. Ansatzpunkte für solche Typen von Sprühverteilungen weisen zwei neue Arten von Sprüheinrichtungen auf, die mindestens zwei physikalische Prinzipien der Zerstäubung kombinieren:

— Sprühverteilungen in einem engen Durchmesserbereich lassen sich durch einen rotierenden porösen Zylinder erreichen. Die Einrichtung neigt wegen der engen Poren zu Verstopfungen, Verkrustungen u. a. Beeinflussungen der Durchsatzleistungen im technischen Betrieb [8–2].

— Praktisch monodisperse Partikelverteilungen erhielt WAHL mit einer Zerstäubungseinrichtung, die aus engen Bohrungen in einem Halbedelstein bestand. Die laminar durchfließende Lösung wird durch einen konstantfrequenten akustischen Generator angeregt, wodurch sich Einschnürungen in der Strömung und damit beim Austritt monodisperser Partikelverteilungen ergeben. Für Grundlagenuntersuchungen ist diese Einrichtung sehr geeignet, jedoch nicht für den technischen Dauerbetrieb mit hohen Durchsätzen [8–4].

Orientierungsangaben für die Typen der Sprühverteilungen sowie produktspezifische Verteilungsbereiche einiger bevorzugt sprühgetrockneter Produkte wie auch die Verlustbereiche von Abscheideeinrichtungen sind in Abb. 8–2 enthalten.

8.2.2. *Ermittlung und Beschreibung von Sprühverteilungen*

Die Probleme der experimentellen Ermittlung und Darstellung von Sprühverteilungen als wahrscheinlichkeitsbedingte Größen sind im Abschn. 4.3. für zufällig verteilte disperse Güter dargestellt. Diese Methoden bilden die Grundlage für die grafisch-analytische oder rein analytische Beschreibung der Sprühverteilung.

Bei den Dralldrüsen werden bevorzugt RRSB-Verteilungen oder logarithmische GAUSS-Verteilungen als zweckmäßige mathematische Modelle angesetzt.

8.2.3. *Beeinflussung von Sprühverteilungen*

Der Prozeß der Bildung von Sprühverteilungen in technisch üblichen Einrichtungen zur Erzeugung ist äußerst kompliziert und läßt sich auf der Grundlage der Ähnlichkeitstheorie näherungsweise durch Kriterialgleichungen beschreiben.

Die Qualität der erzeugten Sprühverteilung $\Gamma_{\bar{d}_P;\sigma}(d_P)$ wird durch den Lageparameter ($\bar{d}_P$; d_P'; $d_{P;\max}$) und den Streuungsparameter (σ; in dimensionsloser Form n) erfaßt. Infolge der Unterschätzung der Bedeutung des Streuungsparameters überwiegen bei den Literaturangaben die Beziehungen, mit denen der Lageparameter kalkuliert werden kann. Kriterialgleichungen für die Streuungsparameter von Sprühverteilungen fehlen bisher häufig.

Die Betriebsparameter der Zerstäubungseinrichtung und die Stoffwerte werden vorwiegend durch drei bzw. vier Kriterialgrößen, die WEBER-, die

REYNOLDS- und die FROUDE-Zahl beschrieben:

$$We = \frac{w^2 \cdot d \cdot \varrho}{\sigma} \tag{8.2-1a}$$

$$Re = \frac{w \cdot d \cdot \varrho}{\eta} \tag{8.2-2a}$$

$$Fr = \frac{w^2}{g \cdot d} \tag{8.2-3}$$

$$Lp = \frac{d \cdot \varrho \cdot \sigma}{\eta^2} \tag{8.2-4}$$

$$Re^2 = We \cdot Lp \tag{8.2-5}$$

Die Bildung von Sprühverteilungen in

Fliehkraft-Zerstäubern

hängt entscheidend von dem Zulaufstrom ab. Optimale Bedingungen liegen vor bei

$$\dot{m}_{\text{opt.}} = 3{,}364\, \sigma \sqrt[4]{\frac{\omega^2 \cdot g}{d_{\text{Sch}}}} \tag{8.2-6a}$$

$$\dot{V}_{\text{opt.}} = 3{,}364\, \frac{\sigma}{\varrho_F} \sqrt[4]{\frac{\omega^2 \cdot g}{d_{\text{Sch}}}} \tag{8.2-6b}$$

Mit der WEBER-Zahl

$$We = \frac{d_{\text{Sch}}^3 \cdot \omega^2 \cdot \varrho_F}{\sigma_F} \tag{8.2-7}$$

geben FRAZER und EISENKLAMM [8–5]

- für die Bildung von Primärtropfen im Bereich $\frac{\nu_e}{10^{-6}\,\text{m}^2 \cdot \text{s}^{-1}} < 3$ die Beziehung

$$\frac{d_{P;\text{prim}}}{d_{\text{Sch}}} = 3{,}82 \cdot We^{-0{,}50} \tag{8.2-8}$$

- und für die Bildung von Sekundärtropfen im Bereich $5 < \frac{\nu}{10^{-6}\,\text{m}^2 \cdot \text{s}^{-1}} < 70$ die Gleichung

$$\frac{d_{P;\text{sek}}}{d_{\text{Sch}}} \approx 0{,}232 \cdot We^{-0.50} \left(\frac{\nu''}{\nu_0''}\right)^{-\frac{1}{12}} \tag{8.2-9}$$

an.

Der maximale Partikeldurchmesser $d_{P;\max}$ bildet für die pneumatische Zerstäubung in Druckluftdüsen die Bezugsgrundlage für eine Kriterialgleichung von TROESCH [8–6]. Er faßte die experimentellen Ergebnisse mehrerer Autoren auf der Grundlage der Strahlgeschwindigkeit an der Düsenöffnung mit den Kriterien

$$We_{\max} = \frac{w^2 \cdot \varrho_e'' \cdot d_{P;\max}}{\sigma} \tag{8.2–1b}$$

$$Re_{\max} = \frac{w \cdot d_{P;\max} \cdot \varrho}{\eta} \tag{8.2–2b}$$

in der impliziten Kriterialbeziehung

$$4{,}8 \cdot 10^{-6} \cdot We_{\max} = \left[1 + 10^6 \frac{We_{\max}}{Re_{\max}^2}\right]^{\frac{1}{12}} \cdot \left(1 - 0{,}5 \frac{\varrho_G'''}{\varrho_e''}\right) \tag{8.2–10}$$

zusammen. Sie wurde von MUGELE [8–7] auf ihre Brauchbarkeit an verschiedenen Konstruktionen von Druckluftdüsen getestet und bestätigt.

Wegen ihres einfachen Aufbaus, der hohen Zuverlässigkeit bei der Anwendung und des hohen Dispersionsgrades hat sich die Hohlkegeldüse („swirl spray nozzle") einen festen Platz in der Zerstäubungstrocknertechnik erobert.

Abbildung 8–3 zeigt den Grundaufbau einer Hohlkegeldüse mit Längsschnitt durch eine Düse mit Drallkammer *1*, Düsenplatte *2* und Einlaßschlitz *3* sowie einen Querschnitt durch die Drallkammer mit den wesentlichen Konstruktionsparametern [8–8]. Die Ergebnisse der systematischen Versuche mit Paraffin und Wasser als Grundlagenuntersuchungen sowie an verschiedenen Suspensionen führten, in Übereinstimmung mit anderen Literaturangaben, dazu, daß der Volumenstrom von Düsen durch

$$\dot{V} = \beta_2 \frac{\pi}{4} D_2^2 \sqrt{\frac{2 \cdot \Delta p}{\varrho}} \tag{8.2–11}$$

bestimmt ist, wobei die Aus- oder Durchflußzahl β_2 und der halbe Sprühwinkel α in Abhängigkeit von der Düsenkennziffer

$$\psi = \frac{\pi \cdot R_1 \cdot D_2}{2 \cdot z_1 \cdot A_1} \tag{8.2–12}$$

durch die Regressionsfunktionen für zwei Bereiche darstellbar sind [8–9]:

$$0{,}4 \leqq \psi \leqq 2{,}0 \tag{8.2–13a}$$

$$\beta_{2;th} = 0{,}422 \cdot \psi^{-0{,}50} \tag{8.2–14a}$$

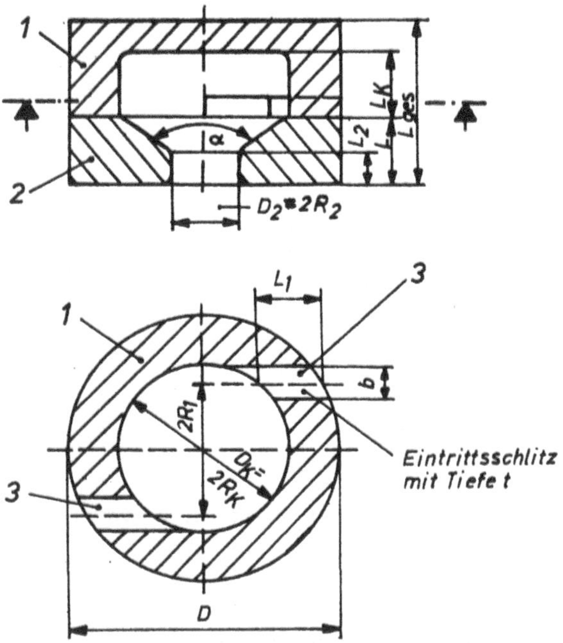

Abb. 8–3: Längs- und Querschnitt durch Dralldüse zur Erzeugung von Hohlkegel-Sprühverteilungen [8–8].

$$\tan \alpha_{th} = 0{,}61 \cdot \psi^{0,50} \tag{8.2–15a}$$

$$2{,}0 \leqq \psi \leqq 40 \tag{8.2–13b}$$

$$\beta_{2;th} = 0{,}554 \cdot \psi^{-0,85} \tag{8.2–14b}$$

$$\tan \alpha_{th} = 0{,}66 \cdot \psi^{0,60} \tag{8.2–15b}$$

Die meisten Düsen erbringen jedoch zu hohe Staubanteile mit ungenügenden Gebrauchswerteigenschaften infolge des Anteils mit $d_P < 100\,\mu\text{m}$. Dieser Staubmassenanteil ξ_{Staub} muß aus dem getrockneten Produkt ausgeschieden, rückgeführt, wieder suspendiert und erneut getrocknet werden. Er erhöht den relativen Aufwand $\varkappa$, Energieaufwand und Energiekosten, reduziert, wegen mehrfacher thermischer Belastung, die Qualitätsparameter organischer thermolabiler Produkte und senkt auch die Kapazität der Trocknungsanlage, wenn man die Größen nicht auf den Durchsatz, sondern auf die erzeugte Produkt-Masse bezieht. Wesentlich ist die Breite der Sprühverteilung, weil der Verteilungsparameter n in der *RRSB*-Verteilung einen wesentlichen Einfluß auf das Verhältnis von maximalem zu minimalem Durchmesser ausübt: Wenn man $d_{P;\max}$ ($R = 0{,}1\%$) und $d_{P;\min}$ ($R = 99{,}9\%$) festlegt, gilt

$$\frac{d_{P;\max}}{d_{P;\min}} = 6904^{\frac{1}{n}} \tag{8.2–16}$$

Nach den Untersuchungen der Autoren dieses Buches lassen sich d_P' und n in Übereinstimmung mit anderen Literaturangaben durch folgende Funktionen beschreiben:

$$\frac{d_P'}{\delta} = \frac{55{,}7}{We_\delta}\left[1 + 0{,}382\left(\frac{We_\delta}{Lp_\delta}\right)^{0,25}\right] \tag{8.2–17}$$

$$n = 2{,}51 \cdot 10^9\, Re_\delta^{-1,34} \left(\frac{\eta_G}{\eta_F}\right)^{1,79} \tag{8.2–18}$$

Die Düsenparameter reagieren aber äußerst empfindlich auf Veränderungen der Düsengeometrie. Daher dürfen bei der Beziehung auch nur Orientierungsgrößen betrachtet und gewertet werden. Sie bedürfen in jedem Fall der experimentellen Bestätigung.

Die Zielstellung möglichst enger Sprühverteilung im Bereich $n = 3{,}2 \cdots 5{,}2$ mit Durchmesser-Relationen nach Gl. (8.2–16) zwischen $d_{P;\max}/d_{P;\min} = 5{,}5$ bis 15,8 anstelle der in konventionellen Sprühdüsen mit $n = 1{,}8 \cdots 2{,}4$ erreichbaren Durchmesser-Relationen von 40 bis 136, kann mit Düsen nach [8-8] erreicht werden. Die Bedingungen der optimal dimensionierten Hohlkegel-Dralldüse umfassen den zulässigen Bereich von 7 dimensionslosen Kriterialgrößen Ge_i mit.

$$3{,}0 \leqq Ge_1 = \frac{R_1 \cdot D_2}{Z_1 \cdot A_1} \leqq 23{,}0 \tag{8.2–19a}$$

$$2{,}0 \leqq Ge_2 = \frac{L_1}{d_{1;\text{äq}}} \leqq 3{,}0 \tag{8.2–19b}$$

$$0{,}1 \leqq Ge_3 = \frac{L_2}{D_2} = 0{,}6 \tag{8.2–19c}$$

$$1{,}5 \leqq Ge_4 = \frac{D_K}{D_2} \leqq 3{,}0 \tag{8.2–19d}$$

$$1{,}0 \leqq Ge_5 = \frac{R_1}{d_{1;\text{äq}}} \leqq 6{,}0 \tag{8.2–19e}$$

$$1{,}0 \leqq Ge_6 = \frac{L_K}{d_1} = \frac{L_K}{t} \leqq 6{,}0 \tag{8.2–19f}$$

$$1{,}5 \leqq Ge_7 = \alpha \leqq 2{,}20 \tag{8.2–19g}$$

In Tab. 8–1 und 8–2 wie auch Abb. 8–4 sind zwei charakteristische Beispiele der Düsenoptimierung mit Farbdispersion und Futterhefesuspension an Hand von Ergebnissen aus technischen Sprühtrocknern im Produktionsbetrieb angegeben. Die Ergebnisse bestätigen:

— Optimale Sprühverteilungen werden nur bei Einhaltung aller 7 Kriterial-

Tabelle 8–1: Konstruktionsparameter und geometrische Ähnlichkeitskriterien nach Gl. (8.2–19) für konventionelle (A) und optimierte Düsen (B) [8–9]

Konstruktions-parameter und Kriterialgrößen	Dimension	Düsen			
		A 1	*B 1*	*A 2*	*B 2*
D	mm	12	12	12	12
L_{ges}	mm	14	7,00	14	7,70
D_K	mm	7,00	7,00	7,00	7,00
L_K	mm	5,20	1,30	5,20	1,50
Z_1	—	2	2	2	2
b	mm	1,58	1,00	2,00	1,00
t	mm	1,60	1,10	2,00	1,30
L_1	mm	2,99	2,88	3,00	3,00
R_1	mm	2,71	3,00	2,50	3,00
$d_{1;äq} = \frac{2bt}{(b+t)}$	mm	1,59	1,00	2,00	1,13
α	°	90	90	90	90
D_2	mm	2,55	3,60	2,10	3,60
L_2	mm	2,77	0,50	2,55	0,50
L	mm	5,00	2,20	5,00	2,20
Ge_1	—	(1,37)[1]	4,92	(0,66)[1]	4,15
Ge_2	—	(1,88)[1]	2,88	(1,50)[1]	2,65
Ge_3	—	(1,09)[1]	0,14	(1,21)[1]	0,14
Ge_4	—	2,74	1,94	(3,33)[1]	1,94
Ge_5	—	1,70	3,00	1,25	2,65
Ge_6	—	3,27	1,30	2,60	1,32
Ge_7	—	1,57	1,57	1,57	1,57

[1]) ( ) = außerhalb des Kriterialbereiches nach Gl. (8.2–19)

Tabelle 8–2: Stoffdaten der Sprühflüssigkeiten 1 und 2, der Betriebs- und Verteilungsparameter (nach der Trocknung sowie der Betriebsergebnis-Auswirkung [8–9])

Produkte und Produktparameter		1. Farbstoffdispersion		2. Futterhefesuspension	
ϱ	$kg \cdot m^{-3}$	1150		1050	
ν	$10^{-6}\ m^2 \cdot s^{-1}$	5,1		4,76	
σ	$10^{-3}\ kg \cdot s^{-2}$	60		25	
Düse		*A 1*	*B 1*	*A 2*	*B 2*
Betriebsparameter:					
Δp	MPa	3,63	3,63	2,80	2,84
$\dot{V}$	$10^{-6}\ m^3 \cdot s^{-1}$	114	79	111	69
$\frac{\beta_2}{\beta_{2;th}}$	$\frac{-}{-}$	$\frac{0,28}{0,28}$	$\frac{0,098}{0,099}$	$\frac{0,44}{0,43}$	$\frac{0,093}{0,113}$
$\frac{2\alpha}{2\alpha_{th}}$	$\frac{0}{0}$	$\frac{80}{84}$	$\frac{110}{112}$	$\frac{50}{62}$	$\frac{100}{109}$
Verteilungsparameter:					
d_P'	µm	296	239	203	178
n	—	1,94	3,53	2,16	5,2
ξ_{Staub}	% < 100 µm	11,5	4,5	19,5	4,9
$\frac{d_{P;max}}{d_{P;min}}$	—	95,3	12,2	59,9	5,47
$d_{P;max}$	µm	800	413	497	258
Betriebsergebnis:					
Relat.	Kapazität (%)	88,5 92,7	95,5 100,0	80,5 84,6	95,1 100,0
$\varkappa$	—	1,13 1,08	1,05 1,00	1,24 1,18	1,05 1,00
$\frac{\overline{X}_\alpha}{\overline{X}_\omega}$	$\frac{kg\ W/kg\ S}{kg\ W/kg\ S}$	$\frac{2,0}{0,08}$	$\frac{2,0}{0,05}$	$\frac{4,0}{0,09}$	$\frac{4,0}{0,06}$

bedingungen erfüllt. Schon bei 2 Abweichungen der Kriterialgrößen (Düse *A 1*) oder gar 4 Abweichungen der Kriterialgrößen (Düse *A 2*) führen zu breiteren Sprühverteilungen, die im konventionellen Bereich liegen.

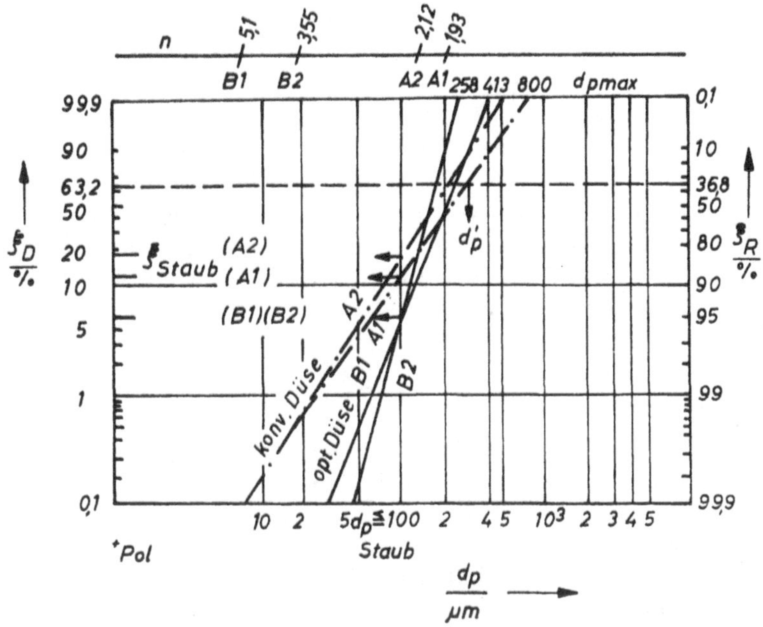

Abb. 8-4: Sprühverteilungen von Farbstoffdispersion und Futterhefesuspension in konventionellen Düsen (*A 1*; *A 2*) und in optimierten Düsen [8–8; 8–9].

— Die Betriebsergebnisse unterschiedlicher Produkte in verschiedenen Anlagen bestätigen die erreichbare Qualität der Sprühverteilung mit den Optimaldüsen nach WP DD 223367A1 mit

- einem insgesamt einheitlicheren, feineren Trockenpulver mit einem reduzierten Staub- bzw. Feinkornanteil < 100 µm,
- einem geringeren Feuchteanteil X im Trockenprodukt bzw.
- einer Kapazitätssteigerung um 8 bis 15% und
- einer 8 bis 18%igen Senkung des spezifischen Energieaufwandes,
- einer entscheidenden Reduzierung von $d_{P;max}$.

8.3. Trocknung von Tropfen und Sprühverteilungen

8.3.1. Problemstellung und allgemeiner Lösungsansatz

Bei der Erzeugung von Tropfen und Sprühpartikeln in technischen Vorrichtungen treten reale Sprühpartikelverteilungen auf. Die bisher unter der vereinfachenden Annahme durchgeführten Auslegungsberechnungen, die Verteilung könne durch einen, wie auch immer definierten, mittleren Partikeldurchmesser $\bar{d}_P$ repräsentiert werden, haben sich als nicht real erwiesen. Die kennzeichnende Konstruktionsgröße Trockner-Länge L weist im Vergleich zwischen den praktisch gemessenen Werten L_{prakt} und den unter den vereinfachenden Annahmen der monodispersen Verteilung berechneten theoretischen Trockner-Längen L_{th} immer Trockner-Längen auf, die wesentlich zu kurz waren. Sie liegen im Bereich

$$l = \frac{L_{\text{prakt}}}{L_{th}} = 1{,}50 \cdots 5{,}50 \tag{8.3-1}$$

Diese eklatanten Abweichungen führten zu der Auffassung, daß die Bestimmung der Trockner-Baulänge ausschließlich durch experimentelle Untersuchungen in Pilot-Anlagen bzw. um in Anlagen mit der wahren Trockner-Baulänge möglich sei.

Es gibt eine ganze Reihe von Modellen, die verschiedene Elemente des realen Trocknungsprozesses genauer erfassen, um eine bessere Vorausberechnung zú ermöglichen. Sie lassen sich zwei Hauptgruppen zuordnen:

1. Präzisere Modellierung des Trockners über die Verfolgung der Einzelbahnen der Partikel, vor allem im instationären Abbremsungsbereich, weil hier die Stoff- und Wärmeübergangsvorgänge am intensivsten verlaufen. Charakteristische Beispiele hierfür sind die Modelle von Stein [8–10] und Parti, Palancz [8–11].

2. Präzisere Modellierung des Triebkraft-Verlaufes im Trockner über eine differentielle Triebkraftanalyse über die Trockner-Länge, wobei aber das Verhalten im instationären Bereich vernachlässigt, die reale Partikelgrößen-Verteilung dagegen erfaßt wird. Charakteristisch sind dafür die Untersuchungen von Beads-Zerstäubungstrocknern durch Topas [8–12] und Kacholdt [8–13].

Der verfahrenstechnischen Zielstellung entsprachen die Ergebnisse, die mit der zweiten Gruppe der Modellierung erhalten wurden, wesentlich besser. Über den differentiellen Ansatz gelangt man zu einer integralen Betrachtung des Sprühtrockners. Diese — zunächst im ersten Ansatz — formulierte Methode ist bei systematischer Weiterentwicklung in der Lage, eine analytische Vorausberechnung von Sprühtrocknern ausreichender Genauigkeit zu erreichen.

Der Gleichstrom-Sprühtrockner kann als erweiterter Analogfall zum Gleichstrom-Wärmeübertrager angesehen werden, wenn man von Makro-Analogie nach Abb. 8–5a und 8–5b ausgeht.

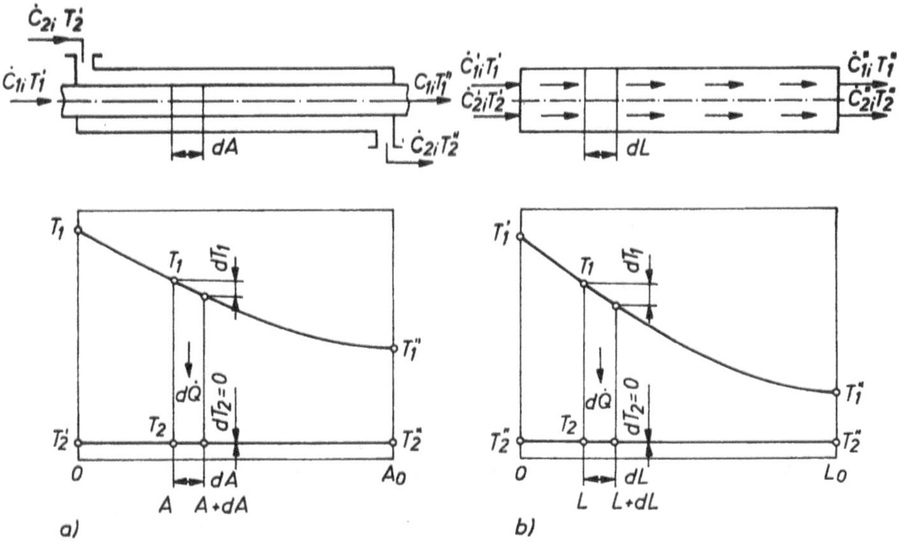

Abb. 8–5: Prinzipschema der Makroanalogie zwischen Gleichstrom-Wärmeübertrager und -Zerstäubungs-Trockner.

Die Mikroanalyse des Prozesses nach Abb. 8–6a und 8–6b deckt jedoch tiefergehende Unterschiede auf, die in Tab. 8–3 zusammengefaßt sind und im Modellansatz erfaßt und berücksichtigt werden müssen:

— Die Wärmeübertragungsfläche $A_{WÜ}$ ist

• beim Wärmeübertrager konstruktiv eindeutig vorgegeben,

• beim Zerstäubungstrockner wird sie durch den im Betrieb unterschiedlich beeinflußbaren Zerteilungsgrad des Feuchtgutes, die Partikelgrößen-Verteilungsdichte $\gamma_{\bar{d}_P;n}(d_P)$ beeinflußt.

— Massenströme, Strömungsflächen, Geschwindigkeiten, Wärmestromkapazitäten, Wärmedurchgangskoeffizient und auch die mittleren Verweilzeiten sind

• beim Wärmeübertrager bei konstanten Betriebsbedingungen eindeutig gegeben,

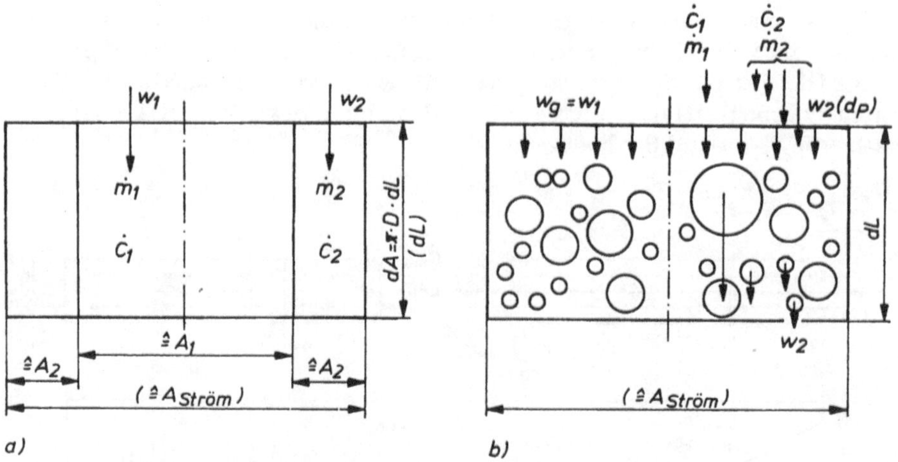

Abb. 8–6: Prinzipschema der Mikroanalogie zwischen Gleichstrom-Wärmeübertrager und -Zerstäubungs-Trockner.

Tabelle 8–3: Zusammenfassende Übersicht über Zuverlässigkeit und Unterschiede des Analogie-Schlusses vom Gleichstrom-Wärmeübertrager auf den Zerstäubungstrockner[1])

Nr.	Parameter-Gruppe	Parameter	Parameter-Bedingung	Gleichstrom	
				Wärme-übertrager	Zerstäubungs-trockner
1.	Konstruktive Parameter	Strömungs-Querschnitts-Fläche	$A_1 = \text{const}$	•	–
			$A_2 = \text{const}$	•	–
			$A_{\text{Ström}} = \text{const}$	0	•
		Länge	$L = \text{const}$	•	•
		Übertragungs-Fläche	$A = \text{const}$	•	–
2.	Betriebs-parameter	Massenströme	$\dot{m}_i = \text{const}$	• •	– –
		Geschwindig-keiten	$w_i = \text{const}$	• •	• 0
		Wärmestrom-kapazitäten	$\dot{C}_i = \text{const}$	• •	– •
3.	Resultierende Parameter	Wärmeüber- bzw. -durchgang	$k; \alpha = \text{const}$	•	–

[1]) • Parameter-Bedingung voll erfüllt; 0 Parameter-Bedingung teilweise erfüllt; – Parameter-Bedingung nicht erfüllt

• beim Zerstäubungstrockner dagegen wird sie ebenfalls durch den Zerteilungsgrad beeinflußt.

— Die durchgängig für beide Prozesse gesicherte Analogie ist nur für

$$A_{\text{WÜ}}(L_{\text{App.-WÜ}}) \stackrel{\wedge}{=} L_{\text{App.Tr.}} \tag{8.3–2}$$

gegeben.

Für die Wärmeübertrager folgt mit dem konstanten mittleren Wärmedurchgangskoeffizienten k aus der in Standardwerken der Technischen Thermodynamik [8–14; 8–15] bzw. der Wärmeübertragung [8–16] abgeleiteten Energiestrombilanz und dem kinetischen Ansatz

$$\mathrm{d}\dot{Q} = k \cdot \Delta T \cdot \mathrm{d}A \tag{8.3–3a}$$

$$\mathrm{d}\dot{Q} = -m_1 \cdot c_{P_1} \cdot \mathrm{d}T_1 \tag{8.3–3b}$$

$$\mathrm{d}\dot{Q} = m_2 \cdot c_{P_2} \cdot \mathrm{d}T_2 \tag{8.3–3c}$$

die mittlere Triebkraft als logarithmisches Mittel

$$\Delta T_m^* = \frac{\Delta T_{A=0} - \Delta T_{A=A_0}}{ln \dfrac{\Delta T_{A=0}}{\Delta T_{A=A_0}}} \tag{8.3–4}$$

Diese exakte Lösung kann für $\left[\dfrac{\Delta T_{A=0}}{\Delta T_{A=A_0}}\right] \leqq 2$ mit ausreichender Genauigkeit auch näherungsweise durch das arithmetische Mittel

$$\Delta T_m^* \approx \frac{\Delta T_{A=0} + \Delta T_{A=A_0}}{2} \tag{8.3–5}$$

erfaßt werden.

Mit dem so explizit berechenbaren Triebkraftmittel ΔT_m^* ist es möglich, die konstruktive Auslegung des Wärmeübertragers mit der Wärmeübertragerfläche $A_{\text{WÜ}}$ direkt zu berechnen

$$A_{\text{WÜ}} = \frac{\dot{Q}}{k \cdot \Delta T_m^*} \tag{8.3–6a}$$

$$A_{\text{WÜ}} = \frac{\dot{m} \cdot \Delta h_v}{k \cdot \Delta T_m^*} \tag{8.3–6b}$$

Die Auslegung von Gleichstrom-Sprühtrocknern geht zwangsläufig von einer differenzierteren Analyse der Triebkraft über der charakteristischen

Apparategröße Trocknerbaulänge L_0 aus, die von den Partikeln im freien Fall durchlaufen wird [8–13].

Für das differentielle Längenelement wird der längenbezogene kinetische Wärmeübergangs-Ansatz

$$dQ = \zeta_Q(T_1 - T_2) \cdot dL_{Tr} \tag{8.3–7}$$

mit

$$\zeta_Q = \frac{d\dot{Q} \cdot dt}{(T_1 - T_2) \cdot dL_{Tr}} \cdot \frac{J}{K \cdot m} \tag{8.3–8}$$

gewählt.

Die Zweckmäßigkeit dieses Ansatzes ist durch Messungen der Trocknung von monodispersen Sprühpartikelverteilungen von WAHL [8–4] und BÜTTIKER [8–17] $m(L)$-Diagrammen belegt [8–13]. Ausführliche Messungen für den längenbezogenen kinetischen Koeffizienten ζ_Q liegen bisher kaum vor. Es ist daher der Anschluß an die konventionellen Größen des Wärmeübergangskoeffizienten α zunächst durch Rechnungen zu sichern.

Für den längenbezogenen kinetischen Koeffizient ζ_Q gilt mit den Einzelgrößen

— Wärmeübergangskoeffizient $\alpha(d_P)$
— spezifische Wärmeübergangsfläche

$$a(d_P) = \frac{A(d_P)}{V(d_P)} \tag{8.3–9}$$

— Feuchtgut-Volumenstrom

$$\dot{V} = \frac{\dot{m}_S(1 + X)}{\varrho'} \tag{8.3–10}$$

— der reziproken Geschwindigkeit

$$\frac{dt}{dL} = \frac{1}{w} \tag{8.3–11a}$$

$$\frac{dt}{dL} = \frac{1}{w_G + w_S(d_P)} \tag{8.3–11b}$$

wobei die Gasgeschwindigkeit w_G als Pfropfenströmung angenommen wird

$$w_G = \frac{\dot{V}_G}{A_{Ström}} \tag{8.3–12}$$

und der Verteilungsdichtefunktion $\gamma_{d'_{P;n}}(d_P) \cdot \mathrm{d}_P$ der integrale Mittelwert

$$\zeta_Q = \int\limits_{d_P=0}^{d_P;\max} \frac{\alpha(d_P) \cdot a(d_P) \cdot \dot{m}_S(1 + x) \cdot \gamma_{d'_{P;n}}(d_P)}{[w_G + w_S(d_P)] \cdot \varrho'(d_P)} \cdot \mathrm{d}d_P \tag{8.3–13}$$

Der differentielle Wärmeübergang beim differentiellen Längenelement nach Gl. (8.3–7) führt auf

$$\mathrm{d}Q = \Delta T \cdot \int\limits_{d_P=0}^{d_P;\max} \frac{\alpha(d_P) \cdot a(d_P) \cdot \dot{m}_S(1 + X) \cdot \gamma_{d'_{P;n}}(d_P)}{[w_G + w_S(d_P)] \cdot \varrho'(d_P)} \cdot \mathrm{d}d_P \cdot \mathrm{d}L \tag{8.3–14}$$

und wird bei der integralen Betrachtung über die Gesamtlänge $L = L_0$ des Trockners durch

$$Q = \int\limits_{L=0}^{L_0} \Delta T \cdot \int\limits_{d_P=0}^{d_P;\max} \frac{\alpha(d_P) \cdot a(d_P) \cdot \dot{m}_S(1 + X) \cdot \gamma_{d'_{P;n}}(d_P)}{[w_G + w_S(d_P)] \cdot \varrho'(d_P)} \cdot \mathrm{d}d_P \cdot \mathrm{d}L \tag{8.3–15}$$

beschrieben.

Aus der integrierten Form der Gl. (8.3–15)

$$Q = \bar{\zeta}_Q \cdot \Delta T_m \cdot L_0 \tag{8.3–16}$$

folgt die mittlere Triebkraft des Sprühtrockners zu

$$\Delta T_m = \frac{\int\limits_{L=0}^{L_0} \Delta T \cdot \int\limits_{d_P=0}^{d_P;\max} \frac{\alpha(d_P) \cdot a(d_P) \cdot \dot{m}_S(1 + X) \cdot \gamma_{d'_{P;n}}(d_P)}{[w_G + w_S(d_P)]\ \varrho'(d_P)} \cdot \mathrm{d}d_P \cdot \mathrm{d}L}{\int\limits_{L=0}^{L_0} \int\limits_{d_P;\max}^{d_P=0} \frac{\alpha(d_P) \cdot a(d_P) \cdot \dot{m}_S(1 + X) \cdot \gamma_{d'_{P;n}}(d_P)}{[w_G + w_S(d_P)] \cdot \varrho'(d_P)} \cdot \mathrm{d}d_P \cdot \mathrm{d}L} \tag{8.3–17}$$

Die Triebkraft bei realer Partikelgrößenverteilung ΔT_m nach Gl. (8.3–17) ist stets kleiner als das logarithmische Triebkraftmittel $\Delta T_m{}^*$ nach Gl. (8.3–4) oder (–5):

$$0 \leqq \varepsilon_{\Delta T} = \frac{\Delta T_m}{\Delta T_m{}^*} \leqq 1 \tag{8.3–18}$$

Für den Grenzfall der monodispersen Verteilung ($n \Rightarrow \infty$) geht Gl. (8.3–17) in die logarithmische Triebkraft über, weil die Einzelparameter unabhängig von der Durchmesserverteilung und damit zu Konstanten werden.

Die praktische Lösung des Quotienten aus zwei Doppelintegralen nach Gl. (8.3–17) ist in der vorliegenden Form nicht geschlossen möglich. Sie kann nur als analytischer Ausdruck der realen Triebkraftanalyse gewertet werden. Abbildung 8–7 zeigt den Triebkraftverlauf bei real verteilten Partikelverteilungen und gleichen Ein- und Austrittszuständen bei der Trocknung im 1. Trocknungsabschnitt.

Mit den realen Triebkraftverteilungen ΔT_m erhält man auch die real erforderlichen Trockner-Baulängen $L_0 = L_{\text{prakt}}$. Geht man dagegen von dem zu großen, fiktiven, bei realen Partikelverteilungen mit $n < \infty$ unzutreffenden logarithmischen Triebkraftmittel aus, so erhält man notwendigerweise auch eine unzutreffende, zu kleine Trockner-Baulänge $L_0 < L_{\text{prakt}}$.

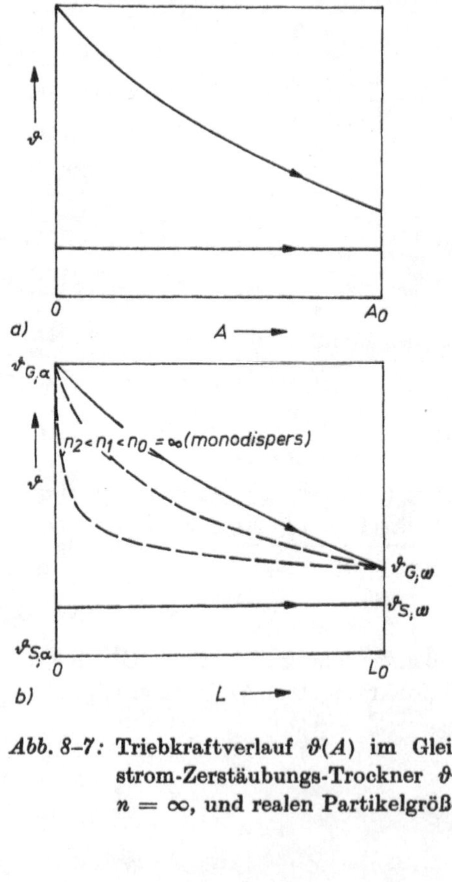

Abb. 8–7: **Triebkraftverlauf $\vartheta(A)$ im Gleichstrom-Wärmeübertrager und im Gleichstrom-Zerstäubungs-Trockner $\vartheta(L)$ mit monodisperser Partikelverteilung, $n = \infty$, und realen Partikelgrößenverteilungen $\Gamma'_{d_P;\,n}(d_P)$; $n < \infty$.**

8.3.2. *Trocknung monodispers verteilter Sprühpartikel*

Für Einzeltropfen und monodisperse Sprühpartikel vereinfachen sich die Beziehungen für den integralen Wärme- und Stoffübergangsprozeß wesentlich, weil die mittlere Triebkraft explizit als logarithmisches Mittel nach Gl. (8.3–4) bzw. näherungsweise nach Gl. (8.3–5) ermittelt werden kann.

Aus experimentellen Untersuchungen an kugelförmigen Partikeln resultieren verschiedene Vorschläge für die Kriterialgleichungen des Wärme- bzw. Stoffübergangs nach dem NUSSELT- bzw. SHERWOOD-Ansatz, Gl. (3.1–3.6a) und (3.1–3.6b) bzw.

$$Nu = 2{,}0 + K \cdot Re^m \cdot Pr^n \tag{8.3–19}$$

$$Sh = 2{,}0 + K \cdot Re^m \cdot Sc^n \tag{8.3–20}$$

Die von verschiedenen Forschern ermittelten Konstanten k, m, n sind in Tab. 3–2 zusammengefaßt mit Angabe des Untersuchungs- bzw. Gültigkeitsbereiches.

Verdunstung reiner Flüssigkeitstropfen

Als Grenzfall des Trocknungsproblems ist die Verdunstung reiner Flüssigkeitstropfen zu betrachten. Die Gleichgewichtswerte sind aus dem $h_{1+y}; Y$-Diagramm der Abb. 2–1 ablesbar. Die Beziehungen gelten auch für alle Sprühpartikel mit freier Oberflächenfeuchte.

Die Verdunstung kugelförmiger Tropfen unter vernachlässigbar kleinen Relativgeschwindigkeiten $w_S \approx 0$, die bei Partikeldurchmesser $d_P < 50\,\mu\text{m}$ auftritt, ist durch

$$Nu = \frac{\alpha \cdot d_P}{\lambda} = 2{,}0 \tag{8.3–21}$$

bzw.

$$Sh = \frac{\beta \cdot d_P}{D} = 2{,}0 \tag{8.3–22}$$

charakterisiert. Ausgehend von der Energiestrombilanz

$$-\Delta h_v \cdot \frac{\mathrm{d}m}{\mathrm{d}t} = \alpha \cdot A \cdot \Delta T \tag{8.3–23}$$

gilt mit

$$A = \pi \cdot d_P^2 \quad (8.3\text{–}24)$$

$$m = \varrho \frac{\pi d_P^3}{6} \quad (8.3\text{–}25)$$

$$\mathrm{d}m = \varrho \frac{\pi d_P^2}{2} \cdot \mathrm{d}d_P \quad (8.3\text{–}26)$$

$$-\Delta h_v \cdot \varrho \cdot \pi \frac{d_P^2}{2} \cdot \mathrm{d}d_P = \frac{2{,}0 \cdot \lambda}{d_P} \pi \cdot d_P^2 \cdot \Delta T \cdot \mathrm{d}t \quad (8.3\text{–}27)$$

für das erforderliche Zeitdifferential

$$\mathrm{d}t = -\frac{\varrho \cdot \Delta h_v}{4 \cdot \lambda \cdot \Delta T} d_P \cdot \mathrm{d}d_P \quad (8.3\text{–}28)$$

bei der differentiellen Durchmesseränderung $\mathrm{d}d_P$.

Geht man von der Betrachtung des Trocknungsverlaufes eines Tropfens mit der mittleren Temperaturdifferenz nach Gl. (8.3–4) bzw. (8.3–5) aus, so folgt die erforderliche Verdunstungszeit aus

$$t = \frac{\varrho \cdot \Delta h_v}{4 \cdot \lambda \cdot \Delta T_m} \int_{d_{P_2}}^{d_{P_1}} d_P \cdot \mathrm{d}d_P \quad (8.3\text{–}29\,\mathrm{a})$$

$$t = \frac{\varrho \cdot \Delta h_v}{4 \cdot \lambda \cdot \Delta T_m} [d_{P_1}^2 - d_{P_2}^2] \quad (8.3\text{–}29\,\mathrm{b})$$

Die Verdunstungsgeschwindigkeit folgt bei vernachlässigbarer Relativgeschwindigkeit aus Gl. (8.3–21) und Gl. (8.3–23) zu

$$\dot{m} = \frac{2\pi\lambda d_P}{\Delta h_v} (T_G - T^*) \quad (8.3\text{–}30)$$

und verdeutlicht:

— Die Verdunstungsgeschwindigkeit ist proportional zum Durchmesser d_P, aber nicht zur Oberfläche des Tröpfchens.

— Die absoluten Trocknungsgeschwindigkeiten großer Tröpfchen sind höher als die von kleinen Tröpfchen.

Die Verdunstung unter Beachtung der Relativgeschwindigkeit der kugelförmigen Partikel folgt mit den Kriterialgleichungen für den Wärme- bzw. Stoffübergang zu

$$\dot{Q} = \pi \cdot \lambda \cdot d_P \cdot \Delta T[2 + K \cdot Re^m \cdot Pr^n] \tag{8.3–31}$$

bzw. den Stoffübergang von Wasser durch die Verdunstung

$$\dot{m}_w = \frac{\pi \cdot \lambda}{\Delta h_v} d_P \cdot \Delta T[2 + K \cdot Re^m \cdot Pr^n] \tag{8.3–32}$$

In der Literatur wird der Stoffübergang vor allem nach den Werten von Frössling mit

$$\dot{m}_w = \pi \cdot D \cdot d_P \frac{\Delta p}{R \cdot T} [2 + K \cdot Re^m \cdot Sc^n] \tag{8.3–33}$$

bzw.

$$\dot{n}_w = \pi \cdot D \cdot d_P \frac{\Delta p}{R_M \cdot T} [2 + K \cdot Re^m \cdot Sc^n] \tag{8.3–34}$$

beschrieben [8–18].

8.3.3. Grundlagen der verfahrenstechnischen Auslegung und Dimensionierung von Sprühtrocknern mit realer Sprühpartikelverteilung

Die verfahrenstechnische Auslegung von Sprühtrocknern ist durch die gegenseitige Abhängigkeit von Trocknung und Bewegung der Partikel unter Beachtung der partikeldurchmesserabhängigen Verteilung äußerst kompliziert. Sie erfordert die Berücksichtigung der Massen- und der Energiebilanzen, die präzise Beschreibung des Feucht- und Trockengutes unter besonderer Berücksichtigung der granulometrischen Partikelzusammensetzung und der Gleichgewichtsbedingungen, der Triebkraftverteilung. Die Auslegung mündet dabei zunächst in der Bemessung des Trockenraumes mit den Hauptgrößen Durchmesser und Länge, ehe die exergetische Bewertung und Optimierung des Prozesses erfolgt. Wesentliche Beiträge zu diesem Konzept stammen von Wahl [8–4], Ranz und Marshall [8–19] sowie von Schlünder [8–20], ehe Kacholdt [8–13] ein durchgängig handhabares Grundkonzept lieferte, mit dem man beim systematischen Ausbau eine ähnliche Qualität der Auslegung von Zerstäubungstrocknern erreichen kann, wie es für Wärmeübertrager schon lange technischer Stand ist.

Die Massenstrombilanz der Feuchte um ein differentielles Längenelement dL des Zerstäubungstrockners liefert mit den mittleren Beladungsänderungen die Differentialgleichung

$$\dot{m}_G \cdot \mathrm{d}\overline{Y} + \dot{m}_S \, \mathrm{d}\overline{X} = 0 \tag{8.3–35a}$$

$$\mathrm{d}\overline{Y} = -\frac{\dot{m}_S}{\dot{m}_G} \cdot \mathrm{d}\overline{X} \tag{8.3–35b}$$

Bei der Bilanz über den gesamten Zerstäubungstrockner mit dem Eintrittszustand α und dem Austrittszustand ω folgt

$$\int\limits_{\overline{Y}_\alpha}^{\overline{Y}_\omega} \mathrm{d}\overline{Y} = -\frac{\dot{m}_S}{\dot{m}_G} \int\limits_{\overline{X}_\alpha}^{\overline{X}_\omega} \mathrm{d}\overline{X} \tag{8.3–36a}$$

$$[\overline{Y}_\omega - \overline{Y}_\alpha] = \frac{\dot{m}_S}{\dot{m}_G} \, [\overline{X}_\alpha - \overline{X}_\omega] \tag{8.3–36b}$$

Die granulometrische Verteilung der Sprühpartikel wird durch eine der in Abschn. 4.3. genannten Verteilungsfunktionen $\Gamma_{d'_{P;n}}(d_P)$ bzw. deren Verteilungsdichtefunktionen $\gamma_{d'_{P;n}}(d_P)$ beschrieben. Sie ist die Grundlage für die Berechnung des Trocknungsverhaltens real verteilter Partikel im Trockner.

Die Lösung für die Trocknung realer polydisperser Sprühverteilungen ist nicht mehr geschlossen darstellbar. Der von KACHOLDT erarbeitete Lösungsalgorithmus im Programmsystem Sprühtrocknung besteht aus sieben Programmteilen zu der Lösung von Einzelproblemen [8–13].

Die Grundüberlegungen zur Lösung der Trocknung realer polydisperser Sprühverteilungen folgen aus der Kombination der Energiebilanz des trocknenden Partikels

$$\mathrm{d}H \sim \mathrm{d}m_F(d_P) \sim m_s \cdot \Delta h_v \cdot \mathrm{d}X(d_P) \tag{8.3–37}$$

mit dem differentiellen Wärmeübergang längs des Längenelementes nach Gl. (8.3–14) zu

$$-\mathrm{d}m_F(d_P) = \Delta T \int \frac{\alpha(d_P) \cdot a(d_P) \cdot \dot{m}_s\bigl(1 + X(d_P) \cdot \gamma_{d'_{P;n}}(d_P)}{\varrho' \cdot \Delta h_v[w_G + w_S(d_P)]} \cdot \mathrm{d}d_P \cdot \mathrm{d}L \tag{8.3–36}$$

Die Zusammenfassung der durchmesserabhängigen Größen $\alpha(d_P)$; $a(d_P)$; $w_S(d_P)$ führt in bezogener Form auf

$$-\mathrm{d}X(d_P) = \frac{\Delta T \cdot (1 + X_\alpha) \cdot \mathrm{d}L}{\varrho_\alpha \cdot \Delta h_v} \int \cdot \, \gamma(d_P) \, \frac{\alpha(d_P) \cdot a(d_P)}{[w_G + w_S(d_P)]} \cdot \mathrm{d}d_P \cdot \mathrm{d}L \tag{8.3–37}$$

Bei der Einführung eines Näherungsansatzes für die durchmesserabhängigen Parameter der allgemeinen Form

$$\Gamma_i(d_P) = B_i \cdot d_P^{j_i} \tag{8.3–38}$$

kann man Gl. (8.3–37) auf den Ansatz

$$-\mathrm{d}X(d_P) = \frac{\Delta T(1 + X_\alpha)}{\varrho_\alpha \cdot \Delta h_v} \int \gamma(d_P) \frac{B_\alpha \cdot B_a}{B_w} d_P^{j_\alpha + j_a - j_w} \cdot \mathrm{d}d_P \cdot \mathrm{d}L \tag{8.3–39}$$

umformen. Die Zusammenfassung der Faktoren B_α, B_a und B_w zu B und der Exponenten j_α, j_a und j_w zu j führt auf die vereinfachte Form

$$-\mathrm{d}X(d_P) = \frac{\Delta T \cdot (1 + X_\alpha)}{\varrho_\alpha \cdot h_v} \int \gamma(d_P) \cdot B \cdot d_P^j \cdot \mathrm{d}d_P \cdot \mathrm{d}L \tag{8.3–40}$$

und damit zu einer iterativ näherungsweise lösbaren Form.

Aus Grenzwertüberlegungen werden die Bedingungen für den laminaren und den turbulenten Bereich bestimmt. Für den technisch interessanten Bereich der Beads-Trocknung im Übergangsbereich wurden die Koeffizienten für den Exponenten j aus den experimentellen Werten von Wahl [8–4] und Büttiker [8–17] ermittelt [8–13]. Die Exponenten j sind in Tab. 8–4 zusammengefaßt.

Die Modellierung der mittleren Produktfeuchte geht nach Abb. 8–8 davon aus, daß in einer gewissen Entfernung L vom Niveau der Zerstäubungseinrichtung zwei unterschiedliche Kategorien von Tropfen existieren: Kleinere Tropfen als der Grenzpartikeldurchmesser $d_P{}^*$ sind bis zur Gleichgewichts-

Tabelle 8–4: Gültigkeitsbereich und Größe des integralen Exponenten j nach Gl. (8.3–40) in Abhängigkeit von der Strömungsart der Partikel

Strömungsart	Gültigkeitsbereich d_P (µm)	Exponent j	
laminar	$0 \leq d_P \leq 70$	$j = -4$	(8.3–41 a)
Übergangsbereich für Beads	$100 \leq d_P \leq 1000$ $800 \leq \varrho_P \leq 1600$ $(\mathrm{kg} \cdot \mathrm{m}^{-3})$	$j = 0{,}6956 \cdot \varrho_P^{-0{,}059} \cdot d_P^{-0{,}224}$	(8.3–41 b)
turbulent	$2800 \leq d_P$	$j = -1{,}75$	(8.3–41 c)

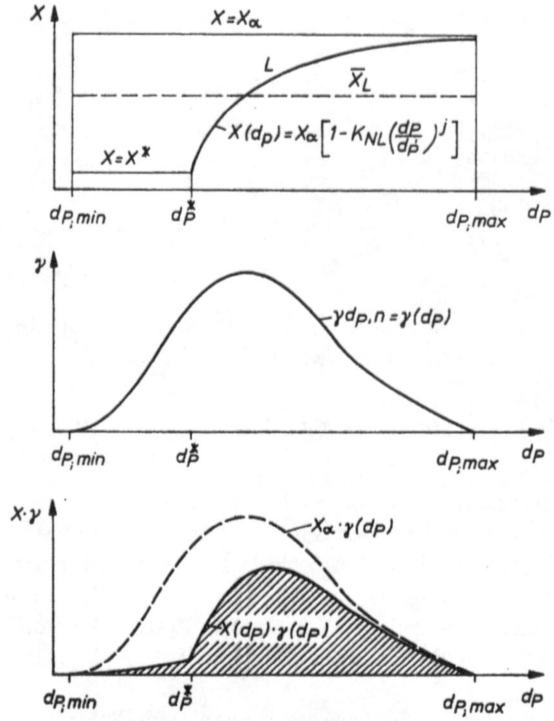

Abb. 8–8: Modellierung der mittleren Produktionsfeuchte $\overline{X}_L$ nach den Gl. (8.3–38) bis (8.3–43).

feuchte X^* getrocknet, die größeren Partikel $d_P > d_P^*$ enthalten noch freie Feuchte. Für die mittlere Feuchte der Partikelverteilungsdichte $\gamma(d_P)$ gilt am Anfang α bzw. Ende ω des Turmes:

$$\overline{X}_\alpha = X_\alpha^* \int_{d_{P;\min}}^{d^*_{P;\alpha}} \gamma(d_P) \cdot \mathrm{d}d_P + \int_{d^*_{P;\alpha}}^{d_{P;\max}} \gamma(d_P) \cdot X(d_P) \cdot \mathrm{d}d_P \qquad (8.3\text{–}42\,\mathrm{a})$$

$$\overline{X}_\omega = \overline{X}_\omega \int_{d_{P;\min}}^{d^*_{P;\omega}} \gamma(d_P) \cdot \mathrm{d}d_P + \int_{d_P;\, d^*_{P;\omega}}^{d_{P;\max}} \gamma(d_P) \cdot X(d_P) \cdot \mathrm{d}d_P \qquad (8.3\text{–}42\,\mathrm{b})$$

Allgemein gilt nach Abb. 8–8 für die mittlere Feuchte einer Sprühpartikelverteilung

$$\overline{X} = \overline{X}^* + \overline{X} \int_{d_P^*}^{d_{P;\max}} [x(d_P) - x^*] \cdot \gamma(d_P) \cdot \mathrm{d}d_P \qquad (8.3\text{–}43)$$

Die Lösung des Feuchteintegrals erfolgt iterativ auf numerischem Wege.

Grundsätzlich gilt, daß mit breiterer Sprühverteilung auch der Triebkraftabbau ungünstiger beeinflußt wird. Der optimale Triebkraftverlauf ist bei der monodispersen Sprühverteilung durch das logarithmische Temperaturmittel gegeben.

Dimensionierung des Zerstäubungstrockner-Turms

Die geometrische Dimensionierung der Zerstäubungstrockner ist nach der bisher vorherrschenden Auffassung ausschließlich durch experimentelle Bestimmung möglich. Das hat sicher einerseits objektive Ursachen in den bisher noch vorliegenden Unsicherheiten der Berechnungsmethoden, andererseits gibt es aber auch subjektive Vorbehalte gegen die Einführung rechnerischer Methoden der Dimensionierung. Die Zunahme der verfahrenstechnischen Kenntnisse in der Modellierung des Trocknungsprozesses in Gleichstrom-Zerstäubungs-Trocknern bietet Ansätze, zunehmend auf die rechnerische Auslegung und Optimierung überzugehen.

Bei der geometrischen Dimensionierung werden Länge und Durchmesser des Trockner-Turms bestimmt.

- Länge L des Trockner-Turms

Ihre Größe limitiert in entscheidendem Maße den Triebkraftaufwand für den Trocknungsprozeß. Die praktische Trocknerlänge muß der Bedingung $L_{\text{prakt.}} > L_{\min}$ genügen, wobei $L_{\min}$ nach zwei unterschiedlichen Gesichtspunkten bestimmt werden kann und auch bestimmt werden sollte.

Die einfachste Form der Bestimmung der Trocknerlänge resultiert aus der Verweilzeit-Bedingung $t > t_{\min}$ mit

$$L_{\min;1} = t_{\min}[w_G + w_S] \qquad (8.3\text{–}44\text{a})$$

Präzisierend muß dabei gesagt werden, daß $t_{\min}$ und w_S sich auf den maximalen Partikeldurchmesser $d_{P;\max}$ beziehen sollte. Die Gasgeschwindigkeit im Trockner-Turm sollte zwischen

$$w_{G;\min} = 0{,}1 < w_G < w_{G;\max} = 0{,}6 \text{ m/s} \qquad (8.3\text{–}45)$$

liegen. Damit gilt

$$L_{\min;1} = t_{\min}(d_{P;\max}) \cdot [w_G + w_S(d_{P;\max})] \qquad (8.3\text{–}44\text{b})$$

Die Bestimmung der Trocknerlänge nach Gl. (8.3–44b) führt immer dann auf zu kurze Trocknerlängen, wenn der experimentelle Wert für die Trocknungszeit aus der Untersuchung ausschließlich von der monodispersen Partikelfraktion der Maximaldurchmesser stammt.

Genauer folgt die minimale Trocknerbaulänge unter Beachtung der realen Partikelgrößenverteilung $\Gamma_{d'_{P;n}}(d_P)$ und der nach Gln. (8.3–8), (–13) und (–17) daraus folgenden realen mittleren Triebkraft ΔT_m zu

$$L_{\min;2} = \frac{\dot{m}_S(\overline{X}_\alpha - \overline{X}_\omega) \cdot \Delta h_v}{\zeta_{Q;d_P'} \cdot \Delta T_m[w_G + w_S(d_P')]} \tag{8.3–46}$$

Bei Gl. (8.3–46) ist die Kombination von realer Triebkraft und praktischer Trocknerlänge gemäß Gln. (8.3–16) und (–18) berücksichtigt. Dabei gilt

$$0 \leqq \varepsilon_{\Delta T} = \frac{\Delta T_m}{\Delta T_m^*} = \frac{L_{th}}{L_{pr}} \leqq 1 \tag{8.3–47}$$

bzw. in Kombination mit Gl. (8.3–1)

$$\varepsilon_{\Delta T} = \frac{1}{l} = 0{,}18 \cdots 0{,}67 \tag{8.3–48}$$

Mit dieser Aussage ist die Hauptursache für die früher häufig beobachtete Diskrepanz zwischen der rechnerischen Auslegung auf der Grundlage des mittleren oder auch maximalen Partikeldurchmessers erkannt. Die Triebkraftminderung infolge der realen Partikelverteilungen muß bei der Auslegung und Optimierung von Gleichstrom-Zerstäubungs-Trocknern auf jeden Fall berücksichtigt werden, dann ist eine für technische Probleme genügend genaue Auslegungsgenauigkeit mit einem relativen Fehler unter 10% für den Hauptparameter Trocknerlänge erreichbar. Eine Überdimensionierung gestaltet über die Triebkraftreduzierung eine Senkung der Betriebskosten.

- Durchmesser des Trockner-Turms d_T

Auch der zweite Hauptparameter des Trockner-Turms muß nach zwei unterschiedlichen Gesichtspunkten als $d_{T;\mathrm{prakt}} > d_{T;\min}$ ermittelt werden. Dabei folgt aus einer wesentlichen Überdimensionierung des Durchmessers aber nur eine Erhöhung des Investaufwandes und keine Senkung der Betriebskosten.

Der erste Gesichtspunkt geht von der Forderung aus, daß der Trockner-Durchmesser den Strömungsquerschnitt gewährleisten muß, daß die Gasgeschwindigkeit nach Gl. (8.3–45) als Pfropfenströmung eingehalten werden kann

$$d_{T;\min 1} = \sqrt{\frac{4 \cdot \dot{m}_{fG}}{\pi \cdot \varrho_{fG} \cdot w_G}} \tag{8.3–49a}$$

bzw. als ideales Gasgemisch betrachtet

$$d_{T;\min;1} = \sqrt{\frac{4 \cdot \dot{m}_G(R_G + Y; R_F) \cdot T_i}{\pi \cdot p \cdot w_G}} \tag{8.3–49b}$$

Dabei sind die Orte $i = \alpha$ am Trocknereintritt $(Y_\alpha; T_\alpha)$ und $i = \omega$ am Trockneraustritt $(Y_\omega; T_\omega)$ gesondert zu berechnen.

Der zweite Gesichtspunkt der Durchmesserwahl des Trockner-Turms $d_{T;\min;2}$ geht von der Betrachtung der Partikel und der Forderung aus, daß diese Maximalpartikel in ihrer minimalen Flugzeit bis an die Wand des Trockners ausreichend getrocknet sind. Das Strömungsbild im Sprühtrockner ist kompliziert. Es treten unterschiedliche, meist nur dreidimensional erfaßbare Strömungsprofile auf. Die zu trocknenden Partikel legen dabei unterschiedliche Wege zurück. Unter idealisierenden Annahmen lassen sich iterative Lösungen ermitteln. Zu diesen idealisierenden Annahmen gehören die Annahmen der Kugelform, die Vernachlässigung innerer Drallbewegungen und die Konstanz von Widerstandsbeiwerten, Stoffwerten und Geschwindigkeiten im betrachteten Zeitelement Δt. Das Kräftegleichgewicht eines kugelförmigen Partikels liefert den allgemeinen Ansatz für die Bewegungsdifferentialgleichungen in horizontaler- (x)- und vertikaler (y)-Richtung mit dem Widerstandsbeiwert ζ als

$$m_S \cdot \frac{\mathrm{d}w_{S;x}}{\mathrm{d}t} = \frac{\pi}{8} \varrho_G \cdot d_P^2 \cdot \zeta \cdot w_{S;x} \tag{8.3–50a}$$

$$m_S \cdot \frac{\mathrm{d}w_{S;y}}{\mathrm{d}t} = m_S \cdot g - \frac{\varrho_G}{2} \cdot \frac{\pi}{4} d_P^2 \cdot \zeta(w_{S;y} + w_G) \tag{8.3–50b}$$

Zu beachten ist, daß der Widerstandskoeffizient ζ aus der Reynolds-Zahl folgt, die mit der Relativgeschwindigkeit zwischen Gutspartikel (S) und Gas (G) gebildet wird, während für die Weg-Zeit-Funktion $x(t)$ bzw. $y(t)$ die Absolutgeschwindigkeit einzusetzen ist.

Die iterative Kalkulation gibt sicherere Werte als die Beziehung von Kessler [8–21] mit

$$d_{T;\min;2} = w_{S;0}^2 \left[\frac{w_{S;d_T/2}}{w_{S;0}} - 1\right] \cdot B(w_S) \tag{8.3–51}$$

bei der $B(w_S)$ ein geschwindigkeitsabhängiger Bremswegfaktor ist, der bei laminarer Strömung $B_{\mathrm{lam}} = 1$ ist.

8.4. Thermodynamische Bewertungen

Die Aussagekraft der thermodynamischen Bewertungsmethoden wird an der im Abschn. 8.1. beschriebenen Prinziptechnologie der Gleichstrom-Konvektions-Trocknung von Biomasse gezeigt. Das technologische Schema der Konvektionstrocknung mit Gasen, die durch Verbrennung von Flüssiggas und anschließender Mischung mit Luft gewonnen werden, ist in Abb. 8–1 dargestellt. Dieser Typ der Gleichstrom-Zerstäubungs-Trockneranlage ist als konventionelle, weltweit verbreitete Technologie anzusehen.

Die thermodynamisch anschauliche Darstellung im $\eta_C;\Delta h_F$-Diagramm verdeutlicht die auftretenden thermodynamischen Verluste und deren Ursachen. Sie ermöglicht konkrete Schlußfolgerungen zur Optimierung der Technologie und der Prozeßparameter der Anlage.

8.4.1. Parameter und Bewertung einer konventionellen Gleichstrom-Zerstäubungs-Trockneranlage

Die Energiestrom-Bilanz um die in Abb. 8–1 dargestellte Gesamtanlage liefert mit den eintretenden Strömen ($i = 1; 3; 4; 6 = i_0$) und den austretenden Strömen ($j = 2; 8 = j_0$)

$$\sum P + \sum \dot{Q}_V = \sum^{j_0} \dot{H}_j - \sum^{i_0} \dot{H}_i \qquad (8.4\text{–}1)$$

Mit Bezugnahme auf den aus dem Feuchtgut abgedampften Massenstrom des Wassers

$$\dot{m}_F = \dot{m}_{S;1}(X_1 - X_2) \qquad (8.4\text{–}2)$$

ergibt sich der spezifische, auf 1 kg entferntes Wasser bezogene Energieaufwand zu

$$\sum w_t + \sum q_v = \sum^{j_0} \frac{\dot{m}_j}{\Delta \dot{m}_F} \cdot \Delta h_j - \sum^{i_0} \frac{\dot{m}_i}{\Delta \dot{m}_F} \cdot \Delta h_i \qquad (8.4\text{–}3\text{a})$$

bzw.

$$\frac{1}{X_1 - X_2} [h_{1+x_1} - h_{1+x_2}]$$

$$= \sum \frac{P}{\Delta \dot{m}_F} + \sum \frac{\dot{Q}_v}{\Delta \dot{m}_F} + \frac{\dot{m}_B \cdot \Delta h_B + \dot{m}_L \cdot h_{1+Y_u}}{\Delta \dot{m}_F} - \frac{m_B + m_L}{\Delta \dot{m}_F} \cdot h_{1+Y_s} \qquad (8.4\text{–}3\text{b})$$

$$\Delta h_F = w_t + q_v + \sum \frac{\dot{m}_{i;j}}{\Delta \dot{m}_F} \cdot \Delta h_{i;j} \qquad (8.4\text{–}3\text{c})$$

In Tab. 8–5 sind die Prozeß- und Zustandsgrößen in der spezifischen Form nach Gl. (8.4–3) enthalten. Daraus lassen sich die in Tab. 8–6 (Spalte 3) und auf den Abszissen der Abb. 8–9 sowie 8–10 aufgetragenen spezifischen Energiegrößen Δh_F Energiebilanzen ermitteln.

Tabelle 8–5: Zustands- und Prozeßgrößen einer Gleichstrom-Zerstäubungs-Trockneranlage für Futterhefesuspension mit der Technologie nach Abb. 8–1 für die Abb. 8–9 ($\vartheta;\Delta h_F$)- und Abb. 8–10 ($\eta_C;\Delta h_F$-Diagramm)

Prozeß-Position i	Massenstrom $\dot{m}_i$ (kg · s⁻¹)		ϑ_i (°C)	$\eta_{C;i}$	$\Delta h_{F;i} = \frac{\dot{m}_i}{\dot{m}_F} \cdot \Delta h_i$ (kJ · kg⁻¹ F)	$h_{F;i}$ (kJ · kg⁻¹ F)
1	$\dot{m}_s(1 + X_1) = m_s(1 + X)$		40	0,0799	0	5789
1a	$\dot{m}_s(1 + X_1)$		42	0,0857	−6	5733
2	$\dot{m}_s(1 + X_2) = m_s(1 + X)$		70	0,1603	−2650	3139
3	$\dot{m}_B$		15	0,0000	0	0
3 a	$\dot{m}_B$		2880	0,0000	5788	5938
4	$\dot{m}_{L4}(1 + Y_u)$		15	0,0000	0	0
5	$\dot{m}_{G5}(1 + Y_5)$		2200	0,8835	5788	5938
6	$\dot{m}_{L6}(1 + Y_u)$		15	0,0000	0	0
7	$\dot{m}_{G7}(1 + Y_7)$		220	0,4158	5639	5789
8	$\dot{m}_{G8}(1 + Y_8)$		110	0,2480	2650	2800
w_t	—	$/w_t$	(∞)	1,0000	+150	150
q_v	—	$/q_v$			−149	5789

Auf der Basis, daß der Verdunstungsaufwand der Feuchte als thermodynamischer energetischer Nutzen gewertet wird, ergibt sich ein energetischer Wirkungsgrad von

$$\eta_{en} = \frac{\dot{m}_F \cdot \Delta h_{v;F}}{\Delta \dot{H}_{Br} +. P} \tag{8.4–4a}$$

$$\eta_{en} = \frac{\Delta h_{v;F}}{\left(\frac{\dot{H}_{Br} + P}{\dot{m}_S(X_1 - X_2)}\right)} \tag{8.4–4b}$$

$$\eta_{en} = \frac{2412}{5938} = 0,406 = 40,6\%$$

und damit einen auf den ersten Blick befriedigenden Stand. Diese Bewertung vernachlässigt aber die entscheidenden Verluste auf der Grundlage des 2. Hauptsatzes.

Die Mehrzahl der Aufwendungen und Verlustanteile der exergetischen Bewertung sind aus Tab. 8–6 und Abb. 8–10 zu entnehmen.

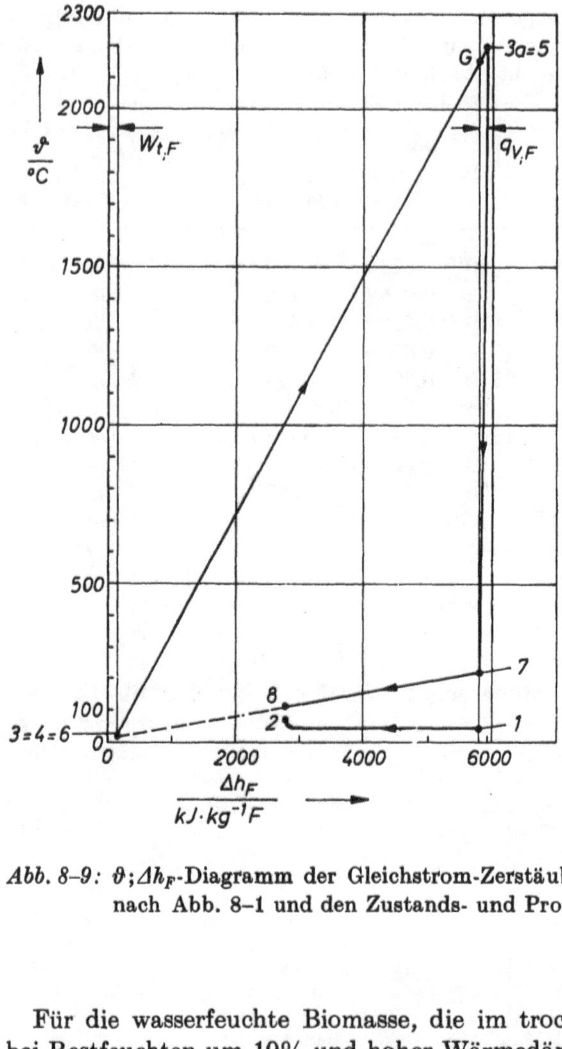

Abb. 8–9: $\vartheta;\Delta h_F$-Diagramm der Gleichstrom-Zerstäubungs-Trockneranlage nach Abb. 8–1 und den Zustands- und Prozeßgrößen der Tab. 8–5.

Für die wasserfeuchte Biomasse, die im trockenen Zustand brennbar ist, bei Restfeuchten um 10% und hoher Wärmedämmung zur autothermen Entzündung neigt sowie in fein zerstäubter Form explosibel ist, wurden die in Abb. 2–21 dargestellten Gleichgewichtswerte ermittelt. Für die Trocknung der Biomasse von der Anfangsbeladung $X_\alpha = X_1 = 4{,}0$ kg F · kg^{-1}, S auf die Endbeladung $X_\omega = X_2 = 0{,}08$ kg F · kg^{-1}, S ergibt sich aus den Gleichgewichtsdaten die integrale minimale Trennarbeit

$$\overline{w}_{\min} = \Delta \overline{e}m_{\min} = 21 \text{ kJ} \cdot \text{kg}^{-1} \text{ F}$$

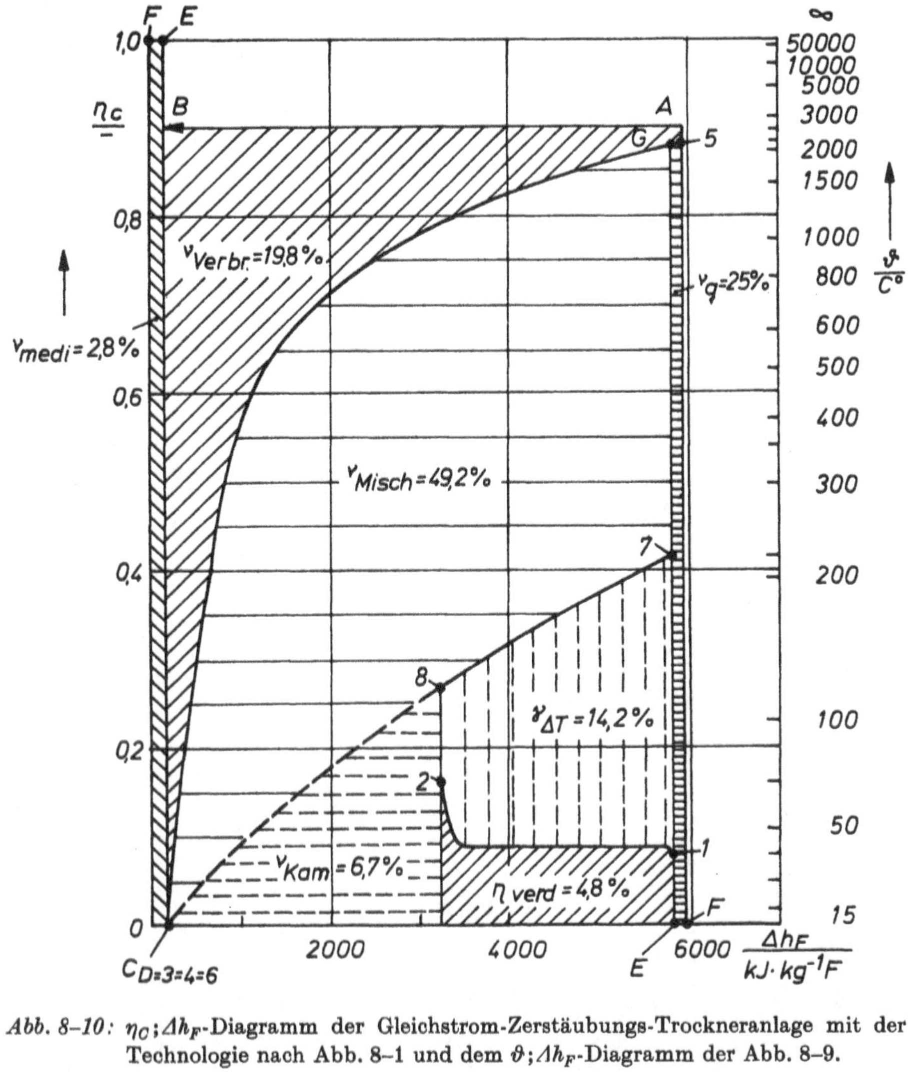

Abb. 8–10: $\eta_C;\Delta h_F$-Diagramm der Gleichstrom-Zerstäubungs-Trockneranlage mit der Technologie nach Abb. 8–1 und dem $\vartheta;\Delta h_F$-Diagramm der Abb. 8–9.

Dieser relativ niedrige Wert erklärt sich durch die hohe Anfangsbeladung des Feuchtgutes.

Das Konvektions-Trocknungs-Verfahren ist durch den Einsatz von Konvektionsgas bei $\vartheta_7 = 220\,°C$ zur Verdunstung der Wasserfeuchte bei $\vartheta_1 = 42°C$ gekennzeichnet. Mit diesen Randbedingungen sind verschiedene Verfahren möglich.

Tabelle 8–6: Spezifische, auf das abgetriebene Wasser bezogene Energie- und Exergie-Bilanz der Gleichstrom-Zerstäubungs-Trockneranlage nach Abb. 8–1 mit den Prozeßparametern der Tab. 8–5 in vereinfachter Berechnung

Energie- bzw. Exergie-Aufwand und Verlust		$h_{F;i}$ (kJ · kg⁻¹ W)	Energie-Bilanz $\Delta h_{F;i}$ (kJ · kg⁻¹ W)	Exergie-Bilanz $\bar{T}_i$ (K)	$\bar{\eta}_{C;i}$	$e_{F;i}$ (kJ · kg⁻¹ W)	$\eta_{F;i}/\nu_{F;i}$
Minimale Trennaufwendung							
Zufuhr	Brennstoff	5788	+5788	2880	0,9000	+5209	+0,9720
	Arbeit	150	+ 150		1,0000	+ 150	+0,0280
	Zufuhr gesamt		+5938			+5359	+1,0000
Abfuhr und Verluste	Brennstoff	5788		2880	0,9000		
	Rauchgas	5788		1016	0,7165		
	Verbrennungs-Irreversibilität	5788			0,1834	−1062	−0,1982
	Rauchgas	5788		2473			
	Rauchgas	5639		2423			
	Wärmeverlust	149	− 149	2448	0,8824	− 132	−0,0246
	Rauchgas	5639		1002	0,7127		
	Mischgas	5639		381	0,2448		
	Mischungsverlust	5639			0,4679	−2638	−0,4922
	Mechan. Verluste	150	− 150		1,0000	− 150	−0,0280
	Anlagenverluste		− 299			−3982	−0,7430
	Verfahrensaufwand		+5639		0,2442	1377	0,2570
	Triebkraftaufwand	2989			0,2546	− 761	−0,1420
	Feuchteverdampfung	2989	−2989	315	0,0857	− 256	−0,0478
	Kaminverlust	2650	−2650	333,2	0,1358	− 360	−0,0672
	Gesamt-Abfuhr u. Verlust		−5938			−5359	−1,0000

Der Grenzwert des minimalen Verfahrensaufwandes ergibt sich aus dem Gedankenmodell des triebkraftfreien Prozeßablaufes mit $\vartheta_8 = \vartheta_1 = 42\,°C$ und $\Delta h_{F;\text{Verf.};\min} = 3442\,\text{kJ} \cdot \text{kg}^{-1}\,\text{W}$ zu $\Delta e_{F;\text{Verf.};\min} = 840\,\text{kJ} \cdot \text{kg}^{-1}\,\text{W}$.

Der real gewählte Verfahrensaufwand ergibt sich aus Tab. 8–6 zu $\Delta e_{F;\text{Verf.}} = 1377\,\text{kJ} \cdot \text{kg}^{-1}\,\text{W}$. Daraus resultiert ein Verfahrenswirkungsgrad

$$\eta_{\text{Verf.}} = \frac{\Delta e_{F;\min}}{\Delta e_{F;\text{Verf.}}} = \frac{21}{1377} = 0{,}01525 \triangleq 1{,}5\%$$

Der Verfahrensaufwand umfaßt den realen Triebkraftaufwand, den Kaminverlust und den Exergieaufwand der Feuchteverdampfung. Er ist nicht objektiv definiert, er erfordert die subjektive Entscheidung des Verfahrensingenieurs bei der Verfahrensgestaltung.

Der reale Apparate- und Anlagenaufwand ist jedoch in jedem Fall durch die Verluste und Ineversibilitäten größer als der Verfahrensaufwand. Die Mehraufwendungen umfassen damit die Kategorie der Anlagenverluste:

— Die Verbrennungs-Irreversibilitäten umfassen einen Verlustanteil von $\nu_{\text{Verbr.}} = 19{,}8\%$. Sie resultieren primär aus dem Temperaturgradienten zwischen dem Rauchgas und der maximal möglichen theoretischen Verbrennungstemperatur. Zwar ist die Methode mit der ausschließenden Berücksichtigung des CARNOT-Faktors für das Rauchgas nicht exakt, doch sind darin die wesentlichen Einflußgrößen erfaßt und es bedarf an dieser Stelle nicht unbedingt der exakten Lösung nach den Diagrammen von RANT und GAŠPERŠIČ in Anlehnung an die Überlegung von ROSIN und FEHLING, die auch von FRATZSCHER u. a. [8–22] dargestellt sind. Der Korrekturbeitrag liegt unter 5%, im Mittel eindeutig unter 1% des o. g. Wertes.

Es gibt bisher kein anderes technisch handhabbares Verfahren mit ähnlich zuverlässigen und einfachen Apparaten für diese Energiewandlung.

— Die Wärmeverluste an die Umgebung betragen $\nu_{\Delta q} = 2{,}5\%$ und lassen sich mit den angegebenen Gleichungen exakt ermitteln, obwohl das Problem der Bezugnahme auf die Wärmeverlust-Temperatur nicht eindeutig ist. Sie können durch bessere Isolierung verringert werden. Der Optimalwert folgt aus technisch-ökonomischen Kriterien wie Gl. (5.3–29).

— Die Mischungsverluste, die durch Mischen von Rauchgas mit $\vartheta_G \approx \vartheta_5 = 2200\,°C$ und Umgebungsluft $\vartheta_U = \vartheta_6 = 15\,°C$ zu einem Mischgas von $\vartheta_7 = 220\,°C$ entsteht, treten bei der energetischen Bilanz überhaupt nicht in Erscheinung. Bei der exergetischen Bilanz machen sie dagegen mit $\nu_{\text{Misch}} = 49{,}2\%$ den Hauptverlustanteil aus. Es müssen daher Wege gesucht werden, diese überflüssigen Exergie-Verluste auszuschließen oder entscheidend zu reduzieren.

Diese Forderung resultiert auch noch aus Sicherheitsgründen des Brand-

und Explosionsschutzes: Die Zumischung einer 10fachen Luftmenge zum Rauchgas führt zu einem Sauerstoffgehalt von $\psi_{O_2;7} = \varphi_{O_2;7} = 19{,}5\%$ und damit zu einem explosiblen Staub-Gas-Gemisch [8–23].

— Die mechanischen Verlustanteile von $\nu = 2{,}5\%$ resultieren aus den Druckverlusten in den Apparaten und den Geschwindigkeiten, mit denen die Gase in die Umgebung austreten. Sie sind insgesamt nicht vermeidbar. Ihre optimale Größe ist nach technisch-ökonomischen Kriterien, wie z. B. nach Gl. (8.3–28), bei der Apparate- und Anlagendimensionierung zu bestimmen.

Die exergetische Analyse belegt eindeutig die hohen thermodynamischen Verluste bei der konventionellen Gleichstrom-Zerstäubungstrocknung. Der vorliegende Stand genügt den gestiegenen Anforderungen nicht. Es müssen prinzipielle Veränderungen an den Trocknungssystemen vorgenommen werden, die aus dem Exergie-Konzept ableitbar sind. Nach den in Tab. 2–9 zusammengefaßten Exergiegleichungen (2.4–70a) bis (2.4–87c) kann man folgende heuristische Grundregeln sowohl allgemein für die Gestaltung aller thermischen Verfahren als auch speziell für die Trocknungsverfahren und -Anlagen Grundforderungen formulieren:

Vermeide alle unnötigen

- Wärmeverluste Q bzw. $\dot{Q}$,
- Arbeitszuführungen W bzw. P,
- Geschwindigkeitsänderungen Δw,
- Höhenänderungen ΔZ,
- Temperaturänderungen ΔT,
- Enthalpieänderungen Δh, die als Latententhalpieänderungen infolge von Aggregatzustandsänderungen infolge Verdampfung, Kondensation, Sublimation, Desublimation oder ähnlichen Prozessen auftreten,
- Druckänderung, die als $\ln \frac{p}{p_0}$-proportionale Größe zu berücksichtigen sind sowie
- Mischungsprozesse, die zu Temperatur-, Druck- und Konzentrationsänderungen führen.

Vordringlicher Ansatzpunkt für eine Erhöhung der thermodynamischen Effektivität der Konvektions-Trocknungsprozesse nach der Analyse in Abb. 8–10 ist die wesentliche Reduzierung der unnötigen Mischungsverluste.

Auf dieser Grundlage entwickelte Verfahren der Konvektions-Trocknung mit optimiertem Exergieaufwand und zusätzlichen Vorteilen, wie beispielsweise der Inertisierung des Konvektionsgases, werden derzeitig im technischen Maßstab erprobt.

Literatur- und Quellenverzeichnis

[8–1] MASTERS, K.: "*Spray Drying*". London 1972

[8–2] KNEULE, F.: „*Das Trocknen*". Verlag Sauerländer Aarau, Frankfurt/M. 1975

[8–3] AUTORENKOLLEKTIV: „*Verfahrenstechnische Berechnungsmethoden*". Teil 2: „*Thermisches Trennen*". VEB Deutscher Verlag für Grundstoffindustrie, Leipzig 1980

[8–4] WAHL, B.: „Über den Trocknungsverlauf frei fallender feststoffhaltiger Tropfen", Dissertation TH Karlsruhe, 1976

[8–5] FRAZER, R. P.; EISENKLAM, P.: "Liquid Atomisation and the Drop Size of Sprays". Trans. Inst. u. Chem. Engrs. (1956), S. 294—319

[8–6] TROESCH, H. A.: „Die Zerstäubung von Flüssigkeiten". Chemie—Ing.—Techn. **286** (1954) 6, S. 311—320

[8–7] MUGELE, R. A.: "Maximum Stable Droplets in Dispersoids", A. Ch. E. Journal, pp. 3—8, vol. 6, No. 1, March 1960

[8–8] WP DD 223 367 A1 vom 30. 3. 1984

[8–9] ROTH, H.; JEGLINSKI, H.: „Optimale Sprühdüsen für Zerstäubungstrockner", III. Konferenz Maschinenbau für die Chemieindustrie, Budapest, Mai 1987

[8–10] STEIN, W. A.: „Berechnung der Trocknung wasserfeuchter Produkte im Sprühturm". Chemie—Ing.—Techn. **44** (1972), S. 1241—1246

[8–11] PARTI, M.; PALÁNCZ, B.: "Mathematical Model for Spray Drying". Chem. Engng. Science, Vol. 29, pp. 355—362, 1974

[8–12] TOPÁR, J.: "Mathematical Model of Spray Drying Reckoning with Droplet Size Distribution", HUNGARIAN Vol. 37, pp. 405—409, 1984

[8–13] KACHOLDT, W.: „Prozeßmodell für Gleichstromzerstäubungstrockner mit realen Partikelverteilungen", Dissertation Ingenieurhochschule Köthen, 1985

[8–14] ELSNER, N.: „*Grundlagen der Technischen Thermodynamik*" (5. Aufl.). Akademie-Verlag, Berlin 1985

[8–15] BOŠNJAKOVIĆ, Fr.: „*Technische Thermodynamik*" (I. Teil, 5. Aufl.). Verlag Theodor Steinkopff, Dresden 1967

[8–16] SCHACK, A.: „*Der industrielle Wärmeübergang*" (4. Aufl.). Verlag Stahleisen mbH., Düsseldorf 1953

[8–17] BÜTTIKER, R.: „Erzeugung von gleich großen Tropfen mit suspendiertem und gelöstem Feststoff und deren Trocknung im freien Fall", Dissertation ETH Zürich, 1978

[8–18] FRÖSSLING, N.: „Über die Verdunstung frei fallender Tropfen". Gerlands Beitr. z. Geophysik. **52** (1938), S. 1195—1210

[8–19] RANZ, W. E.; MARSHALL, W. R.: "Evaporation from Drops". Chem. Engng. Prog. **48** (1952), S. 141—146, 173—180

[8–20] SCHLÜNDER, E. U.: „Über den Trocknungsverlauf ruhender Einzeltropfen und fallender Sprühnebel", Dissertation TH Darmstadt, 1962

[8–21] KESSLER, H. G.: „Zur Dimensionierung von Zerstäubungstrocknertürmen". Chem.—Ing.—Techn. **39** (1967) 9/10, S. 601—606

[8–22] FRATZSCHER, W.; BRODJANSKI, V. M.; MICHALEK, K.: „*Exergie — Theorie und Anwendung*". VEB Deutscher Verlag für Grundstoffindustrie, Leipzig 1986

Register

www.ingramcontent.com/pod-product-compliance
Lightning Source LLC
LaVergne TN
LVHW092157300926
849161LV00002B/293